U0163275

量子计算技术

金贤敏　唐　豪　著

上海交通大学出版社
SHANGHAI JIAO TONG UNIVERSITY PRESS

内容提要

本书对量子计算的基本原理以及算法构建进行了系统性介绍,并对量子计算解决不同领域的应用问题给出参考示例。全书共分为五篇。第Ⅰ篇讲述量子计算的基本概念及硬件实现。第Ⅱ篇介绍各种基于量子逻辑门线路的通用量子计算算法。第Ⅲ篇讲述量子行走、玻色采样、量子退火等非基于数字逻辑门的各种专用量子计算算法。第Ⅳ篇介绍变分量子本征值求解等经典-量子混合算法,展示出当前有噪声中等尺寸量子技术背景下量子算法的特征。本书全面收录了近十年来研究者提出的新兴量子算法,并注重算法的关联和发展脉络梳理。第Ⅴ篇从优化、人工智能、金融、化学、生物等领域,展示运用不同量子算法解决特定问题的实例。

本书可作为高等院校理工科专业量子计算技术实践课程教材,也可供相关专业的工程技术人员参考。

图书在版编目(CIP)数据

量子计算技术/ 金贤敏,唐豪著. —上海:上海
交通大学出版社,2024.2(2025.1 重印)
　ISBN 978 - 7 - 313 - 28202 - 6

　Ⅰ.①量…　Ⅱ.①金…②唐…　Ⅲ.①量子计算机
Ⅳ.①TP385

中国国家版本馆 CIP 数据核字(2023)第 125135 号

量子计算技术
LIANGZI JISUAN JISHU

著　者:金贤敏　唐　豪
出版发行:上海交通大学出版社　　　地　址:上海市番禺路 951 号
邮政编码:200030　　　　　　　　　电　话:021 - 64071208
印　制:上海万卷印刷股份有限公司　经　销:全国新华书店
开　本:710 mm×1000 mm　1/16　　印　张:25.25
字　数:465 千字
版　次:2024 年 2 月第 1 版　　　　 印　次:2025 年 1 月第 3 次印刷
书　号:ISBN 978 - 7 - 313 - 28202 - 6
定　价:160.00 元

作 者 简 介

金贤敏 长江学者,上海交通大学特聘教授,集成量子信息技术研究中心(IQIT)主任,上海交大无锡光子芯片研究院(CHIPX)院长,图灵量子创始人。发表论文 130 余篇,其中包括 *Physical Review Letters* 21 篇、*Nature Photonics* 9 篇、*Optica* 6 篇、*Science* 2 篇、*Science Advances* 3 篇、*Nature Physics* 1 篇、*Nature Communications* 4 篇、*National Science Review* 2 篇、*Advanced Materials* 3 篇等,SCI 引用 4 500 余次。获得国家发明专利并实现转化 15 项。担任聚焦芯片领域的综合性国际期刊 *Chip*(Elsevier)创刊执行主编,*Photonics Research*(OSA)副主编,*IET Quantum Communication*(IET)副主编,*PhotoniX*(Springer Nature)编辑和 *Advanced Intelligent Systems*(WILEY)国际编委,担任量子计算国际标准化工作组专家、全国量子计算与测量标准化技术委员会委员、中国电子学会量子信息分会委员。获全国百篇优秀博士论文奖、欧盟玛丽居里学者、牛津大学沃弗森学院学者、国家青年千人计划、上海千人计划、上海青年科技英才奖、曙光学者、上海市创新创业 50 人、唐立新优秀学者奖、九三学社中央先进个人表彰等。

唐 豪 上海交通大学副研究员,博士生导师。研究方向为基于集成光量子技术的量子计算与量子模拟。在 *Nature Photonics*,*Science Advances*,*Physical Review Letters*,*Optica*,*Science Bulletin*,*Photonics Research* 等期刊发表 SCI 论文 30 余篇,担任中国计算机学会量子计算专委执行委员、中国电子标准院量子信息技术国际标准化工作组专家。入选福布斯中国"30 位 30 岁以下精英榜"、上海市青年科技启明星、上海科技青年 35 人引领计划、教育部"青年长江学者"。

　　量子信息技术是近十年来快速发展并在未来信息时代具有重要意义的前沿学科。量子物理是 20 世纪的热点科学领域，它使人们对微观世界规律有了更充分的认识，并促成了半导体晶体管、核磁共振、电子显微镜、激光等重要技术的发展。近年来，量子物理又进一步地推动一种对信息进行编码、存储、传输和操纵的革命性方式——以量子信息技术为核心的第二次量子技术革命，其在未来的金融、新材料、新医药、工程优化等各方面具有广泛的应用前景。因此，美国、欧盟、中国、俄罗斯、日本等国家和区域都制定了国家级和区域级的量子信息技术战略发展规划，与此同时，世界众多高校、研究所以及科技公司都正在积极地参与到量子信息技术的研发中来。

　　与之对应的是，目前对量子信息前沿技术的高等教育和科学普及还不够充分。近年来，国内陆续有众多高校开始设立"量子信息技术"相关课程，美国计划将量子信息教育纳入中小学。从世界范围看，在量子信息技术的教育者和从业者方面都还存在巨大的人才缺口。目前最常用、最具代表性的教材是 Nielson和 Chuang 于 2000 年合著的《量子计算与量子信息》(*Quantum Computation and Quantum Information*)，它介绍了量子比特的硬件实现以及从 20 世纪 80 年代初量子计算概念被提出以来常用的 Grover、Shor 算法等，使读者对通用量子计算的方法和原理有了基本了解。但时隔二十多年，量子信息技术飞速发展，不同物理体系下都成功实现了双量子比特逻辑门并演示了若干量子比特数目的小型通用量子计算机，各种新兴量子信息技术陆续出现，并开始在一些领域有了初步的应用，这些也成为当下学习量子信息技术必须了解的知识。

　　近年来，IBM、D－Wave 等科技公司纷纷针对自身的量子计算途径给出了不断完善的教程和操作手册。笔者在教学科研工作中，常常遇到学生询问，应该学习哪一种量子计算途径、哪一家的量子计算教程呢？事实上，目前基于量子逻辑门的通用量子计算、基于量子行走的专用量子计算，以及 D－Wave 公司专注的基于量子退火算法的专用量子计算都是针对不同问题而具有特定优势的途径，可以说各有千秋，都值得学习，这样才能在面对特定计算需求时灵活选择合适的方法,最大限度地展示并发挥量子计算优势。

本书是笔者在开展面向上海交通大学和环太平洋联盟大学理工科学生的"量子信息技术"课程教学以及从事多年量子计算相关科研工作的积累上,并查阅大量的书籍和前沿学术报道编写而成,将当下量子信息技术以简明、全面的方式呈现给广大工科学生以及工程技术人员,助力量子信息技术在众多领域的应用和普及。

全书共分为五篇。第Ⅰ篇讲述量子计算的基本原理和硬件实现。由于近二十年来量子物理的硬件取得了快速的发展,本书和 21 世纪初的相关书籍相比,增加了对不同物理体系如何具体实现单、双量子比特逻辑门的介绍。对量子硬件的学习能够使读者对量子信息技术有着更深刻的理解。

第Ⅱ篇介绍各种基于量子逻辑门线路的通用量子算法。充分考虑到理工科专业本科生的知识背景,本书在介绍 Grover 算法、量子傅里叶变换等算法时着重利用线性代数矩阵运算的方式进行阐述,弱化量子物理的一些表述方式。本篇还介绍了 HHL 线性方程组求解算法等基于量子相位估计的新兴算法,对于每种算法,都介绍了原理、量子线路构建以及当下的硬件实现的进展。

第Ⅲ篇介绍不基于量子逻辑门线路的各种专用量子算法,包括基于量子行走、量子随机行走的算法应用和量子模拟,以及玻色采样和高斯玻色采样这些展示量子优越性的量子算法,还有基于伊辛机模型的量子退火算法。

第Ⅳ篇介绍变分量子本征值求解等量子-经典混合的新兴算法,展示了当前有噪声中等尺寸量子(NISQ)技术背景下可行性量子算法的特征。本章相对比较简短,但在后续关于应用的章节中会时常提及,加深理解。

第Ⅴ篇从应用领域的角度来讲述目前量子计算的应用现状及前景展望,参考目前量子科技公司及学术界常用的分类,将量子计算的应用分为优化、人工智能、金融、化学、生物等方面,介绍如何运用不同量子计算途径解决特定的应用问题。

本书具有以下鲜明的特征:首先,读者定位为广大的理工科专业学生和工程技术人员,因而注重全书的简明性和实用性,在对量子计算基本概念讲述清楚的前提下提供实战线路设计方法和面向各应用领域的量子计算案例。其次,本书结合笔者及团队多年量子硬件方面的实验经验,重视对量子硬件的理解,对每个算法在当前基于不同量子物理体系的实现报道进行全面、前沿的介绍。除此之外,读者可以感受到贯穿全书的一种对发散思维的引导,例如书中会把不同的经典-量子混合算法之间的相似和关系讲清楚,启发读者能够触类旁通设计新的算法,又如书中比较变分量子本征值求解算法和量子退火算法两种截然不同的量子计算途径对分子能级的求解,让读者看到同一个问题可以采用不同量子计算方法求解,启发读者能够针对自己的问题寻找适用的方法。

　　本书在编写过程中得到了相关专家及老师同学的大力帮助。感谢王天宇、时若曦、尚晓文、史自玉、Anurag Pal、何天深、陈翾、姜泽坤、谢哲、袁溪君、申倬豪、沈子松、王潇卫、谭曦、林惠敏对本书部分章节素材的整理。同时非常感谢国防科技大学吴俊杰教授对本书提出宝贵的意见。感谢上海交通大学致远荣誉计划交叉创新模块课程建设项目资助了本书出版。

　　为了帮助读者对相关知识进行更加深入的了解和学习,在本书相关章节列出 FeynmanPAQS 等量子计算科研教学软件的链接及介绍,方便读者根据自身需要进行辅助学习。书中难免出现不足和疏漏之处,真诚希望读者提出宝贵意见。

著　者

2023 年 12 月于上海交通大学理科楼

Contents | **目录**

第Ⅰ篇　量子计算的基本原理和硬件实现

第Ⅱ篇 基于数字量子线路的量子算法

第Ⅳ篇　经典-量子混合算法

第Ⅴ篇　量子计算的应用

第Ⅰ篇

量子计算的基本原理和硬件实现

第1章
经典计算机简介

1.1 经典计算机的发展历程

1.1.1 古老的标准化运算设备——算盘

在美国加州硅谷，有一座著名的计算机历史博物馆，其中陈列了计算机发展的一系列相关物件。陈列的第一部分，是三千多年来的各种筹算和珠算，古罗马、古希腊、中国及日本，都发展了各种不同的算盘，成为广泛使用的辅助计算工具。在中国，在描绘北宋生活场景的著名画卷《清明上河图》中，可以看到一个名叫"赵太丞家"的店铺里摆放着一架算盘（见图 1.1）。如今还能在很多店铺里看到售货员熟练操作算盘，现在的一些惯用表达，例如"三下五除二"（形容做事麻利）、"七上八下"（形容心情忐忑）等，都来自珠算口诀。

图 1.1 古代算盘及《清明上河图》中出现算盘的场景

那么算盘究竟是怎样辅助计算的呢？以中国常用的算盘为例，竖条从右往左分别对应个、十、百、千位；对每一竖条，横梁以下有五个算珠，每个算珠代表这一位中的 1,横梁以上有两个算珠,每个代表 5。通过这些算珠,实现了计算机的基本要素之一——编码。

基本要素之二——计算过程,则是根据算法口诀,手动改变算珠位置,例如"三下五除二",就是说想加上数字 3,可以将上档的算珠下拨至靠近横梁,代表加 5,然后将下档靠近横梁的两个算珠拨回底部,代表减 2,这样就实现了加 3 的加法操作。

那么计算机的第三个基本要素,就是要求能够进行适当的测量操作,对计算结果进行读取。这里珠算的结果,可以通过读出各竖条靠近横梁的上档、下档算珠个数情况获知各进位的数值,即通过目测算珠位置获得计算结果。

以算盘为示例,我们看出早期的计算工具已经具备了计算机所需的编码、计算、测量的要求,但是这里的计算过程是通过用手拨动算珠实现的,这是与现代计算机的一个主要区别。

1.1.2 迈向自动化/最早的冯·诺依曼架构——差分机

在介绍差分机之前先来看一个广为提及的话题——摩尔定律,它是 1965 年 Moore 在整理计算机性能报告时发现的一个规律,即计算机自问世以来,硬件实现的计算性能,或一美元所能买到的性能,总能约每隔 18 个月便会增加一倍。

图 1.2 展示了 120 年来的计算机性能发展历程,其非常符合摩尔定律。一般大家认为的世界上第一台计算机是 1946 年在美国宾夕法尼亚大学制备出的

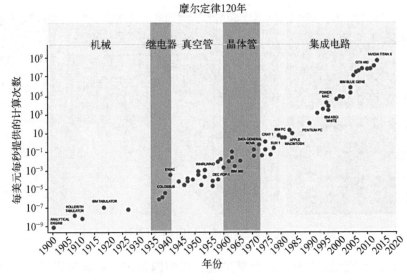

图 1.2 摩尔定律

电子数字积分计算机(electronic numerical integrator and calculator，ENIAC)，但这幅图所描绘的计算机摩尔定律的起点为 1900 年的分析机(analytical engine)，其将机械计算机也纳入计算机发展史中。

事实上，机械计算机上承手工算盘、下启电子计算机，已有两百余年历史。伴随着工业时代精密机械的发展，17 世纪中叶，法国数学家 Pascal、德国数学家 Leibniz 先后分别制造出可用于加法、乘法的机械计算机，其通过齿轮的齿数进行编码，齿轮的转动实现计算过程，以及齿轮转动后的情况作为计算结果。虽然机械计算机初步具备了计算机功能，但其计算过程还是需要人工手动操作。

具有真正现代意义的计算机，应该从 19 世纪初英国数学家、剑桥大学的 Babbage 说起。那时正值英国海上航线快速扩张的时期，Babbage 处理骤然增多且复杂烦琐的航线数据，他对于研发计算机的渴求也日益强烈，希望可以通过自动机器操作避免人工誊写、计算带来的各种错误。1822 年，他提出差分机(difference engine)的设想，运用有限差分的方法，这样不需要涉及乘法和除法运算，就可以求解多项式求和。

如表 1.1 所示，求解 $p(x)=2x^2-3x+2$，对于不同 x 的结果，可以先简单得出 $x=0，1，2$ 时的 $p(0)$，$p(1)$，$p(2)$，这样一阶差分 $\mathrm{diff}_1 p(0)$，$\mathrm{diff}_1 p(1)$ 可以分别通过 $p(1)-p(0)$，$p(2)-p(1)$ 获得，而二阶差分 $\mathrm{diff}_2 p(0)$ 则等于 $\mathrm{diff}_1 p(1)-\mathrm{diff}_1 p(0)=4$。对于最高为 n 项式的多项式，最多在 n 阶差分时就为常数，这里示例里 $\mathrm{diff}_2 p(x)$ 对于所有 x 都为 4，这是差分方法的核心。因此可用来推算各 $\mathrm{diff}_1 p(x)$，即随着 x 增加依次增加 4，进而 $p(x+1)=p(x)+\mathrm{diff}_1 p(x)$ 得出多项式的值。在物理设计方案上，Babbage 差分机是用蒸汽机为动力，驱动大量的齿轮机构运转。

表 1.1　$p(x)=2x^2-3x+2$ 的差分表

x	$p(x)=$ $2x^2-3x+2$	$\mathrm{diff}_1 p(x)=$ $p(x+1)-p(x)$	$\mathrm{diff}_2 p(x)=$ $\mathrm{diff}_1 p(x+1)-\mathrm{diff}_1 p(x)$
0	2	−1	4
1	1	3	4
2	4	7	4
3	11	11	—
4	22	—	—

差分机的构建耗费巨大，Babbage 团队最终只实现了差分机的一部分，并参

展了 1862 年在伦敦举办的世界博览会。Babbage 提出的差分机 2 号的工程建设也没能实现，直到 1991 年，伦敦科学博物馆为纪念 Babbage 诞辰 200 周年，运用 19 世纪的机械工艺实现了图纸中的差分机 2 号（见图 1.3），现有的两台分别在伦敦科学博物馆和加州计算机博物馆展出。

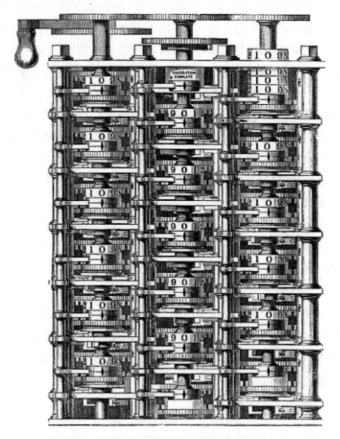

图 1.3　差分机 2 号图纸

工程制造的阻力让 Babbage 开始专注更多机械的设计，并且设计出具有更加普适性的通用计算机，他命名为分析机。分析机由蒸汽机驱动，实现自动计算操作。分析机的主要部分，一是 Babbage 称之为"仓库"（store）的存储功能部分（memory），由齿轮组成的阵列总共能够存储 1 000 个 40 位数；二是被命名为"作坊"（mill）的运算器，用齿轮间的啮合、旋转、平移等方式进行四则数字运算及平方根运算。分析机的设计在很大程度上受到了当时由法国人 Jacquard 提出的新型提花编织机（loom，又称为杰卡德提花机）的启发。杰卡德提花机将花型模式做成对应的穿孔卡，这样是否有孔则成为调控提花机是否上提勾线的判据,最终呈现出预设的提花图案。分析机就以类似杰卡德提花机穿孔卡中的"0"和"1"来控制运算操作,实现现代计算机中的控制器功能。运算器与控制器的结合就构成中央处理器(central processing unit,CPU)。此外,Babbage 也构思了送入和取出数据的机构,以及在"仓库"和"作坊"之间不断往返运输数据的部件。因此,虽然早在 19 世纪,分析机的构想中的模块划分与现代计算机的架构已然几乎相同。图 1.4 所示为广为人知的"冯·诺伊曼架构",即由输入、输出、存储、运算、控制器,以及用来运输数据的总线构成。

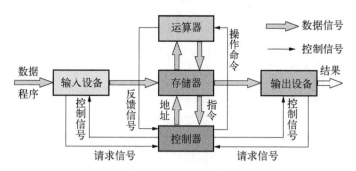

图 1.4　冯·诺伊曼架构

与差分机一样,Babbage 最终没能做出分析机,但留下大量设计图纸,他的儿子在他去世近 40 年后,于 1910 年做出分析机的运算器部分,但没有做成一个完整的分析机。

Babbage 开展差分机、分析机的研究,在当时还影响了一位年轻人——Ada,她是英国著名诗人拜伦的女儿,但她非常喜欢数学。当时 Ada 负责将 Babbage 在法国演讲写的法文手稿译为英文(见图 1.5),她提出可以提炼出有规律性的、程式化的表述,并且指出这种思想和方法不仅可以用于差分机,还可以广泛用于作曲等通用的需求,这正是计算机程序的思想,因此 Ada 常被人们称为"第一位程序员"。也有说法认为是 Babbage 自身率先发明了编程。不管怎么说,自 19 世纪机械计算机的发展以来,现代计算机的架构和编程思想已经初具雏形。

1.1.3　从机械到电子——电子管、晶体管计算机

电子管又称真空管,其原理是爱迪生效应。爱迪生在刚刚发明电灯时,为了延长灯丝寿命,曾经在灯丝上方放置一根铜线阻止灯丝蒸发。这一尝试显然是失败了,但是他却意外发现了一个奇怪的现象,那就是灯丝没有和铜线接触,但是加热后铜丝上有微弱的电流通过。爱迪生没有进一步研究这个现象,但是他为这一现象申请了专利。这和我们之后提到的光电效应很像,不过它有自己的

图 1.5　Ada 翻译出的部分稿件

专业名词——零场热电子发射,当然其物理原理是一致的,即电子获得能量克服逸出功离开灯丝形成电流。

1904 年,英国人 Fleming 发现,如果铜线连接电源正极,则电流会大大增加,反之则电流减小甚至消失。因为电源的存在使得灯丝和铜线之间形成电场,铜丝连正极,电场促使电子飞向铜线,反之则阻止电子逃逸。因此这个结构就具有单向导电性,也就是二极管,我们称铜丝为阳极,灯丝为阴极。

1907 年,美国人 De Forest 在二极管的基础上发明了电子管(见图 1.6)。他在阳极与阴极之间加入了一个线圈控制电流,其原理本质上与二极管差不多,我们称该线圈为栅极。电子管有诸多缺点,如结构大、寿命短、功耗高等,尽管如此,电子管计算机对计算机领域的影响是深远的,诸多专业名称也在晶体管计算机中保留了下来。

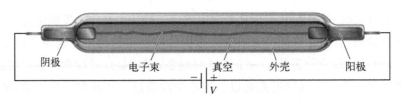

图 1.6　电子管原理图

1938 年，Shannon 的硕士论文发表[1]，被视为数字电路理论的开山之作。继电器负责通过一电路回路的通断状态控制另一回路的通断状态。根据当时的继电器电路，Shannon 通过串联、并联，以及继电器常闭和常开回路的通断互斥性，构造了基础的数字逻辑。在这之后，就出现了逻辑门的抽象概念。通过组合逻辑门可以实现完整的布尔代数，也是二进制计算机的基石。

1946 年，世界上第一台电子管计算机 ENIAC 诞生，通过电压的高低编码 0 和 1（见图 1.7）。利用电子管和继电器构建逻辑门和触发器，在此基础上构建逻辑电路进行运算，并用水银延迟线、磁鼓作为储存器。尽管这些过程都受到电磁学原理的控制，但是已经无法通过肉眼观测，运算结果需要通过额外的电路转化为人眼可识别的信息（如在纸带上打孔或者操控打字机打字）。这一系列元件尽管已经被更先进的元件取代，但是这种计算框架被保留到了现代的晶体管计算机中。

图 1.7　第一台电子计算机 ENIAC 的局部

电子管计算机发明后，由于其诸多不便之处，人们不断的寻求改进之道，最终找到了晶体管（又称三极管，见图 1.8），推动了经典计算的发展。1947 年，Shockley、Bardeen 和 Brattain 成功地在贝尔实验室制造出第一个晶体管。1949 年，Shockley 提出一种性能更好的结型晶体管的设想[2]，并在随后的 1950 年发明了第一个双极结型晶体管。

值得一提的是，Shockley 在发明晶体管之后，在美国加州成立仙童半导体公司，虽然他个人事业几经沉浮，但是开启了加州计算机产业蓬勃发展的新局面，经过几十年的发展，现成为人们熟知的硅谷。

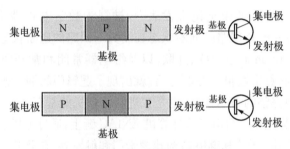

图 1.8 三极管示意图

晶体管时代,编码方式没有太多的变化,只是把电压换成了电流。运算上早期我们用半导体的 PN 结制造出晶体二极管替代电子二极管,PNP/NPN 三极管代替电子三极管构建逻辑电路。随着集成电路(见图 1.9)的诞生,场效应管成为了主流。

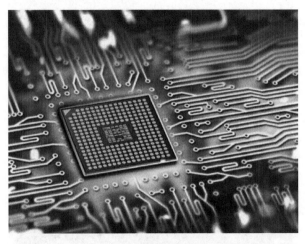

图 1.9 集成电路

1.1.4 变革性新型架构计算机

进入 21 世纪以来,一路所向披靡的二进制数字计算机也面临着发展瓶颈,摩尔定律所预测的集成电路尺寸不断缩小的规律或将失灵。因为晶体管本质上控制的是电流的通过与否。在现有的高度集成化线路中,晶体管仅为十几纳米大小,再变小时将不可避免地遇到量子隧穿效应,其将不能控制电流的通断。

既然世界本来就是符合量子力学规律的,为何不利用这一规律去开展计算,这便启发了量子计算的发展,也就是本书要介绍的内容。对于每一个量子比特(qubit),它可以通过物理上两种状态的叠加来实现,例如电子在轨道中可能同时处于基态和激发态,仅当探测时才会坍缩到其中一个态。就如同一枚快速旋转的硬币,我们不能判断它停止后哪一面朝上,只能停止转动后才能判定硬币是正面朝上还是反面朝上。因此量子比特可以构建为 0 和 1 的任意叠加态,由 n 个量子比特就可以组成 2^n 种不同的编码。对于经典计算机,需要 2^n 次操作,而量子计算机可以同时对 2^n 种不同的编码进行计算,而在测量时将获得不同量子态出现的概率。读者会在 4.2 节 Grover 算法中对此有更深刻的体会。当然,未来也可能实现 qutrit、qudit 等可以实现三个态甚至四个态叠加的量子态,进一步提升量子计算的性能。不过目前量子计算的物理实现以及算法设计还是以量子比特为主。

2019 年,谷歌宣称实现了量子霸权(quantum supremacy),现通常称作量子优越性(quantum advantage),图 1.10 就是谷歌研发的超导量子芯片 Sycamore[3]。它可以在 53 个量子比特上进行随机线路采样。对应的计算空间的维度高达 2^{53}(约 10^{16}),用 Sycamore 完成一次采样大约需要 200 s,而用超级计算机完成这一任务大约需要一万年,即使后来经典计算机算法被证明也有加速算法,速度仍然远低于量子芯片,这体现了量子计算的优越性。2020 年,中国科学技术大学推出的“九章”光量子计算机演示高斯玻色采样这一专用量子计算问题,同样展现了超级计算机难以完成的量子优越性[4]。

图 1.10　谷歌的超导量子芯片 Sycamore

目前已经可以基于不同物理体系实现量子比特,图 1.11(a)的超导量子比特[5-6]和图 1.11(d)中的离子量子比特[7]都需要在极低温的条件下实现,需要结合制冷装置。图 1.11(c)为基于线性光学的方式构建的量子比特[8]。图 1.11(b)为基于半导体中的电子自旋[9]的方式构建的量子比特。基于自旋的方式早期还包括核磁共振构建量子比特,用分子中某一原子的核子自旋来编码 0 和 1,通过核磁共振光谱来测量量子态。以丙氨酸分子为例,量子态被编码在黑色的碳原子上[10]。关于量子比特物理构建的更详细介绍见第 3 章。

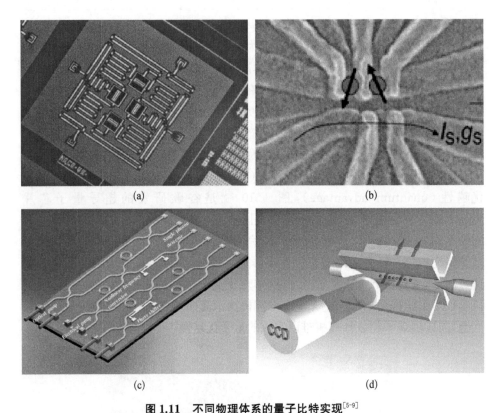

图 1.11　不同物理体系的量子比特实现[5-9]

（a）超导量子比特；（b）半导体量子比特；（c）线性光学构建量子比特；（d）离子量子比特

　　量子计算加速计算的思路在于，运用量子力学规律对于不同态同时编码和操作。此外，还有其他的新架构计算机也在快速发展，例如类脑计算，其试图构建模仿大脑神经元的芯片结构，像人的大脑一样去快速地运算。这种面向神经科学的通用人工智能方案，与面向计算机科学的通用人工智能方案在编码方案上存在根本差异。图 1.12 所示是清华大学研制的通用人工智能芯片 Tianjic，在这个芯片上同时集成了面向计算机科学和神经科学的解决方案，提供了混合协同的平台[11]。

　　此外，近年来在计算机的物理载体上还有很多创新，如分子计算（molecular computing），它是指利用分子晶体可以吸收以电荷形式存在的信息，以更有效的方式进行组织排列[12]。物理载体变成 DNA、生物化学及分子生物学中的物质，作为计算机硬件，可以实现更大规模的高度集成化。目前相关实验技术还在不断探索中。

　　不管是哪种变革性新型计算机，我们可以看出它们与算盘等早期的计算工具一样，始终都保持计算机所需的基本功能，即编码、计算、测量的要求；而在计算速度和效率方面，则不断地推进人类的算力上限，助力人类科技、经济和社会的发展。

图 1.12　通用人工智能芯片 Tianjic[11]

1.2　计算机的相关重要概念

本节我们将介绍一些与计算相关的概念,有些概念尽管起源于物理,但是却在发展中自然而然地与信息计算领域产生了交集。

1.2.1　麦克斯韦妖与信息熵

热力学第二定律有两种表达方式,其中一种表达方式就是能量不能自发地从低温热源流向高温热源。而从热力学第二定律中我们引出了一个很重要的概念"熵"。熵是衡量一个系统的混乱程度的物理量,从微观上讲,它描述了系统可以处于的微观状态数。自然过程中一个孤立系统的熵永远是增加的,例如一个完好无缺的杯子是高度有序的状态而打碎的杯子是混乱的状态,前者的熵比后者小,因此从前者转化为后者的过程是可以自发发生的。

熵的概念提出以后,人们从心理上普遍难以接受,因为这似乎暗示社会终将走向无序(这种抗拒如同爱因斯坦所说的"上帝不掷骰子"一样),因此设计出麦克斯韦妖这一思想和实验来反驳。在绝热的盒子中有一些气体,中间有一个隔板分出左右两个区域,隔板上有个小门,门的开关由麦克斯韦妖掌控,这是一个能知晓分子动能的妖。初始状态下,两边分子的平均动能相等,气体温度相等。当分子冲向门时,这个调皮的妖会让左边动能较大(或者右边动能较小)的分子通过,这样左边部分的温度会降低而右边部分的温度升高,这就违反了热力学第二定律[13]。1982 年,Bennett 指出,麦克斯韦妖在控制门的过程中存在耗散过程,这个操作就是去除妖对上个分子判断的记忆,并且这样过程是不可逆的[14]。换而言之就是处理上一个分子的信息时熵增加了,我们会惊讶的发现,尽管是一个物理过程,我们却自然的引入了信息技术的概念。

1948 年,Shannon 将热力学的熵引入信息论中,这就是信息熵,也称为香农熵[15]。信息熵是指接收的每条消息中包含的信息的平均量。"消息"代表来自分布或者数据流中的事件、样本或者特征。信息熵可以理解为对消息源不确定性的度量,越随机的信息源熵越大。这与微观物理中的熵有异曲同工之妙,因为系统可以处于的状态数越多,随机性也越大,无论哪种熵都越大。

1.2.2　图灵机与冯·诺依曼架构

图灵机是最为原始的计算机模型,它将人们用纸和笔进行计算的行为抽象出来并用机器人代替。尽管图灵机看起来非常简单,但我们可以用它来模拟任何算法。图 1.13 所示就是一个比较经典的图灵机构造,主要由四个部分组成,分别是纸带、读写头、状态寄存器和控制器[16]。

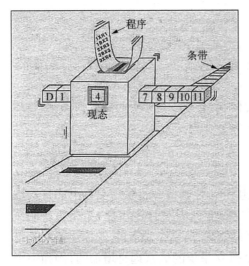

图 1.13　图灵机示意图[16]

一个无限长的纸带,纸带上划分成一个个小格子,每一个小个子里可以记录一个符号(如字母、数字和空字符)。其可以理解为经典计算机中的内存。

读写头可以执行三个操作:读取方格中的符号、清除或者覆盖方格中的数据、左右移动。

状态寄存器用来保存图灵机当前的状态(类似于内存)。图灵机所有的可能状态是有限的。

控制器可以根据程序中的状态转移规则决定读写头的具体操作(与控制器对应的还有一组有限的指令集,有的描述中指令集作为独立的一个部分存在)。

图灵机尽管简陋但意义重大,它证明了通用计算理论并且给出了经典计算机的主要架构。相对地,经典计算机的极限计算能力也就是图灵机的计算能力。进而我们可以引出图灵完备的概念。图灵完备是指一个针对数据操作规则(可以是编程语言或者图灵机的指令集)的概念,这套规则可以实现图灵机模型中全部的功能时,我们称其具有图灵完备性。在现有的计算机上,我们可以理解为

"如果我们有无限的内存和一套图灵完备的编程语言,我们就可以模拟出图灵机(见图 1.13)"[17]。

von Neumann 提出了计算机制造的三个基本原则:采用二进制逻辑、计算机需要按顺序执行程序以及计算机由五个部分组成。这三个原则也被称为冯·诺依曼架构。计算机的五个部分包括运算器、控制器、存储器、输入设备和输出设备,它们之间的关系如图 1.4 所示[18]。

1.2.3 可逆计算

可逆计算,顾名思义,就是以可逆的过程完成计算。可逆计算的历史可以追溯到 1961 年,由 Landauer 提出这一概念[19]。

我们都知道,根据热力学定律,任何不可逆的过程都会导致系统熵的增加。要维持整个系统稳定而不崩溃,必须在某些时候将这些熵排出,而这就需要消耗更多的能量。如今的电子器件就是由电提供能量,这部分熵则以热量耗散的形式排出。

不可逆计算是指从输出无法完整推断出输入是什么,一般来说计算过程本身从输入到结果输出,通常就是不可逆的,例如通常的 AND 和 OR 逻辑。我们定义的计算过程需要擦除的信息量所对应的熵,就是一个计算器件消耗能量的下限,其被称为 Landauer 极限。

我们不妨来计算一下它的值。擦除 1 单位信息所需的能量 $E = kT\ln 2$,其中 k 为玻尔兹曼常数,标准单位制下数量级为 10^{-23} J·K^{-1};T 为工作温度,我们通常接触芯片温度约为 330 K。因而,这一极限大约在 10^{-20} J 每比特数量级。

对比当今的量子器件,研究结果表明,现在桌面级 GPU 广泛使用的 GDDR5 和 HBM2 技术每访问一比特数据分别需要大约 10^{-11} J 和 10^{-12} J 的能量[20]。移动端对能效要求更高,考虑各种生产设计情况下这一数值大约会再低 1~2 个数量级。尽管如此,现在的计算机性能仍然远没有达到 Landauer 极限。原因也很显然,热力学极限通常要求系统在平稳状态下进行才能达到,而计算储存芯片在万亿次比特每秒翻转的速率下,基本是不可能达到这一平稳状态的。

上述这一巨大差距是物理实现层面导致的。而这一层面的可逆计算称为物理可逆。如果可以使用物理上可逆的过程进行计算,而只在受计算过程要求的地方擦去所不再需要的比特,整个系统的能耗就可以达到 Landauer 极限,这相对于今天的计算器件而言是一个巨大的突破。在对不同的计算方法可能性进行研究的过程中,研究人员利用电子的磁信号进行运算,实现了接近 Landauer 极限的能效[21]。不过,由于计算性能(器件主频)远远比不上经典的电子器件,现在这一技术并未大面积推广使用。

相对于物理层面,还有逻辑层面的可逆。这是在计算过程中彻底避开上述 Landauer 极限的方法——当然,这些逻辑想要达到接近零的能耗,还需要有可逆过程主导计算的物理器件的支持才能最终实现。对于逻辑可逆,目前较为通用的实现方法则是加入辅助比特。例如 XOR 门是不可逆的,因为两比特信息化为一比特,必定至少有一个比特的信息被擦除了。而引入一个控制比特后,XOR 门就成了量子计算中的 CNOT 门,成为了可逆的逻辑。

现代计算发展,尤其是在大众使用中,功耗是限制计算能力的重要因素。这就更突出了采用可逆计算路线的必要性,使用可逆过程进行计算可以大大降低计算体系的能耗。量子计算的整个体系受薛定谔方程引导,其上的操作就是天然可逆的,为这一领域的突破带来了很大的希望。

1.3 量子计算的发展简史

量子计算作为未来信息技术领域的一大发展方向,图 1.14 展示了量子计算的发展简史。量子计算概念最早是 1981 年由费曼(Feynman)提出的,起初提出时是与经典计算互补的两个领域,然而随着经典计算的发展,我们发现两者不仅是互补的,量子计算也是经典计算在理论和实践上的必然延伸。

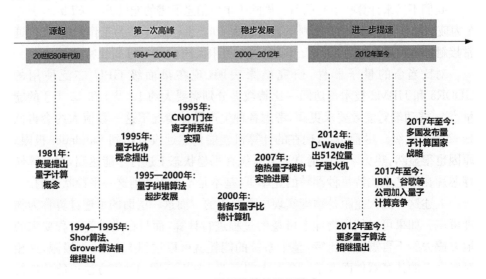

图 1.14 量子计算的发展简史

量子计算提出后相当长的一段时间内并无进展,直到 1994 年和 1996 年早期的量子算法 Shor 算法和 Grover 算法分别被提出,人们才确切感受到量子算法的优越性。此时人们面临了新的问题：量子计算究竟是什么，是费曼提出的用量子系统模拟难以直接计算的量子系统，还是将门电路的元件替换成量子版？现在我们知道这两者都是正确的，前者是专用量子计算，后者是通用量子计算。而在当时，最先取得突破的是通用量子计算，1995 年，量子比特的概念出现，随后便在离子阱系统中实现了 CNOT 门，而通用量子计算中不可或缺的量子纠错算法也同步开始发展，掀起了量子计算研究的第一次高峰。

进入 21 世纪，量子计算开始稳步发展时期。2000 年，一个只有 5 量子比特的计算机被制备出来。当年第一台发电机诞生之时，面对质疑法拉第回应道：没有人能知道一个婴儿能做什么。但是现在所有人都知道，这样一个"量子计算机婴儿"将掀起怎样的技术革命。与此同时，非基于数字量子线路的量子计算也初露锋芒，1998 年，量子退火概念被提出，2000 年，绝热量子计算概念被提出，2007 年，绝热量子模拟取得了实验进展。

随着量子计算机逐渐走向实战，量子计算又开始新一轮的研究热潮。标志事件之一就是 D‑Wave 公司推出了 512 位量子退火机，量子计算开始正式走向应用。自 2012 年之后，越来越多的量子算法被提出。2017 年之后，量子计算越来越受到社会各界的关注，谷歌、IBM 等知名公司纷纷进入量子领域，许多国家也相继发布了量子计算国家战略。量子计算的发展简史如图 1.14 所示。

1.4　计算复杂度

本节我们将会简单地介绍关于计算复杂性理论的一些基本概念。或许读者之前经常听到"复杂度是平方级别""达到指数阶加速"之类的描述，但是并不知道其具体代表着什么。本节就旨在解答这些理论概念性的问题。

1.4.1　复杂度

为什么人们要研究量子计算？正是因为用量子计算机求解许多问题或许可以达到比经典计算机更快的速度。但是，什么叫快？如果通过计时来比较的话，拿现在刚刚起步的量子硬件和蓬勃发展了几十年的经典超算集群相比在一般的问题上似乎不太公平。

实际上，经典计算机也存在一样的问题：在不同的硬件上，同一个算法的运行时间并不一致，因而不同的算法之间难以直接比较。我们需要一些抽象的、理论性的描述，需要把算法效率数学化后进行比较，这就是为什么要引入"复杂度"的概念。

复杂度通常分为时间复杂度和空间复杂度,它们分别描述一个算法在计算机上运行所需要的时间和空间(通常指内存,在一些领域也包括磁盘)。

在定义时间复杂度之前,我们需要定义一些基本操作,我们在演绎时理想化地认为这些基本操作都占据一个单位的时间。在经典计算机上,我们通常考虑 WordRAM 模型,即两个数的四则运算和比较、if 判断和跳转、从内存中存储和读取一个数,这些操作都统一占据一个单位的时间。而在量子计算机上,我们通常认为应用每个单比特或双比特基本量子门需要一个单位的时间。

一个算法的时间复杂度就是这个算法运行所需要基本操作数量对于输入长度的函数。这个函数与很多实现细节是有关的,而我们在进行理论演绎和比较时通常不希望引入这些实现细节的影响。所以,通常我们所说的时间复杂度,是指渐进时间复杂度,也即在输入长度趋向于无穷大时算法运行时间增长的速率。数学上关于函数的渐进性质有以下一些记号:

$$
\begin{cases}
\lim_{n \to \infty} \dfrac{f(n)}{g(n)} = 0 \Rightarrow f(n) = o(g(n)) \\[2mm]
\lim_{n \to \infty} \dfrac{f(n)}{g(n)} \leqslant C \Rightarrow f(n) = O(g(n)) \\[2mm]
\lim_{n \to \infty} \dfrac{f(n)}{g(n)} \geqslant C \Rightarrow f(n) = \Omega(g(n))
\end{cases}
\tag{1.1}
$$

其中,C 是任意正常数,Ω 也包含式子左侧极限发散的情形。另外,如果 $f(n)$ 同时是 $O(g(n))$ 和 $\Omega(g(n))$,我们记它是 $\Theta(g(n))$。

如果将渐进复杂度函数用 h 表示,前面所说的"复杂度是平方级别",就是指 $h(n) = \Theta(n^2)$ —— h 在 n 很大的时候能被两个系数不同的二次函数上下限制住。如果在量子计算机上能达到相较于经典计算机指数级的加速,就是说 $h_q(n) = O(h_c(n)/a^n)$,其中 a 是大于 1 的常数,h_q 和 h_c 分别代表量子和经典计算机上解决相同问题的某个算法的时间复杂度。

渐进空间复杂度的定义与渐进时间复杂度类似,不过描述的是算法所需要的内存而非时间关于输入长度 n 的函数。输入长度 n 和所需要的内存一般都是按比特计算。在量子计算机上一般可按量子比特计算。

1.4.2　复杂类

在研究一个具体问题并为之设计算法、考察效率的时候,我们通常使用上述定义的复杂度去衡量其性能。但是更广泛地,我们想直接去比较两个计算模型的计算能力,这样逐个地去看各个问题的求解复杂度则只能分别给出片面的结论。如果要"一口通吃"所有计算问题,我们就要把这些复杂度归类,这就是直观上"复杂类"的概念。

出于一些历史原因,复杂类实际的定义是一个计算问题的集合。一个复杂类通常由一个计算问题的类别、一个计算模型和一个该模型上的时空资源消耗的上限来定义。通常,不同的复杂类之间复杂度差异是如此之大,以至于我们可以凭借复杂类足以区分能高效解决的问题和不能高效解决的问题。接下来我们介绍一些具体的复杂类。

首先是各位读者应该都听说过的 P(polynomial)复杂类,这可以说是整个(经典)复杂度理论的起点,是最早被提出的复杂类。

P 复杂类的计算问题类别是决策问题。通俗地讲,决策问题,就是对于给定的一个输入,答案是确定的"是"或者"不是"。我们接下来也只介绍与决策问题相关的复杂类。其他计算问题通常可以通过查询关于值域性质的方式(如询问答案是否在某个区间内)将其转换为决策问题。

P 复杂类的计算模型是图灵机,它在本书将要介绍的所有复杂性理论中都等价于我们现在的经典电子计算机。P 复杂类要求该计算问题存在一个算法,能在 $O(n^c)$ 的时间复杂度内求解。求解即对于任意给定的问题输入,能够输出正确的"是"或者"不是"。其中,c 是任意常数。我们也说这个问题能在多项式时间内求解。

为什么是多项式? 或许有一定的历史偶然性,但是有一个因素是,多项式在组合下是封闭的。在一个算法中任意求解多项式次多项式复杂度的子问题,得到的还是一个多项式复杂度的算法。这给理论研究带来了很多便利。

不确定性多项式(non-deterministic polynomial,NP)复杂类则同样是针对决策问题,而计算模型是不确定性图灵机。直观上它允许你每次都并行地执行程序的两个分支,而不是只能 if else 选择其一。可以想象,你"不确定"地,或者同时走向了两个分支。随后,要求如果决策问题答案是"不是",那么最后所有的分支都要返回"不是";如果答案是"是",至少有一个分支返回"是"。这种情况下,能在不确定性图灵机上多项式时间内解决的问题称为 NP 问题。大多数实际生活中的决策问题是 NP 问题。

NP 复杂类有一个等价的刻画,那就是能够在多项式时间内验证答案的问题。在这里我们不会给出定义等价性的证明,但是我们接下来说明什么是能够在多项式时间内验证答案。假设有一个多项式时间的算法,在接受一个问题的输入 x 的同时,还接受一个这个问题的证明 y,如果这个问题答案是"是",那么存在一个 y 使得这个多项式时间算法输出"是",否则则对任意的 y 都输出"不是",那么就说这个问题能够在多项式时间内验证答案。

NP 复杂类中包含很多类型,其中最难的部分被称为 NP 完全问题(NP-complete)。如果有一个算法能够在多项式时间内解决这类问题,那么它一定能够在多项式时间内解决任意 NP 问题。NP 困难问题(NP-hard)则介于两者之间,较为准确的描述为如果任意一个 NP 问题 L 都可以在多项式时间内规约为问题 H,那么我们称 H 为 NP 困难问题。我们可以简单地理解为"至少与 NP 问题中最难的一类一样难"的一类问题。例如旅行商问题是一个 NP 困难问题,如果在此之上加上限制条件"旅行商的最大行程为 L",那么这个问题就是 NP 完全问题。

P 中的问题,我们在理论层面认为是可以高效解决的。不过,我们还有一些资源没有利用——现在我们给经典计算机加上一个随机数生成器,允许算法调用之。如果存在这样的算法能以 2/3 以上的概率在多项式时间内对决策问题给出正确解,这样的问题集合称为 BPP(bounded-error probabilistic polynomial)复杂类。2/3 这个数值只要是 1/2 和 1 开区间内的常数,在多项式意义下都是等价的。BPP 我们认为是在经典计算机上能高效解决的最大的复杂类。

如果我们将上述 2/3 放宽至 1/2,这样的问题集合就称为 PP(probabilistic polynomial)复杂类。与 BPP 复杂类不同,这样的问题我们不一定再有高效的解法,因为如果正确率是严格大于 1/2 的常数的话,只要我们多调用这个算法常数次,就可以达到任意目标精度。而如果只是大于 1/2,例如,这一概率可能随着输入问题的规模指数级接近 1/2,我们就需要调用其指数次才能达到想要的精度。

在 BPP 的基础上,我们如果使用量子计算机代替经典计算机,就得到有界误差概率多项(bounded-error quantum probabilistic polynomial,BQP)复杂类。我们认为 BQP 复杂类是在量子计算机上能高效解决的最大复杂类。例如质因数分解、离散对数等问题就属于 BQP,目前我们在经典计算机上还没有在多项式时间内解决这些问题的算法,但是在量子计算机上我们有。

1.4.3　复杂类之间的关系

复杂度理论主要研究的就是上述各个复杂类之间的关系。

从定义就不难发现一些包含关系:从 P 到 NP,其他都没有改变,而计算模型增加了并行的能力,因此 P⊆NP。⊆表示包含于。从 P 到 BPP,增加了随机数和容错,因此 P⊆BPP。BPP 到 BQP 将经典计算强化为了量子计算,因此 BPP⊆BQP。BPP 到 PP 将容错量进一步放宽了,因此 BPP⊆PP。

而其他的关系,就不那么显然了。事实上,对于不同计算能力定义的类别而言,要证明其相等或不等通常都是非常困难的。可以想象,如果要说明一个问题有一个高效的算法,我们只需要找到这种算法就可以,而如果要说明一个问题不可能有高效的算法,则非常困难,需要极高的理论造诣。例如,著名的 P = NP 问题至今仍然未得到解决;BPP、BQP 和 P 和 NP 的关系我们也同样不知晓。已有文献报道证明了 BQP⊆PP[22]。

前面提到的 P=NP 问题,是当今计算机科学中的一个重要问题,指的是能够在多项式时间内验证的问题能否在多项式时间内解决。如果 P=NP,那么任意一个 NP 问题都可以转化为 P 问题,只不过我们还没找到这样的算法罢了。图 1.15 给出了两种情况下复杂度的关系图。

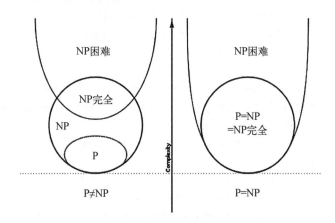

图 1.15　两种情况下的复杂度关系[23]

参考文献

[1] Shannon C E. A symbolic analysis of relay and switching circuits. Electrical Engineering, 1938, 57: 713 – 723.

[2] Shockley W. The theory of p-n junctions in semiconductors and p-n junction transistors. Bell System Technical Journal, 1949, 28: 435 – 489.

[3] Arute F, Arya K, Babbush R, et al. Quantum supremacy using a programmable superconducting processor. Nature, 2019, 574: 505 – 510.

[4] Zhong H S, Wang H, Deng Y H, et al. Quantum computational advantage using photons. Nature, 2020, 370: 1460 – 1463.

[5] Fink J M. Quantum nonlinearities in strong coupling circuit QED. Zurich: ETH Zurich, 2010.

[6] Koch J, Terri M Y, Gambetta J, et al. Charge-insensitive qubit design derived from the Cooper pair box. Physical Review A, 2007, 76: 042319.

[7] Debnath S, Linke N M, Figgatt C, et al. Demonstration of a small programmable

quantum computer with atomic qubits. Nature, 2016, 536: 63 – 66.

[8] Wu X, Fan T, Eftekhar A A. High-Q microresonators integrated with microheaters on a 3C-SiC-on-insulator platform, Optics Letters, 2019, 44: 4941 – 4944.

[9] Paik H, Schuster D I, Bishop L S, et al. Observation of high coherence in Josephson junction qubits measured in a three-dimensional circuit QED architecture. Physical Review Letters, 2011, 107: 240501.

[10] Fei X, Jiang-Feng D, Ming-Jun S, et al. Realization of the Fredkin gate by three transition pulses in a nuclear magnetic resonance quantum information processor. Chinese Physics Letters, 2002, 19: 1048.

[11] Pei J, Deng L, Song S, et al. Towards artificial general intelligence with hybrid Tianjic chip architecture. Nature, 2019, 572: 106 – 111.

[12] Liang X, Zhu W, Lv Z, et al. Molecular computing and bioinformatics. Public Medical Central, 2019, 24: 2358.

[13] Shenker R O. Maxwell's demon 2: Entropy, classical and quantum information, computing. Studies in History and Philosophy of Modern Physics, 2004.

[14] Bennett C H. The thermodynamics of computation—a review. International Journal of Theoretical Physics, 1982, 21: 905 – 940.

[15] Shannon C E. A mathematical theory of communication. The Bell System Technical Journal, 1948, 27: 379 – 423.

[16] Turing A. On computable numbers, with an application to the entscheidungsproblem. Alan Turing His Work & Impact, 1936, s2 – 42: 13 – 115.

[17] Wikipedia. Turing completeness. https://en. wikipedia. org /wiki /Turing _ completeness # [2023 – 04].

[18] Godfrey M D. Introduction to "The first draft report on the EDVAC" by John von Neumann. Annals of the History of Computing, 1993, 15: 11 – 21.

[19] Landauer R. Irreversibility and heat generation in the computing process. IBM Journal of Research and Development, 1961, 5: 183 – 191.

[20] O'Connor M, Chatterjee N, Lee D, et al. Fine-grained DRAM: Energy-efficient DRAM for extreme bandwidth systems. 2017 50th Annual IEEE /ACM International Symposium on Microarchitecture (MICRO), IEEE, 2017: 41 – 54.

[21] Center U. Magnetic memory and logic could achieve ultimate energy efficiency. Physical Review Letters, 2011.

[22] Aaronson S. Quantum computing, postselection, and probabilistic polynomial-time. Proceedings of the Royal Society A, 2005, 461: 3473 – 3482.

[23] Wikipedia. NP (complexity). https://en. wikipedia. org /wiki /NP _ (complexity) [2023 – 04].

第2章
量子物理及量子计算的基本概念

2.1 量子力学发展简史

经典物理体系起源于 17 世纪著名的《自然哲学的数学原理》,经过二百余年的发展日趋完善,到 19 世纪末,物理学家乐观地认为"物理学的大厦已然建成",留给未来科学家的只剩下提高物理常数的观测精度。然而开尔文勋爵敏锐地指出,遥远的天边有着两朵令人不安的"乌云"。那时候没人能够想到,这两朵乌云将带来怎样的狂风暴雨。

2.1.1 量子力学的初步形成

任何理论的产生都不是凭空得到的,量子力学产生之前,经典力学正面临着几大难以解决的问题。

(1) 黑体辐射。

黑体是一种理想的物理模型,它吸收所有波长的电磁波而不反射(这并不代表它不发射电磁波,如太阳就近似于黑体)。传统的半经验公式维恩公式和瑞利‑金斯公式分别在长波段和短波段与实验有明显差距。1900 年,普朗克在维恩公式的基础上改进,提出了普朗克公式,其与实验很好地吻合,但是经典理论却无法解释。

(2) 光电效应。

光电效应是指某些波长的光照射到金属表面时有电子逸出的现象。它有三个经典理论无法解释的现象:存在截止频率,当照射光频率小于截止频率时,无论光强多大都无法产生光电流;单个光电子的能量(速度)只与照射光频率有关,光强只影响光电流的强度;无论光强多小,光电流的产生都是瞬间的,即电子逸出无须能量积累。

(3) 原子的线状光谱。

人们对大量原子的光谱进行分析,发现每一种原子都有自己独特的一系列光谱项 $T(n)$,原子光谱线的波数总是可以表示为两项光谱项之差。经典理论无法解释这种线性光谱的存在。

（4）原子的稳定性。

卢瑟福通过 α 粒子散射实验建立起卢瑟福模型，他认为原子质量主要集中在原子中心，构成原子核，电子围绕原子核做圆周运动。但是它有两个经典理论无法解释的问题：原子的稳定性问题，圆周运动是一种加速运动（尽管只是改变速度方向），按照经典理论需要不断发出电磁波，进而导致速度降低逐渐坠入原子核中，这一过程大约是皮秒（10^{-12} s）数量级，并且在这一过程中将产生一个很宽的连续辐射谱，这样的原子对外界粒子的碰撞也是不稳定的，这会导致我们现存的世界都是不稳定的；此外，根据卢瑟福模型算出来的原子大小远小于经典统计物理得到的原子大小。

（5）固体的比热容。

根据统计物理，原子固体的定容比热容应该是一个定值24.9 J/K，而在极低温的情况下这一值趋向于 0。类似的现象也出现在多原子分子中。

上述问题都呼唤着全新的理论来解释。表 2.1 展示了量子力学诞生和发展的历程，最先的突破则是在黑体辐射问题上，普朗克提出了普朗克公式后，一直试图寻找一种方法来解释这个公式。他发现，如果黑体发射某一频率 ν 的时候，每一份辐射的能量必须是 $h\nu$ 的整数倍，这样就可以从理论上得到黑体辐射的公式，而这一基本的能量单元普朗克称之为"量子"。

表 2.1　量子力学重要人物及其贡献[1]

获奖人	文献发表年份/年	获奖年份/年	获 奖 工 作
普朗克	1900	1918	光量子理论
爱因斯坦	1905	1921	光电效应及数理方面成就
玻尔	1913	1922	原子结构与原子辐射
德布罗意	1923	1929	电子的波动性
海森堡	1925	1932	矩阵力学
薛定谔	1926	1933	波动力学
狄拉克	1927	1933	电子的相对论性波动方程、预言正电子
泡利	1925	1945	泡利不相容原理
玻恩	1926	1954	波函数的统计诠释

但是这一解释并没有得到当年主流物理学界的认可，甚至就连普朗克本人都对此表示怀疑，因为"能量是离散化的"猜想与日常生活中万事万物都是连续

的这一现象矛盾。直到 1905 年,爱因斯坦用光量子假设解释了光电效应,人们才意识到这一假设的重要性。1907 年,爱因斯坦进一步用能量不连续的概念解释了固体比热容的现象。真正证明了光量子概念的是 1912 年的康普顿散射实验,他证明了光量子和其他基本粒子一样具有能量和动量,并且在微观世界的单个碰撞事件,能量守恒和动量守恒依然成立。这一系列实验让人们对光有了更为深刻的认识,光是光波和粒子的对立统一,即具有波粒二象性。

光量子理论的提出,使得一批年轻的科学家对于量子的相关概念充满信心,玻尔就是其中之一。他深刻地认识到在原子尺度经典电动力学可能不再成立,进而建立起氢原子的玻尔模型,他假定电子能够且只能够稳定地存在于离散的轨道上,这些轨道的能量是确定的,这种状态被称为定态;电子在两个定态之间跃迁时,吸收/放出的光子能量是唯一的,为两个定态的能量差(频率条件)。这一模型很好地解释了原子的稳定性。之后根据对应原理的思想,玻尔又定量地求解出氢原子的能级公式和光谱项,这与实验得到的里德堡常数十分吻合,一举解决了两大难题。

尽管玻尔模型具有一定的局限性,例如无法解释角动量的物理意义,甚至连氢原子光谱都无法处理,但是它提出的能量量子化、跃迁等概念至今依然是正确的,并且深深地影响量子力学的建立,可以说已经摸到了量子力学的大门。之后,德布罗意提出了物质波的概念,将波粒二象性进一步推广到所有静质量非零的物质,并从驻波给予角动量物理意义。

量子力学的正式建立是在 1923—1927 年,矩阵力学和波动力学几乎同时被提出。矩阵力学来源于玻尔的对应原理,将物理量抽象成一个矩阵,其运算方式满足矩阵运算。波动力学来源于德布罗意的物质波概念,基于这个概念可以自然地推导出量子化条件,在此基础上,薛定谔找到了量子体系的波动方程——薛定谔方程。同样地,薛定谔用他的波动方程解决了氢原子光谱等一系列问题。接着他还证明,矩阵力学和波动力学实质上是等价的,是同一种力学规律的不同描述,狄拉克等更进一步用一种普适的方式将其表述出来,此后人们把矩阵力学和波动力学合称为量子力学。最后,玻恩提出的量子力学统计诠释,完善了量子力学的自洽性。

2.1.2 量子力学带来的信息技术发展

量子力学的产生极大地促进了信息技术的发展,尽管半导体的发展历史比量子力学还要早,但是真正能够解释半导体理论的各种现象还是在量子力学建立之后,如光伏效应。1932 年,基于量子力学科学家正式建立起的能带理论,人们可以通过理论计算,生产特定性质的半导体材料。1947 年,肖克来、巴丁和布拉顿三人基于量子力学原理于美国贝尔实验室首次制造出晶体管,之后人类开始加速进入电子时代。

但是同样地,量子力学也宣布了经典半导体理论的极限。经典半导体的性能提升依靠制程的提升,也就是晶体管的密度的提升。当前每个晶体管已经做到数个纳米级别,随着尺寸的进一步减小,将不可避免地受制于量子隧穿效应。量子隧穿效应告诉我们,量子对于经典力学中不可逾越的壁垒是有一定概率穿透的,这似乎告诉我们,神话故事中的"穿墙术"是有可能实现的,毕竟我们之前说世间万物都且有波粒二象性,但是在宏观世界,波粒二象性难以观察到,所以我们认为这是不可能的,而在半导体尺度上,电子越过几个原子组成的壁垒造成的信号丢失是不可忽视的,这也就是经典半导体的极限。

可以说,半导体的发展促进了量子力学的发展,其处于经典到量子的过渡区间。量子力学带来了半导体技术的革命,半导体技术的发展也必然追寻更小尺寸的元件,而向更小尺度的迈进必然会使相关的理论完全进入量子力学的区域,量子力学将会从另一个角度为信息技术带来更多的发展。

2.2 狄拉克符号与线性代数表示

在介绍本节内容前,我们先引入狄拉克符号(Dirac notation)的概念来简化数学推导的内容。

狄拉克符号最初译为 bra-ket notation,它起初用于简化希尔伯特空间中广泛存在的内积运算操作。由于量子力学中的数学结构大多构建在线性代数的基础上,狄拉克丰富和扩展了 bra-ket notation 的内容,建立了狄拉克符号系统,在这样的表达形式下,量子力学的数学本质和物理图像得以更为清晰地展现在我们面前。

令 a,$b \in \mathbb{C}^2$(带有虚部的二维矢量)我们定义右矢为

$$|a\rangle = \begin{bmatrix} a_1 \\ a_2 \end{bmatrix} \tag{2.1}$$

其中,a_1,a_2 都可以是复数,定义左矢为

$$\langle b| = |b\rangle^\dagger = \begin{bmatrix} b_1 \\ b_2 \end{bmatrix}^\dagger = \begin{bmatrix} b_1^* & b_2^* \end{bmatrix} \tag{2.2}$$

其中 † 代表共轭转置,* 代表共轭复数。定义左右矢(内积)为

$$\langle b|a\rangle = a_1 b_1^* + a_2 b_2^* = \langle a|b\rangle^* \tag{2.3}$$

这是一个复数,以及右左矢为

$$|a\rangle\langle b| = \begin{bmatrix} a_1 b_1^* & a_1 b_2^* \\ a_2 b_1^* & a_2 b_2^* \end{bmatrix} \tag{2.4}$$

这是一个 2×2 的矩阵。量子力学中,我们常用右矢来表示一个量子态(特别地,在量子计算中,我们用二维右矢 $|0\rangle$ 和 $|1\rangle$ 来表示量子比特的两个状态,关于量子态的更多介绍可见 2.3 节):

$$|0\rangle = \begin{bmatrix} 1 \\ 0 \end{bmatrix} \text{ 或 } |1\rangle = \begin{bmatrix} 0 \\ 1 \end{bmatrix} \tag{2.5}$$

它们是正交的,因为

$$\langle 0|1\rangle = 1 \times 0 + 0 \times 1 = 0 \tag{2.6}$$

所有的量子态都是归一化的,即

$$\langle \psi|\psi \rangle = 1 \tag{2.7}$$

例如

$$|\boldsymbol{a}\rangle = \frac{1}{\sqrt{2}}(|0\rangle + |1\rangle) = \begin{bmatrix} 1/\sqrt{2} \\ 1/\sqrt{2} \end{bmatrix} \tag{2.8}$$

在 2.4 节中,结合布洛赫球我们可以发现,正交的量子态必然处于布洛赫球同一直径的两个方向。

2.3　量子态的相关概念

2.3.1　谐振子

量子比特本质上基于量子谐振子,它与经典谐振子的区别是能量的量子化,即系统的能量只能取一些特定的离散数值。为了能更好地让读者理解量子谐振子,我们先从经典弹簧振子入手,再通过类比得到量子谐振子。著名的物理学家狄拉克在 The Principles of Quantum Mechanics 中写道:"There is, however, a fairly general method of obtaining quantum conditions, applicable to a very large class of dynamical systems. This is the method of classical analogy."[2]。我们接下来将经典力学中谐振子哈密顿量的位置 x 和动量 p 分别改为算符形式,推导量子谐振子的性质,并自然地引入产生-湮灭算符,事实上这也是二次量子化中的重要概念。

量子力学的谐振子哈密顿量变为[3]

$$\hat{\mathcal{H}} = \frac{\hat{p}^2}{2m} + \frac{m\omega^2 \hat{q}^2}{2} \tag{2.9}$$

引入无量纲算符:

$$\hat{Q} = \sqrt{\frac{m\omega}{\hbar}}\,\hat{q}$$

$$\hat{P} = \frac{1}{\sqrt{\hbar m\omega}}\hat{p} \tag{2.10}$$

那么就可以定义产生算符 $\hat{a}^\dagger$ 和湮灭算符 $\hat{a}$:

$$\hat{a} = \frac{1}{\sqrt{2}}(\hat{Q} + \mathrm{i}\hat{P})$$

$$\hat{a}^\dagger = \frac{1}{\sqrt{2}}(\hat{Q} - \mathrm{i}\hat{P}) \tag{2.11}$$

它们满足对易关系(关于对易关系的定义详见附录 A):

$$[\hat{a}, \hat{a}^\dagger] = 1 \tag{2.12}$$

也可以用产生湮灭算符表示正交算符:

$$\hat{q} = \sqrt{\hbar/2m\omega}\,(\hat{a} + \hat{a}^\dagger)$$

$$\hat{p} = \mathrm{i}\sqrt{\hbar m\omega/2}\,(\hat{a}^\dagger - \hat{a}) \tag{2.13}$$

将产生湮灭算符作用在福克态(即光子数态) $|n\rangle$ 上的效果为

$$\hat{a}|n\rangle = \sqrt{n}\,|n-1\rangle, \quad n = 1, 2, 3, \cdots$$

$$\hat{a}|0\rangle = 0 \tag{2.14}$$

$$\hat{a}^\dagger|n\rangle = \sqrt{n+1}\,|n+1\rangle$$

如果将量子线性谐振子的本征能量由低到高依次排列,就能得到一个间隔均匀的能量阶梯,而使用产生湮灭算符就可以在这个阶梯上升降,因此产生湮灭算符在量子谐振子中也被称为升降算符。能量阶梯的概念和原子能级非常相似,因此量子线性谐振子也被称为"人工原子"。

引入产生湮灭算符后,我们可以定义福克数(Fock)算符:

$$\hat{N} = \hat{a}^\dagger\hat{a} \tag{2.15}$$

它作用在福克态上恰好得到光子数:

$$\hat{N}|n\rangle = n|n\rangle \tag{2.16}$$

我们就可以简化表示哈密顿算符:

$$\hat{\mathcal{H}} = \hbar\omega\left(\hat{N} + \frac{1}{2}\right) \tag{2.17}$$

更多的推导与证明读者可以参阅附录 A,有关连续变量的内容可以参阅
7.2.1 节。

2.3.2　番外篇: 饺子与量子力学

过年了,一大家人团聚在一起包饺子(量子态),每个人都有自己最喜欢的口
味,且每个人的喜好各不相同,假设每个人都只包自己最爱吃的口味,那么我们
就可以用家庭成员来描述(编码)这些饺子。

现在我们面前有一个饺子,我们想知道这个饺子是谁包的,该怎么办?

俗话说,世界上没有两片相同的树叶,同样也没有两个相同的饺子,每个饺子
都有不同的特征,例如,有的人喜欢白面的饺皮,有的人喜欢在饺皮里加鸡蛋,这样
的饺子颜色偏黄;有的人心灵手巧,包出的饺子馅大皮薄,有的人只能包出瘪皮饺
子;馅料上有的人喜欢三鲜的,有人喜欢韭菜猪肉的,还有人喜欢酸菜羊肉的。通
过这一系列特点,我们可以将饺子和人对应起来。而确定这一系列的特点(可观测
量),我们需要对应的测量,例如观察颜色确定饺子颜色,触摸确定馅是否丰富,品
尝来确定馅料。在品尝中,每一种馅料都是"品尝"这一算符的基态(本征态),构成
了"品尝"这一测量空间的单位矢量,这三种馅料(假设只有这三种)构成了这一空
间的一组基底。如果我们能通过一组特点(测量)来完全区分出这个饺子到底是谁
包出来的,那么我们称这一组特点为对易力学量完全集。这样,我们可以用一组标
签来描述这一组量子态,例如 |我⟩＝|黄色,瘪皮,酸菜羊肉⟩,"我"就是"谁包饺子"
这一测量的本征态。如果有一个饺子,它是饱满的白色饺子,但是有两种馅料,那
么我们称它为混态,如下 $\boldsymbol{\rho}$(饺子)＝a|爸爸⟩⟨爸爸|＋b|妈妈⟩⟨妈妈|＝a|白色,饱
满,酸菜羊肉⟩⟨白色,饱满,酸菜羊肉|＋b|白色,饱满,三鲜⟩⟨白色,饱满,三鲜|,
a 和 b 是两种馅料的比例(对应量子态的概率)。

在测量中我们发现,先触摸再观察与先观察再触摸,并不会改变我们的测量
结果(这是显然的),我们称这一组测量是对易的,也称可交换的。相反,如果我
们一口咬掉了大半块馅,我们就没法测量馅料的丰富程度了,这样的测量就是不
可对易。同时,咬了一口的饺子也不再是原来的饺子,这就是破坏性测量。

但是现在,有一个问题摆在了我的面前:刚放完鞭炮,我的手很脏(这个刚
刚出锅的饺子很烫),没有办法触摸(有时受制于实验条件,我们没法对某些物理
量进行测量),我们该怎么知道它馅料的多少呢。这时我发现,馅料多的饺子能
够稳稳的"站"在盘子里,而瘪皮饺子只能"躺"在盘子里。于是,我们就可以将触
摸这一测量转化为观察这样测量,在这一过程中,我们将馅"多"和"少"这一组基
底转化为了饺子的"站"与"躺"这一组基底,这就是基底变换。

简并态:我们知道,不同饺子馅的热量是不同的,同样质量的肉馅比三鲜的

热量高,那么从热量角度来讲,两种肉馅热量相等(有两种不同的本征态),构成了一组简并态。

到这里,一切似乎都很合理,但是接下来的部分是属于量子力学的神奇之处:测量会对量子态产生干扰,导致量子态的变化,也就是说我们品尝了饺子发现是三鲜的,但是这会导致饺子皮从白色变成黄色,或者从三鲜变成三鲜和韭菜猪肉的混合馅。

不确定性原理:我们无法同时准确测量不对易的两个物理量,例如饺皮的颜色(波长)和馅的饱满程度(质量),两者标准差之积大于 $\hbar/2$。

饺子煮好了放在盘子里,它们有可能粘在一起(量子态之间相互作用),这就是一个系统,许多这样的盘子放在桌子上,桌子就是一个系综。如果说一个盘子里的饺子是可分辨的(例如我们可以根据包的先后顺序标号),那么饺子的分布服从玻尔兹曼分布;如果饺子是不可分辨的并且两个同样的饺子能同时出现在一个盘子里,那么饺子服从玻色-爱因斯坦分布,这种饺子称为玻色子;如果饺子是不可分辨的并且两个同样的饺子不能同时出现在一个盘子里,那么饺子服从费米-狄拉克分布,这种饺子称为费米子。对于盘子里的饺子,我们可以进行不同的操作,例如给所有的饺子浇上芝麻酱,或者放进/取出一个饺子(产生/湮灭算符),在量子力学中,我们通过算符来完成这一操作(包括之前的观测也是一种操作)。

为了讨个彩头,我们会在饺子里包上一枚硬币,如何从一盘饺子中找到这个特殊的饺子呢?传统的搜索算符需要最多 $N-1$ 次搜索,而在量子计算中使用 Grover 算法,只需要 $\sqrt{N}$ 次搜索就可以找到。

以上对量子力学中相关概念的描述并非十分严谨,但希望通过这样的情景架构能让读者对这些概念有一个直观的了解。

2.4 布洛赫球

布洛赫球(Bloch sphere)是一个能将量子态直观呈现的抽象球面,如图 2.1 所示[4]。

我们定义 z 轴与上半球面的交点为 $|0\rangle$,下半球面为 $|1\rangle$。 这样,任意一个量子态都可以表示成为

$$|\psi\rangle = \alpha|0\rangle + \beta|1\rangle \qquad (2.18)$$

其中,α 和 β 为复数且满足归一化条件。更精确

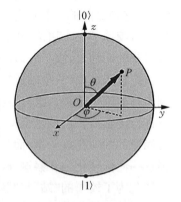

图 2.1 布洛赫球

地,对于球面上的一个点 ψ,其坐标为 $(\cos\varphi\sin\theta,\ \sin\varphi\sin\theta,\ \cos\theta)$,则

$$|\psi\rangle = \cos\frac{\theta}{2}|0\rangle + e^{i\varphi}\sin\frac{\theta}{2}|1\rangle \tag{2.19}$$

其中,$0 \leqslant \theta \leqslant \pi$,$0 \leqslant \varphi \leqslant 2\pi$,显然这满足之前的条件,详见附录 B。不同 θ,φ 表示的量子态及其矩阵表示见表 2.2。

表 2.2　不同参数价表示的量子态及其矩阵表示

量子态	θ, φ 取值	矩阵表示
$\lvert 0 \rangle$	$\theta = 0$	$\begin{bmatrix} 1 \\ 0 \end{bmatrix}$
$\lvert x_+ \rangle$	$\theta = \dfrac{\pi}{2}$, $\varphi = 0$	$\begin{bmatrix} \sqrt{2}/2 \\ \sqrt{2}/2 \end{bmatrix}$
$\lvert x_- \rangle$	$\theta = \dfrac{\pi}{2}$, $\varphi = \pi$	$\begin{bmatrix} \sqrt{2}/2 \\ -\sqrt{2}/2 \end{bmatrix}$
$\lvert y_+ \rangle$	$\theta = \dfrac{\pi}{2}$, $\varphi = \dfrac{\pi}{2}$	$\begin{bmatrix} \sqrt{2}/2 \\ i\sqrt{2}/2 \end{bmatrix}$

2.5　量子逻辑门

2.5.1　单量子门

在经典计算机中,单比特逻辑门只有一种——非门(NOT gate),但是在量子计算机中,量子比特情况相对复杂,存在叠加态、相位,所以单量子比特逻辑门会有更加丰富的种类[3-4]。泡利矩阵(Pauli matrices)有时也称作自旋矩阵(spin matrices)。三个泡利矩阵所表示的泡利算符代表着对量子态矢量最基本的操作。泡利矩阵的线性组合是完备的二维酉变换生成元,即所有满足厄米性 U 都能通过下面这种方式得到:

$$U = e^{-i\theta(a\sigma_x + b\sigma_y + c\sigma_z)} \tag{2.20}$$

Pauli - X 门作用在单量子比特上,它是经典计算机非门的量子等价,将量子态进行翻转,量子态变化方式为

$$|0\rangle \rightarrow |1\rangle$$

$$|1\rangle \rightarrow |0\rangle \qquad (2.21)$$

Pauli - X 门也称为非门,将其作用在任意量子态 $|\psi\rangle = \alpha|0\rangle + \beta|1\rangle$ 上面,得到新的量子态为

$$|\psi'\rangle = X|\psi\rangle = \begin{bmatrix} 0 & 1 \\ 1 & 0 \end{bmatrix}\begin{bmatrix} \alpha \\ \beta \end{bmatrix} = \begin{bmatrix} \beta \\ \alpha \end{bmatrix} = \beta|0\rangle + \alpha|1\rangle \qquad (2.22)$$

Pauli - X 门矩阵形式为泡利矩阵 $\boldsymbol{\sigma}_x$。 Pauli - Y 门的矩阵形式为泡利矩阵 $\boldsymbol{\sigma}_y$,作用在单量子比特上,作用效果为绕 Bloch 球 y 轴旋转角度 π。Pauli - Z 门的矩阵形式为泡利矩阵 $\boldsymbol{\sigma}_z$,作用在单量子比特上,作用效果是绕 Bloch 球 z 轴旋转角度 π。

$$\boldsymbol{\sigma}_x = \begin{pmatrix} 0 & 1 \\ 1 & 0 \end{pmatrix} \quad \boldsymbol{\sigma}_y = \begin{pmatrix} 0 & -i \\ i & 0 \end{pmatrix} \quad \boldsymbol{\sigma}_z = \begin{pmatrix} 1 & 0 \\ 0 & -1 \end{pmatrix} \qquad (2.23)$$

Hadamard 门是一种可将基态变为叠加态的量子逻辑门,有时简称为 H 门。Hadamard 门作用在单比特上,它将基态 $|0\rangle$ 变成 $(|0\rangle + |1\rangle)/\sqrt{2}$,将基态 $|1\rangle$ 变成 $(|0\rangle - |1\rangle)/\sqrt{2}$。

Hadamard 门矩阵形式为

$$\boldsymbol{H} = \frac{1}{\sqrt{2}}\begin{bmatrix} 1 & 1 \\ 1 & -1 \end{bmatrix} \qquad (2.24)$$

旋转门是用不同的泡利矩阵作为生成元构成的。

R_x 门是由 Pauli - X 矩阵作为生成元生成,其矩阵形式为

$$\boldsymbol{R}_x(\theta) = \mathrm{e}^{-i\theta X/2} = \cos\left(\frac{\theta}{2}\right)\boldsymbol{I} - i\sin\left(\frac{\theta}{2}\right)\boldsymbol{X} = \begin{bmatrix} \cos\left(\dfrac{\theta}{2}\right) & -i\sin\left(\dfrac{\theta}{2}\right) \\ -i\sin\left(\dfrac{\theta}{2}\right) & \cos\left(\dfrac{\theta}{2}\right) \end{bmatrix}$$

$$(2.25)$$

R_y 门由 Pauli - Y 矩阵作为生成元生成,其矩阵形式为

$$\boldsymbol{R}_y(\theta) = \mathrm{e}^{-i\theta Y/2} = \cos\left(\frac{\theta}{2}\right)\boldsymbol{I} - i\sin\left(\frac{\theta}{2}\right)\boldsymbol{Y} = \begin{bmatrix} \cos\left(\dfrac{\theta}{2}\right) & -\sin\left(\dfrac{\theta}{2}\right) \\ \sin\left(\dfrac{\theta}{2}\right) & \cos\left(\dfrac{\theta}{2}\right) \end{bmatrix}$$

$$(2.26)$$

R_z 又称相位转化门（phase-shift gate），其由 Pauli - Z 门为生成元生成，矩阵形式为

$$\boldsymbol{R}_z(\theta) = \mathrm{e}^{-\mathrm{i}\theta Z/2} = \cos\left(\frac{\theta}{2}\right)\boldsymbol{I} - \mathrm{i}\sin\left(\frac{\theta}{2}\right)\boldsymbol{Z} = \begin{bmatrix} \mathrm{e}^{-\mathrm{i}\theta/2} & 0 \\ 0 & \mathrm{e}^{\mathrm{i}\theta/2} \end{bmatrix} \qquad (2.27)$$

由于矩阵 $\begin{bmatrix} \mathrm{e}^{-\mathrm{i}\theta/2} & 0 \\ 0 & \mathrm{e}^{\mathrm{i}\theta/2} \end{bmatrix}$ 和 $\begin{bmatrix} 1 & 0 \\ 0 & \mathrm{e}^{\mathrm{i}\theta} \end{bmatrix}$ 只差一个整体相位 $\mathrm{e}^{-\mathrm{i}\theta/2}$，只考虑单门的话，两个矩阵构成的量子逻辑门是等价的，即有时 R_z 门的矩阵形式写作 $\boldsymbol{R}_z(\theta) = \begin{bmatrix} 1 & 0 \\ 0 & \mathrm{e}^{\mathrm{i}\theta} \end{bmatrix}$。

R_x，R_y，R_z 意味着将量子态在布洛赫球上分别绕着 x，y，z 轴旋转 θ 角度，所以 R_x，R_y 能带来概率幅度的变化，而 R_z 只有相位的变化。那么，共同使用这三种操作能使量子态在整个布洛赫球上自由移动。

在此基础上，任意的幺正操作都可以用 R_x，R_y，R_z 来表示[5-6]：

$$\boldsymbol{U}_3 = \mathrm{e}^{\mathrm{i}\alpha}\boldsymbol{R}_z(\beta)\boldsymbol{R}_y(\gamma)\boldsymbol{R}_z(\delta)$$

$$= \mathrm{e}^{\mathrm{i}\alpha}\begin{bmatrix} \mathrm{e}^{-\mathrm{i}\beta/2} & 0 \\ 0 & \mathrm{e}^{\mathrm{i}\beta/2} \end{bmatrix}\begin{bmatrix} \cos\left(\dfrac{\gamma}{2}\right) & -\sin\left(\dfrac{\gamma}{2}\right) \\ \sin\left(\dfrac{\gamma}{2}\right) & \cos\left(\dfrac{\gamma}{2}\right) \end{bmatrix}\begin{bmatrix} \mathrm{e}^{-\mathrm{i}\delta/2} & 0 \\ 0 & \mathrm{e}^{\mathrm{i}\delta/2} \end{bmatrix}$$

$$= \mathrm{e}^{\mathrm{i}\alpha}\begin{bmatrix} \mathrm{e}^{-\mathrm{i}(\beta+\delta)/2}\cos\left(\dfrac{\gamma}{2}\right) & -\mathrm{e}^{-\mathrm{i}(\beta-\delta)/2}\sin\left(\dfrac{\gamma}{2}\right) \\ \mathrm{e}^{\mathrm{i}(\beta-\delta)/2}\sin\left(\dfrac{\gamma}{2}\right) & \mathrm{e}^{\mathrm{i}(\delta+\beta)/2}\cos\left(\dfrac{\gamma}{2}\right) \end{bmatrix} \qquad (2.28)$$

其中，α，β，γ，δ 均为实数，α 是一个全局相位变量。

2.5.2　多量子门

受控非门（controlled - NOT gate，CNOT gate）是非常重要的双量子门。如果控制量子位处于 $|1\rangle$ 态，则目标量子比特翻转，否则不执行该操作。可表示成 $\alpha|00\rangle + \beta|01\rangle + \delta|10\rangle + \gamma|11\rangle \xrightarrow{\text{CNOT}} \alpha|00\rangle + \beta|01\rangle + \delta|11\rangle + \gamma|10\rangle$（其中第一个量子比特是控制量子位，第二个是目标量子比特）。

CNOT 门矩阵表示为

$$\mathbf{CNOT} = \begin{bmatrix} 1 & 0 & 0 & 0 \\ 0 & 1 & 0 & 0 \\ 0 & 0 & 0 & 1 \\ 0 & 0 & 1 & 0 \end{bmatrix} \qquad (2.29)$$

从矩阵形式上看,CNOT 分成两个部分:左上部分是 I 门,右下部分是 Pauli-X 门。确实,如果控制量子位处于 $|1\rangle$ 态,则 CNOT 对目标量子比特施加 Pauli-X 门,因此 CNOT 门又称 CX 门。同理,受控 Z 门(CZ gate)表示如果控制量子位处于 $|1\rangle$ 态,则对目标量子比特施加 Pauli-Z 门,否则不执行该操作。CZ 的矩阵表示为

$$\mathbf{CZ} = \begin{bmatrix} 1 & 0 & 0 & 0 \\ 0 & 1 & 0 & 0 \\ 0 & 0 & 1 & 0 \\ 0 & 0 & 0 & -1 \end{bmatrix} \tag{2.30}$$

更一般地,CZ 门只是受控相位门(controlled phase gate, CPHASE)的一种特例:

$$\mathbf{CPHASE} = \begin{bmatrix} 1 & 0 & 0 & 0 \\ 0 & 1 & 0 & 0 \\ 0 & 0 & 1 & 0 \\ 0 & 0 & 0 & e^{i\delta} \end{bmatrix} \tag{2.31}$$

此外,CNOT 门和 CZ 门可以通过 Hadamard 相互转换。在这里我们还要引入克罗内克积的概念,其符号是 $\otimes$。对于任意矩阵 $\boldsymbol{A}$,$\boldsymbol{B}$,则有

$$\boldsymbol{A} = \begin{bmatrix} a_{11} & a_{12} & \cdots & a_{1n} \\ a_{21} & a_{22} & \cdots & a_{2n} \\ \vdots & \vdots & & \vdots \\ a_{m1} & a_{m2} & \cdots & a_{mn} \end{bmatrix}$$

$$\boldsymbol{A} \otimes \boldsymbol{B} = \begin{bmatrix} a_{11}B & a_{12}B & \cdots & a_{1n}B \\ a_{21}B & a_{22}B & \cdots & a_{2n}B \\ \vdots & \vdots & & \vdots \\ a_{m1}B & a_{m2}B & \cdots & a_{mn}B \end{bmatrix} \tag{2.32}$$

例如:

$$\boldsymbol{I} \otimes \boldsymbol{H} = \begin{bmatrix} 1 & 0 \\ 0 & 1 \end{bmatrix} \otimes \frac{1}{\sqrt{2}} \begin{bmatrix} 1 & 1 \\ 1 & -1 \end{bmatrix} = \frac{1}{\sqrt{2}} \begin{bmatrix} 1 & 1 & 0 & 0 \\ 1 & -1 & 0 & 0 \\ 0 & 0 & 1 & 1 \\ 0 & 0 & 1 & -1 \end{bmatrix}$$

$$H \otimes I = \frac{1}{\sqrt{2}} \begin{bmatrix} 1 & 1 \\ 1 & -1 \end{bmatrix} \otimes \begin{bmatrix} 1 & 0 \\ 0 & 1 \end{bmatrix} = \frac{1}{\sqrt{2}} \begin{bmatrix} 1 & 0 & 1 & 0 \\ 0 & 1 & 0 & 1 \\ 1 & 0 & -1 & 0 \\ 0 & 1 & 0 & -1 \end{bmatrix} \quad (2.33)$$

很显然 $I \otimes H \neq H \otimes I$，即克罗内克积不满足交换律

$$\mathbf{CNOT} = (I \otimes H) \mathbf{CZ} (I \otimes H) \quad (2.34)$$

$$\frac{1}{\sqrt{2}} \begin{bmatrix} 1 & 1 & 0 & 0 \\ 1 & -1 & 0 & 0 \\ 0 & 0 & 1 & 1 \\ 0 & 0 & 1 & -1 \end{bmatrix} \begin{bmatrix} 1 & 0 & 0 & 0 \\ 0 & 1 & 0 & 0 \\ 0 & 0 & 1 & 0 \\ 0 & 0 & 0 & -1 \end{bmatrix} \frac{1}{\sqrt{2}} \begin{bmatrix} 1 & 1 & 0 & 0 \\ 1 & -1 & 0 & 0 \\ 0 & 0 & 1 & 1 \\ 0 & 0 & 1 & -1 \end{bmatrix}$$

$$= \frac{1}{2} \begin{bmatrix} 1 & 1 & 0 & 0 \\ 1 & -1 & 0 & 0 \\ 0 & 0 & 1 & 1 \\ 0 & 0 & 1 & -1 \end{bmatrix} \begin{bmatrix} 1 & 1 & 0 & 0 \\ 1 & -1 & 0 & 0 \\ 0 & 0 & 1 & 1 \\ 0 & 0 & -1 & 1 \end{bmatrix}$$

$$= \frac{1}{2} \begin{bmatrix} 2 & 0 & 0 & 0 \\ 0 & 2 & 0 & 0 \\ 0 & 0 & 0 & 2 \\ 0 & 0 & 2 & 0 \end{bmatrix} = \begin{bmatrix} 1 & 0 & 0 & 0 \\ 0 & 1 & 0 & 0 \\ 0 & 0 & 0 & 1 \\ 0 & 0 & 1 & 0 \end{bmatrix}$$

同理，$\mathbf{CZ} = (I \otimes H) \mathbf{CX} (I \otimes H)$，如图 2.2 所示，$\otimes$ 代表两个量子门处于同一深度。此外，在量子线路中，量子位（qubit）的运算是从左往右进行的，而矩阵运算是从右往左进行的，因此先操作的量子门对应的矩阵在右边。在本书中，如未特殊说明，均采用从上至下量子比特依次编码为 q_1，q_2，$\cdots$，q_n 的形式，对应量子态 $|q_1 q_2 \cdots q_n\rangle$。

图 2.2　CZ 门与 CNOT 门的相互转化

参考文献

［1］曾谨言.量子力学(第五版).卷 I.北京：科学出版社,2000.

［2］Dirac P A M. The principles of quantum mechanics. Fourth edition. No. 27. New York：Oxford University Press，1981.

［3］ Lewenstein M，Sanpera A，Pospiech M. Quantum optics：An introduction（short version）. Online Lecture Notes，2006.

［4］ Wikipedia. Bloch sphere. https：//en. wikipedia. org/wiki/Bloch_sphere［2023－01］.

［5］ Nielsen M A，Chuang I. Quantum computation and quantum information：10th anniversary edition. Cambridge：Cambridge University Press，2010：278.

［6］ Benenti G，Casati G，Strini G. Principles of quantum computation and information. Singapore：World Scientific，2005.

第3章
量子计算的硬件实现

目前一类主要的量子计算方式是指基于量子逻辑门线路的量子计算以及可以与之等效对应的簇态量子计算,通常称为通用量子计算,量子逻辑门与经典计算机的数字电路有一定的相似性,因此也称为数字型量子计算。经典计算机电路理论中,也存在模拟电路,即信息不是离散化、数字化,而是连续型,在量子计算中也存在对应的模拟量子计算,或称为专用量子计算。通用量子计算和专用量子计算的区别,可以用一个飞机流体力学模拟实验的示例来说明,通用量子计算的初态制备就如用乐高积木式的通用零配件拼成一个小飞机,计算过程如同积木飞机在乐高积木轨道上运行;专用量子计算的初态制备如同定制化制备一个小飞机模型,计算过程如同飞机模型在风洞中的自然运动。

基于量子逻辑门线路的通用量子计算和直接进行哈密顿量映射的专用量子计算各有一定的优势和擅长的应用场景,因此目前都在快速发展。很多人会对相较于经典算法具有指数级加速优势的量子算法更加感兴趣。但是,倘若没有稳定可靠的量子硬件,量子算法将沦为数学层面的纸上谈兵。当下,科学家们正以各种不同的物理体系,搭建通用及专用量子计算机,并共同朝着"大规模、抗干扰、可纠错"的终极目标迈进。

本章侧重介绍各种量子计算硬件的基本物理原理,对量子算法感兴趣的读者可跃过本章至后续介绍量子算法的相关章节。

3.1 选择物理体系的原则

在开始深入介绍各类不同的物理体系之前,有必要先探讨一下"候选名单"是怎样产生的,换言之,具备哪些性质的物理体系才可以被用来搭建量子计算机?

从量子计算的宏观层面系统性地分析,DiVincenzo 提出实现量子计算有以下 7 点要求[1]:

（1）数目足够多的量子比特能可靠地表示量子信息；

（2）制备一个可以作为基准的初始态；

（3）执行任意的酉变换；

（4）耦合时间足够完成所有的酉变换；

（5）测量输出结果；

（6）量子比特之间需要有能相互转换的量子接口以实现存储和芯片内通信；

（7）量子比特–光子接口必须可用于纠缠和量子信息的长距离传输。

其中，（1）和（2）对应计算机中的编码，（3）和（4）对应计算机中的计算，（5）对应于计算机中的测量，（6）和（7）则是对量子系统与外界的交互提出了要求。值得一提的是，之所以只需要一个可以作为基准的初始态，是因为理论上任何一个态都可以通过这个基准态配合酉变换的组合得到。另外，在 2.5 节中我们已经提到，可以证明任意的酉变换都可以通过一定数量的单量子比特门和 CNOT 门的组合来实现（Solovay – Kitaev 定理给出了这一数量的量级数[2]，有兴趣的读者可以自行查阅资料）。因此，在后续的各节中，我们将介绍各种体系中的量子比特、单量子比特门、双量子比特门及信息读取的实现。

量子计算机最基本的组成单元是量子比特，量子比特是一个具有两种状态的量子系统，而为了能实现量子计算，我们所制造的量子比特需要满足以下两点要求：① 需要能反复制备一些特定的初始态，并且能测量之（测量的定义见 2.1 节），这样才能重复地让量子比特以同一方式进行演化，再通过对大量测量结果的统计来推导出计算结果；② 需要量子比特能够相对长时间地维持叠加态，不能在计算中途就发生退相干（指因受环境等因素带来的噪声干扰而发生塌缩，失去量子性质）[3]。然而，上述的两点要求是有些矛盾的。前者要求量子比特能和外部对接，以便于被调控和测量，而后者要求量子比特处于不受外界影响的孤立状态，以维持其量子性质。举两个极端的例子：硬币和核自旋。硬币很好地满足了前者，但很难长时间处于叠加态；核自旋与外界磁场的方向一致或相反可以作为量子比特的两种状态，并且能够长时间处于叠加态，但是核自旋环境耦合太小，导致难以测量单个原子核的自旋方向。因此，搭建量子计算机的难点在于如何在两者的制约中取得平衡，从而造出一台"好用"的量子计算机。

最早的量子比特实现于 1995 年，Cirac 和 Zoller 将离子束缚于离子阱中，并用两个最低位能级编码一个量子比特。之后是自旋量子体系，包括核磁共振系统、NV 色心系统、半导体量子点等，其中最早（1998 年）实现也是较为成熟的体系是核磁共振系统，在这一系统上较早地实验演示了一些代表性量子算法。超导体系提出于 1999 年。光学系统尽管提出得相对晚些（2003 年），但是光量子体系在量子计算各个指标较为均衡(见图 3.1),因此成了最热门也是发展最迅速的研究方向之一。本章我们将根据各种量子体系实现的时间顺序介绍不同量子计算硬件的实现方法。

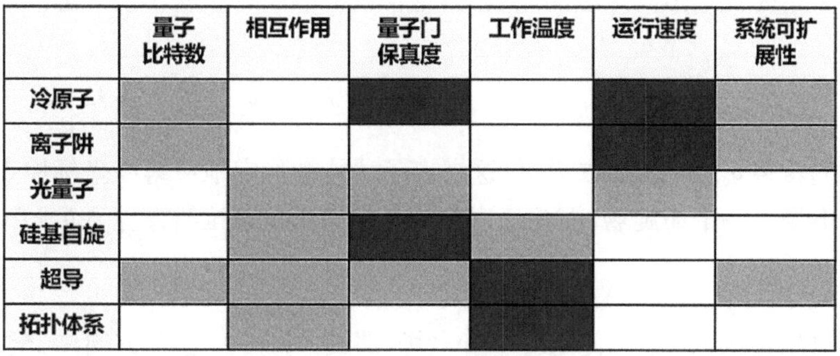

	量子比特数	相互作用	量子门保真度	工作温度	运行速度	系统可扩展性
冷原子						
离子阱						
光量子						
硅基自旋						
超导						
拓扑体系						

深灰色块—性能较差或者较不利因素;浅灰色块—性能良好;白色色块—性能优秀

图 3.1　不同量子系统比较[4]

3.2　离子阱量子计算

　　离子阱量子计算最早由 Cirac 和 Zoller 于 1995 年提出[5],本质上是设计了一个简谐势阱将离子束缚其中,选择每个离子的两个低位能级编码一个量子比特。IonQ 在 2020 年 10 月 1 日发布了高达四百万量子体积的量子计算机,Honeywell 于 2021 年 7 月 15 日发布了基于离子阱量子计算的实时量子纠错。他们所使用的离子阱都是线性保罗阱,并且使用了一种名为量子电荷耦合器件(quantum charge-coupled device,QCCD)的架构。因此本书中重点介绍线性保罗阱(见图 3.2)[6-7]。

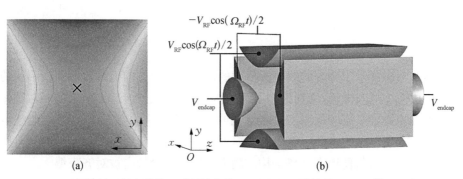

图 3.2　保罗阱某一时刻的电势图(a)和保罗阱的装置图(b)[8]

3.2.1　基于离子阱的量子比特

离子阱要达成的目的[9],本质上是创建一个抛物线形的电势分布,让处在其中的离子始终受到指向中心的回复力,这样就形成了一个欧氏空间里的谐振子,也即

$$\Phi(x, y, z) \sim (\alpha x^2 + \beta y^2 + \gamma z^2) \tag{3.1}$$

我们希望 α、β、γ 都取正值,这样离子才能被稳定地束缚在坐标原点附近,但是静电场是一个无旋场,因此任意时刻必须满足拉普拉斯方程 $\Delta\Phi=0$,也即

$$\alpha + \beta + \gamma = 0 \tag{3.2}$$

这也就意味着:如果使用一个静电场,那么 x,y,z 三个方向中,至少有一个方向无法实现对离子的稳定束缚。如图 3.2(a)所示,倘若取 $-\alpha=\beta>0$,$\gamma=0$,那么在 xy 平面上的电势分布将呈现为马鞍形,在 x 方向上无法实现稳定束缚。

解决方案是采用交变的四极电势,动态地将离子束缚在鞍点附近(见图 3.2(a) 中心的大叉),xy 平面上电势分布随时间的演化以及一个经典离子在其中的运动模式展示在图 3.3 中。直观地看,虽然每一个时刻的电势分布都是马鞍形,但马鞍的方向随时间进行着交替的变化,理论上就可以实现稳定的束缚(更多的推导可以见文献[10-12])。

仿照谐振子的哈密顿量,离子沿某一根轴运动的哈密顿量表示为

$$\hat{H}^{(m)} = \frac{\hat{p}^2}{2m} + \frac{m\omega_T^2 \hat{x}^2}{2} \tag{3.3}$$

可以进行二次量子化引入产生湮灭算符:

$$\hat{H}^{(m)} = \hbar\omega_T\left(\hat{a}^\dagger\hat{a} + \frac{1}{2}\right) \tag{3.4}$$

其中,$\hat{a} = \sqrt{m\omega/(2\hbar)}\,[\hat{x} + \mathrm{i}\hat{p}\,/(m\omega_T)]$。

图 3.2(b)展示了传统的线性保罗阱的设计:x,y 方向上两对双曲线形状的电极构成一个电四极子,分别施加了符号相反的交变电压,z 方向上的一对端帽电极上则施加了直流电压以实现沿 z 方向的束缚。这会在 z 方向产生谐波电位。通常端帽电压的选取会使得 z 方向谐波的频率小于 x,y 方向上的频率,即 $\omega_{Tz} < \omega_{Tx,y}$,这将使得多个离子构成的离子链能够沿轴向被对齐束缚。

值得一提的是,双曲线形的电极使得电极包围的空间内部任意一点的电势

都严格满足理论的电势分布,但实际我们只需要电势在鞍点附近的小区域内满足理论分布即可,因此不一定要使用双曲线形的电极。

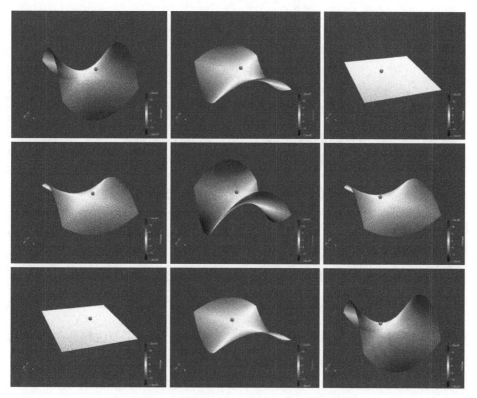

图 3.3　交变电势束缚单个离子的三维图示(后附彩图)[13]

3.2.2　离子与激光场的相互作用

在本节中,我们暂时抛开原子的精细能级,将离子简单地看作一个二能级(两态)系统,能级差为 $\hbar\omega$。与此同时,由于离子处于简谐势阱中,离子运动的哈密顿量可以用一个量子化的谐振子来描述,能级是 $\hbar\omega_T(n+1/2)$,与第 2 章一样,n 代表光子数,$|n\rangle$ 代表对应的量子态。因为同一个阱中的多个离子的运动模式都相同,这些光子可以被用来当作连接不同离子量子态的量子巴士(quantum bus)。更进一步地,离子可以与激光场发生过相互作用。假设激光的频率为 ω_L,若 $\omega_L=\omega$,则它和量子比特的跃迁共振,否则以 $\Delta=\omega_L-\omega$ 的频率与量子比特失谐。如果 $\Delta=\pm\omega_T$,它还能调控离子运动的量子态。

首先研究没有激光场时二能级系统的哈密顿量:我们将基态记为 $|g\rangle$,激发态记为 $|e\rangle$,能级差为 $\hbar\omega=\hbar(\omega_e-\omega_g)$,那么这个二能级系统的哈密顿量就可

以写为

$$\begin{aligned}
\hat{H}^{(e)} &= \hbar(\omega_g|g\rangle\langle g| + \omega_e|e\rangle\langle e|) \\
&= \hbar\frac{\omega_e + \omega_g}{2}(|g\rangle\langle g| + |e\rangle\langle e|) \\
&\quad + \hbar\frac{\omega}{2}(|e\rangle\langle e| - |g\rangle\langle g|)
\end{aligned} \tag{3.5}$$

在此基础上,我们可以用泡利算符重写这个哈密顿量:

$$\begin{aligned}
&|g\rangle\langle g| + |e\rangle\langle e| \rightarrow \hat{I}, \quad |g\rangle\langle e| + |e\rangle\langle g| \rightarrow \hat{\sigma}_x, \\
&i(|g\rangle\langle e| - |e\rangle\langle g|) \rightarrow \hat{\sigma}_y, \quad |e\rangle\langle e| - |g\rangle\langle g| \rightarrow \hat{\sigma}_z
\end{aligned} \tag{3.6}$$

由于 $\hat{I}$ 项是一个与量子态无关的常数,可以直接约去,最终得

$$\hat{H}^{(e)} = \hbar\frac{\omega}{2}\sigma_z \tag{3.7}$$

当考虑激光场时,总哈密顿量可以写作三部分之和:

$$\hat{H} = \hat{H}^{(m)} + \hat{H}^{(e)} + \hat{H}^{(i)} \tag{3.8}$$

其中,$\hat{H}^{(m)}$ 为上一节中推导出的离子运动的哈密顿量(为了简洁起见,本节的讨论只考虑离子沿 x 一个方向的运动),$\hat{H}^{(e)}$ 描述了离子内部的能级结构,$\hat{H}^{(i)}$ 描述了由外加光场介导的相互作用的哈密顿量。光场和离子相互作用涉及三种类型的跃迁——电偶极跃迁、电四极跃迁和受激拉曼跃迁(详细的讨论见参考文献[8]的附录),它们可以都用以下形式的一个耦合哈密顿量表示:

$$\hat{H}^{(i)} = (\hbar/2)\Omega(|g\rangle\langle e| + |e\rangle\langle g|) \times [e^{i(k\hat{x} - \omega_L t + \phi)} + e^{-i(k\hat{x} - \omega_L t + \phi)}] \tag{3.9}$$

其中,Ω 表示拉比频率,是一个与耦合强度相关的量,k 表示波矢(我们限制 k 只沿着 x 轴方向)。

我们可以用泡利算符重写 $\hat{H}^{(i)}$:

$$\begin{aligned}
&|e\rangle\langle g| \mapsto \hat{\sigma}_+ = 1/2(\hat{\sigma}_x + i\hat{\sigma}_y) \\
&|g\rangle\langle e| \mapsto \hat{\sigma}_- = 1/2(\hat{\sigma}_x - i\hat{\sigma}_y)
\end{aligned} \tag{3.10}$$

我们将总的哈密顿量 $\hat{H}$ 转入相互作用绘景:$\hat{H}_0 = \hat{H}^{(m)} + \hat{H}^{(e)}$ 是不含时的部分,$\hat{V} = \hat{H}^{(i)}$ 是含时的部分,因而有

$$\hat{U}_0 = \exp[-(i/\hbar)\hat{H}_0 t]$$

$$\hat{H}_{\mathrm{int}} = \hat{U}_0^{\dagger}\,\hat{H}^{(i)}\,\hat{U}_0$$

$$= \left(\frac{\hbar}{2}\right)\Omega\,\mathrm{e}^{\mathrm{i}\hat{H}^{(e)}t/\hbar}(\sigma_+ + \sigma_-)\times$$

$$\mathrm{e}^{-\mathrm{i}\hat{H}^{(e)}t/\hbar}\mathrm{e}^{\mathrm{i}H^{(m)}t/\hbar}\big[\mathrm{e}^{\mathrm{i}(k\hat{x}-\omega_{\mathrm{L}}t+\phi)} + \mathrm{e}^{-\mathrm{i}(k\hat{x}-\omega_{\mathrm{L}}t+\phi)}\big]\mathrm{e}^{-\mathrm{i}\hat{H}^{(m)}t/\hbar} \qquad (3.11)$$

$$= \left(\frac{\hbar}{2}\right)\Omega(\sigma_+\mathrm{e}^{\mathrm{i}\omega t} + \sigma_-\mathrm{e}^{-\mathrm{i}\omega t})\mathrm{e}^{\mathrm{i}\hat{H}^{(m)}t/\hbar}\big[\mathrm{e}^{\mathrm{i}(k\hat{x}-\omega_{\mathrm{L}}t+\phi)} +$$

$$\mathrm{e}^{-\mathrm{i}(k\hat{x}-\omega_{\mathrm{L}}t+\phi)}\big]\mathrm{e}^{-\left(\frac{\mathrm{i}}{\hbar}\right)\hat{H}^{(m)}t}$$

将式(3.11)中的含时因子乘积之后得到四项 $\exp[\pm\mathrm{i}(\omega_{\mathrm{L}}\pm\omega)t]$,其中两项的频率是 $\delta=\omega_{\mathrm{L}}-\omega\ll\omega$,另外两项的频率是 $\omega+\omega_{\mathrm{L}}$,我们可以近似地认为高频率的后两项是对于前两项的修饰,几乎不影响整体的随时间的变化,从而将它们舍弃。这称为"旋转波近似",是分析本节问题用到的重要方法。于是可得

$$\hat{H}_{\mathrm{int}} = \frac{1}{2}\hbar\Omega(\sigma^+\mathrm{e}^{\mathrm{i}\eta(\tilde{a}+\tilde{a}^{\dagger})}\mathrm{e}^{-\mathrm{i}\Delta t} + \sigma^-\mathrm{e}^{-\mathrm{i}\eta(\tilde{a}+\tilde{a}^{\dagger})}\mathrm{e}^{\mathrm{i}\Delta t}) \qquad (3.12)$$

其中,$\tilde{a} = a\mathrm{e}^{-\mathrm{i}\omega_{\mathrm{T}}t}$,$\eta$ 是 Lamb-Dicke 系数,满足:

$$\eta = k\sqrt{\frac{\hbar}{2m\omega_{\mathrm{T}}}} \qquad (3.13)$$

$\hat{H}_{\mathrm{int}}$ 揭示了一个重要的现象:离子量子比特的基态和激发态可以通过不同的运动量子态实现耦合(即处于基态 $|g\rangle$、光子数 n 的状态 $|g,n\rangle$ 可以与处于激发态 $|e\rangle$、光子数为 m 的状态 $|e,m\rangle$ 耦合),$|g,n\rangle\leftrightarrow|e,m\rangle$,只需要调节 $\Delta\approx(m-n)\omega_{\mathrm{T}}$ 即可。如果 $m>n(m<n)$,对应的跃迁称为蓝(红)边带跃迁(见图 3.4),如果 $m=n$ 则称为共振跃迁。这也是离子阱的单、双量子比特门的原理。

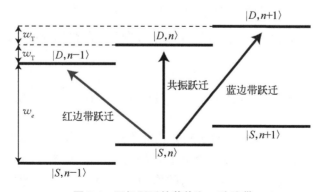

图 3.4 四极跃迁的载体和一阶边带

3.2.3　离子阱单、双量子比特门

离子阱的单量子比特门主要由共振跃迁实现。共振时有

$$\hat{H}_{\text{int}} = \frac{1}{2}\hbar\Omega(\sigma^+ e^{i\phi} + \sigma^- e^{-i\phi}) \tag{3.14}$$

在编码子空间中，有矩阵形式：

$$\hat{\boldsymbol{H}}_{\text{int}} = \frac{1}{2}\begin{bmatrix} 0 & \hbar\Omega e^{i\phi} \\ \hbar\Omega e^{-i\phi} & 0 \end{bmatrix} \tag{3.15}$$

不难发现，这等效于实现了以 Ω 为频率的拉比振荡，也就实现了任意的单量子比特门。

双量子比特门的实现方式目前有 3 种，由于篇幅限制只介绍较为常用的 Mølmer‑Sørensen 门，Cirac‑Zoller 门和几何相位门的实现详见参考文献[9]。

首先考虑两个量子比特整体的哈密顿量：

$$H_0 = \hbar\omega_T(a^\dagger a + 1/2) + \frac{\hbar\omega}{2}(\sigma_z^{(1)} + \sigma_z^{(2)}) \tag{3.16}$$

$\sigma_z^{(i)}$ 表示第 i 个量子比特上的 Pauli‑Z 算符。双量子比特门本质上都利用了能量相同的简并量子态之间的演化。Mølmer‑Sørensen 指出，如果分别在两个量子比特上施加频率为 $\omega \pm \delta$ 的激光（δ 是一个与 ω_T 相近的失谐量），写入相互作用绘景并使用旋转波近似后，得到有效哈密顿量：

$$H(t) = \hbar\Omega(e^{-i\delta t} + e^{i\delta t})e^{i\eta(ae^{-i\omega_T t} + a^\dagger e^{i\omega_T t})}(\sigma_+^{(1)} + \sigma_+^{(2)}) + h.c. \tag{3.17}$$

这个哈密顿量在 Lamb‑Dicke regime 可以近似为

$$H(t) \approx -\hbar\eta\Omega(a^\dagger e^{i\epsilon t} + ae^{-i\epsilon t})S_y \tag{3.18}$$

其中，$\epsilon = \omega_T - \delta$，$S_y = \sigma_{1y} + \sigma_{2y}$，这个哈密顿量可以严格积分成为以下形式的传播子：

$$U(t) = \hat{D}\left(\frac{\eta\Omega}{\epsilon}(e^{i\epsilon t} - 1)S_y\right)\exp\left[i\frac{\eta^2\Omega^2}{\epsilon}\left(t - \frac{\sin\epsilon t}{\epsilon}\right)S_y^2\right] \tag{3.19}$$

其中，$\hat{D}(\alpha) = e^{\alpha a^\dagger - \alpha^* a}$ 表示位移算符。由此不难看出，当 $t_{\text{gate}} = 2\pi/\epsilon$ 时，位移算符项消失，当调控 $\Omega = \epsilon/(4\eta)$ 时就能制备最大纠缠态（见图 3.5）。

通过调节 Mølmer‑Sørensen 门的作用时间，我们可以实现如下量子态变换（见图 3.6）：

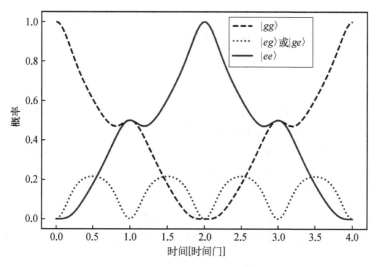

图 3.5　制备最大纠缠态[14]

$$|ee\rangle = (|ee\rangle + \mathrm{i}|gg\rangle) / \sqrt{2}$$
$$|eg\rangle = (|eg\rangle - \mathrm{i} |ge\rangle) / \sqrt{2}$$
$$|ge\rangle = (|ge\rangle - \mathrm{i} |eg\rangle) / \sqrt{2} \tag{3.20}$$
$$|ee\rangle = (|gg\rangle + \mathrm{i} |ee\rangle) / \sqrt{2}$$

我们可以整理得到 Mølmer‑Sørensen 门的矩阵表达：

$$\boldsymbol{G} = \frac{1}{\sqrt{2}} \begin{bmatrix} 1 & \mathrm{i} & 0 & 0 \\ \mathrm{i} & 1 & 0 & 0 \\ 0 & 0 & 1 & -\mathrm{i} \\ 0 & 0 & -\mathrm{i} & 1 \end{bmatrix} \tag{3.21}$$

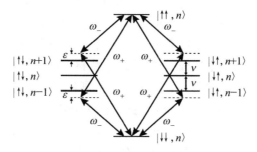

图 3.6　Mølmer‑Sørensen 相互作用[15]

3.3 基于超导体系的量子比特及量子逻辑门

超导比特目前制备工艺较为成熟,具有读取灵敏度高、可调参数丰富、可扩展性强的优点,因而受到了研究者的广泛关注。超导比特可以分为磁通比特、相位比特和电荷比特,分别有多种不同的耦合对象和电路结构。

超导比特的核心装置是约瑟夫森结,它的工作原理是量子隧穿效应。在下一节中,我们将结合目前最受瞩目的 Transmon 比特分析其结构。

图 3.7 所示为世界上第一台商用量子计算机 IBM Q System One,它就采用了 Transmon 比特。黑色保护罩内包裹着的类似"吊灯"中的绝大部分都是冷却系统,是为了将其下方集成的量子比特降温至 15 mK 以实现超导而设置的。

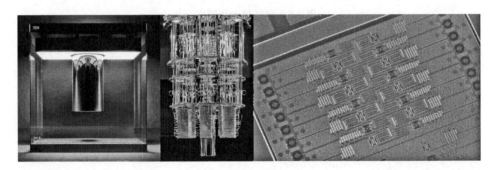

图 3.7　IBM Q System One

3.3.1　Transmon 比特

在介绍 Transmon 比特之前,首先我们要知道 LC 振荡电路。最简单的 LC 振荡电路如图 3.8 所示,线路中只有一个电容 C 和一个电感 L,上下部分的圆和三角与外部环境连接,让我们可以操纵这一结构,例如外接电源给电容充放电。当外界施加电场时,正负电荷分别向两块金属板移动,等到电路再度稳定时,电容的一块金属板上带电荷 $Q(t)$,另一块上则带电荷 $-Q(t)$,两块金属板产生电势差 $v_1(t)$。 此时撤去外电场,由于电势差,线路中产生电流 $i(t) = \mathrm{d}Q(t)/\mathrm{d}t$,电流通过电感 L 产生磁场,记磁通量为 $\Phi(t)$,电流的变化导致磁场的变化,由法拉第电磁感应定律,变化的磁场使线圈产生感应电动势 $\mathrm{d}\Phi(t)/\mathrm{d}t =$

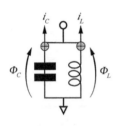

图 3.8　振荡电路
示意图

$v_2(t)$；而由基尔霍夫定律得 $v_1 = v_2 = v$。当电容放电完毕时,线路中电流恰好达到最大,并且由于电感的存在,电流不会立刻消失,因此会给电容反向充电,在理想振荡电路中没有电阻产生热量,电感 L 产生的磁场也不会有能量耗散,因此反向充电完成之后,电路电流为零,原来带电荷 $Q(t)$ 的金属板现在带电荷 $-Q(t)$,另一块则带电荷 $Q(t)$,如此循环往复。

我们先假设电容和电感都是线性元件,电容常数和电感常数分别为 C 和 L,我们就得到了方程:

$$\begin{cases} Q_C(t) = Cv_C(t) = -C\dot{\Phi}_C(t) \\ \Phi_L(t) = Li_L(t) = -L\dot{Q}_L(t) \\ i_L + i_C = 0 \\ \Phi_C = \Phi_L \end{cases} \tag{3.22}$$

整理得到 $C\ddot{\Phi} + L^{-1}\Phi = 0$,因此事实上,我们得到了一个磁通量 Φ 为广义坐标,电势差 $\dot{\Phi}$ 为广义速度,电荷量 Q 为广义动量的量子谐振子。它的谐振频率为

$$\omega_0 = \frac{1}{\sqrt{LC}} \tag{3.23}$$

这个谐振子的"动能"是电容中存储的能量 $Q^2/2C$,"势能"是电感种存储的能量 $\Phi^2/2L$,哈密顿量(也即电路的总能量)是两者之和,可以对比式(2.1)的形式,不难发现这是一个线性谐振子,而 Transmon 比特本质上是一个量子非线性谐振子[16-17]。之所以不使用量子线性谐振子作为量子比特,是因为量子线性谐振子所有相邻本征态之间的能量差都相等,这将会给量子比特的操纵带来巨大的麻烦。如果能让两个相邻本征态之间的差各不相同,我们就可以放心地用不同的频率实现各本征态之间的转换。因此 Transmon 比特和量子线性谐振子的唯一区别在于,它将线性的电感替换成了非线性的电感,这个非线性的电感称为约瑟夫森结(或者超导隧道结),实现了各不相等的能量差。图 3.9(a)所示的是 Transmon 比特的结构。下面的部分是绝缘材料制成的基底,基底上两块金属板之间由一个电感连接,因为温度足够低发生了超导现象,元件和线路均为零电阻。

在此我们可以忽略约瑟夫森结的物理细节,只关心它的能量与磁通量的关系:

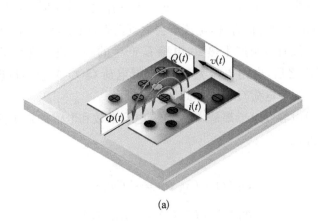

(a)

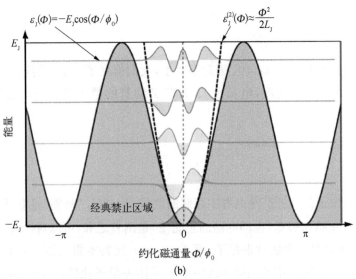

(b)

图 3.9　约瑟夫森结的微观结构图（a）和能量随约化磁通量的变化图（b）

$$\varepsilon_J(\Phi) = -E_J\cos\left(\frac{\Phi}{\phi_0}\right) \tag{3.24}$$

其中，ϕ_0 是约化磁通量量子，$\phi_0 \equiv \hbar/2e \approx 3.3 \times 10^{-16}$ Wb，是磁通量的最小单位，E_J 是约瑟夫森能，与约瑟夫森结本身的构造有关。当磁通量由负无穷增大到正无穷的过程中，E_J 关于约化磁通量 Φ/ϕ_0 以 π 为周期在 $-E_J$ 和 E_J 之间振荡 [见图 3.9(b)]。E_J 代替了前文的 $\Phi^2/2L$，电路的总能量变为

$$\hat{H} = \frac{\hat{Q}^2}{2C} - E_J\cos\left(\frac{\Phi}{\phi_0}\right) = 4E_C\,\hat{n}^2 - E_J\cos(\hat{\varphi}) \tag{3.25}$$

其中，$E_C = e^2/2C$ 为电容的充电能，$\hat{\varphi} = \Phi/\phi_0$ 为库伯对的相位算符，$\hat{n} = \hat{Q}/2e$ 为库伯对的粒子数算符。

Transmon 比特的另一大重要特性是 E_J/E_C 的比值非常大，既使得它对电荷噪声不敏感[18]，也使得 $\hat{\varphi}$ 的涨落很小，因此我们可以使用微扰论来处理式(3.25)，将 cos 项泰勒展开至二阶：

$$\hat{H} \approx \hat{H}_q = 4E_C\,\hat{n}^2 - E_J + \frac{1}{2}E_J\,\hat{\varphi}^2 - \frac{E_J}{4!}\,\hat{\varphi}^4 \tag{3.26}$$

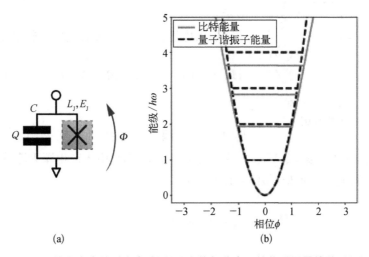

图 3.10　约瑟夫森结对应电路图(a)和能级分布于约化磁通量的关系(b)

在一阶微扰论下得到能级差为

$$\omega_{n-1,\,n} = E_n - E_{n-1} = \sqrt{8E_C E_J} - nE_C \tag{3.27}$$

从式中不难发现，能量越高的能级之间的能量差越小，而我们所关心的量子比特的频率即为基态和第一激发态之间的能量差对应的频率，即

$$\omega = \omega_{01} = \sqrt{8E_C E_J} - E_C \tag{3.28}$$

由此我们还可以进行二能级近似，即认为量子比特只由基态 $|0\rangle$ 和第一激发 $|1\rangle$ 构成。取两态能量的中点为能量 0 点，将哈密顿量改写为

$$\hat{H}_0 = \sum_{j=0}^{1} E_j\,|j\rangle\langle j| \equiv -\frac{1}{2}\hbar\omega\,|0\rangle\langle 0| + \frac{1}{2}\hbar\omega\,|1\rangle\langle 1| = -\frac{1}{2}\hbar\omega\sigma_z \tag{3.29}$$

其他类型的约瑟夫森结可以阅读相关文献[19–31]。

3.3.2 Transmon 比特的单量子比特门

单量子比特门按照原理分为两类：一类是 $\boldsymbol{R}_x$、$\boldsymbol{R}_y$ 门，它们都改变了量子比特在 $|0\rangle$ 或 $|1\rangle$ 上的概率，即实现拉比振荡；另一类是 $\boldsymbol{R}_z$ 门，它只改变量子比特在 $|0\rangle$ 和 $|1\rangle$ 态上的相位差，而由上一节的最后一个式子，我们可以得知实际上 R_z 门需要调节量子比特的频率。

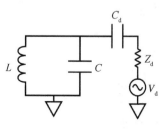

图 3.11 $\boldsymbol{R}_x$、$\boldsymbol{R}_y$ 门对应电路图[31]

$\boldsymbol{R}_x$、$\boldsymbol{R}_y$ 门是使一根传输线通过一个电容与量子比特耦合，并施加交变电压而实现的。如图 3.11 所示。

引入电压传输线后，系统的哈密顿量变为

$$\hat{H}_d = \frac{1}{2}C\Phi^2 + \frac{1}{2}C_d\left(\Phi - V_d(t)\right)^2 - E_J\cos\left(\hat{\varphi}\right)$$

(3.30)

其中，C_d 是耦合的电容，$V_d(t)$ 是施加的交变电压。首先，简单起见，令 $V_d(t) = V\sin(\omega t + \phi)$。仍然引入产生湮灭算符，根据二能级近似和旋转波近似，最终可以得到：

$$\hat{H}_d = -\frac{\Omega}{2}\left(\cos(\phi)\,\hat{\sigma}_x - \sin(\phi)\,\hat{\sigma}_y\right)$$

(3.31)

其中，Ω 是拉比频率，$\Omega = \dfrac{C_d V Q_{zpf}}{\hbar(C + C_d)} = \dfrac{eC_d V}{C_{tot}}\left(\dfrac{E_J}{2E_C}\right)^{\frac{1}{4}}$。由此可见，通过调控施加电压的相位和作用时间，就可以实现任意的 R_x、R_y 门。当电压变化的频率 ω_d 不等于量子比特的频率时，令 $\Delta_q = \omega - \omega_d$，$\hat{H}_d$ 将会多出正比于 $\Delta_q\sigma_z$ 的一项，也即使量子态产生了额外的绕布洛赫球 Z 轴的旋转。

为了更直观地讲解 R_z 门的原理，我们介绍超导干涉仪（superconducting quantum interference devices，SQUID），它由两个相同的约瑟夫森结组成一个回路构成。用 SQUID 代替单个约瑟夫森结后，在这个小环路上通电流，相当于引入了额外的磁通量，定义为 Φ_{ext}，可以推导得到量子比特频率关于额外磁通量的关系式[32]：

$$\omega = \sqrt{16 E_J E_C \left| \cos\left(\frac{\pi\,\Phi_{ext}}{\Phi_0}\right) \right|} - E_C$$

(3.32)

由这个式子可以得到"甜蜜点"的概念。在量子比特频率取最大值 $\omega_{max} =$

$\sqrt{16E_{\mathrm{J}}E_C}-E_C$ 时,ω 关于 Φ_{ext} 的梯度为 0,也即对磁通噪声不敏感。

3.3.3　Transmon 比特的双量子比特门

实现双量子比特门,也就实现了纠缠,而纠缠的前提条件,是实现两个量子比特的耦合[31]。现实中两个谐振子用弹簧连接就形成了耦合(见附录 C),Transmon 比特本质上是一个量子非线性谐振子,我们只需要用一个其他电子元件将两个 Transmon 比特连接起来,就实现了耦合。这个电子元件可以是线性电容、线性电感、约瑟夫森结等[33],后文我们只介绍线性电容实现的耦合[见图 3.12(a)]。

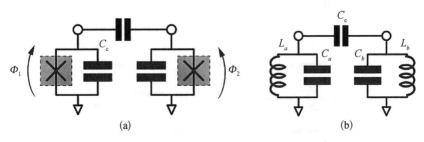

图 3.12　耦合双量子比特及其类比电路

对于这样的一个耦合双量子比特系统,分析方式与单量子比特情形是十分相似的：系统的哈密顿算符可以分解为

$$\hat{H}_{\mathrm{full}}=\hat{H}_{\mathrm{lin}}+\hat{H}_{\mathrm{nl}} \tag{3.33}$$

线性的部分等价于线性电容耦合的两个量子线性谐振子[见图 3.12(b)],与先前介绍的经典情形类似,我们也可以求出它的简正模式：

$$\begin{bmatrix}\Phi_1\\\Phi_2\end{bmatrix}=\begin{bmatrix}e_{1a}\\e_{2a}\end{bmatrix}\Phi_a+\begin{bmatrix}e_{1b}\\e_{2b}\end{bmatrix}\Phi_b \tag{3.34}$$

其中,a,b 分别代表一种简正模式,系数 e 则视具体的系统由计算得到。

$\hat{H}_{\mathrm{nl}}$ 由两个量子比特各自的约瑟夫森结和驱动器构成,我们可以使用杰恩斯-卡明斯模型写入相互作用绘景,并使用旋转波近似(过程略,详见文献[33 - 34])最终哈密顿算符表示为

$$\hat{H}_{\mathrm{int}}=\frac{\hbar g}{2}(\sigma_1^+\sigma_2^-+\sigma_1^-\sigma_2^+) \tag{3.35}$$

其中,$g=(C_{\mathrm{c}}/C)\omega_{\mathrm{q}}$ 表示耦合强度。我们将 $\{|00\rangle,|01\rangle,|10\rangle,|11\rangle\}$ 作为双量

子比特的基,如果两个量子比特 $|0\rangle$ 与 $|1\rangle$ 之间的能量差(分别定义为 ϵ_1,ϵ_2)完全相等,即 $\Delta=\epsilon_1-\epsilon_2=0$,我们称之为共振,那么系统会自然地发生酉变换[见图 3.13(a)], $|01\rangle$ 态和 $|10\rangle$ 态之间会发生周期性的转换。

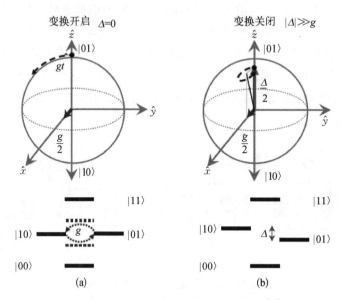

图 3.13 **Transmon 比特 CNOT 门示意图**[35]

这个酉变换的矩阵表示为

$$U_{\text{int}} = \begin{bmatrix} 1 & 0 & 0 & 0 \\ 0 & \cos(gt/2) & -\mathrm{i}\sin(gt/2) & 0 \\ 0 & -\mathrm{i}\sin(gt/2) & \cos(gt/2) & 0 \\ 0 & 0 & 0 & 1 \end{bmatrix} \tag{3.36}$$

而如果 Δ 足够大,以至于 $|\Delta|\gg g$,如图 3.13(b)所示,这个酉变换就不会发生。因此,我们在实验中使用可调控的约瑟夫森结调整 ϵ_i,随时控制两个量子比特是否共振。如果我们设置一个恰到好处的共振时间,使得 $gt=\pi/2$,我们就实现了一个 SQiSW 门,而 CNOT 门可以通过这样的一个门序列实现:

$$\begin{aligned} \mathbf{CNOT} &= R_y^A(-90°)[R_x^A(90°) \otimes R_x^B(-90°)] \\ &\quad \text{SQiSW} R_x^A(180°) \text{SQiSW} R_y^A(90°) \end{aligned} \tag{3.37}$$

记号 R 表示布洛赫球上的绕轴旋转,例如 $R_y^A(-90°)$ 表示将 A 比特绕 y 轴旋转 $-90°$。

3.4　基于自旋体系的量子比特及量子逻辑门

3.4.1　基于自旋体系的量子比特实现

目前,有多种量子计算物理体系都是基于自旋实现量子比特。包括核磁共振探测原子核的途径、金刚石 NV 色心、半导体量子点等。其中近年来半导体量子点体系发展迅速,它是半导体量子点中的两个电子自旋方向对应量子比特的二能级体系。

自旋量子比特的优点在于受电荷噪声的干扰影响较小,退相干时间非常长,例如 2014 年报道的半导体量子比特自旋退相干时间可以长达 30 s[36]。退相干时间长的优点就是可以用来制备超高保真度的量子比特,世界多个不同实验组都实现了半导体自旋量子比特的两比特操控[37-39],单量子比特操控保真度已经可以超过 99%,两比特操控保真度可以达到 80% 以上。

3.4.2　基于自旋体系的单量子比特逻辑门实现

第 2 章中所述,在经典计算机中,单比特逻辑门只有一种——非门,而在量子计算机中,单量子比特逻辑门则对应在布洛赫球中的旋转。R_x,R_y,R_z 意味着将量子态在布洛赫球上分别绕着 x,y,z 轴旋转,三种的有机组合可以实现布洛赫球上的任意旋转,即对应任意单量子比特门。例如,Hadamard 门是将基态 $|0\rangle$ 和 $|1\rangle$ 分别变成 $(|0\rangle+|1\rangle)/\sqrt{2}$ 和 $(|0\rangle-|1\rangle)/\sqrt{2}$ 这样的叠加态的逻辑门,对应在布洛赫球上先绕 y 轴转动 $\pi/2$,再沿 xy 平面对称翻转。

对于基于电子自旋的量子比特,相干拉比振荡可以用来实现单个轴任意旋转角的控制。图 3.14(a)表示随着旋转脉冲功率 PRP 增加,自旋状态之间的拉比振荡在振荡的光子信号中很明显。图 3.14(b)表示旋转角度随旋转脉冲功率的函数,显示出与幂律相关性的经验拟合。

拉比振荡实现了一个量子比特绕一个轴以任意角度旋转,即 $U(1)$ 控制。对布洛赫球面的完全控制[$SU(2)$ 控制]需要绕另一个轴旋转。Ramsey 干涉是由两个相干的自旋旋转(由可变的时间延迟分隔)产生的,可实现对旋转轴的控制。要构建通用的 $SU(2)$ 单量子门,我们通过改变两个旋转脉冲的旋转角度,即第一和第二旋转脉冲的强度以及进动持续时间 t,从而来遍历整个布洛赫球表面。

图 3.15(a)表示一对 $\pi/2$ 脉冲的 Ramsey 干涉,显示光子计数率与脉冲之间的时间延迟的关系。图 3.15(b)表示一对 π 脉冲的 Ramsey 条纹。图 3.15(a)和(b)中的数据用具有线性偏移的指数衰减正弦曲线拟合。图 3.15(c)展示了不同旋转角度的 Ramsey 条纹的振幅。当每个旋转角度是 π 的整数倍时,高对比度

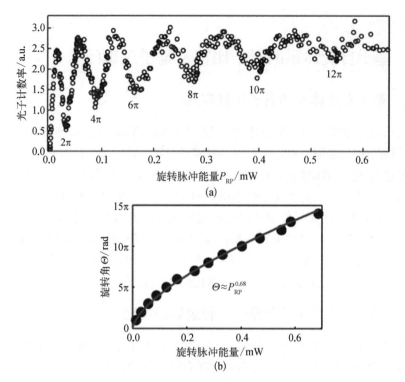

图 3.14 拉比振荡的实验演示[40]

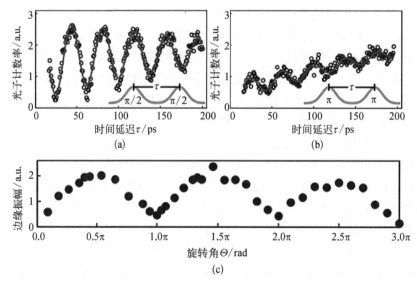

图 3.15 Ramsey 条纹的实验演示[40]

的 Ramsey 条纹可见,而当每个旋转角度是 π 的整数倍时,条纹消失。

3.4.3　基于自旋体系的双量子比特逻辑门实现

Kim 等利用与光子晶体腔强耦合的 InAs 量子点实现量子逻辑门[41]。量子比特由与纳米腔强耦合的量子点组成,该量子点用作可相干可控的量子位系统,可在皮秒级翻转光子极化,实现 CNOT 门。

图 3.16(a)所示为量子点能级结构,其包括基态 $|g\rangle$,以及 $|+\rangle$ 和 $|-\rangle$ 两个亮激子态,表示电子和空穴的两个反取向的自旋构型。从基态到两个亮激子的光学跃迁,分别表示为 σ^+ 和 σ^-,在强磁场下分别表现出右旋和左旋圆偏振发射。样品生长方向上的磁场(法拉第构型)在与腔共振时调谐 σ^+ 跃迁,同时使 σ^- 跃迁失谐[42]。在这种构型中,状态 $|g\rangle$ 和 $|+\rangle$ 是量子点的量子态,并且 σ^+ 跃迁将量子比特耦合到光子。图 3.16(b)所示为制造的光子晶体腔的扫描电子显微镜(SEM)图像。光子量子比特使用相对于腔的偏振轴旋转了 45° 的偏振态 $|H\rangle$ 和 $|V\rangle$ 编码量子信息($|H\rangle=(|x\rangle+|y\rangle)/\sqrt{2}$;$|V\rangle=(-|x\rangle+|y\rangle)/\sqrt{2}$)。图 3.16(c)所示为 CNOT 门工作原理。从样品表面反射后,光子量子态将转换为 $|H\rangle=(r|x\rangle+|y\rangle)/\sqrt{2}$;$|V\rangle=(-r|x\rangle+|y\rangle)/\sqrt{2}$。如果量子点处于 $|g\rangle$ 态[见图 3.16(c)上部],则向 $|+\rangle$ 态的光学跃迁将强烈改变反射系数。在 $r \to 1$ 的极限下,光子量子比特保持不变($|H\rangle \to |H\rangle$;$|V\rangle \to |V\rangle$)。但是,如果光子与腔

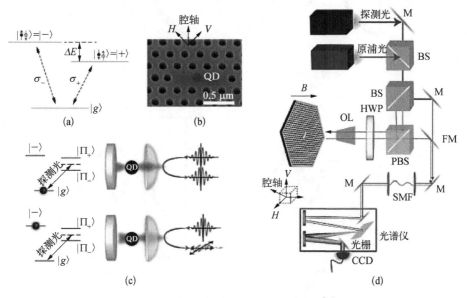

图 3.16　量子点-光子 CNOT 门的实现[41]

共振且量子点处于状态 $|-\rangle$ [见图 3.16(c)下部]，则系统的行为类似于裸腔且 $r = 1$。 因此，光子量子比特会发生翻转（$|H\rangle \rightarrow |V\rangle$；$|V\rangle \rightarrow |H\rangle$）。 图 3.16(d) 展示了量子点 CNOT$_i$ 的实验装置图。

通过相干的拉比振荡，量子点的初始状态是使用一个 10 ps 的 σ^- 跃迁的泵浦脉冲来制备的。衰减的 75 ps 探测脉冲作为光子量子比特。图 3.17(a)绘出了

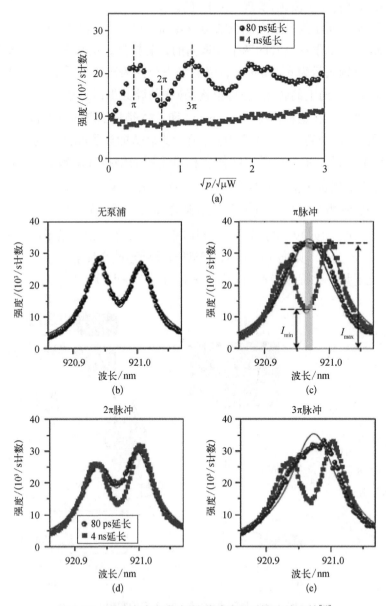

图 3.17　通过脉冲泵浦-探针激励演示受控比特翻转[41]

探头强度与平均泵浦功率 P 的平方根的函数关系。该图显示了 80 ps 和 4 ns 泵浦-探针延迟的结果。由于态 $|g\rangle$ 和 $|-\rangle$ 之间的拉比振荡,在 80 ps 泵浦-探针延迟下表现出明显振荡,其中 0.12 μW 的泵浦功率可实现 π 脉冲。量子点在 4 ns 泵浦-探针延迟下衰减回到基态,因此振荡消失。图 3.17(b)～(e)显示了在 80 ps 和 4 ns 泵浦-探针延迟时,在 0,π,2π 和 3π 泵浦脉冲幅度下测得的强度。

表 3.1 示出了当量子点被泵浦到态 $|-\rangle$ 时,在 80 ps 延迟时的测量概率 P 的结果,以及当通过 π 脉冲泵将量子点弛豫回到基态 $|g\rangle$ 时,在 4 ns 延迟时的测量概率 P 的结果。其中量子点光子 CNOT 门在基态下具有较低的保真度,这是由于有限的协作性(不满足 $r \rightarrow 1$)和光谱漂移。由表 3.4 可看出,实验结果与图 3.15(c)一致,仅当量子点处于 $|-\rangle$ 激子态时,光子量子比特会发生翻转,从而实现 CNOT 量子逻辑门的功能。

表 3.1　实验测得概率

注　入	$P|g\rangle|H\rangle$	$P|g\rangle|V\rangle$	$P|-\rangle|H\rangle$	$P|-\rangle|V\rangle$
$|g\rangle|H\rangle$	0.61(7)			
$|g\rangle|V\rangle$		0.58(4)		
$|-\rangle|H\rangle$				0.93(3)
$|-\rangle|V\rangle$			0.98(4)	

3.5　基于光学的量子比特及量子逻辑门

光学作为物理学的一个重要分支,在量子计算的领域的应用相对较晚,但是发展十分迅速,这是因为其具有诸多的优点,例如可在室温下进行实验,与通信领域具有天然的可兼容性,可以灵活的选择纠错编码,对噪声与光学损耗具有很强的鲁棒性,具有较高的集成能力和组件密度,成熟的模块化制造技术等。目前基于光学已经发展出多种量子计算的路径。

3.5.1　基于线性光学的量子比特实现

2003 年,研究者报道了第一个基于线性光学实现 CNOT 门的实验工作[43],证实了基于线性光学进行通用量子计算的可行性。目前基于线性光学的量子比特,既可以利用光在波导中的双折射现象将光的水平偏振和竖直偏振来进行编码[44]，也可以用光在两根波导中的演化（dual-rail）来进行编码，两种方式分别称作极化编码和路径编码，都可对应量子比特的二能级体系。

在极化编码中，我们用光子的偏振方向的水平（horizontal）和垂直（vertical）来编码 $|0\rangle$ 和 $|1\rangle$，我们也称之为 $|H\rangle$ 和 $|V\rangle$，很显然在极化编码中同一根波导既可以注入 H 光也可以注入 V 光。

在路径编码中，我们向第一根波导注入一个光子及向第二根波导注入一个光子分别对应 $|0\rangle$ 和 $|1\rangle$，如图 3.18 所示。如果两根波导中同时各出现一个光子，或者一根波导中出现两个或多个的光子，则是不对应量子比特的情形，不予以考虑。

图 3.18　路径编码中第一根波导注入一个光子及第二根
波导注入一个光子分别对应 $|0\rangle$ 和 $|1\rangle$

3.5.2　基于线性光学的单量子比特逻辑门实现

在路径编码中的两根波导经过一个光学分束器（beam splitter，BS）［见图 3.19（a）］的演化，就可以实现一个特定的概率幅变化，即对应布洛赫球中的 θ 角的变化。这是因为，一个光学分束器相当于可以实现以下矩阵操作：

$$\mathbf{BS} = \begin{bmatrix} \cos(\theta/2) & \sin(\theta/2) \\ \sin(\theta/2) & -\cos(\theta/2) \end{bmatrix} \tag{3.38}$$

图 3.19　光学分束器示意图（a）和移相器示意图（b）

这在量子光学中的可以进行严格推导[45]。$|\cos(\theta/2)|^2$ 对应透射率，$|\sin(\theta/2)|^2$ 对应反射率。那么对于一个反射率和透射率各为 50% 的 BS 来说，即相当于实现了一个 Hadamard 门的单量子比特操作：$\mathbf{BS} = \begin{bmatrix} 1 & 1 \\ 1 & -1 \end{bmatrix} \Big/ \sqrt{2}$

与此同时，在代表 $|1\rangle$ 路径的波导中增加移相器（phase shifter，PS）［见图 3.19（b）］，就可以实现相当于布洛赫球中相位 φ 的变化。即一个移相器相当

于实现以下矩阵操作：

$$\mathbf{PS} = \begin{bmatrix} 1 & 0 \\ 0 & e^{i\varphi} \end{bmatrix} \tag{3.39}$$

3.5.3　基于线性光学的双量子比特逻辑门实现

2003 年,第一个线性光学 CNOT 门实验实现就是基于上述的路径编码方式,实现结构如图 3.20 所示。用到四路光路,C_0 和 C_1 代表控制比特的 $|0\rangle$ 和 $|1\rangle$,T_0 和 T_1 代表目标比特的 $|0\rangle$ 和 $|1\rangle$)。

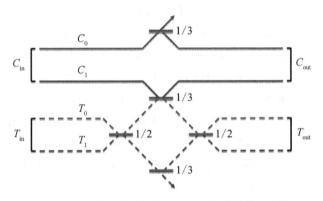

图 3.20　线性光学路径编码 CNOT 门的结构示意图

图 3.20 中的标注的分数代表这个 BS 的反射率。已知对于反射率和透射率各为 50％的 BS 来说,即相当于实现了一个 Hadamard 门的操作。显然,图 3.20 结构中,目标比特前后两个反射率为 1/2 的 BS 就实现了 Hadamard 门。结合第 2 章中已介绍过的,通过结合 Hadamard 门,可以实现 CNOT 门与 CZ 门的相互转换。事实上,图 3.20 除去两个反射率为 1/2 的 BS,中间的部分就是为了实现 CZ 门,从而构建 CNOT 门[46]。

现在就来分析中间部分的光路操作。t 代表光路的透射率,r 代表光路的反射率,所以满足 $t+r=1$。用产生算符 $\hat{a}_{C_1}^{\dagger}$ 代表在 C_1 出口有一个光子,它与 C_1 入口和 T_0 入口光子息息相关：

$$\begin{bmatrix} \hat{a}_{T_0}^{\dagger} \\ \hat{a}_{C_1}^{\dagger} \end{bmatrix} = \mathbf{BS} \begin{bmatrix} \hat{a}_{C_1}^{\dagger} \\ \hat{a}_{T_0}^{\dagger} \end{bmatrix} = \begin{bmatrix} \sqrt{t} & i\sqrt{r} \\ i\sqrt{r} & \sqrt{t} \end{bmatrix} \begin{bmatrix} \hat{a}_{C_1}^{\dagger} \\ \hat{a}_{T_0}^{\dagger} \end{bmatrix} \tag{3.40}$$

其中,i 代表了反射后的相位变化。可得到 $\hat{a}_{C_1}^{\dagger} = i\sqrt{r}\,\hat{a}_{C_1}^{\dagger} + \sqrt{t}\,\hat{a}_{T_0}^{\dagger}$。对于上下两

个 BS 将透射路径直接舍弃的,只考虑反射路径,就有 $\hat{a}_{C0}^{\dagger} = i\sqrt{r}\,\hat{a}_{C0}^{\dagger}$。 对于 $|00\rangle$、$|01\rangle$、$|10\rangle$ 和 $|11\rangle$ 这四个态,经过这些中间部分 BS 之后:

$$\hat{a}_{C0}^{\dagger}\,\hat{a}_{T1}^{\dagger} = i\sqrt{r}\,\hat{a}_{C0}^{\dagger} i\sqrt{r}\,\hat{a}_{T1}^{\dagger} = -r\,\hat{a}_{C0}^{\dagger}\,\hat{a}_{T1}^{\dagger}$$

$$\hat{a}_{C0}^{\dagger}\,\hat{a}_{T0}^{\dagger} = i\sqrt{r}\,\hat{a}_{C0}^{\dagger}(i\sqrt{r}\,\hat{a}_{T0}^{\dagger} + \sqrt{t}\,\hat{a}_{C1}^{\dagger}) = -r\,\hat{a}_{C0}^{\dagger}\,\hat{a}_{T0}^{\dagger} + i\sqrt{rt}\,\hat{a}_{C0}^{\dagger}\,\hat{a}_{C1}^{\dagger}$$

$$\hat{a}_{C1}^{\dagger}\,\hat{a}_{T1}^{\dagger} = (i\sqrt{r}\,\hat{a}_{C1}^{\dagger} + \sqrt{t}\,\hat{a}_{T0}^{\dagger})i\sqrt{r}\,\hat{a}_{T1}^{\dagger} = -r\,\hat{a}_{C1}^{\dagger}\,\hat{a}_{T1}^{\dagger} + i\sqrt{rt}\,\hat{a}_{T1}^{\dagger}\,\hat{a}_{T0}^{\dagger}$$

$$\hat{a}_{C1}^{\dagger}\,\hat{a}_{T0}^{\dagger} = (i\sqrt{r}\,\hat{a}_{C1}^{\dagger} + \sqrt{t}\,\hat{a}_{T0}^{\dagger})(i\sqrt{r}\,\hat{a}_{T0}^{\dagger} + \sqrt{t}\,\hat{a}_{C1}^{\dagger})$$

$$= (t - r)\,\hat{a}_{C1}^{\dagger}\,\hat{a}_{T0}^{\dagger} + i\sqrt{rt}\,\hat{a}_{C1}^{\dagger}\,\hat{a}_{C1}^{\dagger} + i\sqrt{rt}\,\hat{a}_{T0}^{\dagger}\,\hat{a}_{T0}^{\dagger} \tag{3.41}$$

式(3.41)中像 $\hat{a}_{C0}^{\dagger}\,\hat{a}_{C1}^{\dagger}$、$\hat{a}_{T1}^{\dagger}\,\hat{a}_{T0}^{\dagger}$、$\hat{a}_{C1}^{\dagger}\,\hat{a}_{C1}^{\dagger}$、$\hat{a}_{T0}^{\dagger}\,\hat{a}_{T0}^{\dagger}$ 代表了同一个量子比特(控制比特或目标比特)的两根波导中各出现一个光子,或者一根波导中出现两个光子的情形,这些都不是对应量子比特的情形。因此,只考虑等式右边的 $\hat{a}_{C0}^{\dagger}\,\hat{a}_{T1}^{\dagger}$、$\hat{a}_{C0}^{\dagger}\,\hat{a}_{T1}^{\dagger}$、$\hat{a}_{C1}^{\dagger}\,\hat{a}_{T1}^{\dagger}$ 及 $\hat{a}_{C1}^{\dagger}\,\hat{a}_{T0}^{\dagger}$ 项。明显看出,这几项中,除了 $\hat{a}_{C1}^{\dagger}\,\hat{a}_{T0}^{\dagger}$ 前的系数为 $t-r$,其余均为 $-r$。只要将 r 设置为 $1/3$,那么 $t-r$ 和 $-r$ 分别为 $1/3$ 和 $-1/3$。这就意味着,当且仅当控制比特为 $|1\rangle$ 而目标比特为 $|0\rangle$ 时,会带来相位 π 的改变。这显然就是一个 CZ 门。只要 T_0 和 T_1 的标号互换,就对应了常见的对目标比特 $|1\rangle$ 进行改变的 CZ 门。这个编号是遵从最初实验文章中的编号方法,现在也常见 T_0 和 T_1 的标号互换的编号方法。通过实现 CZ 门,结合前后的 H 门,就实现了 CNOT 门。

极化编码的量子门结构与之类似[见图 3.21(a)],只不过分束器被替换为偏振分束器。在波导中,由于双折射的存在,H 光和 V 光的透射率不完全相同[见图 3.21(b)],据此我们可以调节 BS 的作用长度构建不同的量子门。例如在某一 BS 的长度下,输入 1 中的 H 光完全投射到输出 2 中,而 V 光会全部留在输出 1 中。

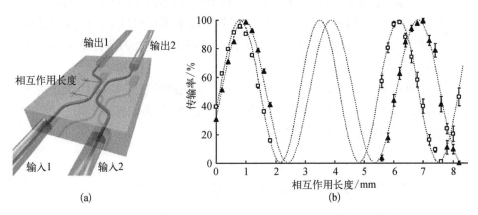

图 3.21 偏振分束器(a)和 H 光(方形)和 V 光(三角形)的偏振传输(b)

3.5.4　基于光学的簇态量子计算

簇态(cluster state)量子计算又称为基于测量的
量子计算,由 Raussendorf 和 Briegel 于 2001 年提
出[47]。如图 3.22 所示簇态即构建节点间相互纠缠的
网络,并满足如下条件:对于其中任一节点做泡利 X
操作并对其所有近邻节点做泡利 Z 操作,得到的态仍
然不变。下式中 $\mathrm{nbr}(a)$ 代表节点 a 的所有近邻节点
的集合。

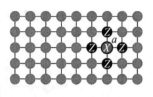

图 3.22　簇态示意图

对于簇态中任一节点
做泡利 X 操作并对其所有
近邻节点做泡利 Z 操作,得
到的态仍然不变。

$$K_a = X_a \prod_{b \in \mathrm{nbr}(a)} Z_b , \ \forall \ \mathrm{site} \ a$$

(3.42)

$$K_a |C\rangle = |C\rangle$$

已经证明簇态量子计算与基于量子逻辑门的通用量子计算相互等效。如
图 3.23 所示的二维簇态网络中,对节点进行泡利 Z 操作,相当于将这些节点从
簇态网络中除去;对节点进行泡利 X 和 Y 操作,则对应于进行量子逻辑门操作。
从图中可以看出,三条箭头对应三个量子比特,两条箭头之间的连线对应于双量
子比特操作。关于簇态量子计算的具体推导相对比较烦琐,在此不具体展开,感
兴趣的读者可参阅相关文献。

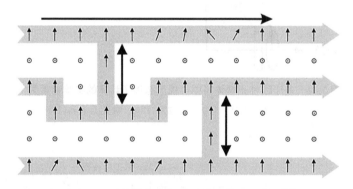

图 3.23　对于簇态进行量子线路操作示意图[47]

簇态量子计算自提出后,很快在冷原子物理体系中实现[48],之后也在线性
光学体系中实现[49],如图 3.24 所示。

近年来,提出了基于连续变量的簇态量子计算,并且在光学体系中接连实
现。2019 年两个独立团队在光学体系中的簇态实验成果在 *Science* 期刊上发

表[50-51],图 3.25 可以较好地显示簇态的构建,通过一路光纤的延时调控,可以实现一个节点与前后一个周期节点的纠缠,实现一维簇态;并进一步地通过与 N 倍周期节点的纠缠实现二维簇态。还可以用相应的方法进一步实现更高维的簇态[50-51]。

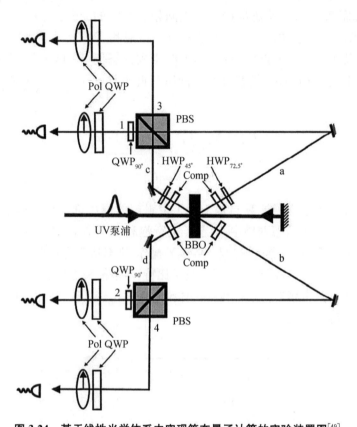

图 3.24 基于线性光学体系中实现簇态量子计算的实验装置图[49]

Pol—极化片;QWP—四分之一波片;PBS—极化分束器;HWP—半波片;Comp—补偿片

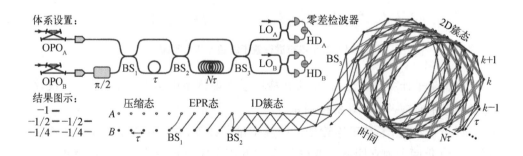

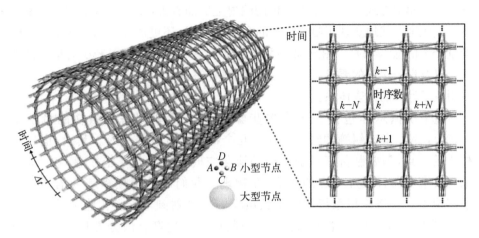

图 3.25 光学体系中的簇态实验[50-51]

3.6 非基于数字量子线路的量子计算的物理实现

20 世纪以来,人们认识到世界不能只用经典力学来解释。小到凝聚态物理中的电子运动的特性,微生物体中的能量传输,大到宇宙中的黑体辐射,都不能忽略量子效应。这些从微观到宏观的自然万物,直接观测往往非常困难,如果采用经典计算机进行模拟分析也并不乐观,例如计算多体量子系统,需要消耗指数级的资源,模拟 50 个自旋粒子组成的多体系统需要计算量高达 2^{50} 数量级,让现代最先进的超级计算机望而生畏。

费曼提出用一个人工构建的量子系统去模拟自然界中的量子系统。一种是数字型(digital)量子模拟,这种通用量子线路实现哈密顿量的映射构建,需要将待模拟的哈密顿矩阵分解到一个个量子逻辑门中,时常还需要采用 Jordan - Wigner 等各种变换方法将哈密顿量进行转化之后才能对应到量子线路中。通用量子线路上进行幺正操作 U,也往往需要采用 Trotter - Suzuki 近似等近似方法才得以实现。此后对通用量子线路的演化结果进行测量,需要对各子项进行换基测量。完成这一系列操作实现特定量子模拟,往往需要成百上千个量子比特构建甚至数以万计的量子逻辑门,再加上这些对于精准量子纠错的极高要求,对目前中等噪声量子技术颇具挑战。

另一种则不采用通用量子逻辑门,而是专门构建一个量子系统整理,直接与一个特定系统的哈密顿量进行映射,解决一个特定问题,常称为专用量子计算。

63

这种量子模拟方式不止在哈密顿量的映射上更加直观,而且该量子物理系统的自然演化则天然地实现了哈密顿量的幺正操作 U,还更加方便测量获得演化后的量子态信息 $|\psi(t)\rangle$。相比数字型量子模拟,专用量子计算可减少对量子计算资源以及量子纠错的要求,在多种量子物理体系都有所实现。冷原子和光子是专用量子计算的代表体系。

量子模拟总体包括三个主要步骤。首先,需要制备好最初的量子态 $|\psi(0)\rangle$,例如指定纠缠的粒子对从哪几个特定入射节点注入。其次,也是最核心的一点,需要制备好量子系统的演化空间并实现量子态的演化。量子系统各节点怎样相互耦合的情形,在物理上我们用哈密顿矩阵来描述。量子模拟便是将待模拟系统的哈密顿矩阵 H_{sys} 映射到实验室构建量子系统的哈密顿矩阵 H_{sim} 中。量子态在这样空间中的演化符合微分方程的描述,通过幺正操作 $U = \exp\{-iH_{sim}t\}$ 就可获得时间 t 时的量子态波函数 $|\psi(t)\rangle$。最后,对该量子态相关信息进行测量,从而获得待模拟系统的定量或定性的认知。

由此可见,方便地制备量子初态,实现大规模且可精准操控哈密顿矩阵及幺正演化,方便测量的能力是实验开展量子模拟的重要考虑因素。

正如 3.1 节提到的,光量子计算是创立较晚但发展最为迅速的一个分支,光子具有速度快,受噪声或消相干影响小等优点,并且集成波导阵列极大拓展了光学量子模拟的灵活性和可扩展性,可以满足我们提到的考虑因素。首先,多光子技术可以方便制备量子态的初态,例如通过将波长为 405 nm 的光子射入一种晶体,激发生成一对 810 nm 的纠缠光子,多光子可带来经典无法模拟的量子相干等特性。

其次,通过三维光波导阵列构建哈密顿量及幺正演化。哈密顿量可以做到非常大且高维,以量子行走(quantum walk)这一专用量子计算工具为例,此前在其他量子物理体系中进行实验演示量子行走时,往往只能在一维的格点中进行若干步的原理性演示,而基于三维光子芯片,构建了 49×49 个节点的大型二维演化空间,实现了首次真正空间二维的量子行走,推进专用量子计算的实用化。并且通过波导的各种调控可实现对哈密顿矩阵的精准操控,为实现各种特定波方程的量子模拟提供了丰富的可能性,例如通过随机设置波导空位模拟量子逾渗,通过周期性弯折波导实现光子传输动态局域等。三维光子芯片波导阵列的横截面构型反映了哈密顿矩阵的特征,而波导的纵向延伸长度则对应了光子的演化时间,因此光在波导中的演化直接对应实现了哈密顿量的幺正操作 U,且演化时间长短精确可控。

最后,测量演化后的量子态相关信息则可通过光子成像及探测技术采集光子在波导终端的分布情形获得。对于激光即相干光演化用普通 CCD 相机就可以拍到成像,如果要对晶体泵发出的一个个单光子的演化结果进行成像,则要用到增加了图像增强管的增强型电荷耦合器 ICCD 相机。单光子的演化结果像射击的靶一样,每次落点都不一样,我们不停地发射单光子并累积一段时间,就会呈现出规律性的光子累积概率分布。

冷原子体系可以模拟凝聚态中电子的运动[52]。这些电子围绕着的原子核之间不到纳米级间距,电子又在高速运转,很难在实空间里观测了电子的位置、怎么运动的、电子自旋之间是怎样关联的,等等。而这时基于冷原子的量子模拟就派上用场了。如图 3.26 所示,它的装置结构就像平时装鸡蛋的纸壳,把鸡蛋牢牢放在一个个坑里稳稳的。这里的纸壳就是光晶格的光场,鸡蛋就是原子。原子用激光冷却后加载到光晶格形成的势场中。原子在光晶格里的分布变化可以模拟电子的行为,好处在于原子的运动比较慢,光晶格的间隔也相对较大,约为几百纳米,可以方便观察到原子的分布运动。高中理科生都知道任意物体都既是粒子又是波,它的德布罗意波长与动量(即速度乘以质量)成反比。激光冷却原子时,原子的动能降下来,德布罗意波长变大,所有原子都不是都好像符合一个统一的波函数。这种德布罗意波长远远大于晶格的情形使隧穿等量子效应不可忽略,凝聚态中的电子的波长也远远大于凝聚态中的原子核之间的间距。这也正是冷原子类比模拟电子运动的原理所在。

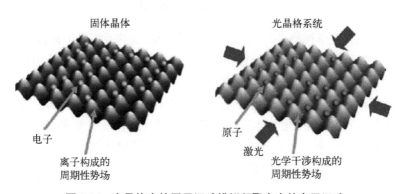

图 3.26 光晶格中的原子运动模拟凝聚态中的电子运动

除此之外,量子退火及绝热量子计算它们的演化过程是时间连续型的,哈密顿量不断随时间变化,也可以视为一种非基于数字量子线路的量子计算,可通过光学伊辛机等硬件实现,我们将在后文中予以介绍。

值得一提的是,运用同一块可编程光学网络芯片,可以实现不同方式的量子计算。可编程光学芯片结构如图 3.27 所示,图 3.27(a)中的波导结构被集成在图 3.27(b)的芯片上,图 3.27(b)则展示了光学网络的整体结构,包括光源部分

（1）、光子探测部分（2）、芯片部分（3）和经典计算机对其控制与编程部分（4）。经典计算机通过调节芯片电极的电源来改变光学分束器与移相器的参数，然后还可以根据探测到的参数进一步优化参数，来实现更多复杂的功能。

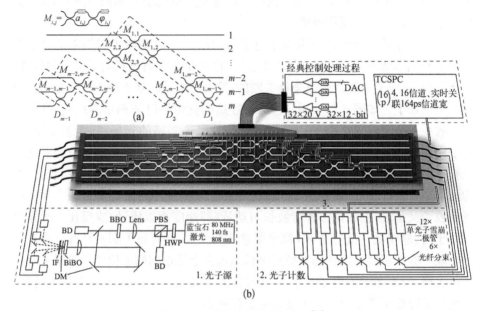

图 3.27　可编程光学网络芯片[53]

基于可编程光学网络芯片，已经实现了基于测量的通用量子计算[见图 3.28 (a)~(c)]；基于门电路的量子计算[见图 3.28(d)~(f)]，图中给出的是一个 CNOT 门的量子线路实现；还实现代表性的专用量子计算算法——玻色采样 [见图 3.28(g)~(i)]。结合可编程光学芯片具有室温下工作以及兼容集成电路工业基础等一系列优势，光学体系是实现各不同方式量子计算的一个有竞争力的硬件体系之一。正如本章开篇所言，不同量子计算硬件都在快速地发展，为越来越多量子算法的实现提供保障。

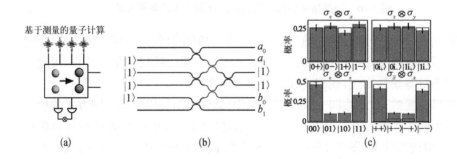

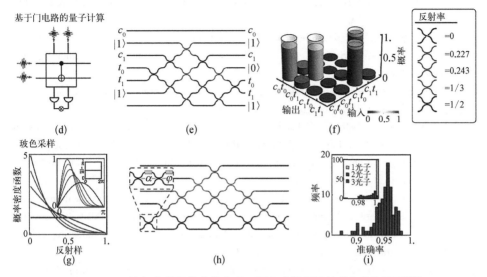

基于门电路的量子计算

玻色采样

图 3.28　可编程光学网络芯片实现不同方式的量子计算(后附彩图)[53]

参考文献

[1] DiVincenzo D P. The physical implementation of quantum computation. Fortschritte der Physidk，2000，48：771 - 783.

[2] Kitaev A Y. Quantum computations：Algorithms and error correction. Russian Mathematical Surveys，1997，52：1191 - 1249.

[3] Nielsen M A，Chuang I. Quantum computation and quantum information：10th anniversary edition. Cambridge：Cambridge University Press，2010：278.

[4] Gasman L. The future of the quantum processor：Three trends. https://www. insidequantumtechnology.com/the-future-of-the-quantum-processor-three-trends [2021 - 04].

[5] Cirac J I，Zoller P. Quantum computations with cold trapped ions. Physical Review Letters，1995，74：4091.

[6] Arimondo E，Phillips W D，Strumia F. Laser manipulation of atoms and ions. North-Holland：Elsevier Science Publishers，1993：643.

[7] Ghosh P K. Ion traps. Oxford：Oxford University Press，1995.

[8] Niedermayr M. Cryogenic surface ion traps. Innsbruck：University of Innsbruck，2015：83.

[9] Leibfried D，Blatt R，Monroe C，et al. Quantum dynamics of single trapped ions. Review of Modern Physics，2003，75：281 - 324.

[10] Mathieu É. Mémoire sur le mouvement vibratoire d'une membrane de forme elliptique. Journal De Mathématiques Pures et Appliquées，1868，13：137 - 203.

[11] Knoop M, Marzoli I, Morigi G. Ion traps for tomorrow's applications. Amsterdam: IOS Press, 2015: 5 – 15.

[12] 王竹溪,郭敦仁.特殊函数概论.北京：科学出版社,1965.

[13] Indiana University Physics Department. Research. https://iontrap.physics.indiana.edu/research.html.

[14] Wikipedia. Mølmer – Sørensen gate. https://en.wikipedia.org/wiki/M%C3%B8lmer%E2%80%93S%C3%B8rensen_gate [2023 – 05].

[15] Kirchmai G, Benhelm J, Zähringer F, et al. Deterministic entanglement of ions in thermal states of motion. New Journal of Physics, 2009, 11(2): 023002 – 023022.

[16] Sakurai J J. Modern quantum mechanics, revised edition. Boston: Addison-Wesley Publishing Company, 1994: 285.

[17] Adelakun A O, Abajingin D D. Solution of quantum anharmonic oscillator with quartic perturbation. Advances in Physics Theories and Applications, 2014, 27: 38 – 40.

[18] Chen Z. Metrology of quantum control and measurement in superconducting qubits. Santa Barbara: University of California, 2018.

[19] Wendin G. Quantum information processing with superconducting circuits: A review. Reports on Progress in Physics, 2017, 80: 106001.

[20] Martinis J M, Nam S, Aumentado J, et al. Rabi oscillations in a large Josephson-junction qubit. Physical Review Letters, 2002, 89: 117901.

[21] Steffen M, Ansmann M, McDermott R, et al. State tomography of capacitively shunted phase qubits with high fidelity. Physical Review Letters, 2006, 97: 050502.

[22] Friedman J R, Patel V, Chen W, et al. Quantum superposition of distinct macroscopic states. Nature, 2000, 406: 43 – 46.

[23] Ioffe L B, Geshkenbein V B, Feigel'Man M V, et al. Environmentally decoupled sds-wave Josephson junctions for quantum computing. Nature, 1999, 398: 679 – 681.

[24] Pop I M, Geerlings K, Catelani G, et al. Coherent suppression of electromagnetic dissipation due to superconducting quasiparticles. Nature, 2014, 508: 369 – 372.

[25] Yan F, Gustavsson S, Kamal A, et al. The flux qubit revisited to enhance coherence and reproducibility. Nature Communications, 2016, 7: 1 – 9.

[26] Nakamura Y, Pashkin Y A, Tsai J S. Coherent control of macroscopic quantum states in a single-Cooper-pair box. Nature, 1999, 398: 786 – 788.

[27] Vion D, Aassime A, Cottet A, et al. Manipulating the quantum state of an electrical circuit. Science, 2002, 296: 886 – 889.

[28] Koch J, Terri M Y, Gambetta J, et al. Charge-insensitive qubit design derived from the Cooper pair box. Physical Review A, 2007, 76: 042319.

[29] Paik H, Schuster D I, Bishop L S, et al. Observation of high coherence in Josephson junction qubits measured in a three-dimensional circuit QED architecture. Physical Review Letters, 2011, 107: 240501.

[30] Barends R, Kelly J, Megrant A, et al. Coherent Josephson qubit suitable for scalable quantum integrated circuits. Physical Review Letters, 2013, 111: 080502.

[31] Casparis L, Larsen T W, Olsen M S, et al. Gatemon benchmarking and two-qubit

operations. Physical Review Letters, 2016, 116: 150505.

[32] Jens K, Terri M Y, Jay G, et al. Charge-insensitive qubit design derived from the Cooper pair box. Physical Review A, 2007, 76: 042319.

[33] Wendin G, Shumeiko V S. Quantum bits with josephson junctions. Low Temperature Physics, 2007, 33: 724 - 744.

[34] Huang H L, Wu D, Fan D, et al. Superconducting quantum computing: A review. Science China (Information Sciences), 2020, 63: 180501.

[35] Bialczak R C, Ansmann M, Hofheinz M, et al. Quantum process tomography of a universal entangling gate implemented with josephson phase qubits. Nature Physics, 2009, 6: 409 - 413.

[36] Muhonen J T, Dehollain J P, Laucht A, et al. Storing quantum information for 30 seconds in a nanoelectronic device. Nature Nanotechnology, 2014, 9: 986 - 991.

[37] Zajac D M, Sigillito A J, Russ M, et al. Resonantly driven CNOT gate for electron spins. Science, 2018, 359: 439 - 442.

[38] Veldhorst M, Yang C H, Hwang J C C, et al. A two-qubit logic gate in silicon. Nature, 2015, 526: 410 - 414.

[39] Watson T F, Philips S G J, Kawakami E, et al. A programmable two-qubit quantum processor in silicon. Nature, 2018, 555: 633 - 637.

[40] Press D, Ladd T D, Zhang B, et al. Complete quantum control of a single quantum dot spin using ultrafast optical pulses. Nature, 2008, 456: 218 - 221.

[41] Kim H, Bose R, Shen T C, et al. A quantum logic gate between a solid-state quantum bit and a photon. Nature Photonics, 2013, 7: 373 - 377.

[42] Reitzenstein S, Münch S, Franeck P, et al. Exciton spin state mediated photon-photon coupling in a strongly coupled quantum dot microcavity system. Physical Review B, 2010, 82: 121306.

[43] O'Brien J L, Prydel G L, White A G, et al. Demonstration of an all-optical quantum controlled-NOT gate. Nature, 2003, 426: 264 - 267.

[44] Crespi A, Ramponi R, Osellame R, et al. Integrated photonic quantum gates for polarization qubits. Nature Communications, 2001, 2: 566.

[45] Ou Z Y. Multi-photon quantum interference. Berlin: Springer, 2007.

[46] Shadbolt P. Complexity and control in quantum photonics. Berlin: Springer, 2016.

[47] Raussendorf R, Briegel H J. A one-way quantum computer. Physical Review Letters, 2001, 86: 5188 - 5191.

[48] Greiner M, Mandel O, Esslinger T, et al. Quantum phase transition from a superfluid to a mott insulator in a gas of ultracold atoms. Nature, 2002, 415: 39 - 44.

[49] Walther P, Resch K, Rudolph T, et al. Experimental one-way quantum computing. Nature, 2005, 434: 169 - 176.

[50] Larsen M V, Guo X, Breum C R, et al. Deterministic generation of a two-dimensional cluster state. Science, 2019, 366: 369 - 372.

[51] Asavanant W, Yu S, Yokoyama S, et al. Generation of time-domain-multiplexed two-dimensional cluster state. Science, 2019, 366: 373 - 376.

[52] Gross C, Bloch I. Quantum simulations with ultracold atoms in optical lattices. Science, 2017, 357: 995 – 1001.

[53] Carolan J, Harrold C, Sparrow C, et al. Universal linear optics. Science, 2015, 349: 711 – 716.

第Ⅱ篇
基于数字量子线路的量子算法

第 4 章
早期通用量子算法

自从量子计算以及通用量子线路的概念被提出后,学术界开始尝试类比经典计算机,思考对于量子计算机是否可以设计特定的量子算法。1992 年,由 Deutsch 提出的判定函数性质的算法[1],是为了展示量子特性及可能的量子优势而特意提出的第一个量子算法,让人得以窥见量子算法与经典算法在思考方式上的不同,但并没有过多的实际应用场景。1996 年,Grover 提出的数据搜索算法[2],则是面向数据搜索应用并至今被广泛研究的实用型量子算法,理论上可实现平方级搜索加速优势。4.1 节和 4.2 节将分别介绍 Deutsch 算法和 Grover 算法,通过狄拉克符号公式、矩阵运算、几何表示等多种表述方式加深读者对量子算法及量子线路操作意义的理解。

4.1 Deutsch 算法

假设我们有一个隐函数 f,函数输入 0 或 1,输出 0 或 1,并且我们知道,f 要么是平衡型(balanced),要么是常数型(constant)。所谓平衡型是指,f 依赖于 f 的输入。平衡型有两种,一种输入等于输出,另一种输出等于输入翻转。所谓常数型是指,不管 f 输入什么,都输出 0(或者都输出 1),输出值就是一个常数。如图 4.1 所示。

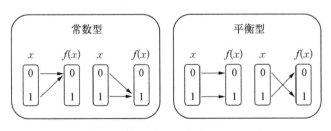

图 4.1 Deutsch 算法中函数的两种分类

Deutsch 算法的任务就是要确定 f 究竟是平衡型还是常数型。在经典计算机上,解决这个问题很直观的方法就是分别输入 0 和 1,看 $f(0)$ 和 $f(1)$ 数值分别是多少,显然需要两次计算,然后进行比较,相等则是常数型,不相等则是平衡型。而在量子计算机上,Deutsch 算法提出只需要一次计算,一次测量就能解决问题。

提及 Deutsch 算法等很多算法都会提到"Oracle"这个词,可以翻译成"黑盒"方便人们理解,即假定我们是不知道黑盒里具体是什么内容的。Deutsch 算法里,这个黑盒如图 4.2 所示的 U_f,因为假定我们不知道 $f(x)$ 的具体函数。经过这个 U_f,输入态 $|x\rangle|y\rangle$ 将输出 $|x\rangle|y \oplus f(x)\rangle$,其中 $a \oplus b$ 表示 $(a+b) \bmod 2$。

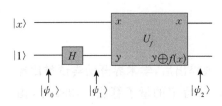

图 4.2 Deutsch 算法中的黑盒 U_f 示意图

在图 4.2 线路中,保留 x 为任意量子态,y 为由 $|1\rangle$ 通过 Hadamard 门得到的叠加态 $(|0\rangle-|1\rangle)/\sqrt{2}$,因此黑盒输入态 $|\psi_1\rangle$ 为

$$|\psi_1\rangle = |x\rangle|y\rangle = |x\rangle\frac{|0\rangle-|1\rangle}{\sqrt{2}} = \frac{|x\rangle|0\rangle-|x\rangle|1\rangle}{\sqrt{2}} \tag{4.1}$$

得到的输出为

$$|\psi_2\rangle = \frac{|x\rangle|0 \oplus f(x)\rangle-|x\rangle|1 \oplus f(x)\rangle}{\sqrt{2}} \tag{4.2}$$

对 $f(x)$ 的取值分类讨论:

$$|\psi_2\rangle = \begin{cases} |x\rangle\dfrac{|0\rangle-|1\rangle}{\sqrt{2}}, & f(x)=0 \\ |x\rangle\dfrac{|1\rangle-|0\rangle}{\sqrt{2}}, & f(x)=1 \end{cases} \tag{4.3}$$

注意到 $|0\rangle-|1\rangle = -(|1\rangle-|0\rangle)$,因此 $|\psi_2\rangle$ 可以简洁地表示为

$$|\psi_2\rangle = (-1)^{f(x)}|x\rangle\frac{|0\rangle-|1\rangle}{\sqrt{2}} \tag{4.4}$$

也就是说,这个黑盒算符 U_f 可以实现以下的操作:

$$U_f \left(|x\rangle \frac{|0\rangle - |1\rangle}{\sqrt{2}} \right) = (-1)^{f(x)} |x\rangle \frac{|0\rangle - |1\rangle}{\sqrt{2}} \tag{4.5}$$

现在我们将 x 设置为叠加态（$|0\rangle + |1\rangle$）$/\sqrt{2}$（可由 $|0\rangle$ 通过 Hadamard 门得到），那么经过 U_f 后：

$$|\psi_2\rangle = \frac{1}{\sqrt{2}}[(-1)^{f(0)} |0\rangle + (-1)^{f(1)} |1\rangle] \frac{1}{\sqrt{2}}(|0\rangle - |1\rangle) \tag{4.6}$$

从这时起我们可以只关注第一个比特了。将第一个比特通过 Hadamard 门，得

$$\frac{1}{2}[(-1)^{f(0)}(|0\rangle + |1\rangle) + (-1)^{f(1)}(|0\rangle - |1\rangle)] \tag{4.7}$$

稍作整理，即得到 Deutsch 算法最关键的表达式：

$$\frac{1}{2}\left\{\boxed{[(-1)^{f(0)} + (-1)^{f(1)}]} |0\rangle + \boxed{[(-1)^{f(0)} - (-1)^{f(1)}]} |1\rangle\right\} \tag{4.8}$$

如果 $f(0) = f(1)$，那么右边的方框为 0，比特处于 $|0\rangle$ 态，对其测量的结果为 0；如果 $f(0) \neq f(1)$，那么 $f(0)$ 与 $f(1)$ 中必然一个值为 0，一个为 1，$(-1)^0 + (-1)^1 = 0$，因此左边的方框为 0，比特处于 $|1\rangle$ 态。因此，我们只需要进行一次测量就能确定 f 是平衡型还是常数型。Deutsch 算法的完整量子线路图如图 4.3 所示。

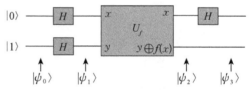

图 4.3　Deutsch 算法的完整量子线路图

对于黑盒 U_f，我们可以给出图 4.4 所示的几个具体示例，如 CNOT 门、Hadamard 门等，运用量子云平台分析测量结果。显然对于包含 CNOT 门的黑盒，x 的取值为 $|0\rangle$ 时，第二个量子比特不会翻转，$|\psi_2\rangle = (-1)^{f(x)} |x\rangle \frac{|0\rangle - |1\rangle}{\sqrt{2}} = |x\rangle \frac{|0\rangle - |1\rangle}{\sqrt{2}}$，认为此时 $f(x) = 0$。x 的取值为 $|1\rangle$ 时，第二个量子比特受控翻转，$|\psi_2\rangle = (-1)^1 |x\rangle \frac{|0\rangle - |1\rangle}{\sqrt{2}}$，此时 $f(x) = 1$，因此这是典型的平衡型常数，第一个量子比特输出测量结果也果然处于 $|1\rangle$ 态。对于 Hadamard 门等，$|\psi_2\rangle$ 不会受到 $|x\rangle$ 取值的影响，$f(x)$ 都等于 0，因此是常数型，测量结果处于 $|0\rangle$ 态。

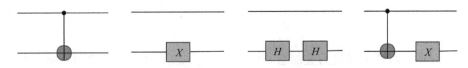

图 4.4　Deutsch 算法黑盒 U_f 的几个量子线路具体示例

在分析 Deutsch 算法及之后的 Grover 算法等通用量子算法时,很多初学者会有一些困惑,例如 Deutsch 算法中,明明第一个量子比特是根据 $f(x)$ 控制改变第二个量子比特的值,为什么测量时只看第一个量子比特而且结果还会因 $f(x)$ 的不同设置受到影响? 这里有一个"相位回踢(phase kickback)"的概念,我们通过 CNOT 门等量子线路将两个量子比特纠缠起来了,这两个量子比特构成一个整体,因此我们可以把 $(-1)^{f(x)}$ 这一项提在前面,让 $|\psi_2\rangle = |x\rangle (-1)^{f(x)} \dfrac{|0\rangle - |1\rangle}{\sqrt{2}}$,可以写成 $|\psi_2\rangle = (-1)^{f(x)} |x\rangle \dfrac{|0\rangle - |1\rangle}{\sqrt{2}}$。 这样对于第二个量子比特的相位信息就"回踢"("kickback")到第一个量子比特上去了,毕竟该相位信息是受第一个量子比特取值 x 影响的。其实测量时,虽然只关注第一个量子比特取值,但一旦测量两个量子比特都会坍缩,只是我们不需要关注第二个量子比特的结果而已。

4.2　Grover 算法

Grover 算法是一个代表性的量子算法[3-5],于 1996 年由数学家 Grover 提出[2],和 Shor 分解质因数算法(见第 5 章)大约同期提出。如果说最早提出的 Deutsch 算法是为了展示量子特性而专门设计的,那么 Grover 和 Shor 算法则是开始着眼于实际应用场景而设计的量子算法,具有了一定的应用意义。

4.2.1　Grover 算法与经典搜索算法

Grover 算法是一个运用通用量子线路实现的搜索算法。它可以快速解决一个这样的搜索问题,例如出版社送出了四大力学教材的四个盲盒礼包,每个盲盒中各装一本书,但分别还没拆包装,读者不知道每本书分别装在哪一个盲盒,希望找到其中《量子力学》这本书。

经典的思路通常是,首先打开其中一本书,一次就找对的概率为 1/4;第一次不对,把这本书放一边,再从剩下三本中选择一本,两次选中的概率为 3/4× 1/3;第二次还没有选对的话,再试一次,从剩下两本中选择一本,如果选对了,那么三次成功,如果没有选对,也可以确定最后那本一定就是想要找的《量子力学》,因此不会超过三次尝试。这样的经典搜索方法需要平均次数为 2.25 次(计算方法为 $1×1/4+2×3/4×1/3+3×3/4×2/3=2.25$)可以确保搜索成功。

因此经典算法的核心思想是每一次搜索都判定"是"或"否",不断排除不对的选项。而量子算法的核心区别正在于此。Grover 算法将 2^n 种不同的书本编码在 n 个量子比特中,通过一系列量子线路操作使得代表《量子力学》这本目标书的量子态的概率增大,从而根据各量子态的概率分布确定目标书的位置。Grover 量子算法好比判定天气时,不是给出明天"会"或者"不会"下雨,而是给出各种天气情况出现的概率,居民通常以概率最高的情况来认定天气。

4.2.2 Grover 算法的量子线路构建

求解以上四选一搜索问题的 Grover 量子算法线路可如图 4.5 所示。通过两个初始为 $|0\rangle$ 态的量子比特各添加 Hadamard 门,前两个量子比特变为

$$\frac{1}{\sqrt{2}}(|0\rangle+|1\rangle)\frac{1}{\sqrt{2}}(|0\rangle+|1\rangle)=\frac{1}{2}(|00\rangle+|01\rangle+|10\rangle+|11\rangle) \qquad (4.9)$$

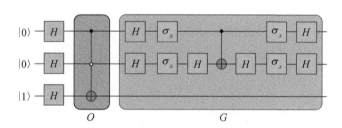

图 4.5 Grover 算法的量子线路构建

即同时可以呈现 $|00\rangle$,$|01\rangle$,$|10\rangle$ 和 $|11\rangle$ 四个量子态的叠加态,这四个量子态分别对应四本书。

Oracle 操作代表出版社工作人员将《量子力学》放入其中一个盒子,例如 $|10\rangle$ 号盒中,对应在量子线路中是使 $|10\rangle$ 的相位从 $+1$ 变为 -1,即

$$\frac{1}{2}(|00\rangle+|01\rangle+|10\rangle+|11\rangle)×\frac{1}{\sqrt{2}}(|0\rangle-|1\rangle)$$

$$\rightarrow \frac{1}{2}(|00\rangle+|01\rangle-|10\rangle+|11\rangle)×\frac{1}{\sqrt{2}}(|0\rangle-|1\rangle) \qquad (4.10)$$

Oracle 操作可以通过多重受控非门来实现,图 4.5 中实心点代表遇 1 翻转,空

心点代表遇 0 翻转,因此仅在前两个量子比特为 $|10\rangle$ 态时会导致第三个量子比特的翻转,即 $|0\rangle$ 变为 $|1\rangle$,$|1\rangle$ 变为 $|0\rangle$,因此第三个量子比特 $\frac{1}{\sqrt{2}}(|0\rangle-|1\rangle)$ 变为 $\frac{1}{\sqrt{2}}(|1\rangle-|0\rangle)$,即 $(-1)\times\frac{1}{\sqrt{2}}(|0\rangle-|1\rangle)$。运用"phase kickback",将多重受控非门带来的这个 -1 提前至前两个量子比特,也就呈现了上式中 $|10\rangle$ 项前的负号。Oracle 作为黑盒,默认大家不知道对 $|10\rangle$ 态的设置,需要通过量子线路测量发现验证 $|10\rangle$ 态就是目标态。

但是,直接测量得到的是每个态的概率,即各量子态振幅分别求平方,概率都相等,无法区分出改变相位的 $|10\rangle$。于是 Grover 量子算法进一步采用 Grover 操作,将其中 $|10\rangle$ 态的概率增强,得到态 $|10\rangle\times\frac{1}{\sqrt{2}}(|0\rangle-|1\rangle)$,此时测量前两个量子比特时,$|10\rangle$ 态出现的概率为 100%,其他态的概率都降为了 0,这样才得以区分出目标态。使得上述四选一的搜索问题得以实现。

以下从具体的量子线路逻辑门的矩阵表示来分析为什么实现了以上量子态的操作。对于 Oracle 部分:

$$\boldsymbol{O}=\begin{bmatrix}1&0&0&0\\0&1&0&0\\0&0&-1&0\\0&0&0&1\end{bmatrix} \tag{4.11}$$

$$\boldsymbol{O}\cdot\frac{1}{2}\begin{bmatrix}1\\1\\1\\1\end{bmatrix}=\begin{bmatrix}1&0&0&0\\0&1&0&0\\0&0&-1&0\\0&0&0&1\end{bmatrix}\cdot\frac{1}{2}\begin{bmatrix}1\\1\\1\\1\end{bmatrix}=\frac{1}{2}\begin{bmatrix}1\\1\\-1\\1\end{bmatrix} \tag{4.12}$$

对于 Grover 部分,实现如下的矩阵操作:

$$\boldsymbol{D}=-\frac{1}{2}\begin{bmatrix}-1&1&1&1\\1&-1&1&1\\1&1&-1&1\\1&1&1&-1\end{bmatrix} \tag{4.13}$$

$$\boldsymbol{D}\cdot\frac{1}{2}\begin{bmatrix}1\\1\\-1\\1\end{bmatrix}=-\frac{1}{4}\begin{bmatrix}-1&1&1&1\\1&-1&1&1\\1&1&-1&1\\1&1&1&-1\end{bmatrix}\begin{bmatrix}1\\1\\-1\\1\end{bmatrix}=\begin{bmatrix}0\\0\\1\\0\end{bmatrix} \tag{4.14}$$

经过 **D** 矩阵,则将 $[1 1 -1 1]^{\mathrm{T}}/2$ 转化成 $[0 0 1 0]^{\mathrm{T}}$,从而可以测量出目标量子态。那么为什么这个量子线路可以实现这个矩阵 **D**,可以通过矩阵运算快速验证,两根线路上的逻辑门矩阵进行张量积计算,具体矩阵在第 3 章中给出。

因此,如图 4.6 所示,Grover 算法中的 O 部分起到了将目标量子态进行相位翻转的作用,而后续的 G 部分则将相位变化转化为量子态幅值的变化,从而可以测量得出。

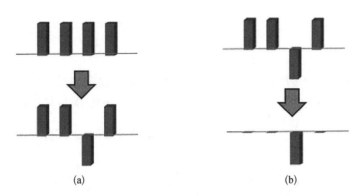

(a)   (b)

图 4.6　Oracle 部分对量子态的作用示意图(a)和
Grover 部分对量子态的作用示意图(b)

4.2.3　对多选项数据搜索的 Grover 算法及量子线路构建

Grover 算法还能实现更多选项的搜索问题,例如从八本书中选择一本,可采用如图 4.8 的线路示例,是将 $|001\rangle$ 态作为目标态。

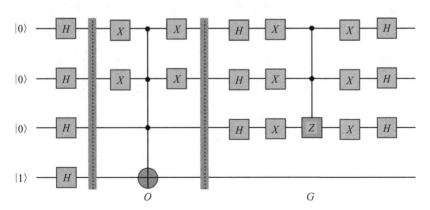

图 4.7　八选一问题的 Grover 算法量子线路构建

对于 $N=4$、8、16 以及更大数目的 Grover 算法，O 部分都可以简单地设置量子态的相位翻转，而 G 部分则是实现以下的矩阵操作：当 N 取 4 时，则得到如式(4.13)的特例。

$$\boldsymbol{D} = \begin{bmatrix} \dfrac{2}{N}-1 & \dfrac{2}{N} & \cdots & \dfrac{2}{N} \\ \dfrac{2}{N} & \dfrac{2}{N}-1 & & \dfrac{2}{N} \\ \vdots & & \ddots & \vdots \\ \dfrac{2}{N} & \dfrac{2}{N} & \cdots & \dfrac{2}{N}-1 \end{bmatrix} \tag{4.15}$$

矩阵 $\boldsymbol{D}$ 对于入射向量起到什么样的作用呢。假定经过 Oracle 部分导入 Grover 部分的输入向量为 $[a_1, \cdots, a_i, \cdots, a_n]^\mathrm{T}$，矩阵 $\boldsymbol{D}$ 与其相乘，矩阵 $\boldsymbol{D}$ 的对角线值为 $\left(\dfrac{2}{N}-1\right)$，非对角线值为 $\dfrac{2}{N}$，因此经过 Grover 部分导出的向量为

$$a_i' = \left(\frac{2}{N}-1\right)a_i + \sum_{i\neq j}\frac{2}{N}a_j = -a_i + \frac{2}{N}\sum_{j=0}^{N}a_j \tag{4.16}$$

显然，$\dfrac{1}{N}\sum\limits_{j=0}^{N}a_j$ 可以理解为输入向量 $[a_1, \cdots, a_i, \cdots, a_n]^\mathrm{T}$ 所有元素值的平均值。令 $A = \dfrac{1}{N}\sum\limits_{j=0}^{N}a_j$，我们有

$$a_i' = 2A - a_i \tag{4.17}$$

也就是说，矩阵 $\boldsymbol{D}$ 实质上起着如下作用：将原有矩阵中的每个元素，相对于所有元素平均值 A 进行翻转。对于前面四选一的例子，Oracle 操作后的量子态输入向量为 $[1\ 1\ -1\ 1]^\mathrm{T}/2$，因此 $A = \dfrac{1}{4}\left(\dfrac{1}{2}+\dfrac{1}{2}-\dfrac{1}{2}+\dfrac{1}{2}\right)=0.25$。因此 -0.5 相对于 0.25 翻转至 1，而其余为 0.5 的量子态则相对于 0.25 翻转至 0，即输出向量为 $[0\ 0\ 1\ 0]^\mathrm{T}$。这样一来，通过一次搜索就使得目标态的概率最大化。

对于八选一，Oracle 操作后的量子态输入向量为 $[-1\ 1\ 1\ 1\ 1\ 1\ 1\ 1]^\mathrm{T}/\sqrt{8}$，$A = \dfrac{6}{8\sqrt{8}}=\dfrac{3\sqrt{2}}{16}$，通过翻转，使得 $|001\rangle$ 态相位翻转至 $\dfrac{5\sqrt{2}}{8}$，而其余态翻转至 $\dfrac{\sqrt{2}}{8}$，因此一次搜索得到目标态的概率为 $\left(\dfrac{5\sqrt{2}}{8}\right)^2=\dfrac{25}{32}$。再进行一次 Grover

搜索,新的平均值 $A' = \dfrac{\sqrt{2}}{32}$,翻转后,搜索得到目标态的概率为 $\dfrac{121}{128}$。 因此对于很多数目的量子搜索,也需要搜索更多次数使得目标态的概率不断提升。再进行一次 Grover 搜索,是指通过如图 4.8 所示的模块,将 Oracle 和 Grover 操作都依次重复。

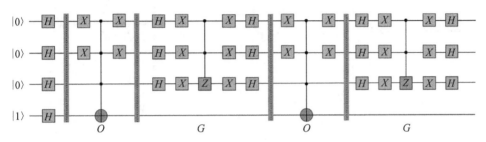

图 4.8　进行两次 Grover 搜索操作的量子线路示意图

当然,对于以上八选一示例,如果进行第三次搜索,平均值 A'' 将进一步变为 $-\dfrac{\sqrt{2}}{32}$,新的翻转将使得目标态变为 $\dfrac{5\sqrt{2}}{8}$,其余态变为 $\dfrac{\sqrt{2}}{8}$,目标态反而降低了。因此,对于 Grover 算法也并不是搜索次数越多越好,而是选择合适的搜索次数使得目标态概率最大化。对于最优搜索次数的判定,可以通过向量图的角度来分析,从而加深对 Grover 算法的理解。

4.2.4　Grover 算法的几何意义

我们知道如果两个向量满足内积为零,则这两个向量正交,即呈 90° 角。向量夹角这一几何图像与向量内积这一代数问题是紧密联系的:

$$\cos\langle \vec{a},\ \vec{b}\rangle = \frac{\vec{a}\cdot\vec{b}}{|\vec{a}||\vec{b}|} \tag{4.18}$$

因此,以四选一的 Grover 算法为例,初态 $\vec{S}$ 向量为 $[1111]^{\mathrm{T}}/2$,而待搜索的目标态 $\vec{W}$ 为 $[0\,0\,1\,0]^{\mathrm{T}}$,即希望目标态 $|01\rangle$ 概率达到 1,其余为 0。$\vec{W}_\perp$ 为与 $\vec{W}$ 正交的向量,可以为 $[1\,1\,0\,1]^{\mathrm{T}}/\sqrt{3}$,此时 $\langle\vec{W}_\perp,\vec{W}\rangle=90°$,并且 $\langle\vec{S},\vec{W}\rangle + \langle\vec{S},\vec{W}_\perp\rangle=90°$ 可以保证三向量共面,如图 4.9(a) 所示。

首先进行 Oracle 操作,将 $|01\rangle$ 态相位翻转,也就是将向量 $\vec{S}$ 变为 $\vec{S}' = [1\,1\,-1\,1]^{\mathrm{T}}/2$,可以快速验证 $\cos\langle\vec{S}',\vec{W}_\perp\rangle = \cos\langle\vec{S},\vec{W}_\perp\rangle$,且 $\cos\langle\vec{S}',\vec{W}\rangle = -\cos\langle\vec{S},\vec{W}\rangle$,将 $\vec{S}$ 沿 $\vec{W}_\perp$ 对称翻转正好满足以上关系,因此在向量图中,

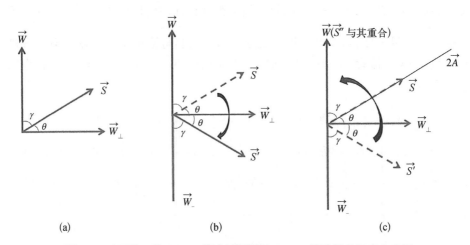

(a)　　　　　　　　　(b)　　　　　　　　　(c)

图 4.9　以四选一的 Grover 算法示例展示 Grover 算法的几何意义表示

Oracle 的作用是将 $\vec{S}$ 沿 $\vec{W}_\perp$ 对称翻转至 $\vec{S}'$，如图 4.9(b)所示。

　　接下来，Grover 操作目标是将 $\vec{S}'$ 沿均值 $\vec{A}$ 向量翻转。均值 $\vec{A}$ 向量是指向量中的每个元素值都是均值 $\vec{A}$，而初态 $\vec{S}$ 也是每个元素值都是相等的，这样的两个向量是完全平行的，$\cos\langle\vec{A},\vec{S}\rangle=1$，因此，在图 4.9 中，Grover 操作将 $\vec{S}'$ 沿 A 轴对称翻转，也就是将 $\vec{S}'$ 沿 $\vec{S}$ 轴对称翻转至 $\vec{S}''$，如图 4.9(c)所示。那么经过一次搜索后找到目标态的概率即为 $\vec{S}''$ 在 $\vec{W}$ 上的投影，即 $\cos^2\langle\vec{S}'',\vec{W}\rangle$。经过旋转得到的 $\vec{S}''$ 与 $\vec{W}$ 的夹角越小，则搜索概率越高。

　　例如以上四选一的示例中，$\cos\langle\vec{S},\vec{W}\rangle=0.5$，即 $\gamma=\langle\vec{S},\vec{W}\rangle=60°$，$\theta=\langle\vec{S},\vec{W}_\perp\rangle=30°$。经过一次 Oracle 与 Grover 翻转后，$\vec{S}''$ 正好落在 W 上，搜索概率为 100%。而对于

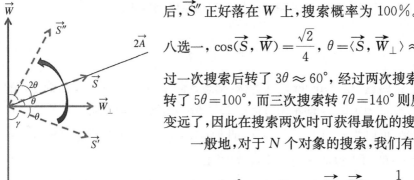

图 4.10　向量图表示八选一的 Grover 算法

八选一，$\cos\langle\vec{S},\vec{W}\rangle=\dfrac{\sqrt{2}}{4}$，$\theta=\langle\vec{S},\vec{W}_\perp\rangle\approx20°$，经过一次搜索后转了 $3\theta\approx60°$，经过两次搜索后，总共转了 $5\theta=100°$，而三次搜索转 $7\theta=140°$ 则反而离 W 变远了，因此在搜索两次时可获得最优的搜索效果。

　　一般地，对于 N 个对象的搜索，我们有

$$\sin\theta=\cos\gamma=\cos\langle\vec{S},\vec{W}\rangle=\frac{1}{\sqrt{N}} \qquad(4.19)$$

我们希望经过 k 次搜索后，得到搜索效果最佳，即

$$(2k + 1)\theta = \frac{\pi}{2} \tag{4.20}$$

$$k = \mathrm{round}\left(\frac{\pi}{4\theta} - \frac{1}{2}\right) \tag{4.21}$$

对于数据较大的搜索问题，θ 角会变得更小，满足近似：

$$\sin\theta = \theta = \frac{1}{\sqrt{N}} \tag{4.22}$$

因此最优搜索次数符合：

$$k = \frac{\pi}{4}\sqrt{N} \tag{4.23}$$

因此 Grover 算法需要的搜索次数与数据量 N 呈 $O(N)$ 的关系，而经典搜索算法往往需要 $O(N^2)$ 的复杂度。因此 Grover 量子搜索算法可以实现平方级的量子加速优势。

Grover 算法自从提出后，在不同量子物理体系中都有所实验演示，往往被实验研究团队用来展示实现通用量子计算硬件能力[6-8]。例如，在核磁共振体系较早实验演示[6]；运用四纠缠光子构建簇态，实现通用量子计算并演示了 Grover 算法实验的较高置信度[7]。

Grover 算法也越来越多地成为许多量子算法的框架内核。例如，在第五章中将会介绍的量子幅值估计 QAE 算法中输入态的受控旋转符合 Grover 算法框架[9]，2021 年的一个在光子芯片中实验展示量子强化学习优势的工作基于 Grover 框架构建[10]。此外，Grover 算法被提出可广泛用于优化问题[11-12]，将在量子计算求解优化问题的相关章节中介绍。因此，掌握好 Grover 算法对全面深入学习量子计算打下一个非常重要的基础。

参考文献

[1] Deutsch D, Jozsa R. Rapid solution of problems by quantum computation. Proceedings of the Royal Society of London, Series A: Mathematical and Physical Sciences, 1992, 439: 553 - 558.

[2] Grover L K. A fast quantum mechanical algorithm for database search. In Proceedings of the Twenty-eighth Annual ACM Symposium on Theory of Computing, STOC'96, New York, NY, USA, 1996: 212 - 219.

[3] Nielsen M A, Chuang I L. Quantum computation and quantum information. Cambridge:

Cambridge University Press，2000.

[4] Benenti G，Casati G，Strini G. Principle of quantum computation and information，Volume 1：Basic concepts. Singapore：World Scientific Publishing，2004.

[5] Adedoyin A，Ambrosiano J，Anisimov P，et al. Quantum algorithm implementations for beginners. arXiv，2018：1804.03719.

[6] Long G L，Yan H Y，Li Y S，et al. Experimental NMR realization of a generalized quantum search algorithm. Physics Letters A，2001，286：121－126.

[7] Walther P，Resch K J，Rudolph T，et al. Experimental one-way quantum computing. Nature，2005，434：169－176.

[8] Godfrin C，Ferhat A，Ballou R，et al. Operating quantum states in *sin*gle magnetic molecules：implementation of Grover's quantum algorithm. Physical Review Letters，2017，119：187702.

[9] Brassard G，Hoyer P，Mosca M，et al. Quantum amplitude amplification and estimation. Contemporary Mathematics，2002，305：53－74.

[10] Saggio V，Asenbeck B E，Hamann A. et al. Experimental quantum speed-up in reinforcement learning agents. Nature，2021，591：229－233.

[11] Baritompa W P，Bulger D W，Wood G R. Grover's quantum algorithm applied to global optimization. Siam Journal on Optimization，2008，15：1170－1184.

[12] Gilliam A，Woerner S，Gonciulea C. Grover adaptive search for constrained polynomial binary optimization. Quantum，2021，5：428.

第5章
基于量子傅里叶变换的通用量子算法

20 世纪末,美国电气电子工程师学会(IEEE)旗下权威期刊 IEEE Computing in Science & Engineering 评选出 20 世纪十大重要算法[1],快速傅里叶变换位列其中,这项提出于 1965 年的离散傅里叶变换加速算法对于信息时代各项工程技术的快速发展起到了重要作用。20 世纪 90 年代,通过量子线路实现快速傅里叶变换的量子傅里叶变换算法被提出,并提出基于逆量子傅里叶变换的量子相位估计。量子相位估计被 Shor 应用于质因数分解问题中,对现有加密系统带来挑战。量子傅里叶变换及量子相位估计自提出以来成为很多通用量子算法的重要内核,除了 Shor 质因数分解算法,还有 2002 年提出的量子幅度估计算法,以及近十年来,随着大数据时代对数据分析的需求,提出了 HHL 线性方程组求解等算法。本章先从傅里叶变换的技术发展脉络开始对量子傅里叶变换进行深入的介绍,然后介绍量子相位估计的原理和量子线路构建,最后分别介绍 Shor 算法、量子幅度估计算法、HHL 算法这些以量子相位估计为内核的通用量子算法。

5.1 量子傅里叶变换

傅里叶级数(fourier series, FS)是高等数学中遇到的一个重要的级数,它可以将任意一个满足狄利克雷条件的函数为一系列三角级数的和。最早由法国数学家傅里叶在研究偏微分方程的边值问题时提出,极大地推动了偏微分方程理论的发展[2]。根据欧拉公式及其推导式,傅里叶级数又可以推导出"信号与系统"中最重要的傅里叶变换(Fourier transform, FT)。FT 由于可以将信号从时域到频域来回变换,分析信号的成分,从而广泛应用于信号处理领域。在计算机处理中,信号被离散化为采样点,针对离散采样点的傅里叶变换成为了"数字信号处理"中的离散傅里叶变换(discrete Fourier transform,

DFT)。但是由于 DFT 计算量过于庞大(计算复杂度高),1965 年由 Tukey 提出了最早版本的快速傅里叶变换(fast Fourier transform,FFT),将计算量减少了几个数量级[3],从而使得计算机更加快速地处理信号,从而促进通信、信号处理领域的快速发展。1994 年,数学家 Coppersmith 提出量子傅里叶变换(quantum Fourier transform,QFT),更是可以对 FFT 进行指数级别的加速[4]。

5.1.1　傅里叶变换基本概念及离散傅里叶变换

傅里叶变换在工程技术领域被广泛使用,它的基本原理其实比较简单。1822 年,法国数学家傅里叶在他的著作《热学分析》中提到,任何一个连续或不连续的方程,都可以表示成一系列不同频率正弦函数的线性叠加,如图 5.1 所示。

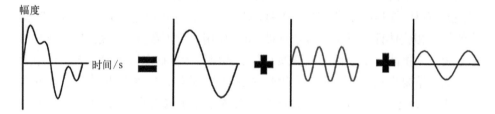

图 5.1　将任意函数分解为不同倍频的正弦函数线性叠加示意图

傅里叶变换就是记录这个时域方程需要用到哪些频率正弦函数来线性叠加,把这些用到频率信息在频域中显示。对于不同的函数方程,它们通过傅里叶变换在频域上的呈现也各不相同,图 5.2 为部分代表性方程的傅里叶变换。显然对于时域中的正弦函数,它只有一种固定的频率,因此在频域上显示就是一个单一的峰。

傅里叶变换的一个统一的数学表达式为

$$F(\omega) = \int_{-\infty}^{\infty} f(t) e^{-i\omega t} \, dt \tag{5.1}$$

将上述不同的时域函数 $f(t)$ 代入上式,可以解析地得到频域中的函数 $F(\omega)$。

傅里叶当年提出这个数学转换,是在他分析热传导微分方程时提出的,傅里叶变换之后也成为求解微分方程的一种重要方法。并且在工程中被广泛应用开来。

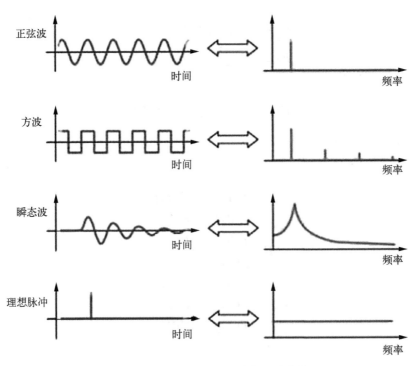

图 5.2 若干代表性方程的傅里叶变换

而随着数字计算机的发展,连续傅里叶变换在无限时间求积分的操作在计算机中显然不方便实现,因此离散傅里叶变换被提出,将时域 t 分割成离散的若干块,从而将傅里叶变换对于时间积分过程转换成求和形式[5]:

$$F(\omega) = \sum\nolimits_{t=0}^{T-1} f(t) \mathrm{e}^{-\mathrm{i}\omega t} \tag{5.2}$$

还有逆傅里叶变换将频域转回时域,这时的幂指数项上没有负号(以下暂勿略归一化系数):

$$f(t) = \sum\nolimits_{\omega=0}^{N-1} F(\omega) \mathrm{e}^{\mathrm{i}\omega t} \tag{5.3}$$

考虑到书写习惯,逆傅里叶变换也会写成:

$$F(t) = \sum\nolimits_{\omega=0}^{N-1} f(\omega) \mathrm{e}^{\mathrm{i}\omega t} \tag{5.4}$$

这就是能够被计算机执行的函数。例如当 $N = 8$ 时,就有

$$F(0) = \sum\nolimits_{\omega=0}^{7} f(\omega) e^{i0\omega \times 2\pi/8}$$

$$F(1) = \sum\nolimits_{\omega=0}^{7} f(\omega) e^{i1\omega \times 2\pi/8}$$

$$F(2) = \sum\nolimits_{\omega=0}^{7} f(\omega) e^{i2\omega \times 2\pi/8} \qquad (5.5)$$

$$\cdots$$

$$F(7) = \sum\nolimits_{\omega=0}^{7} f(\omega) e^{i7\omega \times 2\pi/8}$$

用矩阵表示为

$$\boldsymbol{F}_8 \begin{bmatrix} f(0) \\ f(1) \\ f(2) \\ f(3) \\ f(4) \\ f(5) \\ f(6) \\ f(7) \end{bmatrix} = \begin{bmatrix} F(0) \\ F(1) \\ F(2) \\ F(3) \\ F(4) \\ F(5) \\ F(6) \\ F(7) \end{bmatrix} \qquad (5.6)$$

其中

$$\boldsymbol{F}_8 = \begin{bmatrix} 1 & 1 & 1 & 1 & 1 & 1 & 1 & 1 \\ 1 & e^{i\frac{2\pi}{8}} & e^{2\times i\frac{2\pi}{8}} & e^{3\times i\frac{2\pi}{8}} & e^{4\times i\frac{2\pi}{8}} & e^{5\times i\frac{2\pi}{8}} & e^{6\times i\frac{2\pi}{8}} & e^{7\times i\frac{2\pi}{8}} \\ 1 & e^{2\times i\frac{2\pi}{8}} & e^{4\times i\frac{2\pi}{8}} & e^{6\times i\frac{2\pi}{8}} & e^{8\times i\frac{2\pi}{8}} & e^{10\times i\frac{2\pi}{8}} & e^{12\times i\frac{2\pi}{8}} & e^{14\times i\frac{2\pi}{8}} \\ 1 & e^{3\times i\frac{2\pi}{8}} & e^{6\times i\frac{2\pi}{8}} & e^{9\times i\frac{2\pi}{8}} & e^{12\times i\frac{2\pi}{8}} & e^{15\times i\frac{2\pi}{8}} & e^{18\times i\frac{2\pi}{8}} & e^{21\times i\frac{2\pi}{8}} \\ 1 & e^{4\times i\frac{2\pi}{8}} & e^{8\times i\frac{2\pi}{8}} & e^{12\times i\frac{2\pi}{8}} & e^{16\times i\frac{2\pi}{8}} & e^{20\times i\frac{2\pi}{8}} & e^{24\times i\frac{2\pi}{8}} & e^{28\times i\frac{2\pi}{8}} \\ 1 & e^{5\times i\frac{2\pi}{8}} & e^{10\times i\frac{2\pi}{8}} & e^{15\times i\frac{2\pi}{8}} & e^{20\times i\frac{2\pi}{8}} & e^{25\times i\frac{2\pi}{8}} & e^{30\times i\frac{2\pi}{8}} & e^{35\times i\frac{2\pi}{8}} \\ 1 & e^{6\times i\frac{2\pi}{8}} & e^{12\times i\frac{2\pi}{8}} & e^{18\times i\frac{2\pi}{8}} & e^{24\times i\frac{2\pi}{8}} & e^{30\times i\frac{2\pi}{8}} & e^{36\times i\frac{2\pi}{8}} & e^{42\times i\frac{2\pi}{8}} \\ 1 & e^{7\times i\frac{2\pi}{8}} & e^{14\times i\frac{2\pi}{8}} & e^{21\times i\frac{2\pi}{8}} & e^{28\times i\frac{2\pi}{8}} & e^{35\times i\frac{2\pi}{8}} & e^{42\times i\frac{2\pi}{8}} & e^{49\times i\frac{2\pi}{8}} \end{bmatrix} \qquad (5.7)$$

为了方便观察，我们引入

$$e^{a \times i\frac{2\pi}{8}} = w_8^a \qquad (5.8)$$

从而可以将 $\boldsymbol{F}_8$ 整理为

$$
\boldsymbol{F}_8 = \begin{bmatrix}
w_8^0 & w_8^0 & w_8^0 & w_8^0 & w_8^0 & w_8^0 & w_8^0 & w_8^0 \\
w_8^0 & w_8^1 & w_8^2 & w_8^3 & w_8^4 & w_8^5 & w_8^6 & w_8^7 \\
w_8^0 & w_8^2 & w_8^4 & w_8^6 & w_8^8 & w_8^{10} & w_8^{12} & w_8^{14} \\
w_8^0 & w_8^3 & w_8^6 & w_8^9 & w_8^{12} & w_8^{15} & w_8^{18} & w_8^{21} \\
w_8^0 & w_8^4 & w_8^8 & w_8^{12} & w_8^{16} & w_8^{20} & w_8^{24} & w_8^{28} \\
w_8^0 & w_8^5 & w_8^{10} & w_8^{15} & w_8^{20} & w_8^{25} & w_8^{30} & w_8^{35} \\
w_8^0 & w_8^6 & w_8^{12} & w_8^{18} & w_8^{24} & w_8^{30} & w_8^{36} & w_8^{42} \\
w_8^0 & w_8^7 & w_8^{14} & w_8^{21} & w_8^{28} & w_8^{35} & w_8^{42} & w_8^{49}
\end{bmatrix} \tag{5.9}
$$

利用周期性 $w_8^a = w_8^{a+8} = \cdots$，我们得

$$
\boldsymbol{F}_8 = \begin{bmatrix}
w_8^0 & w_8^0 & w_8^0 & w_8^0 & w_8^0 & w_8^0 & w_8^0 & w_8^0 \\
w_8^0 & w_8^1 & w_8^2 & w_8^3 & w_8^4 & w_8^5 & w_8^6 & w_8^7 \\
w_8^0 & w_8^2 & w_8^4 & w_8^6 & w_8^0 & w_8^2 & w_8^4 & w_8^6 \\
w_8^0 & w_8^3 & w_8^6 & w_8^1 & w_8^4 & w_8^7 & w_8^2 & w_8^5 \\
w_8^0 & w_8^4 & w_8^0 & w_8^4 & w_8^0 & w_8^4 & w_8^0 & w_8^4 \\
w_8^0 & w_8^5 & w_8^2 & w_8^7 & w_8^4 & w_8^1 & w_8^6 & w_8^3 \\
w_8^0 & w_8^6 & w_8^4 & w_8^2 & w_8^0 & w_8^6 & w_8^4 & w_8^2 \\
w_8^0 & w_8^7 & w_8^6 & w_8^5 & w_8^4 & w_8^3 & w_8^2 & w_8^1
\end{bmatrix} \tag{5.10}
$$

由此可见,完成一次离散傅里叶变换,需要用一个矩阵去乘以一个时域组成的列向量,而这个矩阵大小与时域上的采样点和频域分量的个数有关。若它们的个数为 N,则上面的一个矩阵乘法包含 N^2 次数值乘法,那么计算复杂度为 $O(N^2)$。

5.1.2　快速傅里叶变换

一次离散傅里叶变换的矩阵乘法包含 N^2 次数值乘法,当 N 较大时,需要消耗大量的计算机资源。好在构成离散傅里叶变换的矩阵有着一定的特殊规律,可以使用分治法,使其只需要大约 $N\log_2 N$ 次数值乘法,即可完成工作。1965 年,当电子计算机方兴未艾、对离散傅里叶变换需求日渐增加之时,Cooley 和 Tukey 提出了快速傅里叶变换。

仍然以 $\boldsymbol{F}_8$ 为例,不难看出 $\boldsymbol{F}_8$ 是一个正交对称阵(实际上所有离散傅里叶变换构成的矩阵都是正交对称阵)。交换 $\boldsymbol{F}_8$ 偶数列位置提到奇数列前面。

$$\boldsymbol{F}'_8=\begin{bmatrix} w_8^0 & w_8^0 & w_8^0 & w_8^0 & w_8^0 & w_8^0 & w_8^0 & w_8^0 \\ w_8^0 & w_8^2 & w_8^4 & w_8^6 & w_8^1 & w_8^3 & w_8^5 & w_8^7 \\ w_8^0 & w_8^4 & w_8^0 & w_8^4 & w_8^2 & w_8^6 & w_8^2 & w_8^6 \\ w_8^0 & w_8^6 & w_8^4 & w_8^2 & w_8^3 & w_8^1 & w_8^7 & w_8^5 \\ w_8^0 & w_8^0 & w_8^0 & w_8^0 & w_8^4 & w_8^4 & w_8^4 & w_8^4 \\ w_8^0 & w_8^2 & w_8^4 & w_8^6 & w_8^5 & w_8^7 & w_8^1 & w_8^3 \\ w_8^0 & w_8^4 & w_8^0 & w_8^4 & w_8^6 & w_8^2 & w_8^6 & w_8^2 \\ w_8^0 & w_8^6 & w_8^4 & w_8^2 & w_8^7 & w_8^5 & w_8^3 & w_8^1 \end{bmatrix} \tag{5.11}$$

而 $\boldsymbol{F}'_8$ 与 $\boldsymbol{F}_8$ 只差一个奇偶置换矩阵 $\boldsymbol{P}_8$

$$\boldsymbol{F}_8=\boldsymbol{F}'_8\times\boldsymbol{P}_8$$

$$\boldsymbol{P}_8=\begin{bmatrix} 1 & 0 & 0 & 0 & 0 & 0 & 0 & 0 \\ 0 & 0 & 1 & 0 & 0 & 0 & 0 & 0 \\ 0 & 0 & 0 & 0 & 1 & 0 & 0 & 0 \\ 0 & 0 & 0 & 0 & 0 & 0 & 1 & 0 \\ 0 & 1 & 0 & 0 & 0 & 0 & 0 & 0 \\ 0 & 0 & 0 & 1 & 0 & 0 & 0 & 0 \\ 0 & 0 & 0 & 0 & 0 & 1 & 0 & 0 \\ 0 & 0 & 0 & 0 & 0 & 0 & 0 & 1 \end{bmatrix} \tag{5.12}$$

引入

$$\mathrm{e}^{a\times\mathrm{i}\frac{2\pi}{4}}=w_4^a=\mathrm{e}^{2a\times\mathrm{i}\frac{2\pi}{8}}=w_8^{2a} \tag{5.13}$$

仔细观察 $\boldsymbol{F}'_8$，我们发现

$$\boldsymbol{F}'_8=\begin{bmatrix} w_4^0 & w_4^0 & w_4^0 & w_4^0 & w_4^0 & w_4^0 & w_4^0 & w_4^0 \\ w_4^0 & w_4^1 & w_4^2 & w_4^3 & w_8^1(w_4^0 & w_4^1 & w_4^2 & w_4^3) \\ w_4^0 & w_4^2 & w_4^0 & w_4^2 & w_8^2(w_4^0 & w_4^2 & w_4^0 & w_4^2) \\ w_4^0 & w_4^3 & w_4^2 & w_4^1 & w_8^3(w_4^0 & w_4^3 & w_4^2 & w_4^1) \\ w_4^0 & w_4^0 & w_4^0 & w_4^0 & -(w_4^0 & w_4^0 & w_4^0 & w_4^0) \\ w_4^0 & w_4^1 & w_4^2 & w_4^3 & -w_8^1(w_4^0 & w_4^1 & w_4^2 & w_4^3) \\ w_4^0 & w_4^2 & w_4^0 & w_4^2 & -w_8^2(w_4^0 & w_4^2 & w_4^0 & w_4^2) \\ w_4^0 & w_4^3 & w_4^2 & w_4^1 & -w_8^3(w_4^0 & w_4^3 & w_4^2 & w_4^1) \end{bmatrix} \tag{5.14}$$

因此我们可以将其分块为

$$\boldsymbol{F}'_8=\begin{bmatrix} \boldsymbol{I} & \boldsymbol{D}_8 \\ \boldsymbol{I} & -\boldsymbol{D}_8 \end{bmatrix}\begin{bmatrix} \boldsymbol{F}_4 & \boldsymbol{O} \\ \boldsymbol{O} & \boldsymbol{F}_4 \end{bmatrix} \tag{5.15}$$

其中

$$F_4 = \begin{bmatrix} w_4^0 & w_4^0 & w_4^0 & w_4^0 \\ w_4^0 & w_4^1 & w_4^2 & w_4^3 \\ w_4^0 & w_4^2 & w_4^0 & w_4^2 \\ w_4^0 & w_4^3 & w_4^2 & w_4^1 \end{bmatrix}, \quad D_8 = \begin{bmatrix} 1 & 0 & 0 & 0 \\ 0 & w_8^1 & 0 & 0 \\ 0 & 0 & w_8^2 & 0 \\ 0 & 0 & 0 & w_8^3 \end{bmatrix} \tag{5.16}$$

总结起来就是

$$F_8 = \begin{bmatrix} I & D_8 \\ I & -D_8 \end{bmatrix} \begin{bmatrix} F_4 & O \\ O & F_4 \end{bmatrix} P_8 \tag{5.17}$$

计算复杂度方面，P_8 是奇偶置换矩阵，在计算机中是只需要移位，不需要做乘法运算，因此有

$$F_8 \begin{bmatrix} f_E(t) \\ f_O(t) \end{bmatrix} = \begin{bmatrix} I & D_8 \\ I & -D_8 \end{bmatrix} \begin{bmatrix} F_4 & O \\ O & F_4 \end{bmatrix} \times \begin{bmatrix} f_E(t) \\ f_O(t) \end{bmatrix}$$
$$= \begin{bmatrix} F_4 f_E(t) + D_8 F_4 f_O(t) \\ F_4 f_E(t) - D_8 F_4 f_O(t) \end{bmatrix} \tag{5.18}$$

显然，主要的计算量在于 $F_4 f_E(t)$ 和 $F_4 f_O(t)$，共计 2×4^2 次数值乘法，D_8 是对角阵，$D_8 F_4 f_O(t)$ 需要额外 4 次乘法，$-D_8 F_4 f_O(t)$ 是它的相反数，不计入乘法次数。最后我们就将原本需要 8^2 次乘法变为了 $2 \times 4^2 + 4$ 次乘法。

我们还可以对 F_4 进一步拆分为 F_2：

$$F_4 = \begin{bmatrix} I & D_4 \\ I & -D_4 \end{bmatrix} \begin{bmatrix} F_2 & O \\ O & F_2 \end{bmatrix} P_4 \tag{5.19}$$

其中

$$D_4 = \begin{bmatrix} 1 & 0 \\ 0 & w_4^1 \end{bmatrix}, \quad F_2 = \begin{bmatrix} w_2^0 & w_2^0 \\ w_2^0 & w_2^1 \end{bmatrix} \tag{5.20}$$

F_8 整理为

$$F_8 = \begin{bmatrix} I & D_8 \\ I & -D_8 \end{bmatrix} \begin{bmatrix} \begin{bmatrix} I & D_4 \\ I & -D_4 \end{bmatrix} \begin{bmatrix} F_2 & O \\ O & F_2 \end{bmatrix} P_4 & O \\ O & \begin{bmatrix} I & D_4 \\ I & -D_4 \end{bmatrix} \begin{bmatrix} F_2 & O \\ O & F_2 \end{bmatrix} P_4 \end{bmatrix} P_8$$

$$= \begin{bmatrix} I & D_8 \\ I & -D_8 \end{bmatrix} \begin{bmatrix} I & D_4 & & \\ I & -D_4 & & O \\ & & I & D_4 \\ O & & I & -D_4 \end{bmatrix} \begin{bmatrix} F_2 & 0 & 0 & 0 \\ 0 & F_2 & 0 & 0 \\ 0 & 0 & F_2 & 0 \\ 0 & 0 & 0 & F_2 \end{bmatrix} \begin{bmatrix} P_4 & O \\ O & P_4 \end{bmatrix} P_8 \tag{5.21}$$

计算量为 $2 \times (2 \times 2^2 + 2) + 4$，对于更大的 N，我们可以使用同样的递归方法，其计算复杂度为 $O(N\log_2 N)$。

5.1.3　量子傅里叶变换

在 $\boldsymbol{F}_8$ 的最终表达式中，我们已经可以发现其已经和之前看过的量子门的矩阵表达很像了，例如：

$$\boldsymbol{D}_4 = \begin{bmatrix} 1 & 0 \\ 0 & e^{i\frac{\pi}{2}} \end{bmatrix} \tag{5.22}$$

$\boldsymbol{D}_4$ 就是 $R_z\left(\dfrac{\pi}{2}\right)$ 门。

$$\boldsymbol{D}_8 = \begin{bmatrix} 1 & 0 & 0 & 0 \\ 0 & \sqrt{i} & 0 & 0 \\ 0 & 0 & i & 0 \\ 0 & 0 & 0 & i\sqrt{i} \end{bmatrix} = \begin{bmatrix} 1 & 0 \\ 0 & e^{i\frac{\pi}{2}} \end{bmatrix} \otimes \begin{bmatrix} 1 & 0 \\ 0 & e^{i\frac{\pi}{4}} \end{bmatrix} \tag{5.23}$$

$$= \boldsymbol{R}_z\left(\frac{\pi}{2}\right) \otimes \boldsymbol{R}_z\left(\frac{\pi}{4}\right)$$

$\boldsymbol{D}_8$ 就是 $\boldsymbol{R}_z\left(\dfrac{\pi}{2}\right)$ 门与 $\boldsymbol{R}_z\left(\dfrac{\pi}{4}\right)$ 门的张量积。

再例如（忽略了归一化参数，下同）：

$$\boldsymbol{F}_2 = \begin{bmatrix} 1 & 1 \\ 1 & -1 \end{bmatrix} \tag{5.24}$$

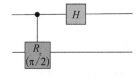

$\boldsymbol{F}_2$ 就是 Hadamard 门。

因此以下矩阵可以对应如图 5.3 所示的量子线路：

图 5.3　对应式(5.25)中矩阵的量子线路

在矩阵乘法中，右边的矩阵先被乘，乘法顺序是从右往左；而在量子线路中，左边的量子逻辑门先被操作，量子线路顺序是从左往右

$$\begin{bmatrix} \boldsymbol{I} & \boldsymbol{D}_4 \\ \boldsymbol{I} & -\boldsymbol{D}_4 \end{bmatrix} = \boldsymbol{H} \otimes \boldsymbol{I}_2 \times \boldsymbol{CR}_z\left(\frac{\pi}{2}\right) \tag{5.25}$$

其中，$\boldsymbol{H}$ 为 Hadamard 门，$\boldsymbol{I}_2$ 为 2×2 的单位阵（后文中 $\boldsymbol{I}_4$ 为 4×4 的单位阵）

$$H \otimes I_2 = \begin{bmatrix} 1 & 1 \\ 1 & -1 \end{bmatrix} \otimes \begin{bmatrix} 1 & 0 \\ 0 & 1 \end{bmatrix} = \begin{bmatrix} 1 & 0 & 1 & 0 \\ 0 & 1 & 0 & 1 \\ 1 & 0 & -1 & 0 \\ 0 & 1 & 0 & -1 \end{bmatrix} = \begin{bmatrix} I_2 & I_2 \\ I_2 & -I_2 \end{bmatrix} \tag{5.26}$$

$CR_z\left(\dfrac{\pi}{2}\right)$ 为受控 $R_z\left(\dfrac{\pi}{2}\right)$ 门（注：在其他书里也将 $R_z\left(\dfrac{\pi}{2}\right)$ 写作 S 门，$R_z\left(\dfrac{\pi}{4}\right)$ 写作 T 门）。

$$CR_z\left(\frac{\pi}{2}\right) = \begin{bmatrix} 1 & 0 & 0 & 0 \\ 0 & 1 & 0 & 0 \\ 0 & 0 & 1 & 0 \\ 0 & 0 & 0 & e^{i\frac{\pi}{2}} \end{bmatrix} = \begin{bmatrix} I & O \\ O & D_4 \end{bmatrix} \tag{5.27}$$

类似的，

$$\begin{bmatrix} I & D_8 \\ I & -D_8 \end{bmatrix} = H \otimes I_4 \times C\left(R_z\left(\frac{\pi}{2}\right) \otimes R_z\left(\frac{\pi}{4}\right)\right) \tag{5.28}$$

矩阵对应的量子线路如图 5.4 所示。

F_8 的前三项为

$$\begin{aligned} &\left[H \otimes I_4 \times C\left(R_z\left(\frac{\pi}{2}\right) \otimes R_z\left(\frac{\pi}{4}\right)\right)\right] \times I_2 \\ &\otimes \left[H \otimes I_2 \times CR_z\left(\frac{\pi}{2}\right)\right] \times (I_4 \otimes H) \end{aligned} \tag{5.29}$$

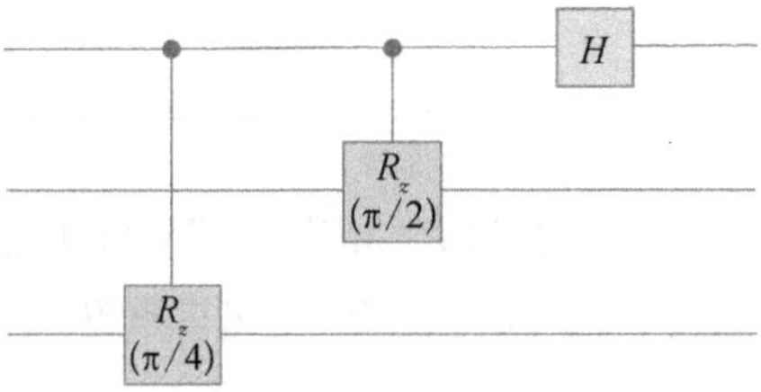

图 5.4 对应式 (5.28) 中矩阵的量子线路

对应线路如图 5.5 所示。

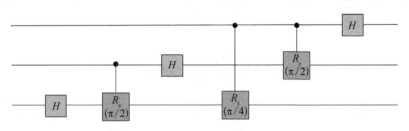

图 5.5 对应式 (5.29) 中矩阵的量子线路

接着我们观察置换矩阵 P_4 的真值表（见表 5.1）和 P_8 的真值表（见表 5.2）。

表 5.1 P_4真值表

输　入	输　出
$\|00\rangle$	$\|00\rangle$
$\|01\rangle$	$\|10\rangle$
$\|10\rangle$	$\|01\rangle$
$\|11\rangle$	$\|11\rangle$

表 5.2 P_8真值表

输　入	输　出
$\|000\rangle$	$\|000\rangle$
$\|001\rangle$	$\|100\rangle$
$\|010\rangle$	$\|001\rangle$
$\|011\rangle$	$\|101\rangle$
$\|100\rangle$	$\|010\rangle$
$\|101\rangle$	$\|110\rangle$
$\|110\rangle$	$\|011\rangle$
$\|111\rangle$	$\|111\rangle$

不难发现 P_4 相当于 SWAP 门。P_8 相当于一个"轮转"门,将每一个量子位后挪一位(实际上 P_4 也可以理解成一个"轮转"门)。

$$\begin{bmatrix} \boldsymbol{P}_4 & \boldsymbol{O} \\ \boldsymbol{O} & \boldsymbol{P}_4 \end{bmatrix} = \boldsymbol{I}_2 \otimes \mathbf{SWAP} \tag{5.30}$$

根据 $\boldsymbol{F}_8$ 的递归表达式可以看出,矩阵左乘向量顺序为先 $\boldsymbol{P}_8$ 再 $\boldsymbol{I}_2 \otimes \mathbf{SWAP}$,他们的真值表变化如表 5.3 所示。

表 5.3 $\begin{bmatrix} \boldsymbol{P}_4 & \boldsymbol{O} \\ \boldsymbol{O} & \boldsymbol{P}_4 \end{bmatrix} \boldsymbol{P}_8$真值表

输入	经过 $\boldsymbol{P}_8$	再 $\boldsymbol{I}_2 \otimes \mathbf{SWAP}$
$\|000\rangle$	$\|000\rangle$	$\|000\rangle$
$\|001\rangle$	$\|100\rangle$	$\|100\rangle$

输入	经过 P_8	再 $I_2 \otimes$ SWAP
$\lvert 010\rangle$	$\lvert 001\rangle$	$\lvert 010\rangle$
$\lvert 011\rangle$	$\lvert 101\rangle$	$\lvert 110\rangle$
$\lvert 100\rangle$	$\lvert 010\rangle$	$\lvert 001\rangle$
$\lvert 101\rangle$	$\lvert 110\rangle$	$\lvert 101\rangle$
$\lvert 110\rangle$	$\lvert 011\rangle$	$\lvert 011\rangle$
$\lvert 111\rangle$	$\lvert 111\rangle$	$\lvert 111\rangle$

这就是第 1、3 号量子位交换位置，即

$$\begin{bmatrix} P_4 & O \\ O & P_4 \end{bmatrix} P_8 = \text{SWAP}_{1,3} \tag{5.31}$$

直观上，我们也可以很容易得到这样的结果，对于一个输入态，我们轮转 abc 的位置，得到 cab，再交换第 2、3 号量子位，得到 cba，结论与前述相同。因此，对应于 F_8 总的量子线路图如图 5.4 所示。

事实上，很多文献中会将 QFT 采用类似如图 5.7 所示的量子线路图[6]表示，其中 S 门代表 $R_z\left(\dfrac{\pi}{2}\right)$，$T$ 门代表 $R_z\left(\dfrac{\pi}{4}\right)$。比较图 5.6 和图 5.7，发现其实图 5.7 就是将图 5.6 中 $\lvert x_2\rangle$ 的 H 门和作用于 $\lvert x_3\rangle$ 的 $R_z\left(\dfrac{\pi}{4}\right)$ 左右调换，这两个量子门在同一量子线路深度，因此左右调换是等效的；同时图 5.7 还将第一个和最后一个量子比特上下对调，其实是因为图 5.7 的表示方法中将最上面的量子比特视为最高进位，而图 5.6 是将最下面的量子比特视为最高进位。因此对于图 5.7，由下往上（而非由上往下）地将同一深度的量子逻辑门矩阵依次做张量积乘法，同样得到 F_8 矩阵。

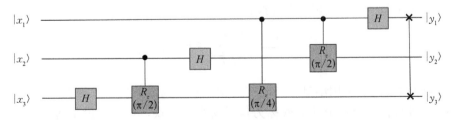

图 5.6　对应于 F_8 矩阵的总量子线路图

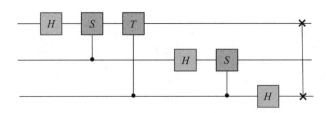

图 5.7　QFT 的另一种常见的量子线路图[6]

通过 F_8 示例从 DFT、FFT 到 QFT 的推导，我们得到了 F_8 矩阵的 QFT 量子线路。对于更大规模的量子傅里叶变换，它的一个普适的量子线路如图 5.8 所示，对每一个量子比特构建 Hadamard 门，然后将高位量子比特依次控制旋转本量子比特。

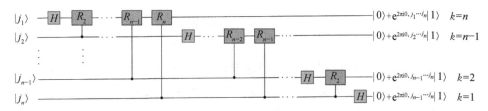

图 5.8　量子傅里叶变换的普适量子线路图

即如果傅里叶变换的尺度 $N = 2^n$，那么可用 n 个量子比特来描述状态 $|j\rangle$。如量子比特串 $|j_1 j_2 \cdots j_n\rangle$，就表示态 $|j\rangle$，且 $j = j_1 2^{n-1} + j_2 2^{n-2} + \cdots + j_n 2^0$。并且可采用二进制小数 $0.j_l j_{l+1} \cdots j_m$，表示数 $j_l 2^{-1} + j_{l+1} 2^{-2} + \cdots + j_m 2^{-m+l-1}$。

图 5.8 中的量子线路实现的量子态可表示如下，即傅里叶变换的结果可以用 n 个量子比特的直积来表示：

$$|j_1 j_2 \cdots j_n\rangle \xrightarrow{\text{FT}} \frac{1}{2^{n/2}}(|0\rangle + e^{2\pi i 0.j_n}|1\rangle)(|0\rangle + e^{2\pi i 0.j_{n-1}j_n}|1\rangle)\cdots(|0\rangle +$$
$$e^{2\pi i 0.j_1 j_2 \cdots j_n}|1\rangle)$$

$$(5.32)$$

这样的量子线路实现如下变换：

$$|j\rangle \xrightarrow{\text{FT}} \frac{1}{\sqrt{N}} \sum_{j=0}^{N-1} e^{2\pi i jk/N}|k\rangle \qquad (5.33)$$

注意和式(5.3)相比，式(5.33)中的变换对应离散的傅里叶逆变换，但我们还是习惯性把地公式中的变换称为量子傅里叶变换。也存在量子傅里叶逆变换，它的表示式和量子线路见 5.1.5 节。

5.1.4 量子傅里叶变换示例

本节我们通过几个量子傅里叶变换示例加深对式(5.32)的理解。

如图 5.9~图 5.12 所示,我们通过量子计算云平台构建若干个量子线路,可以获得不同的量子态输出结果。现在已学习了量子傅里叶变换,我们就能对结果进行解读分析。

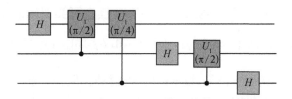

图 5.9　输入态为 $|000\rangle$ 的量子傅里叶变换量子线路

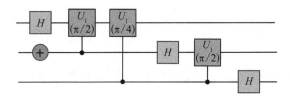

图 5.10　输入态为 $|010\rangle$ 的量子傅里叶变换量子线路

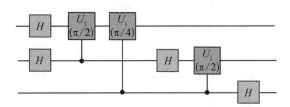

图 5.11　输入态为 $\dfrac{1}{\sqrt{2}}(|000\rangle + |010\rangle)$ 的量子傅里叶变换量子线路

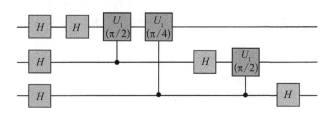

图 5.12　输入态为 $\dfrac{1}{2\sqrt{2}}(|000\rangle + |001\rangle + |010\rangle + |011\rangle + |100\rangle +$ $|101\rangle + |110\rangle + |111\rangle)$ 的量子傅里叶变换量子线路

图 5.9 为一个仅为量子傅里叶变换的线路,即输入态 $|j_1j_2j_3\rangle$ 为 $|000\rangle$,因此 $e^{2\pi i0.j_3} = e^{2\pi i0.j_2j_3} = e^{2\pi i0.j_1j_2j_3} = e^0 = 1$,输出态为 $\frac{1}{2\sqrt{2}}(|0\rangle+|1\rangle)(|0\rangle+|1\rangle)(|0\rangle+|1\rangle)$,最终结果为 $\frac{1}{2\sqrt{2}}(|000\rangle+|001\rangle+|010\rangle+|011\rangle+|100\rangle+|101\rangle+|110\rangle+|111\rangle)$。

类似的,如图 5.10 所示,输入态为 $|010\rangle$,读者可类似地推导出最终输出结果为 $\frac{1}{2\sqrt{2}}(|000\rangle+i|001\rangle-|010\rangle-i|011\rangle+|100\rangle+i|101\rangle-|110\rangle-i|111\rangle)$。相比输入态为 $|000\rangle$ 的输出结果,量子态的振幅相同,但相位发生了变化。

如图 5.11 所示,我们在第二个量子比特上加一个 Hadamard 门,输入态为 $\frac{1}{\sqrt{2}}(|000\rangle+|010\rangle)$,输出结果为 $\frac{1}{4}(2|000\rangle+(1+i)|001\rangle+(1-i)|011\rangle+2|100\rangle+(1+i)|101\rangle+(1-i)|111\rangle)$。发现若干量子态相互抵消而消去了,总共只剩下六项。

进一步地,我们可以在三个量子比特前都加上 Hadamard 门,如图 5.12 所示此时输入态为 $\frac{1}{2\sqrt{2}}(|000\rangle+|001\rangle+|010\rangle+|011\rangle+|100\rangle+|101\rangle+|110\rangle+|111\rangle)$,多项量子态的输出结果相互抵销,最终输出结果为 $|000\rangle$。

比较图 5.9~图 5.12,输入量子态越少,量子傅里叶展开越宽;反之,输入量子态越多,量子傅里叶展开越窄。这与图 5.2 相一致,时域宽的函数往往频域很窄,而时域上很窄的频域上较宽,体现了傅里叶变换的一个普遍特征。

5.1.5　量子逆傅里叶变换

我们知道,在使用傅里叶变换求解微分方程的时候,最后一个步骤就是用逆傅里叶变换将相空间的解变回实空间的解。同样在量子线路中,我们需要量子逆傅里叶变换(QFT^{-1}或 IQFT)转换出输出解。经典的傅里叶变换和逆傅里叶变换的形式为

$$F(k) = \int_{-\infty}^{\infty} f(x)e^{-2\pi ikx}\,dx$$
$$f(x) = \int_{-\infty}^{\infty} F(k)e^{2\pi ikx}\,dk$$

(5.34)

量子逆傅里叶变换为[6-8]:

$$\frac{1}{2^{n/2}}\sum_{k=0}^{2^n-1}\mathrm{e}^{2\pi i jk/2^n}|k\rangle \xrightarrow{\mathscr{QFT}^{-1}} |j\rangle \tag{5.35}$$

$$|k\rangle \xrightarrow{\mathscr{QFT}^{-1}} \frac{1}{2^{n/2}}\sum_{k=0}^{2^n-1}\mathrm{e}^{-2\pi i jk/2^n}|j\rangle$$

我们知道,任意量子线路实现的矩阵都是幺正的,傅里叶变换也不例外,因此根据幺正矩阵的性质,

$$\boldsymbol{F}^{\dagger}\boldsymbol{F}=\boldsymbol{F}\boldsymbol{F}^{\dagger}=\boldsymbol{I} \tag{5.36}$$

因此

$$\boldsymbol{F}^{\dagger}=\boldsymbol{F}^{-1} \tag{5.37}$$

那么,我们是不是只需要将线路左右颠倒就可以实现量子逆傅里叶变换呢,可惜不完全正确,我们需要将每个量子门替换成它的逆,因为 $(\boldsymbol{ABC}\cdots)^{-1}=\cdots\boldsymbol{C}^{-1}\boldsymbol{B}^{-1}\boldsymbol{A}^{-1}$。对于泡利旋转门以及 Hadamard 门,其逆都是本身,对旋转门 $\boldsymbol{R}_z(\varphi)$,其逆是 $\boldsymbol{R}_z(-\varphi)$,我们可以通过矩阵运算轻松的证明这一点。因此,我们可以得到量子逆傅里叶变换的线路,如图 5.13 所示。

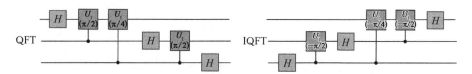

图 5.13　量子傅里叶变换及量子逆傅里叶变换的量子线路

5.2　量子相位估计算法

逆量子傅里叶变换是很多通用量子算法的重要组成部分,因为逆量子傅里叶变换用于构建量子相位估计算法(quantum phase estimation,QPE),由数学家 Kitaev 于 1995 年提出[9]。量子相位估计用于实现相位估计以及很多衍生的量子算法,包括 Shor 质因数分解算法、量子幅值估计算法、线性方程组求解等。

5.2.1　量子相位估计算法原理及量子线路

一般来说,我们要测量一个旋转角,例如一个小的 X 旋转角 θ,我们会将量

子态坍缩到 $|0\rangle$ 或者 $|1\rangle$，出现在两个态的概率分别为

$$p(0) = \cos^2 \frac{\theta}{2}$$

$$p(1) = \sin^2 \frac{\theta}{2}$$

(5.38)

因此当角度很小的时候我们需要很多次测量才能准确地得到两者的概率，例如当 $\theta = 1°$ 时 $\{p(0), p(1)\} = \{0.999, 7.615 \times 10^{-5}\}$。理论上我们需要上千次测量才得到一次 $|1\rangle$ 态，这显然不是一个好方法。QPE 算法给出了一个幺正变换 U，其特征值为 $e^{2\pi i\omega}$，对应特征矢量为 $|x\rangle$，将 θ 分解成额外 m 个量子比特组成的离散值，例如当 $m = 4$ 时，我们可以将 2π 分解成 16 份，结果如表 5.4 所示。

表 5.4　2π 分解成 4 个量子比特编码

真实 θ 所处的范围	最终量子比特的编码值	对应二进制换算
$0 \sim \pi/8$	0000	$0 \times \pi + 0 \times \dfrac{\pi}{2} + 0 \times \dfrac{\pi}{4} + 0 \times \dfrac{\pi}{8} = 0$
$\pi/8 \sim \pi/4$	0001	$0 \times \pi + 0 \times \dfrac{\pi}{2} + 0 \times \dfrac{\pi}{4} + 1 \times \dfrac{\pi}{8} = \dfrac{\pi}{8}$
$\pi/4 \sim 3\pi/8$	0010	$0 \times \pi + 0 \times \dfrac{\pi}{2} + 1 \times \dfrac{\pi}{4} + 0 \times \dfrac{\pi}{8} = \dfrac{\pi}{4}$
$3\pi/8 \sim \pi/2$	0011	$0 \times \pi + 0 \times \dfrac{\pi}{2} + 1 \times \dfrac{\pi}{4} + 1 \times \dfrac{\pi}{8} = \dfrac{3\pi}{8}$
$\pi/2 \sim 5\pi/8$	0100	$0 \times \pi + 1 \times \dfrac{\pi}{2} + 0 \times \dfrac{\pi}{4} + 0 \times \dfrac{\pi}{8} = \dfrac{\pi}{2}$
$5\pi/8 \sim 3\pi/4$	0101	$0 \times \pi + 1 \times \dfrac{\pi}{2} + 0 \times \dfrac{\pi}{4} + 1 \times \dfrac{\pi}{8} = \dfrac{5\pi}{8}$
$3\pi/4 \sim 7\pi/8$	0110	$0 \times \pi + 1 \times \dfrac{\pi}{2} + 1 \times \dfrac{\pi}{4} + 0 \times \dfrac{\pi}{8} = \dfrac{3\pi}{4}$
$7\pi/8 \sim \pi$	0111	$0 \times \pi + 1 \times \dfrac{\pi}{2} + 1 \times \dfrac{\pi}{4} + 1 \times \dfrac{\pi}{8} = \dfrac{7\pi}{8}$

我们可以看出，用于编码的量子位越多，QPE 的结果越精确。

QPE 的线路图如图 5.14 所示,上半部分是 m 个额外的量子位,$|x\rangle$ 的表达式中存在旋转角 θ,θ 既可以是一个固定的值,也可以是由某个方程决定的可变量,如图 5.14 所示。Hadamard 门将 m 位量子比特制备成均匀的叠加态 $\frac{1}{\sqrt{2^m}} \sum_{j=0}^{2^m-1} |j\rangle|x\rangle$。然后 m 位量子比特依次向 $|x\rangle$ 施加受控 U^{2^l} 门($l = 0$,1,$\cdots$,$m-1$),其效果是让 $|x\rangle$ 旋转 $2^l\theta$(当然也可以是让 $|x\rangle$ 旋转 2^l 次 θ)。此时的状态将变为:$\frac{1}{\sqrt{2^m}} \bigotimes_{l=0}^{m-1} (|0\rangle + \mathrm{e}^{2\pi i(2^l\theta)} |1\rangle)_l |x\rangle$。如果 θ 能写成 t 位以内的二进制小数 $0.\theta_0\theta_1\cdots\theta_{t-1}$,即 $\theta = k/2^m$,k 是正整数,当前存储比特的状态就是傅里叶变换的连乘形式,我们也可以将它写为傅里叶标准形式:$\frac{1}{\sqrt{2^m}} \sum_{j=0}^{2^m-1} \mathrm{e}^{2\pi i j\theta}|j\rangle|x\rangle$。对储存比特作傅里叶逆变换($\mathrm{QFT}^{-1}$),得到 $|\tilde{\theta}\rangle|x\rangle$,即可通过测量储存量子比特,得到 θ 的二进制小数表示 $\tilde{\theta}$,最后计算得到相位 $2\pi\tilde{\theta}$。

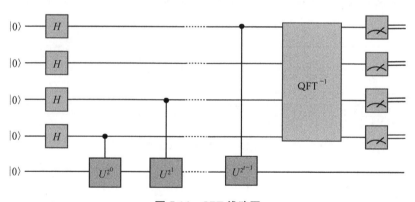

图 5.14　QPE 线路图

可见,m 个由单比特 $(|0\rangle + |1\rangle)_l$ 控制的 U^{2^l} 门,等效于由比特串 $|j\rangle$ 控制的 U^j 门。即上面步骤中使用受控 U^j 门,宏观上把态 $\sum |j\rangle|u\rangle$ 变换到 $\sum |j\rangle U^j|u\rangle$,这样的表示在接下来对其他基于 QPE 的算法的介绍中会非常常见。

若 θ 不能写成 m 位以内的二进制小数,那么结果将是一些叠加态。文献[6]指出,理论上若需要对 θ 的前 n 比特估计的准确率大于 $1-\epsilon$,需要至少 $m = n + \left\lceil \log_2\left(2 + \frac{1}{2\epsilon}\right) \right\rceil$ 位量子比特。

算法 5.1：QPE 算法

输入：
    m 位存储量子比特 $|0\rangle$
    量子态 $|x\rangle$
输出：
    相位的估计值 $\tilde{\omega}$

过程：
  （1）对存储量子比特施加 H 门；
  （2）当 l 属于 $\{1, 2, \cdots, m\}$ 时，向 $|x\rangle$ 施加由第 l 位存储比特控制的受控 U^{2^l} 门；
  （3）对存储量子比特施加 QFT^{-1}，测量储存量子比特，得到相位的二进制估计值 $\tilde{\omega}$

5.2.2 量子相位估计算法示例

    我们可以用 QPE 来估计 π 的值，在 qiskit 上构建如图 5.15 所示的量子线路，代码可以参见 qiskit 的网页[10]。

    如图 5.16 所示，虚线是 π 的精确值，而点线则是 QPE 对 π 的估计值。通过

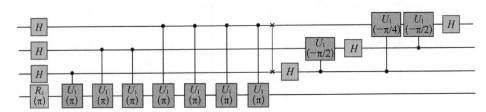

图 5.15 QPE 估计 π 的值

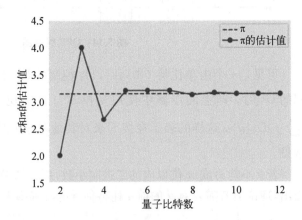

```
Job Status: job has successfully run
2 qubits, pi = 2.0
Job Status: job has successfully run
3 qubits, pi = 4.0
Job Status: job has successfully run
4 qubits, pi = 2.6666666666666665
Job Status: job has successfully run
5 qubits, pi = 3.2
Job Status: job has successfully run
6 qubits, pi = 3.2
Job Status: job has successfully run
7 qubits, pi = 3.2
Job Status: job has successfully run
8 qubits, pi = 3.1219512195121952
Job Status: job has successfully run
9 qubits, pi = 3.1604938271604937
Job Status: job has successfully run
10 qubits, pi = 3.1411042944785277
Job Status: job has successfully run
11 qubits, pi = 3.1411042944785277
Job Status: job has successfully run
12 qubits, pi = 3.1411042944785277
```

图 5.16 运用不同量子比特数目构建的 QPE 对 π 的估计值

改变额外量子比特 m 的数量,我们可以发现随着 m 的增加,对 π 的估计越来越精确。

5.3　Shor 分解质因数算法

基于量子傅里叶变换的量子相位估计可以用来解决许多有复杂的问题,其中最为著名的就是 20 世纪 90 年代中期由数学家 Shor 提出的快速寻阶算法和由此衍生的快速因式分解算法[11]。它是最早为证明量子计算的优越性提供了证据的算法之一,并且在破解 QSA 密码系统中有重要作用。

说到因式分解,就是寻找一个数由哪些质因数相乘可以得到。例如数字 15,它由质因数 3 和 5 相乘所得。寻找质因数,直观的方法就是找来比 15 小的数,逐一去尝试是否为其 15 的质因数,但这样非常低效。事实上,因式分解的一个重要方法是寻阶算法,将寻找因式的问题转化为寻找阶数的问题,这不是量子计算里才有的概念,是一个经典的方法。

我们对 Shor 算法的介绍就从经典寻阶算法如何实现寻找质因数的介绍开始,然后介绍 Shor 算法是如何运用量子相位估计内核对经典寻阶过程进行加速,并介绍实操例以及历来的实验演示。

5.3.1　经典寻阶算法及质因数分解

我们首先引入阶的概念。对于互质的正整数 a 和 N,$a < N$,我们定义 $f(x)$:

$$f(x) \equiv a^x (\bmod N) \tag{5.39}$$

其中,mod 为取余运算(读作"模"),算出即 a^x 除以 N 的余数。对一个给定的整数 a,找到最小的 r 使得

$$a^r \equiv 1 (\bmod N) \tag{5.40}$$

我们称 r 为 a 模 N 的阶。显然,我们有

$$a^r - 1 \equiv 0 (\bmod N) \tag{5.41}$$

或者说

$$a^r - 1 = pN \tag{5.42}$$

其中,p 是某个整数,例如当 $N = 15$,$a = 7$ 时,过程如图 5.5 所示。

表 5.5　给定 $N=15$，$a=7$ 时寻找最小 r 的过程

r	1	2	3	4
a^r	7	49	343	2 401
$a^r \bmod N$	7	4	13	1

我们得到 $r=4$。

函数 $f(x)$ 的一定是一个周期函数，并且其最小周期一定为 r。 证明如下：

$$f(x+r) \equiv a^{x+r} \equiv a^x(pN+1) \equiv a^x(\bmod N) \equiv f(x) \quad (5.43)$$

若存在 $s<r$ 也为周期，那么类似上面一定有

$$a^s \equiv a^{s+r} \equiv a^r \equiv 1(\bmod N) \quad (5.44)$$

这与"最小的 r"这一条件矛盾，证毕。

例如，当 $N=35$，$a=3$ 时，$f(x)$ 的图像如图 5.17 所示，其周期 r 为 12。

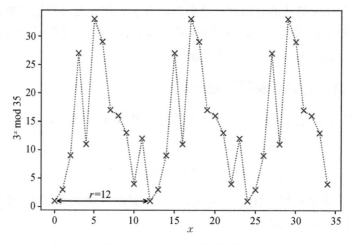

图 5.17　$3^x \bmod 35$ 的函数图像

在设定待分解整数 N 和与之互质的 a，并寻找到 a 模 N 的阶 r 之后，可通过以下定理分解 N：

定理 5.1：假设 N 是一个用 L 比特表示的正整数，y 是 $y^2=1(\bmod N)$ 的非平凡解（$y \neq 1(\bmod N)$）。 那么计算 $\gcd(y+1, N)$，$\gcd(y-1, N)$，其中至少有一个 N 的非平凡因子。这里 $\gcd(m, n)$ 是 m 与 n 最大公约数（the greatest common divisor，GCD）。

利用平方差公式,我们改写式(5.41)左边:

$$\left(a^{\frac{r}{2}}-1\right)\left(a^{\frac{r}{2}}+1\right)=pN \tag{5.45}$$

那么,我们称这两个数互质。显然,

$$\gcd\left(\left(a^{\frac{r}{2}}-1\right),\,N\right)\neq 1 \tag{5.46}$$

和

$$\gcd\left(\left(a^{\frac{r}{2}}+1\right),\,N\right)\neq 1 \tag{5.47}$$

二者中至少有一个成立。即 $a^{\frac{r}{2}}-1$ 和 $a^{\frac{r}{2}}+1$ 中至少有一项与 N 有公约数,我们可以用 $a^{\frac{r}{2}}-1(\mathrm{mod}\,N)$ 来计算 $\gcd\left(\left(a^{\frac{r}{2}}-1\right),\,N\right)$。依然以 $N=15$,$a=7$ 为例:

$$\left(a^{\frac{r}{2}}-1\right)=48\gcd(48,\,15)=3 \tag{5.48}$$

$$\left(a^{\frac{r}{2}}+1\right)=50\gcd(50,\,15)=5 \tag{5.49}$$

显然,3 和 5 是 15 的约数。这是一个很简单的算法,答案很简单,阶数也不过 4,但是当 $N=35$,$a=3$ 时,答案依旧很简单,$r=12$ 却增加了很多,此时有

$$\left(a^{\frac{r}{2}}-1\right)=728\rightarrow 728\equiv 28(\mathrm{mod}\,35)\rightarrow 35\equiv 7(\mathrm{mod}\,28) \tag{5.50}$$
$$\rightarrow \gcd(728,\,35)=7$$

$$\left(a^{\frac{r}{2}}+1\right)=730\rightarrow 730\equiv 30(\mathrm{mod}\,35)\rightarrow 35\equiv 5(\mathrm{mod}\,30) \tag{5.51}$$
$$\rightarrow \gcd(50,\,15)=5$$

因此 5 和 7 是 35 的因子。后半部分实际上是辗转相除法的一种数学表达,故而我们可以看出,寻找到阶数 r 之后就能较快到找质因子。

5.3.2　Shor 快速寻阶量子算法

Shor 的算法能为寻阶过程提供指数加速。传统的方法寻阶需要从 $r=1$,$2,3\cdots$ 一直依次算下去,而在量子算法中,我们通过量子相位估计来寻找 r,而找到 r 之后推导质因子的步骤在经典计算机内运行。

如图 5.18 所示,量子相位估计通常输入一个具有待测量相位的量子态 $|u\rangle$,在线路中进行受控幺正变换 U。 Shor 算法严格符合这样的线路结构。不过输入态变为 $|1\rangle$,以及幺正变换 U 具体变为:

$$U^{j}|1\rangle=|x^{j}(\mathrm{mod}\,N)\rangle j\in(0,\,1,\,\cdots,\,2^{t}-1) \tag{5.52}$$

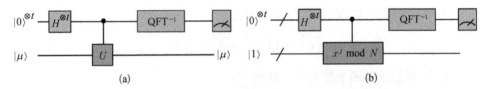

图 5.18　量子相位估计的通用线路图(a)和 Shor 算法量子线路图(b)

　　这里 N 和 x 分别为待分解整数和与之互质的整数,是提前确定的给定参数。例如,对于 $N=35$ 及 $x=3$,如图, $U^1|1\rangle=|3\rangle$, $U^2|1\rangle=|9\rangle$, $U^3|1\rangle=|27\rangle$, $U^{r-1}|1\rangle=|27\rangle$, $U^r|1\rangle=|1\rangle$。可以体会出 $U^j|1\rangle$ 的结果是呈现周期性的,周期为 r。

　　现在我们就来分析为什么要选择输入态 $|1\rangle$ 以及这样的幺正变换 U。$|1\rangle$ 看起来是一个如此确定的态,不像图 5.18(a)中 $|u\rangle$ 有待测量相位。事实上 Shor 算法是将 $|1\rangle$ 作为许多相位不确定的态 $|u_s\rangle$ 的叠加态,即:

$$|1\rangle=\frac{1}{\sqrt{r}}\sum_{s=0}^{r-1}|u_s\rangle \tag{5.53}$$

这里 $|u_s\rangle$ 是幺正变换 U 的特征向量, $|u_s\rangle=\frac{1}{\sqrt{r}}\sum_{k=0}^{r-1}\mathrm{e}^{-2\pi isk/r}|a^k(\mathrm{mod}\,N)\rangle$,所对应的 U 的特征值是 $\mathrm{e}^{2\pi is/r}$。我们很难制备特征态 $|u_s\rangle$,但是可以轻松获得它们的叠加态 $|1\rangle$,作为初始状态。关于为什么 $|u_s\rangle$ 会如此求解,以及 $|1\rangle$ 可以表示成如此 $|u_s\rangle$ 的叠加,不展开详细推导。

　　表 5.6 中我们比较通用量子相位估计和 Shor 算法的量子态操作。请读者关注求和上限的变化。Shor 算法多了一层求和式,这是从一开始 $|1\rangle$ 作为多项 $|u_s\rangle$ 叠加引起的,相当于要求同时对多个相位进行估计。

表 5.6　通用量子相位估计和 Shor 算法的量子态比较

	通用量子傅里叶变换	Shor 算法
输入	$\|u\rangle$	$\frac{1}{\sqrt{r}}\sum_{s=0}^{r-1}\|u_s\rangle$
一个受控 U^j 可实现	$\mathrm{e}^{2\pi i\omega j}\|j\rangle\|u\rangle$	$\frac{1}{\sqrt{r}}\sum_{s=0}^{r-1}\mathrm{e}^{2\pi isj/r}\|j\rangle\|u_s\rangle$
整个受控 U 实现	$\frac{1}{\sqrt{2^t}}\sum_{j=0}^{2^t-1}\mathrm{e}^{2\pi i\omega j}\|j\rangle\|u\rangle$	$\frac{1}{\sqrt{2^t r}}\sum_{s=0}^{r-1}\sum_{j=0}^{2^t-1}\mathrm{e}^{2\pi isj/r}\|j\rangle\|u_s\rangle$
经过逆量子傅里叶变换实现量子相位估计变量	$\tilde{\omega}$	$\frac{1}{\sqrt{r}}\sum_{s=0}^{r-1}\widetilde{s/r}$

对于通用量子相位估计，$\tilde{\omega}$ 就是待估计的变量（上波浪线表示用多个量子比特构建的二进制估计值）。而 Shor 算法估计出 $\frac{1}{\sqrt{r}}\sum_{s=0}^{r-1}\widetilde{s/r}$，可想是多个结果，现在 s 和 r 都是未知的，而且每个结果中 r 相同、但 s 都不同，这样怎样估计 $\tilde{r}$ 呢？可以使用连分数展开等方式得到对 s/r 的约分值 s'/r'。若实际上 s 与 r 互质，则分母 r' 就是我们寻找的阶 r。若 s 与 r 不互质，即用分母 r' 只是阶的因子，我们可以使用以下方法：重复两次相同的寻阶算法，得到 s_1'、r_1'、s_2'、r_2'，若 s_1' 和 s_2' 互质，则阶 r 有可能是 r_1' 与 r_2' 的最大公倍数。在下一小节的示例中将更清楚地说明。

若我们找到了偶数的阶 r，且 $a^{r/2}\neq-1(\bmod\ N)$，那么计算 $\gcd(a^{r/2}-1,\ N)$ 和 $\gcd(a^{r/2}+1,\ N)$，就得到了 N 的非平凡因子。

关于 Shor 算法寻阶的算法概要如下：

算法 5.2：Shor 算法

输入：
　t 位控制量子比特 $|0\rangle$
　待分解数 N
　$L=\log_2(N)$ 位量子比特 $|1\rangle$
输出：
　多个 s/r 的估计值 $\widetilde{s/r}$

过程：
(1) 选取一个与 N 互质的数 x，构造受控 U 门；

(2) 对 $|0\rangle$ 比特（控制比特）施加 H 门，得到态 $\frac{1}{\sqrt{2^t}}\sum_{j=0}^{2^t-1}|j\rangle|1\rangle$；

(3) 对 $|1\rangle$ 比特施加受控 U 门，得到 $\frac{1}{\sqrt{2^t}}\sum_{j=0}^{2^t-1}|j\rangle U^j|1\rangle=\frac{1}{\sqrt{2^t}}\sum_{j=0}^{2^t-1}|j\rangle|x^j(\bmod\ N)\rangle$，把态展开写为傅里叶形式，并交换求和符号，有 $\frac{1}{\sqrt{2^t r}}\sum_{s=0}^{r-1}\sum_{j=0}^{2^t-1}e^{2\pi isj/r}|j\rangle|u_s\rangle$；

(4) 对控制比特施加逆傅里叶变换，得到 $\frac{1}{\sqrt{r}}\sum_{s=0}^{r-1}|\widetilde{s/r}\rangle|u_s\rangle$，完成量子相位估计得到多个 $\widetilde{s/r}$，使用连分数分析得出 r

---

5.3.3　Shor 算法示例及实验演示

我们在 IBM Qiskit 平台上，演示模拟的 4 比特分解因数算法。我们选取

$N=15$（用 4 比特表示），$a=7$，存储量子比特数为 4。我们构造并表示了 $U|y\rangle=|7y(\bmod 15)\rangle$ 受控 U 门，最终的量子线路如图 5.19 所示。

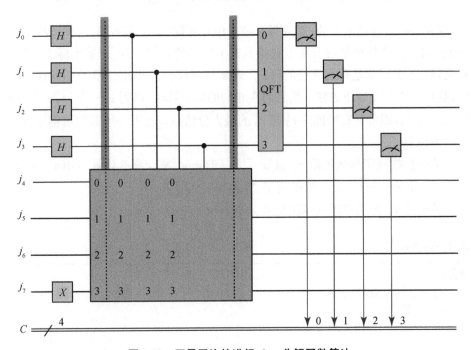

图 5.19 四量子比特进行 shor 分解因数算法

在此线路上的模拟运算结果如图 5.20 所示。

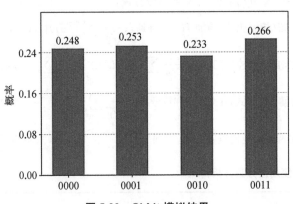

图 5.20 Qiskit 模拟结果

即我们对 s/r 的估计 $\widetilde{s/r}$ 分别为：0，$1/4(4/16)$，$1/2(8/16)$，$3/4(12/16)$（QFT 不包含交换）。取 $r=4$，我们能得到对应的因子分解：$15=5\times3$。

108

　　早期在核磁共振量子系统里实验演示了 Shor 质因式分解量子算法[12]，实验中待分解的数为 15，那么我们只需要在小于 8 的数中寻找其质因子。作为实验验证，我们已经知道了最大周期为 4，因此我们使用了 $n=3$ 个量子比特，结果如图 5.21 所示，上半部分中我们取 $a=11$，而下半部分 $a=7$。每一部分中，第一行是理想光谱，第二行是实验结果，第三行是加上退耦合的模拟结果，总体上看模拟结果与实验结果相当吻合。下面将简单介绍一下如何读数。

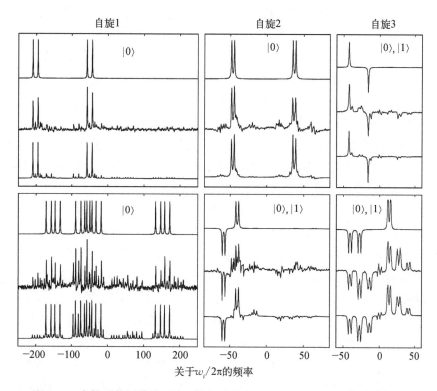

关于 $w_i/2\pi$ 的频率

图 5.21　在核磁共振量子系统里较早实验演示了 Shor 质因式分解量子算法

　　$a=11$ 时，我们可以看到，第一、二个自旋尖峰都在上方，处于 $|0\rangle$ 态，而第三个自旋一个尖峰向上一个向下，并且幅度相等（光谱积分为零），因此处于 $|0\rangle$ 和 $|1\rangle$ 的等概率叠加态。经过 IQFT 之后，我们得到系统处于 $|000\rangle$ 和 $|100\rangle$ 的等概率叠加态，也就是 $|0\rangle$ 和 $|4\rangle$ 的等概率叠加态，因此 $|y\rangle$ 的振幅周期为 4，$r=2^n/4=2$，进而我们可以计算 $\gcd(11^1\pm1,15)=3,5$。同理，我们可以发现 $a=7$ 时，系统 $|000\rangle$、$|010\rangle$、$|100\rangle$ 和 $|110\rangle$ 的等概率叠加态，即 $|0\rangle$、$|2\rangle$、$|4\rangle$ 和 $|6\rangle$ 的等概率叠加态。因此周期为 4，$\gcd(7^2\pm1,15)=3$，5，我们可以看出在又长又复杂的脉冲序列情况下，核磁共振体系依然较好地

实现了 Shor 质因式分解。

隐藏子群问题(hidden subgroup problem，HSP)是数学和计算理论中的一类问题。我们前面看到的很多量子算法所加速解决的问题，都可以归结为某种隐藏子群问题。隐藏子群问题的一个子类——阿贝尔群上的隐藏子群问题，有量子计算机上的通用解法。

首先，什么是"隐藏子群"？我们知道，一个子群将整个群的元素划分为一些大小相等的(左/右)陪集，而陪集的划分反过来也可以确定一个子群。设一子群 $H \leqslant G$，一个从群 G 的元素映射到一集合 S 的函数 $f: G \rightarrow S$，称 f 为隐藏了子群 H，如果对任意的 $a, b \in G$，$f(a) = f(b)$ 当且仅当 $aH = bH$(另一侧陪集情况也相似，左右不是本质的)。换句话说，如果 f 能区分这些陪集，即在相同陪集的元素上有相同的值，不同陪集的元素上有不同的值，那么通过不断 f 就可以确定下这个子群 H，也就是说他"隐藏"了这个子群。

隐藏子群问题，就是给定了这个函数 f(这同时也给定了群 G)，要求还原出 H。由于 H 通常由很多甚至无限个元素组成，在计算理论中通常通过给出一个 H 的生成集的方式对其进行表示。

我们来看一下之前学过的一些问题是否可对应到隐藏子群的框架上来。

Deutsch-Jozsa 算法。群 G 为 $\{0, 1\}$ 在异或运算下构成的群，单位元为 0，1 的逆是自身。异或运算是交换的，因此这是一个阿贝尔群。若子群为 $\{0\}$，则其被划分为两个相同大小的陪集 $f(0) \neq f(1)$ 是一个平衡函数；若子群为 $\{0, 1\}$，则陪集只有一个，$f(0) = f(1)$ 是常值函数。这里或许会存在一个疑问——算法中 f 的定义域应当是 $\{0, 1\}^n$。实际上，在抽象的意义上其是等价的，可以想象这些 0/1 串都只是一些符号，其中一半代表 0，另一半则代表 1。

Shor 算法中主要的求阶算法。群 G 为整数的加法群，这也是一个阿贝尔群。隐藏的子群 H 为 $\{0, r, 2r, \cdots, nr, \cdots\}$。实际运算中采用有限的截断实际上是做了一个近似。$f: x \rightarrow a^x (\mathrm{mod}\, N)$ 按周期重复，且在每个陪集上取不同的值。更一般地，利用量子傅里叶变换求一 Oracle 函数的周期都对应着这个子群。

阿贝尔群上这一问题的标准解法与 Shor 算法中的求阶相似。首先构造均匀叠加态 $\sum_{x \in G} |x\rangle |f(x)\rangle$，随后进行量子傅里叶变换，并进行测量，利用子群和陪集内在的周期性解决问题；对于更特殊的一类群——循环群，则可直接利用群的同构对应于 Shor 算法进行求解。因而实际应用下要使用这个框架，其关键是 $|x\rangle |y\rangle \mapsto |x\rangle |y + f(x)\rangle$ 这一"隐藏"函数的高效构建和计算。

对于非阿贝尔群上的隐藏子群问题，量子计算机上尚没有通用的高效算法。

5.4　量子幅度估计算法

量子幅度估计算法（quantum amplitude estimation，QAE）由 Brassard 于 2002 年提出[13]，是 QPE 的一个应用。

5.4.1　量子幅度估计

基于量子幅度放大算法（quantum amplitude amplification，QAA），Grover 算法可以放大特定状态的幅度，实现对搜索算法的平方加速。Grover 算法由一定数量的旋转操作组成，它要求我们事先知道目标状态 $|\psi_1\rangle$ 占初始状态 $|\psi\rangle$ 的比例 r，从而计算出旋转角度，控制旋转次数。QAE 就是基于 QPE 来对 r 的估计的算法[14]。

在介绍算法前，我们先回顾一下 Grover 算法用到的算符：算符 A，有 $A|0\rangle=|\psi\rangle$，用于生成初始状态，A 通常为 H 或者 QFT；反射算符 S 能选择性改变幅度的符号，$S_0=I-2|0\rangle\langle0|$，$S_\psi=I-2\sum_i|x_i\rangle\langle x_i|$，其中，$x_i$ 是目标状态空间的一组标准正交基；$Q=AS_0A^\dagger S_\psi$，它的本征态是 $|\psi_\pm\rangle=\dfrac{1}{\sqrt2}\left(\dfrac{1}{\sqrt r}|\psi_1\rangle\pm\dfrac{i}{\sqrt{1-r}}|\psi_0\rangle\right)$，特征值是 $\lambda_\pm=e^{\pm2i\theta_r}$，其中 $|\psi_1\rangle+|\psi_0\rangle=|\psi\rangle$。

在 QAA 和 Grover 中，它是对子空间内向量的旋转，旋转角即为 θ_r；在 QAE 中，我们能通过估计它的特征值的相位，从而得到旋转角。

（1）初始化特征态量子比特 $|\psi\rangle$；向储存量子比特 $|0\rangle$ 施加 H，制备均匀叠加态，得到 $\dfrac{1}{\sqrt{2^m}}\sum_{j=0}^{2^m-1}|j\rangle|\psi\rangle$。

（2）对 $|\psi\rangle$ 施加受控 Q^j 门。Q 门实际上等价于 Y 方向的旋转，旋转角度是 $2\theta_r$，即 $Q=R_y(2\theta_r)$。 此时状态变为 $\dfrac{1}{\sqrt{2^{m+2}}}\sum_{j=0}^{2^m-1}e^{2i\theta_r}|j\rangle|\psi_+\rangle+\dfrac{1}{\sqrt{2^{m+2}}}\sum_{j=0}^{2^m-1}e^{-2i\theta_r}|j\rangle|\psi_-\rangle$。

（3）向储存量子比特作用 QFT^{-1}，我们即得到 $\pm\theta_r/\pi$ 的二进制小数表示：$\dfrac{1}{\sqrt2}(|\widetilde{\theta_r/\pi}\rangle|\psi_+\rangle+|\widetilde{-\theta_r/\pi}\rangle|\psi_-\rangle)$。

通过计算 $\tilde{r}=\sin(2\widetilde{\theta_r})$，我们就得到了估计的幅度比例 $\tilde{r}$，估计误差由以下不等式描述：$|r-\tilde{r}| \leqslant \dfrac{\pi}{2^m}+\dfrac{\pi^2}{2^{m+1}} \sim \widetilde{O}(2^{-m})$。相比于经典的蒙特卡罗算法的收敛率 $\widetilde{O}(2^{-m/2})$，量子幅度估计具有平方加速效果。量子幅度估计的量子线路图如图 5.22 所示。

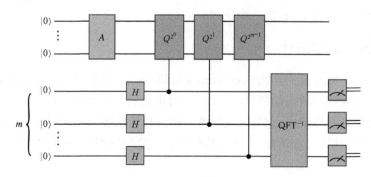

图 5.22　量子幅度估计

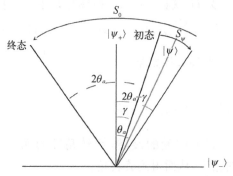

图 5.23　Q 门等价于 y 方向旋转的矢量图解

在图 5.23 中，我们借助矢量图来说明 Q 门实际上等价于 y 方向的旋转。初始态 $|i\rangle$ 与 $|\psi_+\rangle$ 的夹角为 γ，$|\psi\rangle$ 与 $|\psi_+\rangle$ 的夹角为 θ_a，首先将 $|i\rangle$ 沿 $|\psi\rangle$ 翻转（操作 S_ψ）得到中间态，再对中间态沿 $|\psi_+\rangle$ 翻转（操作 S_0）得到最终态 $|f\rangle$。根据几何关系，初态和终态之间的夹角为 $2\theta_a$。

5.4.2　QAE 与 QPE 关系

本节我们将比较 QAE 与 QPE，寻找二者的异同，来从另一个角度理解 QAE。我们可以将 QPE 线路等效画成图 5.24 所示，m 个额外量子位的结构于 QPE 相同，原来的单量子态 $|x\rangle$ 则是由 $n+1$ 个量子位构成，方程 A 作用在前 n 个量子位上，包含了我们期望测量的函数 $f(x)$，第 $n+1$ 个量子位则是我们使用 QPE 测量的量子位。

受控 U^{2^i} 门也变得更为复杂，如图 5.25 所示，其中

$$
\begin{aligned}
\mathcal{F} &= \mathcal{R}(\mathcal{A} \otimes I_2)\\
\mathcal{Z} &= I_{2^{n+1}} - 2|0^{n+1}\rangle\langle 0^{n+1}|\\
\mathcal{V} &= I_{2^{n+1}} - 2I_{2^n} \otimes |1\rangle\langle 1|
\end{aligned}
\tag{5.54}
$$

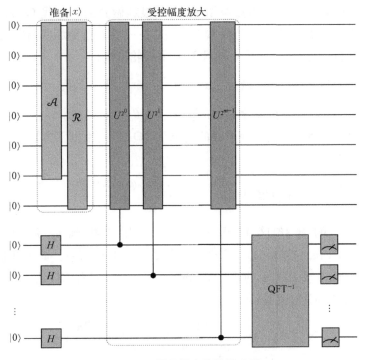

图 5.24 量子幅度估计线路图

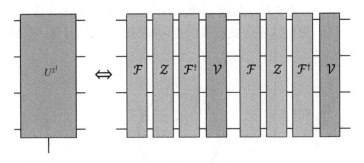

图 5.25 受控 U^{2^i} 门的量子线路结构

量子幅度估计的任务就是估算 $f(x)$ 的期望值,其中 f 由 A 决定,x 的取值范围为 0 到 2^{n-1}。利用 $\mathcal{R}$ 我们将期望值转移到最后一个量子位的幅度上:

$$\mathcal{R} \; |x\rangle|0\rangle = |x\rangle(\sqrt{1-f(x)} \, |0\rangle + \sqrt{f(x)} \, |1\rangle) \tag{5.55}$$

期望值 $\langle f(x)\rangle = p(1) = \sin^2\theta/2$,从而我们可以利用 QPE 测得。

5.4.3 量子幅度估计算法的新兴变体算法

前面章节的方法是规范 QAE 方法,能产生二次加速,但是使用逆量子傅里叶变换会使得算法的深度指数级增加,这是很难做到的。迭代 QAE(iterative QAE, IQAE)[14] 是新提出的替代 QAE 方法之一,它可避免那些指数消耗,并且求解精度更高。与标准 QAE 一样,IQAE 需要轮换进行:

$$Q^k |\Psi\rangle = \sin[(2k+1)\theta_a] |1\rangle + \cos[(2k+1)\theta_a] |0\rangle \tag{5.56}$$

所以在这种状态下的概率是 $\sin^2[(2k+1)\theta_a]$。

在不使用逆傅里叶逆变换形式的情况下,IQAE 使用以下方法估算 θ_a。根据二倍角公式:

$$\sin^2[(2k+1)\theta_a] = \frac{1 - \cos[(4k+2)\theta_a]}{2} \tag{5.57}$$

假设 θ_a 的置信区间是 $[\theta_u, \theta_l]$,为了找到最大的 k 使得 $[(4k+2)\theta_u, (4k+2)\theta_l]_{\text{mod } 2\pi}$ 完全处于上平面或下平面中。如果我们想要找到 $\tilde{a} = (a_u + \theta_{al})/2$ 作为 a 的估计量,满足 $|a - \tilde{a}| < \epsilon$ 且置信度为 $1-\alpha$,我们需要至多 $N_{\max}(\epsilon, \alpha)$ 次实验:

$$N_{\max}(\epsilon, \alpha) = \frac{12}{\sin^4(\pi/30)} \log_2\left[\frac{2}{\alpha} \log_3\left(\frac{3\pi}{20\,\epsilon}\right)\right] \tag{5.58}$$

在实践中,我们输入初始间隔 $[\theta_u, \theta_l]$,并通过增加 k 的值来确定最大可行 k,定义 $K = 4k+2 \geqslant 2K_i$,以便 $[K\theta_u, K\theta_l]_{\text{mod } 2\pi}$ 位于上平面或下平面。如果存在此类 k 的解,则可以将余弦函数求逆,并获得 θ_a 的估计值。IQAE 估计 θ_a 的示意图如图 5.26。

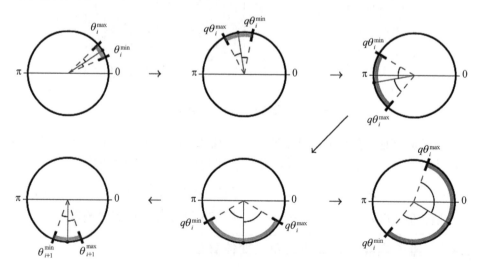

图 5.26　IQAE 估计 θ_a[13]

5.5　HHL 线性方程组求解算法

HHL 算法是 Harrow、Hassidim 和 Lloyd 三个人于 2009 年提出的,用于求解线性系统的量子算法[15]。

5.5.1　HHL 算法基本原理与量子线路

对于给定的矩阵 A 和矢量 b,我们要找到一个矢量 x,满足 $Ax = b$。 很显然,在矩阵 A 可逆的前提下,我们可以得到想要的解为 $x = A^{-1}b$。

HHL 算法中,将 x 和 b 用量子态形式来表示,我们得到:

$$A|x\rangle = |b\rangle \tag{5.59}$$

其中,A 是自共轭的厄米矩阵,对于非厄米的矩阵,需要进行一定的转化后才开展 HHL 算法。类似地,$|x\rangle$ 可表示为 $|x\rangle = A^{-1}|b\rangle$,归一化得:

$$|x\rangle = \frac{A^{-1}|b\rangle}{\|A^{-1}|b\rangle\|} \tag{5.60}$$

假设 A 的特征值和特征向量为 $\{\lambda_j\}$ 和 $\{\overrightarrow{u_j}\}$,即有 $A\overrightarrow{u_j} = \lambda_j \overrightarrow{u_j}$。 对于 A 的逆矩阵 A^{-1},它的特征值就是 $\lambda_j{}^{-1}$,或写成 $\frac{1}{\lambda_j}$。 同时,$|b\rangle$ 可以表示成 $|u_j\rangle$ 的线性组合:

$$|b\rangle = \sum_{j=1}^{N} \beta_j |u_j\rangle \tag{5.61}$$

因此线性方程希望得到的解可以表示为

$$|x\rangle = \sum_{j=1}^{N} \beta_j \frac{1}{\lambda_j} |u_j\rangle \tag{5.62}$$

HHL 量子加速算法的核心思想就在于,相比经典算法需要对一个个 λ_j 依次作 $\beta_j \frac{1}{\lambda_j}$ 操作,HHL 精巧地运用了量子叠加态特性,同时对不同 $\beta_j \frac{1}{\lambda_j}$ 进行操作。

HHL 的量子线路图如图 5.27 所示[15],线路分为三个部分: 相位估计部分、旋转部分和逆相位估计部分。量子比特主要分为三类寄存器 S、C、I。输入寄存器 I 实现输入 $|b\rangle$、输出方程的解 $|x\rangle$。 时钟寄存器 C 起着导入矩阵 A 信息的

功能。辅助寄存器 S 起着辅助实现 λ_j 翻转的功能。下面对量子线路的各个步骤进行分解说明。

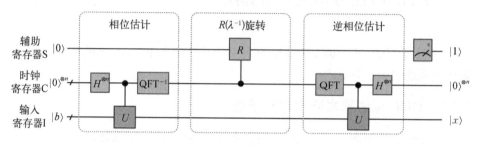

图 5.27　HHL 量子线路图

第一步，准备输入态 $|b\rangle$。

此时 $|b\rangle$ 默认已经归一化。对于包含 2^m 个元素的量子态向态 $|b\rangle$，寄存器 I 需要 m 个量子比特来编码。$|b\rangle$ 可以用受控旋转 Y 门来编码：

$$\boldsymbol{R}_y(\theta) = \begin{pmatrix} \cos\dfrac{\theta}{2} & -\sin\dfrac{\theta}{2} \\[2mm] \sin\dfrac{\theta}{2} & \cos\dfrac{\theta}{2} \end{pmatrix}$$

$$|\boldsymbol{b}\rangle = \cos\frac{\theta}{2}|0\rangle + \sin\frac{\theta}{2}|1\rangle = \begin{pmatrix} \cos\dfrac{\theta}{2} \\[2mm] \sin\dfrac{\theta}{2} \end{pmatrix} \tag{5.63}$$

例如，对于 $|b\rangle = \begin{pmatrix} 0 \\ 1 \end{pmatrix}$，只需要一个量子比特，并且仅用一个 $\boldsymbol{R}_y(\pi)$ 门就可以编码 $|\boldsymbol{b}\rangle$。

第二步，导入矩阵 $\boldsymbol{A}$ 信息并将 $|b\rangle$ 分解为本征矢量的线性组合。

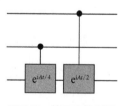

图 5.28　第二步的量子
线路示例

$U = e^{iAt_0/4}$，U^{2^0} 和
U^{2^1} 分别为 $e^{iAt_0/4}$ 和 $e^{iAt_0/2}$

整个步骤对应图 5.27 中相位估计这个框架。这个步骤在图 5.27 中显示比较简略。U 的具体线路示例如图 5.28 所示。即假定矩阵 $\boldsymbol{A}$ 有 n 个本征值，那么寄存器 C 就用上 n 个量子比特，并且在寄存器 $\boldsymbol{I}$ 部有 U^{2^0}、U^{2^1}、$\cdots$、$U^{2^{n-1}}$ 共 n 项与以上 n 个量子比特一一相连。就是典型的量子相位估计算法中 U 的线路。

U 线路之后再接量子傅里叶逆变换，完成这个量子相位估计。那么相位估计的是什么，是线路实现的操作

$|0^{\otimes n}\rangle^C |u\rangle^I \to |\tilde{\varphi}\rangle^C |u\rangle^I$ 中的相位 $\tilde{\varphi}$。$|u\rangle$ 是幺正变换 U 的本征向量,而 U 的本征值为 $e^{i2\pi\varphi}$。$\tilde{\varphi}$ 是由寄存器 C 的 n 个量子比特组成的二进制数对于 φ 的估计。

在 HHL 的语境里,矩阵 A 的幺正算符 $U = e^{iAt}$ 与 A 具有相同的本征向量。因此 U 的本征值与 A 的本征值 λ 相关。我们通过量子相位估计得到关于 A 的本征值 λ 的相关信息。

图为 $A = \dfrac{1}{2}\begin{bmatrix} 3 & 1 \\ 1 & 3 \end{bmatrix}$ 的示例,此时 A 的本征值 $\lambda_1 = 1$,$\lambda_2 = 2$。这里的 A 的本征值比较巧,正好可以用 $|01\rangle^C$、$|10\rangle^C$ 对应 $\lambda_1 = 1$ 和 $\lambda_2 = 2$。对于其他矩阵本征值为非整数时,例如 $\lambda = 0.9$,相位估计出的值近似为 $|01\rangle^C$,这一定程度上的确会影响精度。

A 的幺正算符 $U = e^{iAt}$ 与 A 具有相同的本征向量。因此可以构建 $U = e^{iAt_0/4}$,让 U^{2^0} 和 U^{2^1} 分别由寄存器 C 中两个量子比特控制。结合第一步中输入态包含了 $|b\rangle$ 的信息,$|b\rangle = [\beta_1, \beta_2]^T$。因此寄存器 C 和 I 共同构建如下量子态:

$$\beta_1 |u_1\rangle^I |01\rangle^C + \beta_2 |u_2\rangle^I |10\rangle^C \tag{5.64}$$

因此,步骤二实现了以下量子态的转换:

$$|b\rangle^I |0^{\otimes n}\rangle^C \to \sum_{j=1}^{n} \beta_j |u_j\rangle^I |\tilde{\lambda}_j\rangle^C \tag{5.65}$$

其中,$\tilde{\lambda}_j$ 为由寄存器 C 的 n 个量子比特组成的二进制数对 λ_i 的估计。

此外,补充介绍一下如何具体用量子构建幺正算符 $U^{2^0} = e^{iAt_0/4}$ 和 $U^{2^1} = e^{iAt_0/2}$ 的量子线路。例如 $A = \dfrac{1}{2}\begin{bmatrix} 3 & 1 \\ 1 & 3 \end{bmatrix}$,我们可以将其分解成单位矩阵 I 和泡利矩阵 $\boldsymbol{\sigma}_x$ 的线性组合:

$$\boldsymbol{\sigma}_x = \begin{bmatrix} 0 & 1 \\ 1 & 0 \end{bmatrix} \tag{5.66}$$

$$A = \frac{3}{2}I + \frac{1}{2}\boldsymbol{\sigma}_x$$

矩阵 A 是厄米的(矩阵的转置等于本身),因此对于 HHL 算法中的矩阵 A 我们总能作如上分解。注意到单位矩阵 I 和泡利矩阵 $\boldsymbol{\sigma}_x$ 都有性质:

$$I^2 = \boldsymbol{\sigma}_x^2 = I \tag{5.67}$$

我们可以将 e^{iAt} 改写:

$$e^{iAt} = e^{i\left(\frac{3}{2}I + \frac{1}{2}\sigma_x\right)t} = e^{i\frac{3t}{2}I} e^{i\frac{t}{2}\sigma_x}$$

$$= \left[\cos\left(\frac{3t}{2}\right)\boldsymbol{I} + i\sin\left(\frac{3t}{2}\right)\boldsymbol{I}\right]\left[\cos\left(\frac{t}{2}\right)\boldsymbol{I} + i\sin\left(\frac{t}{2}\right)\sigma_x\right] \tag{5.68}$$

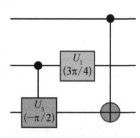

图 5.29　图 5.28 的具体量子线路实现

CU^{2^1} 由 CNOT 门实现，CU^{2^0} 由 $CU_3\left(-\dfrac{\pi}{2}, -\dfrac{\pi}{2}, \dfrac{\pi}{2}\right)$ 和 $U_1\left(\dfrac{3\pi}{4}\right)$ 构成

取 $t_0 = 2\pi$，那么 $e^{iAt_0/2} = \sigma_x$，因此 CU^{2^1} 可以由 CNOT 门简单实现。而 $e^{iAt_0/4} = \boldsymbol{R}_I\left(-\dfrac{3\pi}{2}\right)\boldsymbol{R}_x\left(-\dfrac{\pi}{2}\right)$，并且有 $\boldsymbol{R}_x\left(-\dfrac{\pi}{2}\right) = U_3\left(-\dfrac{\pi}{2}, -\dfrac{\pi}{2}, \dfrac{\pi}{2}\right)$ 以及 $\boldsymbol{CR}_I\left(-\dfrac{3\pi}{2}\right) = U_1\left(\dfrac{3\pi}{4}\right)$。因此图 5.28 中的线路示意可以由如图 5.29 所示的具体量子线路来构建。

第三步，实现 λ_j 的倒数。

这个步骤对应图中"$R(\tilde{\lambda}^{-1})$ 旋转"这个框架。这里用寄存器 C 作为控制量子位来旋转寄存器 S 中的辅助量子位。旋转之后的辅助量子位变成了 $|0\rangle$ 和 $|1\rangle$ 的叠加态。在这一过程中本征值的估计值 $\tilde{\lambda}_j$ 的信息从 $|\tilde{\lambda}_j\rangle$ 保存到了辅助量子比特的 $|0\rangle$ 和 $|1\rangle$ 的概率中，旋转的角度根据特定的量子线路可实现：

$$\theta_j = 2\sin^{-1}\left(\frac{c}{\tilde{\lambda}_j}\right) \tag{5.69}$$

其中，c 是一个人为设定的值，具体取值不是绝对重要。因为计算结果在意的是不同 $\dfrac{c}{\tilde{\lambda}_j}$ 之间的相对比值。经过旋转，整个系统变为

$$\sum_{j=1}^{n} \beta_j |u_j\rangle^I |\tilde{\lambda}_j\rangle^C \left[\sqrt{1 - \frac{c^2}{\tilde{\lambda}_j^2}}\,|0\rangle + \frac{c}{\tilde{\lambda}_j}|1\rangle\right]^S \tag{5.70}$$

我们具体看下怎样用量子线路实现"$R(\tilde{\lambda}^{-1})$ 旋转"这个框架。对于 c 值，我们会选择一个相对较小的值，这样 $\sin\left(\dfrac{c}{\tilde{\lambda}_j}\right) \approx \dfrac{c}{\tilde{\lambda}_j}$，即旋转角可以直接等于 $\dfrac{c}{\tilde{\lambda}_j}$。可设 $c = 2\pi/2^r$，且 $r = 4$。怎样实现 $\tilde{\lambda}$ 的倒数，则需要根据 $\tilde{\lambda}$ 的具体情况设计。还提到 $\boldsymbol{A} = \dfrac{1}{2}\begin{bmatrix} 3 & 1 \\ 1 & 3 \end{bmatrix}$ 的示例，$\boldsymbol{A}$ 的本征值 $\lambda_1 = 1$，$\lambda_2 = 2$，它可以通过 SWAP 门来实现倒数，如表 5.7 所示。

表 5.7　关于 $\lambda_1=1$, $\lambda_2=2$ 的相关二进制表示

$\tilde{\lambda}_j$	$\tilde{\lambda}_j$ 的二进制表示	$2\tilde{\lambda}_j^{-1}$ 的二进制表示
1	01	10
2	10	01

因此,这一示例可以由如图 5.30 的具体量子线路实现。又如两个本征能级分别为 $\lambda_1=1$, $\lambda_2=3$ 时,如表 5.8 所示,只需要在寄存器 C 的高位量子比特上用一个 X 门对 0 和 1 进行反转,就可以实现 $3\tilde{\lambda}_j^{-1}$ 的倒数操作。

第四步,求解输出 $|x\rangle$。

本步骤对应于图 5.27 中"逆相位估计"这个框架,这是一个非常典型的量子相位估计逆操作。经过这一步,寄存器 C 的量子比特变回了 $|0^{\otimes n}\rangle^C$,剩下的部分为

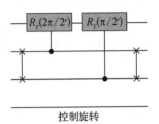

控制旋转

图 5.30　$R(\tilde{\lambda}^{-1})$ 的具体量子线路实现示例

表 5.8　关于 $\lambda_1=1$, $\lambda_2=3$ 的相关二进制表示

$\tilde{\lambda}_j$	$\tilde{\lambda}_j$ 的二进制表示	$3\tilde{\lambda}_j^{-1}$ 的二进制表示
1	01	11
3	11	01

$$\sum_{j=1}^{n} \beta_j |u_j\rangle^I \left(\sqrt{1-\frac{c^2}{\tilde{\lambda}_j^2}} |0\rangle + \frac{c}{\tilde{\lambda}_j} |1\rangle \right)^S \tag{5.71}$$

通过将寄存器 S 的辅助量子比特后选择为 $|1\rangle$,得到量态:$\sum_{j=1}^{n} \beta_j \dfrac{c}{\lambda_j} |u_j\rangle$,

参考式(5.62),$\sum_{j=1}^{n} \beta_j \dfrac{1}{\lambda_j} |u_j\rangle$ 正是线性方程的解 $|x\rangle$ 的表示形式。将测量得出的值归一化,就正比于相互关系 $Ax=b$ 的解 x。 即

$$\sum_{j=1}^{N} \beta_j \frac{c}{\lambda_j} |u_j\rangle \propto |x\rangle \tag{5.72}$$

因此,对于 $A = \dfrac{1}{2}\begin{bmatrix} 3 & 1 \\ 1 & 3 \end{bmatrix}$、$b = \begin{bmatrix} \sqrt{2}/2 \\ \sqrt{2}/2 \end{bmatrix}$ 示例的 HHL 量子线路图以及计算

结果如图 5.31 所示。理论结果 $x = \begin{bmatrix} \sqrt{2}/2 \\ \sqrt{2}/2 \end{bmatrix}$,即 $x_1 = x_2 = \sqrt{2}/2$,$x_1/x_2 = 1$。

图的结果中,$|0001\rangle$ 和 $|1001\rangle$ 的最后一位量子比特为寄存器 S 的辅助量子比特,都满足为 1,第一个量子比特为 0 或 1 分别对应 x 向量中的两个元素 x_1、x_2。$|0001\rangle$ 和 $|1001\rangle$ 的概率都为 0.03,并且相位相同,因此 $x_1/x_2 = 1$,与理论结果相符。如果量子线路结果相位相差 π,则 x_1 与 x_2 相差一个负号,互为相反数。

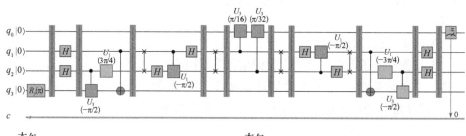

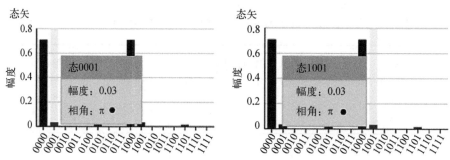

图 5.31 $A = \dfrac{1}{2}\begin{bmatrix} 3 & 1 \\ 1 & 3 \end{bmatrix}$、$b = \begin{bmatrix} \sqrt{2}/2 \\ \sqrt{2}/2 \end{bmatrix}$ **示例的 HHL 量子线路图以及计算结果**

总结 HHL 的算法如下:

算法 5.3:HHL 算法

输入:
　　归一化的向量 b
　　幺正厄米矩阵 A
输出:
　　$A|x\rangle = |b\rangle$ 解的估计值 $|\tilde{x}\rangle$

过程：

(1) 构造 R_y 门将向量 b 的信息导入寄存器 I，实现量子态 $|b\rangle^I$；

(2) 量子相位估计实现 $\sum_{j=1}^n \beta_j |u_j\rangle^I |\tilde{\lambda}_j\rangle^C$，使寄存器 C 存储矩阵 A 的本征值估计值 $\tilde{\lambda}_j$ 的信息；

(3) 对寄存器 S 进行受控旋转实现 $\tilde{\lambda}^{-1}$，系统变为

$$\sum_{j=1}^n \beta_j |u_j\rangle^I |\tilde{\lambda}_j\rangle^C \left(\sqrt{1-\frac{c^2}{\tilde{\lambda}_j^2}}|0\rangle + \frac{c}{\tilde{\lambda}_j}\left|1\right\rangle\right)^S;$$

(4) 逆量子相位估计使寄存器 C 清零，寄存器 S 为 $|1\rangle$ 态时对应 $\sum_{j=1}^N \beta_j \frac{c}{\tilde{\lambda}_j}\left|u_j\right\rangle$，即解的估计值 $|\tilde{x}\rangle$

5.5.2　4×4 矩阵的 HHL 算法示例

下面我们再给出一个计算 4×4 矩阵的计算实例：

$$\boldsymbol{A}=\frac{1}{4}\begin{bmatrix} 15 & 9 & 5 & -3 \\ 9 & 15 & 3 & -5 \\ 5 & 3 & 15 & -9 \\ -3 & -5 & -9 & 15 \end{bmatrix} \quad \boldsymbol{b}=\begin{bmatrix} 0.5 \\ 0.5 \\ 0.5 \\ 0.5 \end{bmatrix} \tag{5.73}$$

根据之前的定义，我们可以写出 $|b\rangle$、$\{\lambda_j\}$ 和 $\{|u_j\rangle\}$：

$$|b\rangle=\frac{1}{2}|00\rangle+\frac{1}{2}|01\rangle+\frac{1}{2}|10\rangle+\frac{1}{2}|11\rangle \tag{5.74}$$

$$\begin{aligned} \lambda_1=1 & |u_1\rangle=-|00\rangle-|01\rangle-|10\rangle+|11\rangle \\ \lambda_2=2 & |u_2\rangle=+|00\rangle+|01\rangle-|10\rangle+|11\rangle \\ \lambda_3=4 & |u_3\rangle=+|00\rangle-|01\rangle+|10\rangle+|11\rangle \\ \lambda_4=8 & |u_4\rangle=-|00\rangle+|01\rangle+|10\rangle+|11\rangle \end{aligned} \tag{5.75}$$

因此，我们把 $|b\rangle$ 表示成 $|u_j\rangle$ 的线性组合：

$$|b\rangle=\frac{1}{2}|u_1\rangle+\frac{1}{2}|u_2\rangle+\frac{1}{2}|u_3\rangle+\frac{1}{2}|u_4\rangle \tag{5.76}$$

这个 4×4 矩阵的 HHL 算法量子线路如图 5.32 所示。向量 $|b\rangle$ 可以写成式(5.74)的形式,可以由两个 H 门构建实现,如图中最左边的椭圆圈出所示。第二个椭圆圈出的部分为 U^{2^0}、U^{2^1}、U^{2^2}、U^{2^3} 的构建,取 $U=\mathrm{e}^{\mathrm{i}At/16}$。 参照式(5.65),经过第二步量子相位估计的量子态变为

$$\frac{1}{2}|0001\rangle^{\mathrm{C}}|u_1\rangle^{\mathrm{I}}+\frac{1}{2}|0010\rangle^{\mathrm{C}}|u_2\rangle^{\mathrm{I}}+$$
$$\frac{1}{2}|0100\rangle^{\mathrm{C}}|u_3\rangle^{\mathrm{I}}+\frac{1}{2}|1000\rangle^{\mathrm{C}}|u_4\rangle^{\mathrm{I}} \tag{5.77}$$

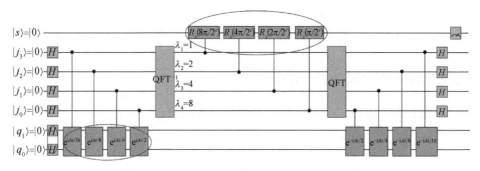

图 5.32　4×4 矩阵的 HHL 算法示例量子线路图[16]

图中三个椭圆圈出的部分从左至右分别对应 HHL 算法的第一步至第三步

第三个椭圆圈出的部分实现 λ_j 的倒数。旋转过程中,最小的特征值带来辅助量子位最大的旋转角度,因此实现 λ_j 倒数。

经过整个线路,挑选 $|s\rangle$ 为 1 时 $|q_0q_1\rangle$ 的各量子态分布,将其归一化,与线性方程求解理论结果进行对比,如图 5.33 所示。理论结果为 $x=\frac{1}{32}\begin{bmatrix}-1 & 7 & 11 & 13\end{bmatrix}$,实验结果与其一致。

自从 HHL 算法提出后,于 2013 年基于线性分立光学首次实验实现,在 2014 年基于核磁共振的实验验证工作也随即发表[17-18]。HHL 量子算法具有一定的承前启后的意义,HHL 是叠加 QPE 算法得到的一个巧妙的架构,此后提出的量子支持向量机算法(QSVM)[19]及量子主成分分析(QPCA)算法[20]同样以 QPE 为量子算法内核,自 HHL 算法起,此后的新兴量子算法研究逐渐升温,并共同都着眼于高效数据处理需求,对当前大数据信息技术时代具有广泛的意义。

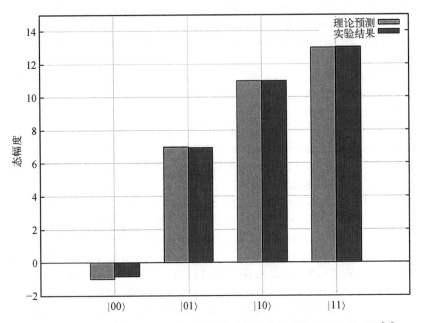

图 5.33　4×4 矩阵示例的实验测量结果及线性方程求解理论结果对比[16]

参考文献

［1］ Dongarra J，Sullivan F. Guest editors introduction to the top 10 algorithms. Computing in Science & Engineering，2002，2：22-23.

［2］ Fourier J. The analytical theory of heat. Warrenville：Dover Publishers，1906.

［3］ Tukey J W，Cooley J W. An algorithm for the machine calculation of complex Fourier series. Mathematics of Computation，1965，19：297-301.

［4］ Coppersmith，D. An approximate Fourier transform useful in quantum factoring. Technical Report RC19642，IBM，1994.

［5］ 胡广书.数字信号处理：理论、算法与实现.清华大学出版社,1997：55-99.

［6］ Nielsen M A，Chuang I. Quantum computation and quantum information. Cambridge：Cambridge University Press，2000：217.

［7］ Adedoyin A，Ambrosiano J，Anisimov P，et al. Quantum algorithm implementations for beginners. arXiv，2018：1804.03719.

［8］ Catt E，Hutter M. A gentle introduction to quantum computing algorithms with applications to universal prediction. arXiv，2018：2005.03137.

［9］ Kitaev A Y. Quantum measurements and the Abelian stabilizer problem. arXiv，1995：9511026.

［10］ Qiskit. Estimating pi using quantum phase estimation algorithm. https：//learn.qiskit.

org/course/ch-demos/estimating-pi-using-quantum-phase-estimation-algorithm [2020 - 05].

[11] Shor P W. Algorithm for quantum computation: Discrete logarithms and factoring algorithm. Proceedings of the 35th Annual IEEE Symposium on Foundation of Computer Science, 1994.

[12] Vandersypen L M K, Steffen M, Breyta G, et al. Experimental realization of Shor's quantum factoring algorithm using nuclear magnetic resonance. Nature, 2001, 414: 883 - 887.

[13] Brassard G, Hoyer P, Mosca M, et al. Quantum amplitude amplification and estimation. Contemporary Mathematics, 2002, 305: 53 - 74.

[14] Dmitry G, Julien G, Christa Z, et al. Iterative quantum amplitude estimation. npj Quantum Information, 2021, 7: 52.

[15] Harrow A W, Hassidim A, Lloyd S. Quantum algorithm for linear systems of equations. Physical Review Letters, 2009, 103: 150502 - 150502.

[16] Dutta S, Suau A, Dutta S, et al. Demonstration of a quantum circuit design methodology for multiple regression. IET Quantum Communication, 2020, 1: 55 - 61.

[17] Pan J, Cao Y, Yao X, et al. Experimental realization of quantum algorithm for solving linear systems of equations. Physical Review A, 2014, 89: 022313.

[18] Cai X D, Weedbrook C, Su Z E, et al. Experimental quantum computing to solve systems of linear equations. Physical Review Letters, 2013, 110: 230501.

[19] Rebentrost P, Mohseni M, Lloyd S. Quantum support vector machine for big data classification. Physical Review Letters, 2014, 113: 130503.

[20] Lloyd S, Mohseni M, Rebentrost P. Quantum principal component analysis. Nature Physics, 2014, 10: 631 - 633.

非基于数字量子线路的量子算法

第6章
量子行走的原理、硬件实现及应用

本章至第 9 章的介绍内容偏向于专用量子计算,并非构建通用的量子逻辑门,而是直接在量子物理体系中因地制宜地构建想要设计的哈密顿量,并往往实现时间连续型的量子演化过程。例如本章介绍的量子行走,虽然也可以通过离散化的量子逻辑门线路实现,但在各物理体系中直接构建量子行走更加常见,量子行走成为专用量子计算的重要算法。

量子行走是经典随机行走在量子领域的对应物,在传统的数学模型中引入量子力学可以使得一些复杂问题得到更快速的解决。经典随机行走始于 1905 年 Einsteina 发表的有关布朗运动的研究论文[1]。量子行走的概念最早是由 Aharonov 等在 1993 年提出[2],包括离散量子行走和连续量子行走两种,其中连续量子行走是由 Farhi 和 Gutmannzai 于 1997 年首次提出[3];离散量子行走是由 Watrous 于 2001 年提出[4]。不同于经典随机行走中粒子行走具有确定位置的特点,量子行走中粒子是按照概率幅沿不同方向行走,最后相干叠加得到结果,每一个位置都有一定的概率存在。这一独特的性质使得量子行走成为量子信息算法和对各种系统的量子模拟的一种有效工具[5-6]。目前量子行走在核磁共振、原子阱、离子阱、超导体系和光子系统等不同的物理体系[7-15]中得到实验演示。

本章将主要对量子行走的基本原理进行简要分析,之后介绍量子行走的硬件实现,最后探讨量子行走在各种实验中的应用。

6.1 量子行走的基本原理

6.1.1 经典随机行走

经典随机行走(classical random walk)的介绍通常从高尔顿板(Galton board)的例子开始讲起。如图 6.1 所示,每次从入口投入一枚硬币,它在路径中连续随机选择左边路径或者右边路径,最终落入底部的一个槽内,经过大量的硬币试验,发现硬币在槽内的堆积呈现二项分布。当高尔顿板的碰撞次数趋于无限大,二项分布趋于高斯分布[16]。

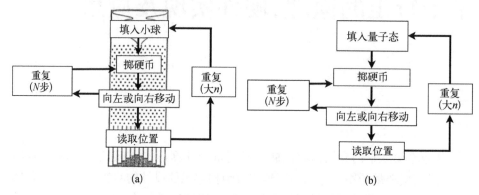

图 6.1 离散型的经典随机行走(a)与量子行走(b)流程图对比[16]

像高尔顿板这样的例子是离散型的经典随机行走,即一步一步地去选择。经典随机行走还可能存在连续不断地一直演化,而不是明显的分成离散的步骤。这种时间连续型的经典随机行走通常采用对时间的微分方程来表述,即经典粒子概率分布向量 $p(t)$ 满足:

$$\frac{\mathrm{d}p(t)}{\mathrm{d}t} = -\boldsymbol{M} \cdot p(t) \tag{6.1}$$

生成矩阵 $\boldsymbol{M}$ 代表不同节点之间的连接情形。一个含有 N 个节点的图,若从节点 i 导出的边与节点 j 相连,即粒子从节点 i 行走到节点 j 的路行是可行的,则 $A_{ij}=1$,否则 $A_{ij}=0$。单位时间内粒子从节点 i 行走到节点 j 的概率用 γ 表示,则生成矩阵 $\boldsymbol{M}$ 中的每个元素 M_{ij} 为可表示为 $-\gamma A_{ij}$(当 $i \neq j$)或 $-\gamma\mathrm{outDeg}(j)$(当 $i=j$)。其中,$\mathrm{outDeg}(j)$ 表示与节点 j 相连的边的数量,也被称作出度数。求解微分方程可得

$$p(t) = \mathrm{e}^{-\boldsymbol{M}t}p(0) \tag{6.2}$$

$p(t)$ 包含 N 个元素 $p_i(t)$。$p_i(t)$ 表示 t 时刻粒子出现在第 i 个节点的概率并且满足 N 个 $p_i(t)$ 之和为 1。

6.1.2 量子行走

量子行走(quantum walk)的定义可以采用与经典随机行走类似的方式。如图 6.1 所示,对于一个量子性质的粒子,在每一步选择路径时,不是选择左或者右,而是可以选择左和右的叠加态,这便是离散量子行走。量子行走也可以连续不断

地演化,连续量子行走同样可以采用微分方程形式表述。量子行走的路径节点图结构可映射到希尔伯特空间,节点集即为正交基矢,可表示为 $\{|1\rangle, |2\rangle, \cdots |N\rangle\}$。量子粒子的概率特性用概率幅度表示,即 $|\psi(t)\rangle = \sum_{i=1}^{N} |i\rangle\langle i|\psi(t)\rangle$。

经典随机行走中的主方程在量子行走这里则变成:

$$\frac{\mathrm{d}\psi(t)}{\mathrm{d}t} = -\mathrm{i}H\psi(t) \tag{6.3}$$

其中,H 是哈密顿量,其矩阵元素与经典随机行走的生成矩阵元素相同,即 $M_{ij} = \langle i|H|j\rangle$。

另外,由于量子行走是一个幺正演化过程,因而其哈密顿量必须满足厄米性,即 $H_{ij} = H_{ji}$,这也是式(6.3)相较于式(6.1)前需要虚部 i 的原因。求解主方程可得

$$|\psi(t)\rangle = \mathrm{e}^{-\mathrm{i}Ht}|\psi(0)\rangle \tag{6.4}$$

在某种意义上,任何有限维度希尔伯特空间中的演化过程都可以看作是一种量子行走。

6.1.3　经典随机行走与量子行走的演化区别

大量经典粒子进行随机行走,以及大量量子进行与量子行走,都会生成特定的在各节点的概率分布,这些概率分布显示出两种行走完全不同的传输特征。如图 6.2 所示,经典随机行走与量子行走的传输特性分别呈现高斯型分布和弹道型分布。用方差 $\sigma(t)^2$ 来衡量在演化时长为 t 时的传输特性,定义如下:

$$\sigma(t)^2 = \frac{\sum_{i=1}^{N} \Delta l_i^2 P_i(t)}{\sum_{i=1}^{N} P_i(t)} \tag{6.5}$$

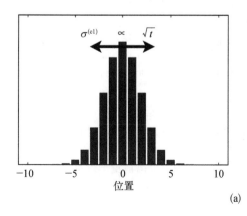
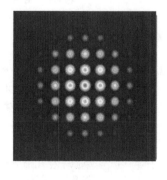

(a)

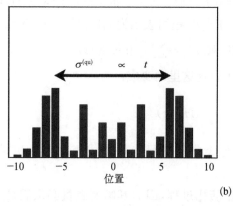

(b)

图 6.2　经典随机行走(a)与量子行走(b)的不同传输特性[5]

经典随机行走与量子行走的传输特性分别呈现高斯型分布和弹道型分布

其中，$\sum_{i=1}^{N} P_i(t)=1$，即在各节点的概率之和为 1。Δl_i 代表节点 i 与粒子初始位置的距离。计算得出不论一维还是二维，经典随机行走的方差总是与演化时间呈线性关系，而量子行走方差与演化时间呈平方关系。因此量子行走的传输特性体现一定的加速优势。

6.2　量子行走的硬件实现

近年来，科学界对量子行走的实验探索从未停歇，成功在各种不同物理体系中实验演示了量子行走。表 6.1 列出了部分早期及近期的代表性量子行走硬件实现工作。

表 6.1　量子行走在不同物理体系中的实验报道

物理体系	量子行走具体参数	发表年份
核磁共振[7]	以 ^{1}H 和 ^{13}C 两个原子(各两个自旋)形成四个节点演示离散时间量子行走	2003
离子阱[8]	单个离子在一维离子阱中离散时间量子行走三步	2009
离子阱[9]	用四个离子阱量子比特映射十六个位置实现离散时间量子行走	2020
冷原子阱[10]	单原子在九个节点的一维链中实现十步离散量子行走并演示时间反演	2009

续　表

物理体系	量子行走具体参数	发表年份
冷原子阱	单个超冷原子在 21 个位点的一维光晶格中量子行走;双原子量子行走演示 Bloch 震荡[11]	2015
超导体系[12]	单光子在 11 个超导量子比特的一维链中量子行走;两光子模拟费米子量子行走演示反聚束效应	2019
光学体系[13]	两光子在光纤网络中各自行走 12 步、以时间复用方式模拟单光子二维量子行走	2015
光波导[14]	单光子在 100 根一维波导阵列中实现时间连续量子行走	2008
光波导[5]	单光子在 49×49 的波导阵列中实现真正的空间二维量子行走	2018

　　由表 6.1 可看出,自从量子行走的概念在 2000 年前后提出后不久就在核磁共振体[7]系中进行了简单的演示。此外,还有在离子阱[8]、冷原子[10-11]的体系中,都是在一维的势阱结构中进行离散量子行走,如图6.3所示。

　　而想要将量子行走真正运用于专用量子计算实现量子优越性,务必满足两点:足够多的行走路径,以及可根据算法需求自由设计的演化空间,因此发展大规模二维量子行走非常有必要。光波导阵列具有实现连续量子行走演化的优势。如图 6.4 所示,波导的横截面显示了量子行走哈密顿矩阵的节点相互连接关系,波导纵向长度对应演化时间。

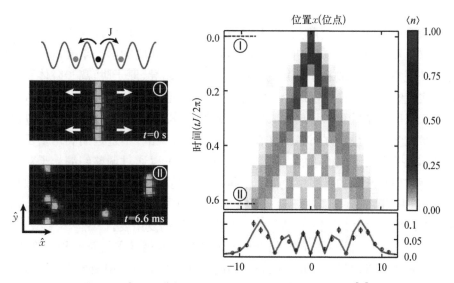

图 6.3　冷原子阱中原子实现一维量子行走(后附彩图)[11]

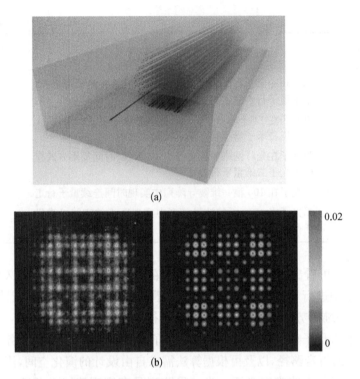

图 6.4　运用飞秒激光直写制备的三维波导芯片示意图(a)和
二维量子行走的实验与理论图(b)(后附彩图)[5]

光量子将从入射波导引入,在大型三维波导阵列中演化,实现时间连续型
二维量子行走

除了走向更大规模阵列,更多的粒子数目也是一个增加维度的方式。如
图 6.5(a)所示,增大几何维度及粒子数目是增大复杂度的两个重要途径。不同
体系扩展空间维度或粒子数目的难度互不相同,超导、原子阱、离子阱体系目前
还未实现空间二维量子行走,不过能够方便地实现各粒子之间的相互作用,实现
如图 6.5(b)所示的费米子反聚束效应。光波导阵列具有更高的三维可扩展性,
但在扩充多光子数目方面需要克服实验上的许多挑战,不过近期利用量子点技
术在多光子数目上取得进展,多光子量子行走也可以通过调整纠缠光子对的相
位实现类似费米子的反聚束效应。值得一提的是,除了几何维度和粒子数目之
外,近年来还兴起了将多种人工合成维度用于量子行走,如基于光的极化、角动
量,来突破物理器件规模的限制,进一步扩大系统的复杂度。

此外,值得一提的是,虽然把量子行走列在非通用量子线路的相关算法中,
量子行走也可以通过通用量子线路来构成。例如文献[10]用四个离子阱量子比
特映射十六个位置实现离散时间量子行走,还用文献[17]在基于光束分束器和

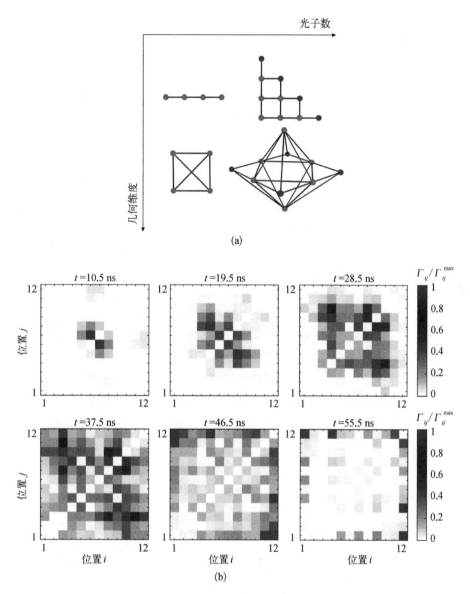

(a)

(b)

图 6.5　增大几何维度及粒子数目是增大复杂度的两个重要途径(a)和超导结构中的双超导比特实现费米子反聚束效应(b)(后附彩图)[12,15]

相位偏移器的集成光学芯片中用两个量子比特实现 Szedegy 量子行走。针对特定物理体系,选择合适的量子行走方式,可在量子算法和量子模拟中带来广泛的应用。

6.3 量子行走在量子算法中的应用

将量子力学效应如叠加、纠缠等特性应用于一些经典算法能够产生加速效应,如 Shor 因式分解算法、Grover 搜索算法等。

6.3.1 量子快速到达算法

快速到达问题(fast hitting)研究的是在图结构(通常在黏合二叉树)上一个粒子从起始节点出发、确切地到达目标节点的问题。2001 年,Childs 等提出图 6.6(a)所示的"规则连接黏合二叉树"结构,由两个完全相同的二叉树在末端叶节点处互连而成,两个二叉树的根节点分别为行走过程的起始节点和目标节点。对于经典粒子,前行每一步都要选择分叉中的一支,到达效率(即最终到达右侧根节点的概率)非常低,需要重复很多次才能保证到达,因此用时很高;Childs 证明了这一结构上的量子行走比经典随机行走的到达效率高指数倍。不过对于这一结构上的快速到达问题,存在经典非随机行走算法可以快速地找到右侧根节点。随后 Childs 等于 2003 年提出了一种改进版本的"随机连接黏合二叉树",将连接方式改进为从左侧每个叶节点引出两条边随机地连接到右侧二叉树的两个不同的叶节点[见图 6.6(b)][18-19]。在这一结构上,任何经典算法都需指数级的时间才能找到目标节点,而量子行走算法只需多项式级的时间。这

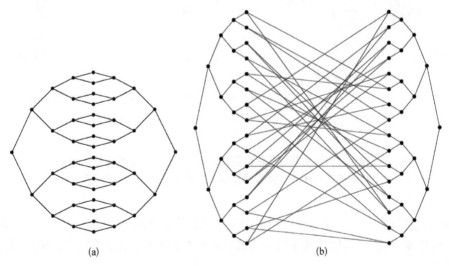

(a)   (b)

图 6.6 层数 n 为 4 的规则连接黏合二叉树(a)和层数 n 为 4 的随机连接黏合二叉树(b)[18-19]

一结构的提出证明了量子算法相对于经典算法的优越性,对于之后量子算法的相关研究起到了极大的促进作用。

1. 随机连接黏合二叉树量子行走的一维等效

图 6.6 展示的是一个层数 n 为 4 的随机连接黏合二叉树,层数 n 指的是单侧二叉树的阶数。对于单侧二叉树,第 n 层有 2^n 个节点,节点的个数随着层数的增加呈指数增加。随机连接黏合二叉树上量子行走可以等效成一维链上量子行走。

鉴于量子行走的哈密顿量只需满足厄米性,简单起见,这里将随机连接黏合二叉树的哈密顿量对角元设为零,即 $H_{ij} = \gamma A_{ij}$,其中 γA_{ij} 为图结构的邻接矩阵。随机连接黏合二叉树有 $2n+2$ 列,因而可以等效成一个含有 $2n+2$ 个节点的一维链结构,如图 6.7 所示,称其为列子空间,每一列的态依然用 $|\mathrm{col}\,j\rangle$ 表示。一维链哈密顿量的非零元素可表示为

$$\langle \mathrm{col}\,j\,|H|\,\mathrm{col}\,j+1\rangle = \begin{cases} \sqrt{2}\gamma & 0 \leqslant j \leqslant 2n,\, j \neq n \\ 2\gamma & j = n \end{cases} \tag{6.6}$$

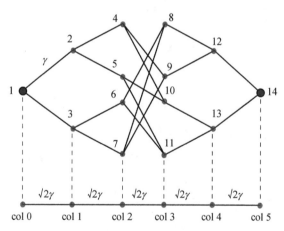

图 6.7 $n=2$, $B=2$ 的随机黏合二叉树及
实现量子行走的一维等效结构[20]

其余非零元素可根据哈密顿量的厄米性推导得出。将随机连接黏合二叉树中的二叉(包括随机连接部分的叶节点)扩展到任意叉数 B,可得到其一维等效结构哈密顿量的一般性表达式:

$$\langle \mathrm{col}\,j\,|H|\,\mathrm{col}\,j+1\rangle = \begin{cases} \sqrt{B}\gamma & 0 \leqslant j \leqslant 2n,\, j \neq n \\ B\gamma & j = n \end{cases} \tag{6.7}$$

直观的表述就是随机连接黏合二叉树可以等效成具有不同跳跃率的一维链结构。推导过程如下。每一列的态 $|\text{col } j\rangle$ 可表示为该列各个节点的叠加态：

$$|\text{col } j\rangle = \frac{1}{\sqrt{N_j}} \sum_{a \in \text{column } j} |a\rangle \tag{6.8}$$

其中，$|a\rangle$ 为第 j 列中的一个节点，N_j 为第 j 列节点的个数，可表示为

$$N_j = \begin{cases} B^j & 0 \leqslant j \leqslant n \\ B^{2n+1-j} & n+1 \leqslant j \leqslant 2n+1 \end{cases} \tag{6.9}$$

为简化推导过程，将跳跃率 γ 设为 1，由 $H = \gamma A$，可得 $H = A$，将邻接矩阵 $\boldsymbol{A}$ 作用于 $|\text{col } j\rangle$，当 $0 < j < n$ 时，可得

$$\begin{aligned} \boldsymbol{A}|\text{col } j\rangle &= \frac{1}{\sqrt{N_j}} \sum_{a \in \text{column } j} \boldsymbol{A}|a\rangle \\ &= \frac{1}{\sqrt{N_j}} \Big(B \sum_{a \in \text{column } j-1} |a\rangle + \sum_{a \in \text{column } j+1} |a\rangle \Big) \\ &= \frac{1}{\sqrt{N_j}} (B\sqrt{N_{j-1}} |\text{col } j-1\rangle + \sqrt{N_{j+1}} |\text{col } j+1\rangle) \\ &= \sqrt{B}(|\text{col } j-1\rangle + |\text{col } j+1\rangle) \end{aligned} \tag{6.10}$$

同样的，当 $n+1 < j < 2n+1$ 时

$$\boldsymbol{A}|\text{col } j\rangle = \sqrt{B}(|\text{col } j-1\rangle + |\text{col } j+1\rangle) \tag{6.11}$$

可见，一维链上与左侧二叉树或右侧二叉树对应的部分，相邻节点间跳跃率变为二叉树上的 $\sqrt{B}$ 倍。而对于中间的随机连接部分，则有

$$\begin{aligned} \boldsymbol{A}|\text{col } n\rangle &= \frac{1}{\sqrt{N_n}} \Big(B \sum_{a \in \text{column } n-1} |a\rangle + B \sum_{a \in \text{column } n+1} |a\rangle \Big) \\ &= \frac{1}{\sqrt{N_n}} (B\sqrt{N_{n-1}} |\text{col } n-1\rangle + B\sqrt{N_{n+1}} |\text{col } n+1\rangle) \\ &= \sqrt{B}(|\text{col } n-1\rangle + B|\text{col } n+1\rangle) \\ \boldsymbol{A}|\text{col } n+1\rangle &= \frac{1}{\sqrt{N_{n+1}}} \Big(B \sum_{a \in \text{column } n} |a\rangle + B \sum_{a \in \text{column } n+2} |a\rangle \Big) \\ &= \frac{1}{\sqrt{N_{n+1}}} (B\sqrt{N_n} |\text{col } n\rangle + \sqrt{N_{n+2}} |\text{col } n+2\rangle) \\ &= B|\text{col } n\rangle + \sqrt{B} |\text{col } n+2\rangle \end{aligned} \tag{6.12}$$

可见,只要中间随机连接部分满足第 n 列中的任意一个节点有且仅有 B 条边连接到第 $n+1$ 列中的 B 个不同节点,且第 $n+1$ 列中的每个节点同样有且仅有 B 条边连接到第 n 列中 B 个不同节点,则具体的随机连接形式不会影响一维等效链的结构。在这一位置,一维链上节点间的跳跃率是二叉树上的 B 倍。$n=2$,$B=2$ 的一维等效结构如图 6.7 所示。

2. 随机连接黏合二叉树经典随机行走的一维等效

事实上,对于在这种二叉树上进行经典随机行走,同样存在着一个等效的一维链结构。如图 6.8 所示,二叉树左边部分的每一个节点都与它右边的两个节点相连,与它左边的一个节点相连,因此它向右传播的概率是向左的两倍;二叉树右边部分正好相反。

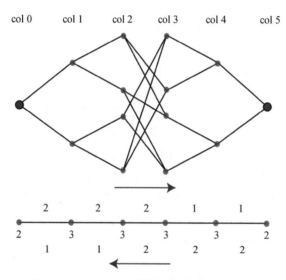

图 6.8 $n=2$,$B=2$ 的随机黏合二叉树及实现
经典随机行走的一维等效结构[20]

注意,在这里一维链上的每个节点代表的就是二维结构中的点,这条一维链就相当于图 6.8 中从入口到出口的其中一条路径。这正是体现经典随机行走与量子行走的一个非常好的例子。前面已提到量子行走的一维等效链中,由于量子叠加态 $|\text{col } j\rangle = \dfrac{1}{\sqrt{N_j}}\sum_{a \in \text{column } j}|a\rangle$ 的存在,每一个节点对应二维中的一列,而不是具体的某一个节点。量子行走的一维链是二维结构的完全对应,量子一维链的所有节点之和为 1。

根据 6.1 节中经典随机行走的公式,分别以二维结构和一维链的连接矩阵求解,得出一致的最优到达效率,都是趋近于二维总节点数分之一,此时一维链的节点概率之和小于1,这与它只是二维结构中的一条路径的理解一致。经典随机行走在时间无限长时会达到稳定的均匀的概率分布且与初态无关,经典随机行走的最优到达效率随着二叉数层数的增加而指数衰减。而在量子行走的等效成一维链上,最优到达效率经推导[18]与层数 n 成反比,相比经典随机行走实现指数级加速。

3. 量子快速到达在光子芯片中的实验演示

由于黏合二叉树的节点数目随着图尺寸的增加呈指数级增加,且图结构上没有边相连的两个相邻节点的物理映射需保持足够远的距离以防止量子粒子传输,因而即便是尺寸较小的黏合二叉树的实验实现也非常困难。不过,随机连接黏合二叉树的量子行走存在完全等效的一维结构,本小节将利用该一维等效结构对其上的量子行走快速到达特性进行实验验证。

图 6.9 展示的是随机连接黏合二叉树在不同层数和叉数情况下的结构及其一维等效的实验制备示意图。图 6.9(a)中,行方向展示的是黏合二叉树随着层数的增多结构的变化,列方向展示的是随着叉数的增多结构的变化。图 6.9(b)展示的是一个具有一般性的叉数为 B 层数为 n,相邻节点跳跃率为 γ 的随机连接黏合二叉树结构图,其一维等效结构是一条相邻节点跳跃率不完全相同的一维链。随机连接黏合二叉树的左侧根节点为起始节点,右侧根节点为目标节点,分别对应一维链结构的左右端点。图 6.9(c)展示的随机连接黏合二叉树一维等效结构在光子芯片上的物理映射。利用飞秒激光在硼硅酸盐芯片中直写出横截面结构与理论一维链一致的一维波导阵列,每根波导表示一个节点,波导的纵向方向用于模拟量子粒子的演化时间,波导间的耦合系数用于模拟相邻节点间的跳跃率,需要非常精确地调控波导间距实现对应的耦合系数。

实验上,首先搭建单光子源并将单光子在芯片入射端注入一维波导阵列的最左侧一根波导,在出射端观察不同传输长度下的光强分布图。理论上,随机连接黏合二叉树的量子到达效率随着演化时间的增加呈现出多个较高峰值,考虑到实验损耗和意义性,这里只研究第一个峰值。对每种层数和叉数的随机连接黏合二叉树,制备不同长度的波导阵列观察光子的到达效率(到达最右侧波导的概率)与传输长度的关系并找到产生最佳到达效率的波导阵列。图 6.10(a)展示的是 $B=2$、$n=2$ 情况下的光子到达效率与传输长度关系曲线的理论和实验数据,以及随机连接黏合二叉树上经典随机行走的理论结果。同时芯片出射端的光强分布图也放在 6.10(a)中,最左侧白色圆圈的位置为入射波导的位置,最右侧光斑的位置对应目标波导,可以看出,计算得到的实验数据点与光强分布图一致。经典随机行走的理论到达概率远低于量子行走的到达效率。图 6.10(b)是叉数 $B=2$ 时,$n=2$ 到 $n=16$ 对应的最佳到达效率的光强分布图。可以看出,虽

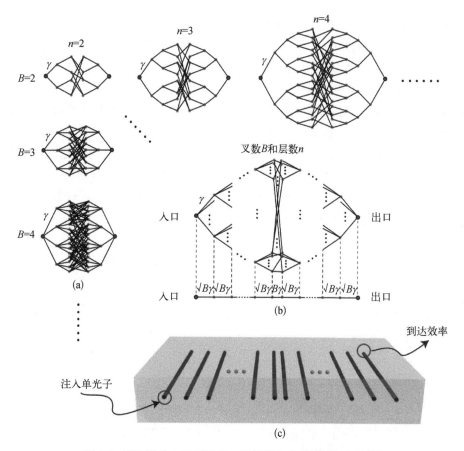

图 6.9　随机黏合二叉树及其一维等效和实验波导示意图[20]

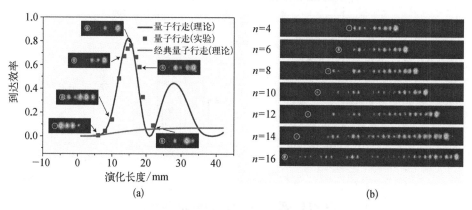

图 6.10　$n=2$, $B=2$ 时到达效率与传输长度的关系 $B=2$ 时不同层数
到达最佳效率对应的预报单光子光强分布(后附彩图)[20]

然随着 n 的增加,始终保持较高到达效率。

图 6.11(a)中展示的是 B 分别为 2、3、4、5 时的最佳到达效率与 n 的曲线图。可以看出,每种 B 中,随着 n 的增加,最佳传输效率呈递减趋势,而整体上看,随着 B 的增加,最佳传输效率也呈递减趋势。在图 6.11(b)中的对数坐标系中,经典随机行走的最佳到达效率是一条斜率为负数的直线。从图 b 中可以看出,虽然 $B=5$ 是 4 种叉数的实验样本中最佳到达效率最低的一组,但仍然远远高于经典随机行走。随着 B 的增加,量子行走相对于经典随机行走的优越性更加明显。理论上,当 B 足够大时,量子行走的最佳到达效率可近似为 $P_{QW} \sim 1/B$。然而对于经典随机行走,根据经典随机行走的最佳到达效率 $P_{CRW} \sim B^{-n}$ 可知,因而量子行走最佳到达效率与经典随机行走的比值为 $r = P_{QW}/P_{CRW} \sim B^{n-1}$。

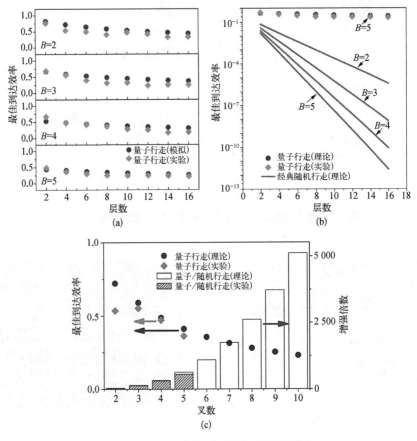

图 6.11　图形参数对到达情况的影响[20]

(a) B 为 2、3、4、5 时最佳到达效率与层数的关系;(b) 半对数坐标下经典随机行走与量子行走最佳到达效率比较;(c) $n=4$ 时最佳到达效率与 B 的关系

因此叉数和层数这两个元素可以用来增加黏合二叉树的复杂性并对证明量子行走快速到达算法优势具有重要意义。图 6.11(c)展示了当 $n=4$ 时,增强比率与 B 的关系,可以看到当 B 增大时,量子行走与随机行走相比优势变大。

值得一提的是,这种快速到达算法并不限于特定的黏合树结构,在一种蜂窝状的六边形网格(该结构的节点数目为 $2n^2+4n$,为多项式量级)这种易于实验实现和扩展的结构中同样实现并演示了量子加速。如图 6.12 所示,蜂窝状六边形网格结构与规则连接黏合二叉树类似,都是由两个对称的树状结构黏合而成。如图 6.12 所示,在实验上,波导阵列的横截面与理论图形一致,每根波导代表一个节点,波导的长度表示量子行走的演化时间,最左侧一根波导为入射波导,最右侧一根波导为目标波导。

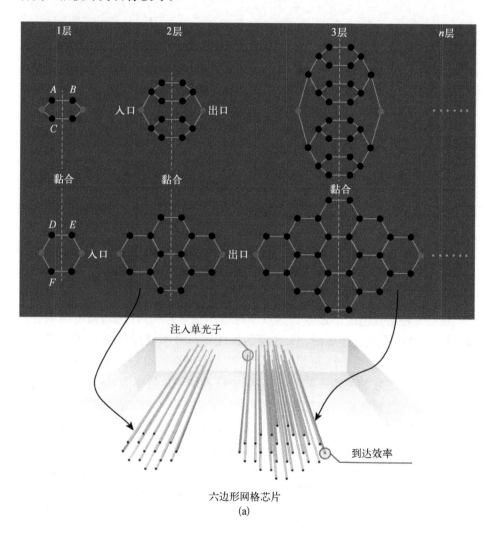

六边形网格芯片

(a)

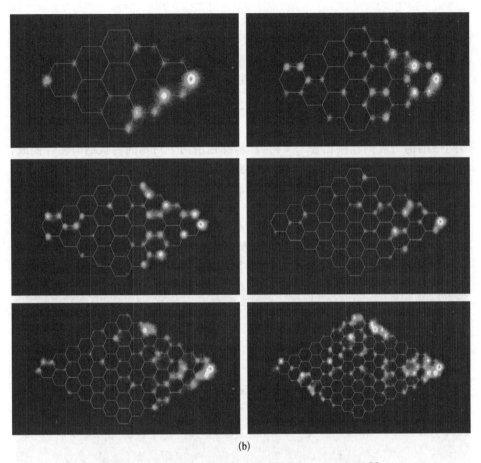

(b)

图 6.12 理论图形及在光子芯片中的实现(后附彩图)[6]

(a) 我们用飞秒激光直写技术在光子芯片上制备出二维波导阵列来模拟理论图结构;(b) 预报单光子在 3×8 层六边形网格结构上的实验结果

　　找到每种层数情况下最佳到达效率对应的波导阵列后,用增强电荷耦合器(ICCD)拍摄其单光子分布图,3×8 层的最佳到达效率对应的单光子光强分布图如图 6.12 所示。图 6.13 展示的是量子行走和经典随机行走的最佳到达效率与六边形网格层数的关系。其中,纵坐标表示最佳到达效率值,横坐标为六边形网格的层数。经典随机行走的到达效率 P_a 随着时间的增加无限趋近于总结点数分之一,P_a 符合 $O(n^{-2})$,而量子行走的最佳到达效率始终比经典随机行走高出一个数量级。图 6.13(b)则显示了量子行走的最佳传输长度随着图尺寸的增加线性增加,而经典随机行走的最佳传输长度随着图尺寸的增加平方增加。结合图 6.13(a)可以看出六边形网格上量子行走快速到达的优势。

　　还有更多复杂图结构(如分形结构等)的量子行走同样值得研究,还可以在

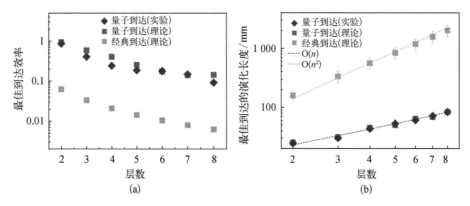

图 6.13　不同层数六边形网格上量子到达效率与经典达到效率比较图(a)和不同层数六边形网格上量子到达效率与经典达到最佳效率传输长度比较图(b)(后附彩图)[6]

　　经典随机行走的最佳传输长度取自经典粒子的到达效率与其极限效率 P_a 的偏差不超过 $10^{-4}P_a$ 时的最大传输长度,误差线的上、下边界分别对应到达效率与 P_a 的偏差不超过 $10^{-5}P_a$、$10^{-3}P_a$ 时的最大传输长度

有缺陷或非对称的结构中对量子快速到达问题进行研究,还可以引入多粒子量子行走,研究多个光子的聚束或非聚束效应对量子快速到达特性的影响。另外,量子行走的加速优势对于一些优化问题的应用值得也进一步探究。

6.4　量子行走在量子模拟中的应用

　　量子模拟是量子信息科学一个重要研究领域,一种常用的方法是在量子系统中构造被模拟系统的哈密顿量。目前,开放量子系统[21-22]、非厄米晶格中的扩散传输[23]以及拓扑保护边界态[24]等问题的量子模拟已经实现。随着量子行走在多种物理系统中的成功实现,如囚禁离子系统、核磁共振系统、光子系统等,以及实验结构的维度和复杂度的增加,以量子行走为核心的量子模拟将会持续拓展与深入。

6.4.1　量子行走模拟动态局域现象

　　动态局域最初指在外加交流电场中电子的演化受到抑制的现象,通过周期性弯曲光波导[25]或周期性振动的光子晶格[26]模拟外加交流电场,类似的现象在冷原子系统[27]、玻色-爱因斯坦凝聚物[26]以及光学系统[25]中被观察到。按特定几何排布的光波导甚至可以完全抑制光的演化,如将一维波导阵列中光的演化局域在入射波导中[28]或是将二维阵列中光的演化局域在一维方向上[28]。

图 6.14 展示的是电子波包在交流电场中的演化示意图和光子在正弦弯曲波导阵列中的演化示意图。浅色阴影表示粒子在均匀电场或直波导中的演化范围，深色阴影表示粒子在交流电场或弯曲波导中的演化范围。

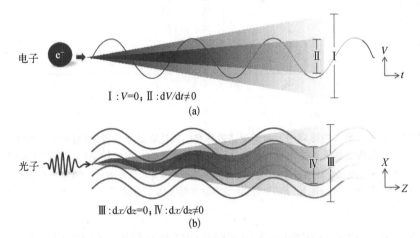

图 6.14　电子波包在交流电场中的演化示意图(a)和光子在正弦弯曲波导阵列中的演化示意图(b)

交流电场中电子演化波包受到抑制，光子在正弦弯曲光子晶格中也有类似现象

动态局域容易让人联想到安德森局域，但动态局域与安德森局域本质上完全不同。前者与场的周期性调控有关，而后者与粒子的扩散散射有关。安德森局域化的量子模拟已得到广泛的实现，动态局域的量子模拟却仍然停留在较初级的阶段，并且其传输过程中的时间-依赖性从未被证明，原因之一是长时间演化路径的大规模制备比较困难。而动态局域的传输特性在其许多应用中都比较关键，如电子迁移率的各向异性[29]、自旋系统的演化[30]、两能级系统中原子的囚禁[31]、在各向同性材料中产生各向异性传输现象[32]等，因此其传输特性的实验实现对于其相关实验研究的进步具有重要意义。

1. 动态局域与量子行走的理论对应

正弦电场中带电粒子的动态局域现象以及其在光子晶格中的量子模拟[25,33-34]，都可用薛定谔方程描述。利用紧束缚近似的离散模型，可将总电场分解成波导间弱重叠光波模式的叠加态，使得粒子在正弦驱动场中的运动变成一个耦合模问题[25,34-35]，从而可以求解出粒子的概率分布。具体推导过程如下所示。

用光在波导中的演化长度 z 代替演化时间 t，弯曲波导阵列中光的演化方程为

$$\mathrm{i}\frac{\partial E}{\partial z}+\frac{\partial^2 E}{\partial x^2}+VE=0 \tag{6.13}$$

利用紧束缚近似的离散模型[34-35]，场 $E(x, z)$ 可表示为弱重叠模 $u(x)$ 的叠加态，即

$$E(x, z) = \sum_m \Psi_m(z) u_m(x) e^{i\beta z} \qquad (6.14)$$

其中，$\Psi_m(z)$ 是模 $u_m(x)$ 的模式幅度，β 是传输常数。将这一 $E(x, z)$ 表达式替换进式(6.13)，可以得到一个变成了耦合模理论的离散薛定谔方程[33-34]：

$$i\frac{\partial \Psi_m}{\partial z} = -C(\Psi_{m+1} + \Psi_{m-1}) + \omega \ddot{x}_d(z)\Psi_m \qquad (6.15)$$

其中，C 是耦合系数；$x_d(z)$ 是波导的弯曲形状；$\ddot{x}_d(z)$ 表示关于 z 的二阶导数；$\omega = 2\pi n_0 d / \lambda$，为归一化的光频率，$n_0$ 为折射率，λ 为入射光波长，d 是波导间距；d，A，L 的含义如图 6.15(c)和(d)中的标注所示。

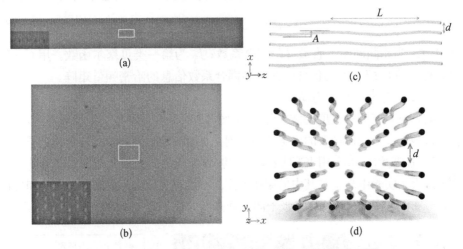

图 6.15　光子晶格中弯曲波导阵列示意图与截面实拍图[36]

(a)和(b)展示的是在显微镜下拍摄的一维和二维波导阵列横截面图像；(c)和(d)展示的是一维和二维弯曲波导阵列示意图，分别为(a)和(b)中白色矩形框的放大版，每根波导在 x - z 平面沿 z 方向正弦弯曲，z 方向为光的传输方向；L 为正弦弯曲波导的一个周期，长度为 2 cm；A 为正弦弯曲的幅度，值为 28.8 μm；d 为波导间距，值为 15 μm

对于带电粒子在交流电场中的演化，同样可以推导出类似的与时间 t 有关的偏微分方程

$$i\frac{\partial \Psi_m}{\partial t} = -C(\Psi_{m+1} + \Psi_{m-1}) + q\varepsilon(t)\Psi_m \qquad (6.16)$$

其中，$q\varepsilon(t)$ 项与式(6.13)中的 $\omega \ddot{x}_d(z)$ 相对应。

值得注意的是,式(6.13)可应用于任何弯曲形状的光子晶格。文献中有利用含有 $x_d(z)$ 项的指数函数对 $\Psi_m(z)$ 进行求解的推导。对于正弦弯曲形状的 $x_d(z)$,可求出 $\Psi_m(z)$ 的解析解,该解析解能够反映被抑制的演化波包与波导阵列弯曲形状的各个参数的关系。

单粒子的量子行走,同样可以根据式(6.13)进行推导,但单粒子的量子行走通常直接方便地采用式(6.4)计算,因为哈密顿矩阵包含了所有模式之间相互耦合的信息。

将波导弯曲会对波导间耦合系数产生影响,与相同间距的直波导阵列相比,弯曲波导间耦合系数减小,这里称其为有效耦合系数,可表示为

$$C_{\text{eff}} = \frac{C}{L} \int_0^L \cos\left[\omega\,\dot{x}_d(z)\right] \mathrm{d}z \tag{6.17}$$

若 $x_d(z)$ 表示正弦弯曲,则 C_{eff} 可表示为关于第一类贝塞尔函数的函数,即

$$C_{\text{eff}} = C_0 J_0(2\pi\omega A/L) \tag{6.18}$$

其中,C_0 为相同间距下直波导的耦合系数;J_0 为第一类贝塞尔函数。用 C_{eff} 替换方程中的 C 即可得到包含弯曲波导耦合系数信息的哈密顿量矩阵。

2. 量子行走模拟动态局域

我们制备了两种维度的波导阵列,如图 6.15 所示,一种是一维波导阵列,另一种是横截面呈六边形排布的二维波导阵列。每组波导阵列的中心波导为光子入射的波导,在芯片出射端,用 ICCD 采集光在波导阵列中的光强分布图。波导阵列的规模远大于实验中光子在其中的演化范围。一维直波导和弯曲波导的实验和理论光强分布图如图 6.16 所示,每张子图上面一行是实验上拍摄的光强分布图,下面

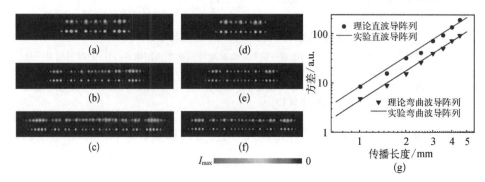

图 6.16 不同长度下一维波导阵列的光强分布图(后附彩图)[36]

(a)和(d),(b)和(e),(c)和(f)对应的传输长度分别为 1.5 cm,3 cm,4.5 cm;(g)光子在一维波导阵列中的传输特性

一行是理论仿真结果;其中,图 6.16(a)~(c)展示的是直波导阵列的光强分布图;图 6.16(d)~(f)展示的是与左列同样长度下的弯曲波导光强分布图。

一维弯曲波导阵列和直波导阵列中光子扩散的方差与传输长度的关系曲线(包括理论量子行走模型的计算结果、理论动态局域模型的计算结果以及实验测得的结果)如图 6.16 所示。方差是经典随机行走或量子行走中用来衡量粒子扩散快慢的一个指标,其表达形式如上文中的式(6.5)。

由图 6.16 可以看出,直波导中光子概率分布的方差始终大于弯曲波导,这是因为波导的弯曲导致波导间耦合系数减小,抑制了光子向两边的扩散,但弯曲波导方差-传输长度曲线斜率与直波导一致,说明弯曲波导中光的演化依然保持了量子行走的弹道传输特性。

利用动态局域模型计算一维波导阵列中光子扩散的方差可表示为[25,29,32]

$$\sigma^2(z) = \sigma_0^2(z) J_0^2 \left(\frac{2\pi\omega A}{L} \right) \tag{6.19}$$

其中,σ_0^2 指相同波导间距下直波导阵列中的方差,J_0 是贝塞尔函数,是波导弯曲情况的反映,动态局域模型利用表示波导弯曲形状的贝塞尔函数可以直接求出方差的解析解,且求解结果与量子行走模型的求解结果一致,如图 6.16 中红色直线所示。这样的结果并不让人意外,因为两种方法都是由离散薛定谔方程推导而来,区别在于,量子行走模型将因波导弯曲而改变的耦合系数反映在哈密顿量中,通过计算粒子的概率分布求得方差,而动态局域模型可以直接将方差表示为关于波导弯曲形状的解析解。

值得一提的是,对于呈六边形分布的二维波导阵列(见图 6.17),存在四种因耦合角度导致的不同有效幅度 A_m 以及三种不同长度的波导间距,导致六种有效耦合系数,并且各方向的耦合并非相互独立,因此用传统动态局域模型求解光子在这二维六边形结构上的演化方差关于外加场函数的解析解变得困难。而量子行走模型将动态局域过程看作量子行走,将研究结构的各向异性耦合系数反映到哈密顿量矩阵中,通过对量子行走指数矩阵方程的求解,可以得到粒子的概率分布,进而计算出衡量

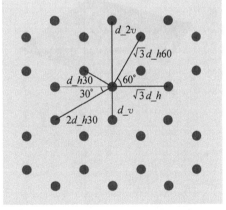

图 6.17　呈六边形分布的二维波导阵列[36]

h、$h30$、$h60$、v 分别表示水平、与水平夹角呈 $30°$、与水平夹角呈 $60°$以及竖直四种波导耦合方向,对应的有效幅度 A_m 为 $A\cos 0°$、$A\cos 30°$、$A\cos 60°$、$A\cos 90°$,即 A 在波导耦合方向的投影

粒子扩散快慢的方差,因而无论对一维结构还是二维结构都适用。因此量子行走适用于模拟分析高维度各向异性结构动态局域的传输特征。

6.4.2　量子行走模拟霍金辐射

利用光波导,我们可以模拟一些我们意想不到的事物。例如,在宇宙学中,虽然目前仍无完整的量子引力理论,但弯曲时空中的量子场论可以用来描述量子效应不能被忽略情况下的引力,如发生在具有强引力效应的黑洞视界附近的粒子加速以及霍金辐射。霍金辐射指由于真空的涨落,粒子-反粒子对在黑洞的视界附近产生。负能量粒子落入黑洞,而正能量粒子逃逸出黑洞引力。从黑洞外部观察者看来,好比黑洞刚刚释放出一个正能量粒子,并失去了质量。但由于现有技术的限制,我们仍无法近距离观测黑洞各类极端天体以及其附近的量子演化行为。

现在,多种实验室系统都能开始尝试模拟宇宙学,尤其是变换光学,它通过操纵材料的介电常数和磁导率设计多种具有新颖光学应用的人工系统,模拟广义相对论现象:黑洞、爱因斯坦环、宇宙弦、虫洞及宇宙膨胀和红移等。实现这些模拟的基本原理都是复杂非均升介质和任意时空度规背景下麦克斯韦方程的形式具有不变性。因此我们基于变换光学理论,采用飞秒激光直写技术制备波导耦合系数沿横向逐渐增强的三维波导阵列,对应复杂非均升介质下的麦克斯韦方程,从而构建人造黑洞视界附近的引力场(见图 6.18)。观察单光子波包所代表的粒子的量子演化呈指数加速形式,且其指数取决于黑洞的曲率,区别于平坦空间中的粒子的

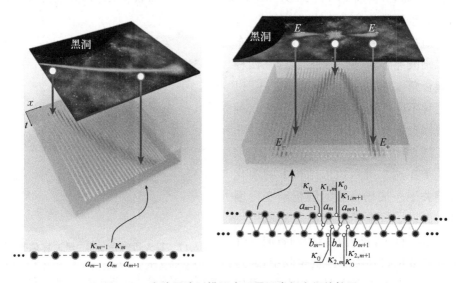

图 6.18　光波导阵列模拟人工黑洞弯折空间的粒子
加速运动以及费米子对的霍金辐射[37]

线性运动,这就模拟了粒子在黑洞视界附近的加速现象。此外,通过设计双层光子波导晶格,还可模拟黑洞视界处费米子对的产生和演化:正能量的单光子波包从黑洞引力中逃逸,而负能量的单光子波包被黑洞捕获。这种现象呈现出正能量粒子从黑洞逃逸出的效果,正是对霍金辐射的模拟[37]。

　　这两个例子体现了量子模拟的意义所在,即通过一个量子体系去模拟另一个平时难以直接去观测或分析的体系,可以更便捷地获得部分特征的信息。

　　读者可以使用 FeynmanPAQS 软件[38]进行基于光波导量子行走的量子算法或量子模拟实验辅助设计。PAQS 是 Photonics Analog Quantum Simulator 的首字母缩写。图 6.19 展示光波导量子计算模块界面,用户可在可交互界面上手动输入或导入波导阵列的位置信息,由于实验中波导的耦合系数随着波导间距有特定的数值关系,因此根据波导阵列布局生成哈密顿量矩阵。同时输入传输距离及入射波导等信息,进而光子将服从式(6.4)进行量子行走,得到光子演化分布结果等数据可以从软件中导出。通过灵活地构造哈密顿量,可将量子行走映射到更多领域的不同问题并开展量子模拟,如各种波动方程、拓扑光子学或凝聚态物理模型甚至弯曲宇宙空间等,为更复杂问题的便捷模拟和分析提供了可能。

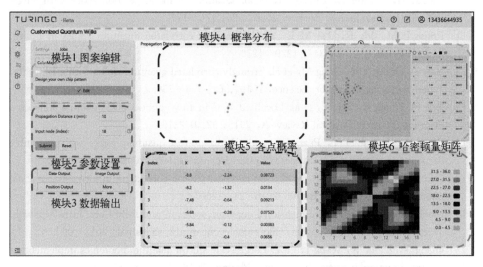

图 6.19　使用 FeynmanPAQS 软件辅助设计光波导阵列中的量子行走
　　　　实验。图为软件的量子行走功能界面[38]

参考文献

[1] Einsteina. On the movement of small particles suspended in a stationary liquid demanded

by the molecular kinetic theory of heart. Physics, 1905, 17: 549 - 560.

[2] Aharonov Y, Davidovich L, Zagury N. Quantum random walks. Physical Review A, 1993, 48: 1687 - 1690.

[3] Farhi E, Gutmann S. Quantum computation and decision trees. Physical Review A, 1997, 58: 915 - 928.

[4] Watrous J. Quantum simulations of classical random walks and undirected graph connectivity. Journal of Computer & System Sciences, 2001, 62: 376 - 391.

[5] Tang H, Lin X F, Feng Z, et al. Experimental two-dimensional quantum walk on a photonic chip. Science Advances, 2018, 4: eaat3174.

[6] Tang H, Di Franco C, Shi Z Y, et al. Experimental quantum fast hitting on hexagonal graphs. Nature Photonics, 2018, 12: 754 - 758.

[7] Du J F, Li H, Xu X D, et al. Experimental implementation of quantum random walk algorithm. Physical Review A, 2003, 67: 042316.

[8] Schmitz H, Matjeschk R, Schneider C, et al. Quantum walk of a trapped ion in phase space. Physical Review Letters, 2009, 103: 090504.

[9] Alderete C H, Singh S, Nguyen N H, et al. Quantum walks and Dirac cellular automata on a programmable trapped-ion quantum computer. Nature Communications, 2020, 11: 1 - 7.

[10] Karski M, Forster L, Choi J M, et al. Quantum walk in position space with single optically trapped atoms. Science, 2009, 325: 174 - 177.

[11] Preiss P M, Ma R, Tai M E, et al. Strongly correlated quantum walks in optical lattices. Science, 2015, 347: 1229 - 1233.

[12] Yan Z, Zhang Y R, Gong M, et al. Strongly correlated quantum walks with a 12 - qubit superconducting processor. Science, 2019, 364: 753 - 756.

[13] Xue P, Zhang R, Bian Z, et al. Localized state in a two-dimensional quantum walk on a disordered lattice. Physical Review A, 2015, 92: 042316.

[14] Perets H B, Lahini Y, Pozzi F, et al. Realization of quantum walks with negligible decoherence in waveguide lattices. Physical Review Letters, 2008, 100: 170506.

[15] Gao J, Qiao L F, Lin X F, et al. Non-classical photon correlation in a two-dimensional photonic lattice. Optics Express, 2016, 24: 12607.

[16] Mosley P J. Towards two-dimensional quantum walks in multicore fiber. http://pyweb. swan.ac.uk/quamp/quampweb/talks/mosley_quamp13_slides.pdf [2013 - 09].

[17] Qiang X, Zhou, X, Wang J, et al. Large-scale silicon quantum photonics implementing arbitrary two-qubit processing. Nature Photon, 2018, 12: 534 - 539.

[18] Childs A M, Cleve R, Deotto E, et al. Exponential algorithmic speedup by a quantum walk. Proceedings of the 35th STOC ACM, 2003: 59 - 68.

[19] Childs, A. M., E. Farhi, and S. Gutmann, An example of the difference between quantum and classical random walks. Quantum Information Processing, 2002, 1: 35 - 43.

[20] Shi Z Y, Tang H, Feng Z, et al. Quantum fast hitting on glued trees mapped on a photonic chip. Optica, 2020, 7: 613 - 618.

[21] Whitfield J D, Rodríguez-Rosario C A, Aspuru-Guzik A. Quantum stochastic walks: A generalization of classical random walks and quantum walks. Physical Review A, 2009, 81: 425 - 429.

[22] Biggerstaff D N, Heilmann, René, Zecevik A A, et al. Enhancing coherent transport in a photonic network using controllable decoherence. Nature Communications, 2016, 7: 11282.

[23] Eichelkraut T, Heilmann R, Weimann S, et al. Mobility transition from ballistic to diffusive transport in non-Hermitian lattices. Nature Communications, 2013, 4: 2533.

[24] Kitagawa T, Broome M A, Fedrizzi A, et al. Observation of topologically protected bound states in photonic quantum walks. Nature Communications, 2012, 3: 882.

[25] Longhi S, Marangoni M, Lobino M, et al. Observation of dynamic localization in periodically-curved waveguide arrays. Physical Review Letters, 2006, 96: 243901.

[26] Eckardt A, Holthaus M, Lignier H, et al. Exploring dynamic localization with a Bose-Einstein condensate. Physical Review A, 2009, 79: 013611.

[27] Madison K W, Fischer M C, Diener R B, et al. Dynamical Bloch band suppression in an optical lattice. Physical Review Letters, 1998, 81: 5093 - 5096.

[28] Szameit A, Garanovich I L, Heinrich M, et al. Polychromatic dynamic localization in curved photonic lattices. Nature Physics, 2009, 5: 271 - 275.

[29] Kenkre V M, Raghavan S. Dynamic localization and related resonance phenomena. Journal of Optics B Quantum & Semiclassical Optics, 2000, 2: 686.

[30] Raghavan S, Kenkre V M, Bishop A R. Dynamic localization in spin systems. Physical Review B, 2000, 61: 5864.

[31] Agarwal G S, Harshawardhan W. Realization of trapping in a two-level system with frequency-modulated fields. Physical Review A, 1994, 50: R4465 - R4467.

[32] Dunlap D H, Kenkre V M. Dynamic localization of a charged particle moving under the influence of an electric field. Physical Review B, 1986, 34: 3625.

[33] Garanovich I L, Longhi S, Sukhorukov A A, et al. Light propagation and localization in modulated photonic lattices and waveguides. Physics Reports, 2012, 518: 1 - 79.

[34] Longhi S. Self-imaging and modulational instability in an array of periodically curved waveguides. Optics Letters, 2005, 30: 2137 - 2139.

[35] Sukhorukov A A, Kivshar Y S. Generation and stability of discrete gap solitons. Optics Letters, 2003, 28: 2345 - 2347.

[36] Tang H, Wang T Y, Shi Z Y, et al. Experimental quantum simulation of dynamic localization on curved photonic lattices. Photonics Research, 2022, 10: 1430 -1439.

[37] Wang Y, Sheng C, Lu Y H, et al. Quantum simulation of particle pair creation near the event horizon. National Science Review, 2020, 7: 1476 - 1484.

[38] Tang H, Xu X J, Zhu Y Y, et al. FeynmanPAQS: A graphical interface program for photonic analog quantum computing. Optical Engineering, 2022, 61: 081804.

第7章
玻色采样的原理及实现

2011 年,麻省理工学院(MIT)的物理学家、计算机科学家 Aaronson 和 Arkhipov 提出了玻色采样问题[1],问题的核心为对一个 M 个模式输入与输出的线性光学网络(对应一个特定的幺正变换矩阵),注入 N 个全同的光子(一般 $N \ll M$),计算出射光子的分布概率。从数学和计算科学意义上讲,计算出射光子的概率分布需要计算幺正矩阵子矩阵的积和式——在计算复杂性理论中,这个问题是属于 $\sharp$P 困难($\sharp$P-hard)类,对于经典电子计算机,无法在多项式时间内有效解决,因此对于经典计算机而言,大规模玻色采样问题就成了一个不可解问题,在更深层意义上,玻色采样问题的实验会是对广义丘奇-图灵命题 (extended Church-Turing thesis, ECT)的一个检验,关系到是否存在只是尚未被发现的经典算法可以解决我们目前认为只有量子计算机能有效处理的问题;从实验物理学的角度来说,玻色采样问题在技术上实现已经相对成熟:实验需要制备福克态作为输入态,可以用线性光学网络和光子符合测量实现(见图 7.1)。

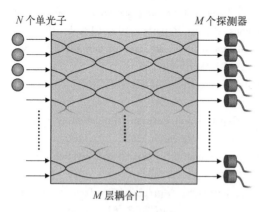

图 7.1 玻色采样示意图[8]

在 M 个模式输入与输出的线性光学网络(对应一个特定的幺正变换矩阵),注入 N 个全同的光子

因此,该问题一经提出,便受到了世界范围内计算科学家和物理学家的高度关注,2013 年,数个世界知名量子信息研究小组相继实现玻色采样实验演示[2-5],并进一步推动了玻色采样的相关理论与实验研究[6-7]。2017 年以来,玻色采样的变体——高斯玻色采样被提出,输入态以高斯态代替原福克态,与玻色采样具有相似的复杂度,并且具有一定的应用场景,因此近年来得到广泛的研究。

本章首先对玻色采样的原理进行阐述,然后对高斯态及连续变量的知识做一些基本介绍,从而进一步介绍高斯玻色采样的原理及应用,体现出玻色采样及高斯玻色采样作为重要的专用量子计算算法的意义。

7.1　玻色采样

7.1.1　玻色采样的基本原理

在介绍玻色采样之前先介绍一下积和式(permanent)与求解积和式对应的复杂度,以及这些和玻色采样(Boson sampling)之间的联系。

玻色子和费米子最大的不同之处在于,玻色子会"扎堆"即具有聚束(bunching)效应,例如两个光子可以从同一根波导中输出,而费米子会遵从泡利不相容原理,如两个自旋相同的电子不会在同一个轨道。回到量子力学中的全同粒子(identical particle)公设,用于交换序号的算符 $\hat{P}$ 的本征态对于对称态和非对称态来说是不一样的。具体来说,非对称态加了个因子来表示置换的奇偶性。这里的对称态对应的玻色子,非对称态对应的是费米子,两者的统计性质不同:不难发现玻色子情形对应积和式,而费米子情形对应行列式称为斯莱特行列式(slater determinant)。

我们可以从单粒子波函数来构造全同粒子波函数,遍历所有 P 意味着遍历所有排列。

对于费米子,我们有

$$\tilde{\psi}_A = \sum_p (-1)^{\mathrm{sgn}(P)} \hat{P} \psi_{k1}(g_1) \psi_{k2}(g_2) \cdots \psi_{kN}(g_N) \tag{7.1}$$

对于玻色子,则是

$$\tilde{\psi}_S = \sum_p \hat{P} \psi_{k1}(g_1) \psi_{k2}(g_2) \cdots \psi_{kN}(g_N) \tag{7.2}$$

回顾基本的矩阵计算知识,给定一个 $n \times n$ 矩阵 $A \in \mathbb{R}^{n \times n}$,那么行列式为

$$\det(A) = \sum_{\sigma \in S_n} (-1)^{\mathrm{sgn}(\sigma)} \prod_{i=1}^{n} a_{i,\,\sigma(i)} \tag{7.3}$$

这里的 S_n 是置换群,里面的每个置换(permutation)都是其中的元素。长的置换可以由短的置换合成,显然最短的置换长度为 2,那么 $\mathrm{sgn}(\sigma)$ 表示的是置换 σ 需要奇数(或偶数)个 2-置换合成。行列式有个性质,如果两行(或列)一样的话,那么行列式值为零,这正好体现了费米子的泡利(Pauli)不相容原理。

类似地,矩阵计算中关于积和式的定义为

$$\mathrm{per}(\boldsymbol{A}) = \sum_{\sigma \in S_n} \prod_{i=1}^{n} a_{i,\sigma(i)} \tag{7.4}$$

尽管行列式和积和式都是对置换群中的所有置换求和,但是使用了置换奇偶性的行列式的性质要好得多:行列式有同态(homomorphism)性质 $\det(\boldsymbol{AB}) = \det(\boldsymbol{A})\det(\boldsymbol{B})$,那么一次 $\boldsymbol{LU}$ 分解(即将矩阵分解为上下三角矩阵)足以完成行列式求值。这意味着:尽管看起来我们需要对指数多项求值,但是行列式求值有多项式时间算法。而积和式则没有这样的捷径,对玻色子的计算因此变得复杂得多。

n 个玻色子经过一个 m 端口(模式)的随机光学干涉仪 U,输出态是 n 个光子在 m 个模式位置上的各种可能配置 $(s_1, s_2, \cdots, s_m)$,s_i 表示第 i 个端口有 s_i 个光子,总光子数满足 $\sum_{i=1}^{m} s_i = n$。即首先准备一个在 m 个模式下包含 n 个单光子的输入状态:

$$|\psi_{\mathrm{in}}\rangle = |1_1, \cdots, 1_n, 0_{n+1}, \cdots, 0_m\rangle = a_1^{\dagger} \cdots a_n^{\dagger} |0_1, \cdots, 0_m\rangle \tag{7.5}$$

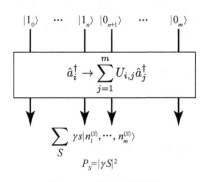

图 7.2　玻色采样模型

将 n 个全同玻色子注入到 m 模的线性光学网络中进行演化,该网络对应幺正矩阵 $\boldsymbol{U}$,演化出射后,通过符合光电检测技术对输出统计数据进行采样,重复实验多次,以重建输出分布 P_S

其中,$a_i^{\dagger}$ 是第 i 个模式下的光子产生算符。假设模式数与光子数平方同一数量级,$m = O(n^2)$。输入状态通过无源线性光学网络演化,该网络在产生算符上实现单一映射。m 个端口的干涉仪对应于一个 $m \times m$ 大小的幺正变换矩阵 $\boldsymbol{U} = (u_{ij})$ 实现对输入模式进行线性组合产生新的输出模式 $\hat{u}_i^{(\mathrm{out})} = \sum_{j=1}^{m} u_{ij} \hat{a}_j^{(\mathrm{in})}$,如图7.2所示。

因此在输出位置进行光子数分布测量,测量到 $(s_1, s_2, \cdots, s_m)$ 配置的概率幅 γ_S,配置的概率 $P_S = |\gamma_S|^2$,即

$$P(S) = \frac{|\mathrm{per}(\boldsymbol{U}_{S,T})|^2}{s_1! \cdots s_m! \, t_1! \cdots t_m!} \tag{7.6}$$

$\boldsymbol{U}_{S,T}$ 是 u 的 $n \times n$ 大小的子矩阵,挑选 u 的第 i 行重复 s_i 次第 j 列重复 t_j 次组成,而 $\mathrm{per}(\boldsymbol{U}_{S,T})$ 是 $\boldsymbol{U}_{S,T}$ 的积和式。对矩阵积和式 $\mathrm{per}(\boldsymbol{U}_{S,T})$ 进行经典计算,目前最快 Ryser 算法需要 $O(n^2 2^n)$ 指数量级的运行时间[9]。

下面通过举例来进一步解释玻色采样与积和式的这种关系。如图 7.3(a)所示,这里的前两个模式具有单个光子,其余的模式处于真空状态。让我们考虑在

输出模式 2 下测量一个光子和在输出模式 3 下测量另一个光子的概率幅。然后,有两种发生这种情况的方式。第一光子到达模式 2 和第二模式 3,或者反之亦然,即光子直接通过或交换。因此有 2! ＝2 种光子到达输出的方式。因此,该概率幅可以写为

$$\gamma_{\{2,3\}} = \underbrace{U_{1,2}U_{2,3}}_{\text{光子不交换}} + \underbrace{U_{1,3}U_{2,2}}_{\text{光子交换}} \tag{7.7}$$

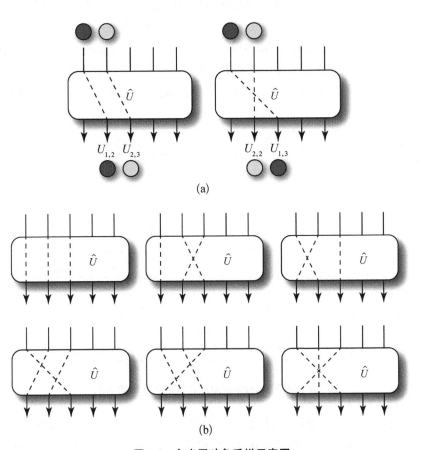

图 7.3   多光子玻色采样示意图

(a) 两光子玻色采样,分别在每种输出模式 2 和 3 下计算测量光子的概率幅,有两种可能的发生方式:光子直通或交换,产生两个路径的总和;(b) 三光子玻色采样,我们希望在其中计算每个输出模式 1、2 和 3 上测量光子的概率幅,现在有可能发生的 6 条(3! ＝6)路径

再看一个稍微更复杂一点的三个光子情况。如图 7.3(b)所示,三个光子可以到达输出的 6 种方式,并且相关的概率幅由 3×3 矩阵积和式给出:

$$\boldsymbol{\gamma}_{\{1,2,3\}} = U_{1,1}U_{2,2}U_{3,3} + U_{1,1}U_{3,2}U_{2,3} + U_{2,1}U_{1,2}U_{3,3} + U_{2,1}U_{3,2}U_{1,3} +$$
$$U_{3,1}U_{1,2}U_{2,3} + U_{3,1}U_{2,2}U_{1,3}$$
$$= \mathrm{Per} \begin{bmatrix} U_{1,1} & U_{2,1} & U_{3,1} \\ U_{1,2} & U_{2,2} & U_{3,2} \\ U_{1,3} & U_{2,3} & U_{3,3} \end{bmatrix} \tag{7.8}$$

读者可以使用 FeynmanPAQS 光量子模拟软件[9]进行玻色采样的演示。如图 7.4 所示,用户可以在模块 1 中选择一种分解幺正矩阵的光学网络结构,三角形和方形分别为 Reck 和 Clements 构型,是两种最常见的分解结构。图上每一个交叉点代表一个分束器(beam splitter)和一个移相器(phase shifter)的组合。在模块 2 中,可以设置模式数,即波导的数目 N,这样对应的幺正矩阵 U 是一个 $N \times N$ 的矩阵,同时模块 2 中也可输入在哪些波导中注入光子,即形成初态。

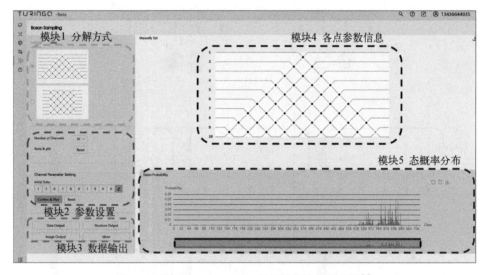

图 7.4   使用 FeynmanPAQS 进行玻色采样的演示[9]

在模块 1 和 2 中进行完设置之后,在模块 4 中可以更清晰地看出特定模式数的特定光学网络构型,图 7.4 中为 10 模式的 Reck 构型示例。并且在模块 4 中可以点击进行分束器参数 θ 和移相器参数 φ 的设置。这样每一个交叉点实现对应相关的两个模式如下矩阵操作 $\boldsymbol{T} = \begin{bmatrix} \mathrm{e}^{\mathrm{i}\varphi}\cos\theta & -\sin\theta \\ \mathrm{e}^{\mathrm{i}\varphi}\sin\theta & \cos\theta \end{bmatrix}$。整个幺正矩阵 U 就由许多矩阵 $\boldsymbol{T}$ 组合而成,具体方法详见参考文献[9]。读者可以将以往玻色采样实验采用的参数输入 FeynmanPAQS 玻色采样模拟器中,得到玻色采样的态概率分布理论值,并与以往的实验结果进行相互验证。

　　如图 7.5 所示为一个代表性玻色采样实验[2]的采样结果呈现。图 7.5(a)列出三光子在不同输出模式的概率分布的部分列表。其中 $|100110\rangle$ 这一项的理论概率就如图 7.5(a)中的插图所示,通过挑选出对应行和列得到的子矩阵并计算子矩阵积和式所得,与实验中通过单光子探测器所得结果一致。

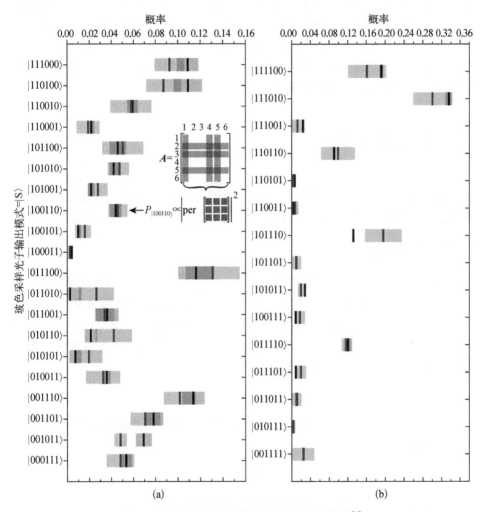

图 7.5　六模式玻色采样实验结果(后附彩图)[2]

(a)和(b)分别为注入三个光子和四个光子的采样概率分布,蓝色色柱代表理论值及误差范围,红色色柱代表实验值及误差范围

　　回到前面图 7.3 和图 7.4 的讨论,我们可以看出,有 n 个光子,就会有 $n!$ 种光子到达输出的方式(假设它们都到达不同的输出),并且相关的概率幅将与 $n \times n$ 矩阵积和式相关。前文提到计算矩阵积和式著名的算法是 Ryser 算法,需

要 $O(n^2 2^n)$ 运行时间。国防科技大学与上海交通大学合作运用当时蝉联超级计算机排行榜第一位的天河二号超级计算机的全部算力,就是采用 Ryser 算法,测试 48 个光子的玻色采样,并推断出天河二号完成 50 个光子玻色采样的最高生成率约为每组样本 100 分钟[10],为玻色采样的量子硬件给出一个标准界定,即如果造出每组样本 100 分钟以内的 50 个光子玻色采样的量子硬件,就在求解玻色采样问题上超过了经典计算机,实现了量子霸权。不过经典计算机的求解方法和算力也在不断提升,2017 年,英国 Bristol 大学 Neville 等就提出了一种全新的马尔可夫链蒙特卡罗算法[11],能进一步提高经典计算机的计算效率。关于经典算法和量子计算机的较量会持续下去。

7.2 高斯玻色采样

高斯玻色采样是玻色采样的一种变体[12-15],其主要是将注入的福克态改为了高斯态。因此想要了解高斯玻色采样,我们要从连续变量和高斯态开始讲起[16]。

7.2.1 连续变量

2.2 节中我们定义了产生和湮灭算符,并进一步定义了光子数算符 $\hat{N}$。注意到光子数算符是厄米的,其本征值是我们实验中可观测的具体物理量光子数。$\hat{N}$ 的本征矢构成无限维希尔伯特空间的一组基,任何量子态都可以在这组基下展开。$\hat{N}$ 的本征值的取值是离散的,因此以光子数为观测量的变量被称为离散变量。事实上除了光子数算符外,还存在一对厄米算符:

$$\hat{x} = \hat{a}^\dagger + \hat{a}, \quad \hat{p} = \mathrm{i}(\hat{a}^\dagger - \hat{a}) \tag{7.9}$$

$\hat{x}$ 和 $\hat{p}$ 是正交的,为方便计算,相比式(2.13)省略了无量纲系数项。$\hat{x}$ 和 $\hat{p}$ 具有如下对易关系:

$$[\hat{x}_i, \hat{x}_j] = 0, \quad [\hat{x}_i, \hat{p}_j] = 2\mathrm{i}\,\delta_{i,j}, \quad [\hat{p}_i, \hat{p}_j] = 0 \tag{7.10}$$

利用这一关系我们可以推导出著名的不确定关系:

$$\Delta\hat{x}\Delta\hat{p} \geqslant |\langle[\hat{x}, \hat{p}]\rangle| = 2, \quad \Delta\hat{A} = \sqrt{\langle\hat{A}^2\rangle - \langle\hat{A}\rangle^2} \tag{7.11}$$

与光子数不同,$\hat{x}$ 和 $\hat{p}$ 的本征值 x 和 p 是连续的,

$$\hat{x}\,|\,x\rangle = x\,|x\rangle, \quad \hat{p}\,|p\rangle = p\,|p\rangle \tag{7.12}$$

且可以通过傅里叶变换相互转换:

$$|p\rangle = \frac{1}{2\sqrt{\pi}} \int_{-\infty}^{+\infty} \mathrm{d}x\, \mathrm{e}^{\mathrm{i}xp/2} |x\rangle$$
$$|x\rangle = \frac{1}{2\sqrt{\pi}} \int_{-\infty}^{+\infty} \mathrm{d}p\, \mathrm{e}^{-\mathrm{i}xp/2} |p\rangle \tag{7.13}$$

以 $\hat{x}$ 和 $\hat{p}$ 的本征值 x 和 p 作为观测量的变量被称为连续变量。一个 N 模量子态可以在由 $\hat{x}$ 和 $\hat{p}$ 的本征矢构成的希尔伯特空间下展开为

$$\hat{r} = (\hat{r}_1, \hat{r}_2, \cdots, \hat{r}_{2N})^{\mathrm{T}} = (\hat{x}_1, \hat{p}_1, \hat{x}_2, \hat{p}_2, \cdots, \hat{x}_N, \hat{p}_N)^{\mathrm{T}} \tag{7.14}$$

对易关系满足 $[\hat{r}_k, \hat{r}_l] = i\Omega_{kl}$，其中 Ω 满足辛形式：

$$\boldsymbol{\gamma}_{\{2,3\}} = \underbrace{U_{1,2}U_{2,3}}_{\text{光子不交换}} + \underbrace{U_{1,3}U_{2,2}}_{\text{光子交换}} \tag{7.15}$$

通过引入相空间表象，我们可以利用 x 和 p 这样一对正交的本征值来连续的描述任意的量子系统。首先引入 Weyl 算符：

$$D(\boldsymbol{\xi}) := \exp(\mathrm{i}\,\hat{x}^{\mathrm{T}}\Omega\boldsymbol{\xi}) \tag{7.16}$$

其中，$\boldsymbol{\xi} \in \mathbb{R}^{2N}$。在希尔伯特空间下，任意量子态可以由密度算符 $\hat{\rho} = |\varphi\rangle\langle\varphi|$ 表示，对应 Weyl 算符的特征函数为

$$\chi(\boldsymbol{\xi}) = \mathrm{tr}\,[\hat{\rho}D(\boldsymbol{\xi})] \tag{7.17}$$

对上式进行傅里叶变换可以得到魏格纳（Wigner）函数：

$$W(\boldsymbol{r}) = \frac{1}{(2\pi)^{2N}} \int_{\mathbb{R}^{2N}} \mathrm{d}^{2N}\boldsymbol{\xi}\, \mathrm{e}^{\mathrm{i}\pi\Omega\boldsymbol{\xi}}\chi(\boldsymbol{\xi}) \tag{7.18}$$

魏格纳函数是归一的非正定函数，对应于量子态在相空间下的准概率分布。

注意到式中 $\boldsymbol{r}$ 是由 x 和 p 构成的一对正交分量，因此以所有的正交分量为基矢可以构造出一个实的连续空间，即相空间。任意量子态 $\hat{\rho}$ 都对应于一个魏格纳函数，因此在相空间上魏格纳函数就包含了量子态的所有信息。

对于福克态，如图 7.6 所示，随着光子数的增加，魏格纳函数的直径逐渐增大，对应于动量和坐标不断增加的涨落，与附录 A 中的推导一致。并且，魏格纳函数值会出现负值。经典的概率分布是正值，不可能出现负值。这体现出魏格纳函数是一种非经典的准概率分布。

高斯态是魏格纳函数在相空间呈现高斯分布的态。高斯态的特征函数以及相应的魏格纳函数表示如下：

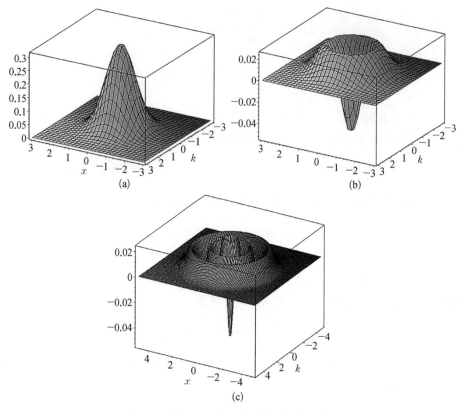

图 7.6 福克态的魏格纳函数相空间图[17]

(a) $n=0$；(b) $n=1$；(c) $n=5$

$$\chi(\xi) = \exp\left[-\frac{1}{2}\xi^{\mathrm{T}}(\Omega\gamma\Omega^{\mathrm{T}})\xi - \mathrm{i}(\Omega d)^{\mathrm{T}}\xi\right],$$

$$W(r) = \frac{\exp\left[-(r-d)^{\mathrm{T}}\gamma^{-1}(r-d)/2\right]}{(2\pi)^{N}\sqrt{\det\gamma}} \tag{7.19}$$

在统计学中，一个高斯分布可以由其均值和标准差来完全的描述，高斯态也是如此。有了高斯态我们可以定义高斯操作：如果一个幺正操作输入为高斯态，输出也是高斯态，这个操作就被称为高斯幺正操作。根据 Stone-von Neumann 定理，高斯幺正操作在相空间上表现为一个辛变换，这个辛变换可以由一个 $2N \times 2N$ 维的辛矩阵 S 表示，为不破坏测不准关系，S 满足

$$S\Omega S^{\mathrm{T}} = \Omega \tag{7.20}$$

高斯态经过辛变换后满足

$$\boldsymbol{r}_{\text{out}} = \boldsymbol{S}\boldsymbol{r}_{\text{in}}, \ \boldsymbol{\gamma}_{\text{out}} = \boldsymbol{S}\boldsymbol{\gamma}_{\text{in}}\boldsymbol{S}^{\text{T}} \tag{7.21}$$

一种比较重要的高斯操作是位移操作。位移算符可以视为 Weyl 算符的复数形式：

$$D(\alpha) = \exp(\alpha\,\hat{a}^{\dagger} - \alpha^{*}\,\hat{a}) \tag{7.22}$$

式中，$\alpha = (q + \mathrm{i}p)/2$。不包含任何光子的高斯态称为真空态，在相空间中真空态位于原点，位移矢量为零，协方差矩阵为单位矩阵。对真空态进行位移操作即可得到相干态，即 $|\alpha\rangle = D(\alpha)|0\rangle$。

另一种重要的操作是压缩操作，单模压缩算符定义为

$$S(r) = \exp\left[r(\hat{a}^{2} - \hat{a}^{\dagger 2})/2\right] \tag{7.23}$$

对应辛矩阵为

$$\boldsymbol{S}(r) = \begin{bmatrix} \mathrm{e}^{-r} & 0 \\ 0 & \mathrm{e}^{r} \end{bmatrix} \tag{7.24}$$

式中，r 为压缩系数。压缩算符作用于真空态或相干态后可以得到压缩态。对真空态进行压缩后，其协方差矩阵从单位矩阵变为 $\boldsymbol{S}(2r)$，此时其正交分量的方差不再相等，其中一个分量的方差被压缩，另一个被放大，但仍具有测不准关系，压缩真空态的平均光子数为 $\sinh^{2}r$ 而不是 0。类似的我们还可以定义双模甚至多模压缩算符。

借助相图我们可以更好地理解高斯态。高斯态是一个统称，真空态、相干态、压缩态、位移压缩态等都属于高斯态。如图 7.7 所示，直角坐标系下 X_1, X_2 代表一对正交分量，而在极坐标系下极径和极角分别代表平均光子数和相位。

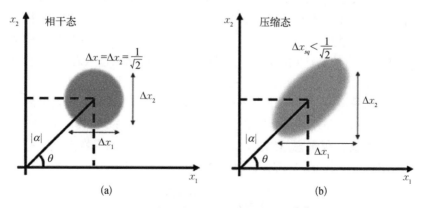

图 7.7　相干态(a)及压缩态(b)相图[18]

图中阴影代表不确定度。图 7.7(a)为相干态,相干态是由真空态经过位移得到的,其不确定与真空态类似,在各个方向都是一样的。图 7.7(b)所示为压缩态,当某个方向的不确定度被压缩后,其正交方向的不确定度将会被放大。不管是相干态还是压缩态,它们在正交分量上的投影都呈现高斯分布,这体现了它们作为高斯态的特征。

7.2.2　高斯玻色采样的基本原理

玻色采样问题旨在实现一种非通用的量子计算超越经典计算的演示。最初的玻色采样算法是由 Aaronson 和 Arkhipov 提出的,称为 AABS。AABS 的基本原理是将 N 个单光子福克态输入到 N^2 维度的线性干涉仪中并测量其输出的光子分布。由于现阶段缺少确定的单光子源,因此人们在原始的 AABS 的基础上提出了基于后选择的单光子福克态玻色采样(post-selected Fock Boson sampling, PFBS),并进一步提出了实验上更加可行的散射玻色采样(scattershot Boson sampling, SBS)。散射玻色采样使用的是弱双模压缩高斯光,即平均光子数远小于 1 的压缩光,作为光源,并将每对光子中的一个作为预报光子(heralded photon),另一个输入到线性干涉仪中进行采样。结合数据的后选择,避开了光源本身的不确定性,或者说忽略了光源自身的高斯性质,将采样过程简化为实验上可实现的单光子福克态玻色采样。而在高斯玻色采样(Gaussion Boson sampling, GBS)中,采用压缩光作为光源,在不需要预报光子的情况下将高斯态作为输入态。高斯玻色采样不再要求对输入态的单光子特性进行限制,允许我们使用更高压缩系数的光源,从而增大光子数,因此极大地提高了采样规模。此外,以高斯态作为输入态在模拟分子振动等问题中也有着独特的应用。

任意光子玻色采样都可以被描述为 M 个输入模式经过一个由幺正矩阵描述的线性干涉器转化到 M 个输出模式中。从 M 个输出模式测量得到特定光子分布的概率为测量算符 $\hat{n}=\otimes_j^m n_j |n_j\rangle\langle n_j|$(其中 n_j 为第 j 个输出模式中的光子数)在量子态 ρ 下的迹,即 $\mathrm{pr}(\bar{n})=\mathrm{tr}[\hat{\rho}\,\hat{n}]$。可以证明当输入态为福克态时,求解概率分布等价于求解变换矩阵 U 的 $n\times n$ 大小的子矩阵的积和式,如式(7.6)。对于高斯玻色采样,其所有输出态构成的态矩阵 A 为 $2M\times 2M$ 大小的对称矩阵,其结构如图 7.8(a)所示,他被分为四个 $M\times M$ 大小的块,其中 C 代表热态,而 B 代表压缩态。仅考虑压缩态时,$C=0$ 且 $B\neq 0$。测得特定光子分布的概率等价于求解矩阵 A 的子矩阵 A_s 的哥本哈根式(Halfinian)

$$\mathrm{pr}(\bar{n})=\frac{\mathrm{Haf}(A_s)}{n!\,\sqrt{|\sigma_Q|}} \tag{7.25}$$

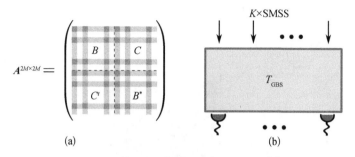

图 7.8　高斯波色采样矩阵应用示意图[14]

(a) 输出态矩阵 A,高亮的行与列对应测量的模式,态矩阵可以被分成四个块矩阵;(b) K 个单模压缩态输入到线性干涉仪 T 中,在输出端我们在福克态基矢下测量输出的高斯态

式中, A_s 可以由 A 得到,具体描述为如果 $n_j=0$ 则删去 A 中的第 j 和 $j+m$ 行和列,如果 $n_j \neq 0$ 则将 A 中的第 j 和 $j+m$ 行和列重复 n_j 次。$\sigma_Q = \sigma + II_{2M}/2$, II_{2M} 是 $2M \times 2M$ 大小的单位矩阵,σ 是同样 $2M \times 2M$ 大小的协方差矩阵,满足

$$\sigma_{ij} = \frac{1}{2}\langle\{\hat{\xi}_i,\ \hat{\xi}_j^\dagger\}\rangle - d_i d_j^*$$
$$d_j = \langle\hat{\xi}_i\rangle \tag{7.26}$$

式中, $\hat{\xi}$ 遍历所有产生湮灭算符 $\hat{a}_i$ 和 $\hat{a}_i^\dagger$。d 代表位移矢量。注意,这里的 σ 对应于系统的测量模式(即干涉仪的输出)。如果我们不测量某个模式,那么该模式的相应行和列将从协方差矩阵中移除。而 A_s 则对应于矩阵 A 中与测得的输出模式相对应的行和列组成的子矩阵。

实验中,我们往往如图 7.8(b)所示,将 K 个单模压缩态($K \approx N \ll N^2 = M$)注入线性干涉仪 T 中,并在输出端以福克态为基矢,即以统计每个模式输出光子数的方式测量输出的光子分布。测得的概率分布与式(7.8)对应,以此完成经典计算机难以计算的任务。具体推导包括高斯玻色采样仍具有 P-hard 任务复杂度的证明见参考文献[1]。此外,我们的讨论忽略了压缩态的位移,更进一步的讨论见参考文献[2]。

中国科学技术大学潘建伟团队于 2019 年完成了高斯玻色采样的首次实验演示[19]。实验装置如图 7.9(a)所示。实验中利用脉宽 160 fs 的钛宝石激光器同时泵浦三个 BBO 晶体,得到了三组没有频率关联的双模压缩真空态源,同源光子的 HOM 干涉衬比度为 0.99,不同源光子 HOM 干涉衬比度为 0.96。具有不同偏振的压缩态的两个空间模式被耦合到单模光纤中,并输入到线性干涉仪中。在干涉仪前后,以随机取向插入半波片和四分之一波片,以获得不同偏振模

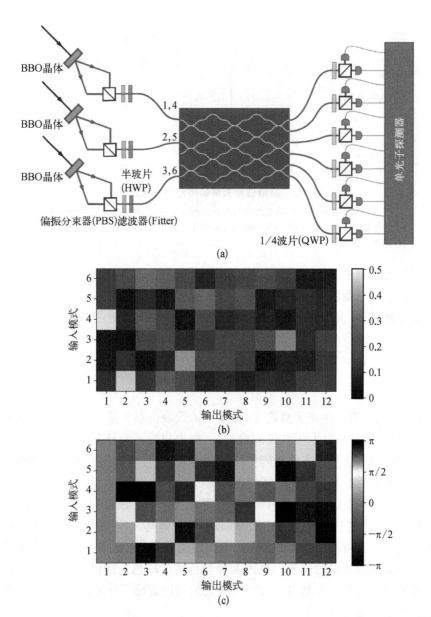

图 7.9 高斯玻色采样的实验装置[19]

(a) 由三个激光泵浦的 BBO 晶体产生三对简并频率不相关的双模压缩真空态,并耦合到包括六个空间模和两个偏振模的 12 模光学干涉仪中,从上到下,输入模式标记为 1,4,2,5,3,6,输出模式标记为 1 至 12;超导纳米线单光子探测器用于在每个输出模式中执行阈值检测;(b)和(c)中展示了测量振幅和相位的变换矩阵

式之间的随机变换。加上六个空间模式和两个偏振模式,这种排列有效地产生了随机的幺正转换。测量出的随机幺正转换矩阵的幅度和相位绘制在图 7.9(b)

和(c)中。最后采用 12 个超导纳米线单光子探测器对高斯态进行采样,其平均探测效率为 75%。实验结果测得了在 3、4、5 光子事件下与理论预测高达 0.990、0.982、0.978 的相似度以及相较于经典玻色采样 4.4、12.0、29.5 倍快的采样速度,并利用高斯玻色采样优化了 max-Haf 问题的算法。

2020 年,还进一步实现了"九章"高斯玻色采样器[20],运用 25 个双模压缩光源,变成 50 个单模光源,再分别通过垂直和水平偏振,变成 100 路同步相干光源。通过一个复杂的全连接干涉网络,最后输出到 100 个出口。这个 100×100 的全连接干涉网络,实际上就是一个 100×100 的随机概率矩阵。然后在每个出口用单光子检测器,检测是否有光子输出。最终检测出一个批次的 76 个光子,等效为经典计算领域 10^{30} 的样本空间。九章的计算速度相对于目前最高效的经典超级计算机,具有十几个数量级的提升,展示了充分的量子优越性。

值得一提的是,同玻色采样类似,高斯玻色采样的经典求解方法也在不断的提升。2021 年的一项高斯玻色采样的经典改进算法,使得经典求解用时相比"九章"发表时期的最优经典算法下降了 9 个数量级[21]。虽然用时仍远高于量子计算机,但可以预见,经典算法将不断提升,与量子计算的角逐将不断持续下去。

7.2.3 高斯玻色采样与经典玻色采样的联系与区别

经典玻色采样等价于求解对应子矩阵的积和式,以三光子为例,如图 7.10(a)所示,三光子从模式 1、2、3 输入,从模式 2、5、7 输出,则对应的子矩阵由幺正矩阵 U 的第 1、2、3 列与 2、5、7 行的交点组成,如图 7.10(b)所示。

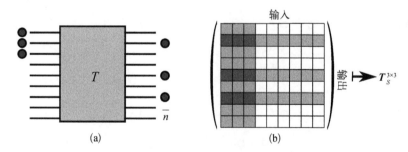

7.10　经典玻色采样的过程示意图[15]

(a) 经典玻色采样方案中在,三光子从干涉仪的前三个模式注入,并对输出模式进行采样,特定光子分布对应概率取决于采样子矩阵 T_s 的积和式;(b) 对于三个光子,采样子矩阵 T_s 的构造方式,其中列由输入模式选择,行由输出模式选择

在高斯玻色采样中,我们求解的是对应子矩阵 A_s 的哥本哈根式,其构造过程与经典玻色采样类似,以图 7.11 为例,从四模式干涉仪的输出模式 3、4 分别输出一个光子,则子矩阵 A_s 是由输出态矩阵 A 的每个块对应的第 3、4 列与 3、4

行交点构成的 4×4 大小的矩阵。与经典玻色采样不同的是,态矩阵 A 是与输入模式无关的,哥本哈根式的计算仅取决于测得的输出模式。

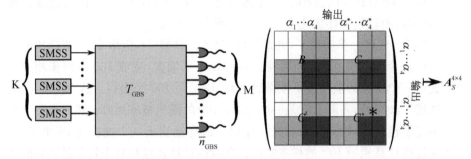

图 7.11　高斯玻色采样过程示意图[15]

（a）高斯玻色采样方案中,注入单模压缩态（single mode squeezed state, SMSS）,并在福克态下测量光子的输出分布；（b）从 $M=4$ 模式干涉仪的最后两个输出模式 3 和 4 中测量的两个光子的状态矩阵 A 构造子矩阵 A_s

我们可以从图角度理解二者的区别与联系。数学上来讲,积和式解决的是一个二分图的完美匹配个数的问题,即所有节点分为两组,组内不相连而组间一一连接的数目。而哥本哈根式计算的是任意偶数节点数的图的完美匹配个数,如图 7.12 所示节点数 $2n=6$ 的所有完美匹配。设 G 为某图形的邻接矩阵,则有

$$\mathrm{Per}(G)=\mathrm{Haf}\begin{bmatrix}0 & G\\ G^t & 0\end{bmatrix} \tag{7.27}$$

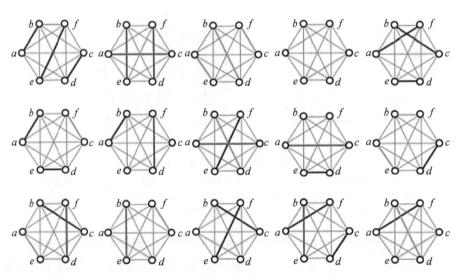

图 7.12　对于节点数 $2n=6$ 的图,完美连接数共有 $6!/(3!\times2^3)=15$ 种

　　显然,哥本哈根式是比积和式更加一般的形式,任意能够计算哥本哈根式的算法都可以计算积和式,因此高斯玻色采样具有至少等同于经典玻色采样的任务复杂度。

7.2.4　高斯玻色采样的应用

　　现阶段已经存在许多基于高斯玻色采样算法的应用。高斯玻色采样的典型应用场景是作为优化算法的起始点,即利用高斯玻色采样得到一系列初始解,并作为经典优化算法的起点进行进一步优化。

　　高斯玻色采样目前最广泛的应用场景是图问题。任意图的邻接矩阵与高斯玻色采样中的对称矩阵 A 的对应是很自然的,而矩阵的哥本哈根式对应于计算图的完美匹配数,高斯玻色采样的采样结果与图的高密度子图具有高度似然性,因此高斯玻色采样可以被用来识别密集子图[22],或是为利用经典搜索算法解决图的最大团簇问题提供良好的初始解[23]。

　　高斯玻色采样还被广泛应用在分子领域,通过将分子的声子模式映射到高斯玻色采样装置的量子模式,可以使用高斯玻色采样计算分子的振动光谱[24],并且进一步的研究了电子的转移反应[25]。高权重团簇取样技术也被用于预测分子对接构型[26]。我们将在第 12 章中展示高斯玻色采样在药物设计分子对接的应用示例。

参考文献

［1］ Aaronson S, Arkhipov A. The computational complexity of linear optics. Proceedings of the Forty-third Annual ACM Symposium on Theory of Computing, 2011: 333 - 342.

［2］ Spring J B, Metcalf B J, Humphreys P C, et al. Boson sampling on a photonic chip. Science, 2013, 339: 2798 - 801.

［3］ Broome M A, Fedrizzi A, Rahimi-Keshari S, et al. Photonic Boson sampling in a tunable circuit. Science, 2013, 339: 794 - 798.

［4］ Tillmann M, Dakić B, Heilmann R, et al. Experimental Boson sampling. Nature Photonics, 2013, 7: 540 - 544.

［5］ Crespi A, Ramponi R, Brod D J, et al. Integrated multimode interferometers with arbitrary designs for photonic Boson sampling. Nature Photonics, 2013, 7: 545 - 549.

［6］ Spagnolo N, Vitelli C, Bentivegna M. et al. Experimental validation of photonic Boson sampling. Nature Photonics. 2014 8: 615 - 620.

［7］ Carolan J, Meinecke J, Shadbolt P, et al. On the experimental verification of quantum complexity in linear optics. Nature Photonics, 2014 8: 621 - 626.

［8］ García-Patrón R, Renema J J, Shchesnovich V. Simulating boson sampling in lossy architectures. Quantum, 2019, 3: 169.

[9] Tang H, Xu X J, Zhu Y Y, et al. FeynmanPAQS: A graphical interface program for photonic analog quantum computing. Optical Engineering, 2022, 61: 081804.

[10] Wu J J, Liu Y, Zhang B D, et al. A benchmark test of Boson sampling on Tianhe-2 supercomputer. National Science Review, 2018, 5: 715 - 720.

[11] Neville A, Sparrow C, Clifford R, et al. Classical Boson sampling algorithms with superior performance to near-term experiments. Nature Physics, 2017, 13: 1153 - 1157.

[12] Lund A P, Laing A, Rahimi-Keshari S, et al. Boson sampling from a Gaussian state. Physical Review Letters, 2014, 113: 100502.

[13] Barkhofen S, Bartley T J, Sansoni L, et al. Driven Boson sampling. Physical Review Letters, 2017, 118: 020502.

[14] Hamilton C S, Kruse R, Sansoni L, et al. Gaussian Boson sampling. Physical Review Letters, 2017, 119: 170501.

[15] Kruse R, Hamilton C S, Sansoni L, et al. Detailed study of Gaussian Boson sampling. Physical Review A, 2019, 100: 032326.

[16] Lewenstein M, Sanpera A, Pospiech M. Quantum optics: An introduction (short version). https://www. matthiaspospiech. de /files /studium /skripte /QOscript. pdf [2006].

[17] Lundeen J S. File: Wigner functions. https://zh. wikipedia. org /wiki /File: Wigner_ functions.jpg [2005 - 05].

[18] Priya M. An investigation on the nonclassical and quantum phase properties of a family of engineered quantum states. arXiv, 2020: 2011.09787.

[19] Zhong H S, Peng L C, Li Y, et al. Experimental Gaussian Boson sampling. Science Bulletin, 2019, 64: 511 - 515.

[20] Zhong H S, Wang H, Deng Y H, et al. Quantum computational advantage using photons. Science, 2020, 370: 1460 - 1463.

[21] Bulmer J F, Bell B A, Chadwick R S, et al. The Boundary for quantum advantage in Gaussian Boson sampling. arXiv, 2021: 2108.01622.

[22] Arrazola J M, Bromley T R. Using Gaussian Boson sampling to find dense subgraphs. Physical Review Letters, 2018, 121: 030503.

[23] Banchi L, Fingerhuth M, Babej T, et al. Molecular docking with Gaussian Boson sampling. Science Advances, 2020, 6: eaax1950.

[24] Huh J, Guerreschi G G, Peropadre B, et al. Boson sampling for molecular vibronic spectra. Nature Photonics, 2015, 9: 615 - 620.

[25] Jahangiri S, Arrazola J M, Delgado A. Quantum algorithm for simulating single-molecule electron transport. The Journal of Physical Chemistry Letters, 2021, 12: 1256 -1261.

[26] Gard B T, Motes K R, Olson J P, et al. An introduction to Boson-sampling, from atomic to mesoscale. Singapore: World Scientific Publishing Co. , Pte. Ltd.5 Toh Tuck Link, 2015: 167 - 192.

第 8 章
量子随机行走与开放量子系统

在真实的物理系统中,一种比纯量子行走更具普适性的形式是量子随机行走(quantum stochastic walks,QSW)[1],它是量子行走和经典随机行走的混合,也是一项重要的专用量子计算算法,可广泛用于分析开放量子系统(open quantum systems)。诸如生物系统[2]、神经系统[3]等真实物理系统,通常既不是完全的量子行走,也不是完全的经典随机行走,往往是二者不同程度的混合状态,即量子系统受到来自环境的经典噪声退相干影响。量子相干性、经典随机扰动和退相干对开放量子系统所扮演角色一直是科学家探索未知的物态本质和生物体的研究焦点。本章将主要阐述量子随机行走的基本原理,介绍各类硬件求解方法与软件实现,最后给出一些量子随机行走的应用实例。

8.1 量子随机行走的主方程与基本原理

量子随机行走将量子行走和经典随机行走组合在一起,表示的是一种同时存在相干和非相干过程的随机行走。与经典随机行走中的概率矢量 $P(t)$ 以及量子行走中的概率幅度 $|\Psi(t)\rangle$ 相对应,量子随机行走中用密度矩阵 $\rho(t)$ 对粒子的状态进行描述。$\rho(t)$ 表示的是纯量子态的统计系综(一种混态),可用主方程表示[1]:

$$
\begin{aligned}
\frac{\mathrm{d}\hat{\rho}(t)}{\mathrm{d}t} = &-(1-\omega)\mathrm{i}\big[\hat{H},\hat{\rho}(t)\big] \\
&+\omega\sum_{k=1}^{K}\left[\hat{L}_k\hat{\rho}(t)\hat{L}_k^{\dagger}-\frac{1}{2}(\hat{L}_k^{\dagger}\hat{L}_k\hat{\rho}(t)+\hat{\rho}(t)\hat{L}_k^{\dagger}\hat{L}_k)\right]
\end{aligned} \tag{8.1}
$$

其中,等号右边第一项对应量子行走演化过程,H 为哈密顿量算子;第二项对应经典随机行走演化过程,L_k 为 Lindblad 算子;经典随机行走和量子行走是量子随机行走的两种极限情况,参数 ω 和 $1-\omega$ 分别用于表示经典随机行走和量子行走的权重,当 ω 为 0 时,此方程对应纯量子行走,当 ω 为 1 时,此方程对应纯经典随机行走。这一方程被广泛用于开放量子系统相关问题的研究。量子随机行走是研究量子行走向经典随机行走转化的工具,也是在量子系统中引入非幺正操作的新方法。

由于 H 的厄米性

$$H_{ij}=f(x)=\begin{cases} -\max(A_{ij},A_{ji}), & i \neq j \\ -\operatorname{outDeg}(j), & i=j \end{cases} \tag{8.2}$$

有向连接必然反映在 Lindblad 项里,例如 L_{ij} 代表着节点 j 到节点 i 特定的散射通道:

$$L_{ij}=\sqrt{|M_{ij}|}\ |i\rangle\langle j|$$

$$L_{ij}\begin{cases} \neq 0, & \text{有从节点 } i \text{ 到节点 } j \text{ 的连接} \\ =0, & \text{无从节点 } i \text{ 到节点 } j \text{ 的连接} \end{cases} \tag{8.3}$$

因此所有的非零 L_{ij} 项描述了图中所有的有向和无向连接。

8.2 量子随机行走的硬件实现和软件求解

表 8.1 提供了量子随机行走(QSW)的当前硬件实现列表。每种硬件都用自己的方式在量子系统中引入退相干。比较已经发表文献中关于哈密顿矩阵的大小和灵活构建程度,集成光波导芯片具有一定的优势,它可以扩展到数百甚至数千个节点,并且使用耦合波导的空间构型形成哈密顿矩阵以确保其稳定性。对于可编程干涉仪阵列,所需干涉仪的数量随演化次数成指数增加对可扩展性带来一定的挑战,其他实现方案到目前为止也没有大尺寸实例的报道。

表 8.1　量子随机行走的硬件实现

物理系统	退相干来源	目前规模	优　点	局　限　性	发表年份/年
集成光子晶格[4-5]	可控的波导传播常数失谐	最高数百个量子随机行走节点	非常实用并且可扩展	波导布局限制了哈密顿量的设计	2016 2019

续　表

物理系统	退相干来源	目前规模	优　点	局　限　性	发表年份/年
可编程的马克-曾德尔干涉仪阵列[6]	旋转对应的移项器	几十个节点	可编程	干涉仪的数量随演化次数增加成指数型增加	2017
核磁共振[7]	工程技术中的相位调制	不到十个节点	易于控制退相干	难以扩展并且难以映射复杂网络	2018
超导电路[8]	任意的波形发生器	几十个节点	原位控制退相干	很难映射复杂网络	2018

　　鉴于量子随机行走的硬件实现规模还有一定限制,运用经典计算机求解大规模量子随机行走十分必要。求解量子随机行走微分方程时,将 $N \times N$ 的密度矩阵 ρ 首先转化成 $N^2 \times 1$ 的向量 $\tilde{\rho}$,然后将式 8.1 转化为如下求解:

$$\frac{\mathrm{d}\tilde{\rho}}{\mathrm{d}t} = \mathcal{L} \cdot \tilde{\rho}(t) \tag{8.4}$$

其中 $\mathcal{L}$ 是不含 $\tilde{\rho}$ 的一个 $N^2 \times N^2$ 的矩阵:

$$\mathcal{L} = -(1-\omega)\mathrm{i}(I_N \otimes H - H^\mathrm{T} \otimes I_N) + \\ \omega \sum_{k=1}^{N^2} \left[L_k^\dagger \otimes L_k - \frac{1}{2}(I_N \otimes L_k^\dagger L_k + L_k^\mathrm{T} L_k^* \otimes I_N) \right] \tag{8.5}$$

　　求得向量 $\tilde{\rho}$ 将其再转回矩阵形式的密度矩阵,可得到经过量子随机行走后各节点的概率。由于 $\mathcal{L}$ 为 $N^2 \times N^2$ 的矩阵,直接求解上式需要耗费 $O(N^4)$ 的内存。表 8.2 提供了量子随机行走的当前软件解决方案列表。Qutip 是一个较早推出的开放量子系统模拟软件,但不适合于图结构上的量子随机行走,并且计算规模比较有限。QSWalk 可以很方便地实现图结构任务,但它直接使用内置的 Mathematica 求解主方程,没有进行优化,消耗大量内存 ($O(N^4)$) 和时间。这也是由于 Mathematica 不是开源编程语言,因此不方便改进其中的代码和算法。之后其他研究组提出了用 Julia 写成的改编版本。Julia 比 Mathematica 求解器显示出了更好的性能,但它是针对一维链实例的一个非常具体的情况而不是一般二维大规模网络,不过使用 Krylov 子空间的 Julia Expokit 包的函数,仍在计算稀疏矩阵方面进行了一些改进,总体上将内存成本降低到 $O(N^3)$ 左右。此外,目前有一种基于 TensorFlow 的求解器使用 Runge‐Kutta 数值方法,使得内存消耗降低至 $O(N^2)$,并可以兼容 GPU 并行计算(见图 8.1),还有基于高性能计算并行架构的高效求解器也在同时期推出。

表 8.2 量子随机行走的软件解决方案

名　称	语　言	架　构	优点与局限性	发表年份/年
Qutip[9-10]	Python	构建 mesolver 框架	不适用于图结构上的量子随机行走	2012 2013
QSWalk[11]	Mathematica	使用内置的 MatrixExp 函数	适用于量子随机行走，但是消耗大量的内存和时间$\sim O(N^4)$	2017
QSWalk.jl[12]	Julia	使用 Expokit 包构建的 expmv 函数	计算稀疏矩阵时降低了内存消耗$\sim O(N^3)$	2019
TensorFlow[13] QSW solver	Python	结合 Runge – Kutta 数值方法和 GPU 并行计算	大幅降低了内存消耗$\sim O(N^2)$和计算时间	2021
QSW_MPI[14]	Python Fortran	运用高性能计算并行计算	大幅降低了内存消耗$\sim O(N^2)$和计算时间	2021

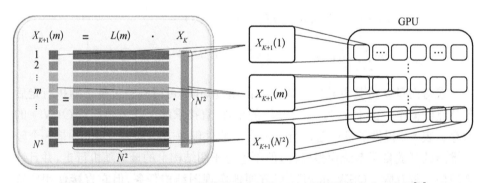

图 8.1 使用 Runge‑Kutta 降维处理方法和 GPU 并行计算方法示意图[13]

以 Runge – Kutta 数值分析结合 GPU 并行计算的方法为例。Runge – Kutta 方法长期以来一直被用于求解常微分方程。它从本质上降低了矩阵维数来改进计算。除了数值方法，还可以利用新兴的 TensorFlow 框架和 GPU 并行计算。TensorFlow 对于在多维数据阵列上操作机器学习应用程序(如神经网络)非常有用，现在它也被用来解决物理问题，不仅可以在 CPU 上运行，也可以在图形处理器 GPU 上运行。GPU 计算在近十年来得到了飞速的发展。通过NVIDIA 等公司的努力，GPU 的发展速度比 CPU 快得多，可以达到数十亿个晶体管的大容量,同时,GPU 快速创建、运行和退出多线程的工作机制,使得并行性成为 GPU 的固有优势。GPU 并行显著的加速计算使许多通用科学计算问题受益。

下面简单阐述一下结合 Runge‑Kutta 数值方法和 GPU 并行计算提升求解性能[13]的原理。对于量子随机行走的求解,由张量积的运算法则,我们可以得到以下的关系:

$$C_{n^2 \times n^2} = A_{n \times n} \bigotimes B_{n \times n}$$

$$C_{i,j} = A_{1+(i-1)\,\mathrm{div}\,n,\ 1+(j-1)\,\mathrm{div}\,n} \times B_{1+(i-1)\,\mathrm{mod}\,n,\ 1+(j-1)\,\mathrm{mod}\,n} \tag{8.6}$$

也就是说,式中的 R 虽然是一个含有 N^4 个元素的矩阵,但是它的每一个元素都可以从 $O(N^2)$ 的信息中生成,如图 8.1 所示。使用了 Runge‑Kutta 方法[16]计算方程 $\dfrac{\mathrm{d}\tilde{\rho}}{\mathrm{d}t} = \mathcal{L} \cdot \tilde{\rho}(t)$ 的解,不需要存储整个 R,每次只使用它的一行,将所需的内存资源降到了 $O(N^2)$,对于节点数越大的网络,降维带来的内存优化提升更加明显。同时,由于在矩阵的四则运算中,位于矩阵不同位置的元素分别与对方矩阵对应位置元素进行计算,不会因为元素计算的先后顺序影响总的计算结果,因此具有天然的可并行性。使用 TensorFlow 运行 GPU 并行运算,使计算用时大幅降低。Runge‑Kutta 降维处理和 GPU 并行计算示意图如图 8.1 所示。

图 8.2 展示了不同的软件解决方案随着节点数目的增加,消耗内存状况与计算时间的关系,可以看出采用一定的优化方法及并行运算对于经典计算机求

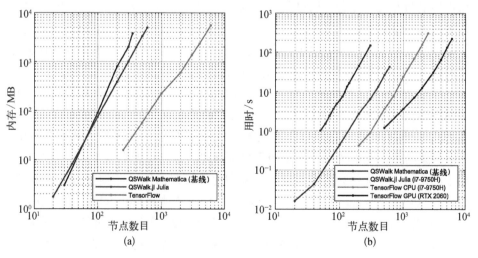

图 8.2 不同软件解决方案的计算性能比较(后附彩图)[13]

(a) 消耗内存比较;(b) 用时比较

解量子随机行走有明显改进效果。使用结合 Runge‐Kutta 方法和 GPU 并行计算的优化求解器[13]，可以方便地求解高达数千个节点的量子随机行走，使得经典计算机可以研究一定规模的量子随机行走及应用。

还有尝试基于量子随机薛定谔方程的采样方法，但是对于较大的节点数，每个节点的概率已经非常小，采样误差会产生很大的影响。增加采样率可能会提高准确性，但是同时也会增加计算时间。还值得一提的是，前面提到的量子随机行走都是马尔可夫性质的，还存在很大一部分开放量子系统涉及非马尔可夫的过程，也存在对应的主方程表述，求解过程相对更加复杂一些，优化求解方法也值得进一步发展。

由量子随机行走的软件求解可以看出，通过经典计算机矩阵运算去仿真量子系统，虽然不如玻色采样等特定算法会涉及如此高的复杂度，但也至少需要面临求解张量积这样快速耗尽内存的问题。因此，一方面需要通过优化方法提高经典计算求解性能，另一方面也要大力发展量子硬件，可以把已优化好的经典计算机量子随机行走求解器作为未来量子随机行走硬件性能的基准界定。

8.3　量子随机行走在开放量子系统模拟中的应用

量子随机行走对于量子模拟和量子优化具有广泛和重要的意义。例如，在植物界最为普遍的光合作用过程中，一定程度的量子相干和经典退相干，对光合作用中光能量的输运效果有怎样的具体影响，会对光伏器件优化设计、提高光伏能源吸收效率带来很大的启示，而这可以通过量子随机行走对植物叶绿体光能量传输系统进行模拟，获得更直观的认识。

又如，人的大脑神经网络是一个更加复杂的生物系统，量子随机行走被发现可用来模拟神经网络的部分重要特征。如"联想记忆"（associative memory）功能，使放电模式可稳定在距离最初放电模式最接近的一个或多个能量低谷中。放电模式与能量低谷的距离用汉明距离来描述。这个功能十余年来一直被广泛用于图像识别等优化算法中。量子计算理论学者提出用量子随机行走实现"联想记忆"功能。式(8.1)中量子随机行走的哈密顿量对应 Hopfield 网络的节点连接结构，并通过 Lindblad 项构建对应各节点与神经网络的能量低谷节点的连接，通过量子随机行走，得到在各节点的概率分布，可以观测到概率集中在代表能量低谷的节点中，并且会选择对应汉明距离最近的能量低谷，体现了"联想记忆"的特征，并且在三维光波导阵列中实验演示[3]。

　　另外,还有基于量子随机行走的量子网页排序算法,是近年提出的与谷歌 PageRank 网页排序算法相对应的量子算法。复杂网络中,节点的重要程度是人们十分关注的问题。谷歌 PageRank 的核心思想是把整个万维网看成一个有向图,把每个网站看成一个节点,把每个超链接看成一条边。通过在网络上进行随机行走,最终得到一个稳定的概率分布,把概率的大小作为节点重要性排序的依据。量子算法则是将经典随机行走换为量子随机行走。这种量子排序算法,被证明比经典 PageRank 排序能更好地避免概率分布相等导致的排序简并问题,而且对次级中心节点的辨识度更高,使排序更加准确。

　　学界还在不断挖掘量子随机行走在量子信息领域的前沿问题及更多领域的更广泛应用,如实现 Haar 随机,决策网络,等等,量子随机行走的实验研究和应用演示对于推进专用量子计算实用化具有重要意义。本节我们将着重介绍 FMO 结构中的能量传输、量子网页排序,来展示量子随机行走在开放量子系统中的广泛应用。

8.3.1　FMO 结构中光合作用能量传输的量子模拟

　　为了在多种纳米系统中证明环境噪声可以促进能量传输效率的提高,环境辅助量子输运(environment-assisted quantum transport,ENAQT)现象得到了广泛的研究[15]。由于科学家在许多色素-蛋白质复合物中观测到量子相干能量传输现象[16-18],利用包含量子相干和环境噪声的开放量子系统模型研究光合作用中的捕光过程引发了人们的兴趣[19-20]。ENAQT 现象的发现对基础生物学、捕光太阳能细胞工程以及新兴生物激子设备[21]等相关领域的发展具有促进作用。

　　一种被广泛研究的具有捕光能力的自然生物是绿色硫细菌,称为 Fenna-Matthews-Olson (FMO)复合物[22]。它的光合作用能量传输存在量子效应,这一现象成为量子生物学领域一个新兴的研究热点。它虽然结构简单,但对光非常敏感,即便在深海环境中也能捕获足够的光能。这一细菌通过绿色体触角收集光,然后将光能通过 FMO 复合物运输到反应中心。FMO 复合物通常由三个复合物聚合而成,每个复合物(FMO 单体)包括八个细菌叶绿素 a 分子(BChl-a),这些分子被一种蛋白质支架束缚,构成噪声和退相干的来源同时又能对复合物内的相干激发起到保护作用。这八个细菌叶绿素 a 分子被编号为 1~8,第八个细菌叶绿素 a 分子由于靠近绿色体触角,能够帮助激发能从绿色体转移到剩余七个分子组成的结构(这里称之为七分子 FMO 结构)中。在七分子 FMO 结构中,激发能从菌绿素分子 1 或 6 传输到菌绿素分子 No.3,然后进入反应中心进行能量转化。这一章将对七分子 FMO 结构中的能量传输过程进行量子模

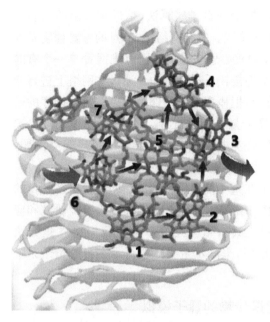

图 8.3　FMO 结构示意图

拟。图 8.3 展示的是七分子 FMO 结构的示意图,菌绿素分子编号已在图上标注出,能量传输方向用宽箭头表示。

理论量子物理学家证明,在 FMO 结构中,环境噪声能使能量传输效率增加。这种引入环境噪声后所达到的最高能量传输效率,高于纯量子相干传输或纯经典退相干传输的能量传输效率。近几年,关于光合作用能量传输的量子模拟大量涌现,实验实现的方法有光波导阵列、可编程离散时间纳米光子处理器、超导电路、核磁共振等。总体来说,FMO 复合物中光合作用能量传输的实验模拟具有一些挑战,其一是 FMO 结构的哈密顿量实现比较困难,其二是退相干的独立精确调控比较困难。运用三维光波导阵列,可将 FMO 复合物的哈密顿量精准映射到光子芯片的二维波导阵列中;通过对每根光波导的随机动态调制,可在波导阵列中引入可调幅度退相干,具备一定的实验优势。在这种波导阵列中,成功地观察到了最佳传输效率的存在,并且与理论预期一致,证明了在开放量子系统中,量子相干和环境噪声在促进能量传输中的重要作用,对光合作用中能量传输机制及人工光合作用器件的制备带来一定的启示。

8.3.2　量子网页排序

目前,互联网已成为日常生活中获取信息不可或缺的途径。包含各种信息的网页数量急剧增加,因此人们迫切需要一种有效的工具对网页进行分类和排序以进行有效的信息搜索。谷歌提出的页面排名是最具代表性和最成功的示例。量子网页排序[23]是在谷歌提出的经典网页排序[24-25]的基础上改进形成的,核心区别在于量子网页排序运用量子随机行走代替了经典网页排序中的经典随机行走。

1. Google 网页排序模型

谷歌网页排名的关键概念是将整个互联网视为一个有向图,其中每个网站都可以被看作是图的一个节点,每个从一个网站指向另一个网站的超链接被视为边。网站网络经过长时间的随机导航,本质上是一个经典的随机行走过程,最终会有一个稳定的概率分布。根据到达网站的概率值对其进行排序,可以得到这些网站的重要程度排名。页面排名也被广泛应用于网络之外的更多领域,例如评估一个科学家的影响力、研究生态系统中的物种和在蠕虫 $C.elegans$ 的神经网络中寻找关键神经等。

Google 的网页排序算法实质上是对经典随机行走的改进(相关定义请参照 8.1.1 节)。对于连续时间经典随机行走,其概率演化与生成矩阵 $\boldsymbol{M}$ 有关:

$$M_{ij} = \begin{cases} -A_{ij} & i \neq j \\ \mathrm{outDeg}(j) & i = j \end{cases} \tag{8.7}$$

$$\frac{\mathrm{d}\rho}{\mathrm{d}t} = -\boldsymbol{M} \cdot \rho(t)$$

据此我们可以解出概率分布:

$$\rho(t) = \mathrm{e}^{-Mt} \cdot \rho(0) \tag{8.8}$$

Google 网页排序则定义了一个不同于生成矩阵 $\boldsymbol{M}$ 的 Google 矩阵 $\boldsymbol{G}$:

$$G = q\boldsymbol{M} + (1-q)\boldsymbol{F} \tag{8.9}$$

其中,q 一般取值为 0.9,$\boldsymbol{F}$ 为长距离跳跃矩阵:

$$F_{ij} = \begin{cases} \dfrac{1}{N-1} & i \neq j \\ 0 & i = j \end{cases} \tag{8.10}$$

这样矩阵 $\boldsymbol{G}$ 中的矩阵元均不为零,并且随着时间的增长,概率分布不会像使用矩阵 $\boldsymbol{M}$ 一样呈现均匀分布。将矩阵 $\boldsymbol{G}$ 替换矩阵 $\boldsymbol{M}$ 解出的概率分布可以作为元素排序的依据。

2. 量子网页排序模型

量子网页排序中同样有一个长距离跃迁矩阵 $\boldsymbol{F}$,对应的量子网页排序矩阵 $\boldsymbol{Q}$ 为[23]:

$$\boldsymbol{Q} = q\,\mathcal{L} + (1-q)\boldsymbol{F} \tag{8.11}$$

其中,$\mathcal{L}$ 为式(8.5)中的量子随机行走的生成矩阵;对于量子网页排序任务,将矩阵 $\boldsymbol{Q}$ 替代 $\mathcal{L}$ 放入式(8.5)中,求解得出量子随机行走在各节点的概率,作为各网页节点重要性的排序依据。

图 8.4 给出了利用量子随机行走网页排序得出的美国十大重要机场。基于量子随机行走的网页排序算法相比经典网页排序算法能够实现非简并、更准确的排序[23],不仅能在未来的量子网络中应用,目前阶段也能在经典计算机上进

行模拟,成为改进经典网络节点排序的可行方法。如前所述,直接求解量子随机行走所需要的内存和运算时间过大,10GB 内存最多只能对 200 个节点的网络进行计算,而现实生活中的许多网络的规模都相当大,例如美国政府官网上给出的美国国内航班的数据中包含机场数目接近 1 000 个,一个小型网站的页面总数也往往成百上千。因此优化减少求解器内存和时间消耗,对于提升量子随机行走的实用价值具有充分的意义。

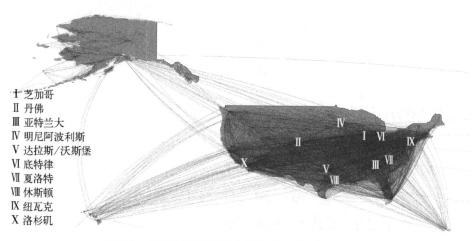

Ⅰ 芝加哥
Ⅱ 丹佛
Ⅲ 亚特兰大
Ⅳ 明尼阿波利斯
Ⅴ 达拉斯/沃斯堡
Ⅵ 底特律
Ⅶ 夏洛特
Ⅷ 休斯顿
Ⅸ 纽瓦克
Ⅹ 洛杉矶

图 8.4　美国的航线网络(仅列出前 80 名机场)及通过
量子随机行走网页排序得出的十大重要机场[13]

参考文献

[1] Whitfield J D, Rodríguez-Rosario C A, Aspuru-Guzik A. Quantum stochastic walks:A generalization of classical random walks and quantum walks. Physical Review A, 2010, 81:022323.

[2] Biggerstaff D N, Heilmann R, Zecevik A A, et al. Enhancing coherent transport in a photonic network using controllable decoherence. Nature Communications, 2016, 7:1-6.

[3] Tang H, Feng Z, Wang Y H, et al. Experimental quantum stochastic walks simulating associative memory of Hopfield neural networks. Physical Review Applied, 2019, 11:024020.

[4] Caruso F, Crespi A, Ciriolo A G, et al. Fast escape of a quantum walker from an integrated photonic maze. Nature Communications, 2016, 7:1-7.

[5] Tang H, Feng Z, Wang Y H, et al. Experimental quantum stochastic walks simulating associative memory of Hopfield neural networks. Physical Review Applied, 2019, 11:024020.

[6] Harris N C, Steinbrecher G R, Prabhu M, et al. Quantum transport simulations in a programmable nanophotonic processor. Nature Photonics, 2017, 11: 447 - 452.

[7] Wang B X, Tao M J, Ai Q, et al. Efficient quantum simulation of photosynthetic light harvesting. NPJ Quantum Information, 2018, 4: 1 - 6.

[8] Potočnik A, Bargerbos A, Schröder F A Y N, et al. Studying light-harvesting models with superconducting circuits. Nature Communications, 2018, 9: 1 - 7.

[9] Johansson J R, Nation P D, Nori F. QuTiP: An open-source Python framework for the dynamics of open quantum systems. Computer Physics Communications, 2012, 183: 1760 - 1772.

[10] Johansson J R, Nation P D, Nori F. QuTiP 2: A Python framework for the dynamics of open quantum systems. Computer Physics Communications, 2013, 184: 1234 - 1240.

[11] Falloon P E, Rodriguez J, Wang J B. QSWalk: A mathematica package for quantum stochastic walks on arbitrary graphs. Computer Physics Communications, 2017, 217: 162 - 170.

[12] Glos A, Miszczak J A, Ostaszewski M. QSWalk. jl: Julia package for quantum stochastic walks analysis. Computer Physics Communications, 2019, 235: 414 - 421.

[13] Tang H, He T S, Shi R X, et al. TensorFlow solver for quantum PageRank in large-scale networks. Science Bulletin, 2021, 66: 120 - 126.

[14] Matwiejew E, Wang J B. QSW_MPI: A framework for parallel simulation of quantum stochastic walks. Computer Physics Communications, 2021, 260: 107724.

[15] Rebentrost P, Mohseni M, Kassal I, et al. Environment-assisted quantum transport. New Journal of Physics, 2009, 11: 033003.

[16] Engel G S, Calhoun T R, Read E L, et al. Evidence for wavelike energy transfer through quantum coherence in photosynthetic systems. Nature, 2007, 446: 782 - 786.

[17] Lee H, Cheng Y C, Fleming G R. Coherence dynamics in photosynthesis: Protein protection of excitonic coherence. Science, 2007, 316: 1462 - 1465.

[18] Panitchayangkoon G, Hayes D, Fransted K A, et al. Long-lived quantum coherence in photosynthetic complexes at physiological temperature. Proceedings of the National Academy of Sciences, 2010, 107: 12766 - 12770.

[19] Mohseni M, Rebentrost P, Lloyd S, et al. Environment-assisted quantum walks in photosynthetic energy transfer. The Journal of Chemical Physics, 2008, 129: 11B603.

[20] Caruso F, Chin A W, Datta A, et al. Highly efficient energy excitation transfer in light-harvesting complexes: The fundamental role of noise-assisted transport. The Journal of Chemical Physics, 2009, 131: 09B612.

[21] Scholes G D, Fleming G R, Olaya-Castro A, et al. Lessons from nature about solar light harvesting. Nature Chemistry, 2011, 3: 763 - 774.

[22] Fenna R E, Matthews B W. Chlorophyll arrangement in a bacteriochlorophyll protein from Chlorobium limicola. Nature, 1975, 258: 573 - 577.

[23] Sánchez-Burillo E, Duch J, Gómez-Gardenes J, et al. Quantum navigation and ranking in complex networks. Scientific Reports, 2012, 2: 605.

[24] Brin S, Page L. The anatomy of a large-scale hypertextual web search engine. Computer

Networks and ISDN Systems，1998，33：107－117.

[25] Page L，Brin S，Motwani R，et al. The PageRank citation ranking：Bringing order to the web. Stanford Digital Library Technologies Project，1998.

第9章
绝热量子计算

　　尽管当今的超级计算机功能非常强大,但是它无法使用现有系统解决许多复杂的计算问题。量子计算提供了一种全新的计算思路。目前 IBM,Google,Microsoft 等科技公司推广使用的量子门模型(Gate Model)架构,是通过通用量子逻辑门控制和操纵量子态随时间的演化,量子系统非常精密,涉及复杂的纠错操作,对于大规模应用是一个艰巨的挑战。

　　目前,另一种备受关注的量子模型候选架构是量子退火(quantum annealing)算法,将系统初始化为非局域化状态,利用了量子系统的自然演化,系统在演化中找到的最终能量最低状态对应于试图找到的答案,在绝热环境下的量子退火演化可视为绝热量子计算。D-Wave 公司采用具有 5 000 多个量子比特的量子处理单元开展量子退火计算。近年来,基于光学及电学的伊辛机量子退火计算硬件制备也取得突破,对于求解二元优化等问题具有一定的优势。本章首先对量子退火算法的基本原理以及不同量子退火硬件实现进行介绍,再简要介绍绝热捷径技术,尤其是反向透热补偿法的原理及应用。

9.1　量子退火与绝热量子计算

9.1.1　量子退火原理

1. 退火

　　"退火"的概念最初来自冶金学,是金属的一种处理工艺。针对不同特性的金属,可采用不同的退火方法,但基本过程均为将金属缓慢加热到一定温度,保持一段时间,最后以特定速率冷却。

　　一种常用的退火方法是再结晶退火(recrystallization annealing)。再结晶是一种没有相变的结晶过程,指将冷变形的金属加热到适当的温度并保温,使金属内部形成新晶核并长大,以消除冷变形导致的加工硬化与内应力的过程。能导致再结晶的临界温度就是再结晶温度,在此温度以上,金属中的原子可以移动,缓解缺陷,特别是由冷加工导致的晶格扭曲等。对于再结晶退火,金属被加热到其再结晶温度以上,维持一段时间后,再缓慢冷却。缓慢冷却的过程中,原子逐渐在具有最小应力的最优晶格结构中固定。

2. 模拟退火算法

退火的概念对于模拟退火(simulated annealing, SA)算法的诞生具有启发意义[1]。真实退火与模拟退火的类比如表 9.1 所示。

表 9.1　真实退火过程与量子退火算法的特点类比

真 实 退 火	模 拟 退 火
金属逐渐冷却	温度参量 B 从 1 减小为 0
当金属较热时,有不同的构型;当金属冷却时,有一个能量最低的最优晶格结构	当 B 较大时,有多个最优解;当 B 减小时,最优解取值范围缩短,最终找到全局最小值

热力学中的玻尔兹曼概率分布:

$$P(E) = e^{-\frac{E}{kT}} \tag{9.1}$$

表达了系统达到能级 E 的概率,其中 k 是玻尔兹曼常数,T 是温度。在模拟退火算法中,目标函数通常是最小能量 $\min(E)$,而 T 本质上是退火过程的一个控制参量。设 $\Delta E = E(i+1) - E(i)$,且 $E(i+1)$ 越小,越符合期望,此时 $e^{\frac{\Delta E}{kT}}$ 越大。这一规律可以确定采纳候选解的概率。模拟退火算法的步骤如下所述。

算法 9.1:模拟退火算法

输入:
　　目标函数 $f(x)$
　　足够高的初始温度 T
输出:
　　最小化 $f(x)$ 以及对应的 x

过程:
　　(1) 随机生成初始解 x;
　　(2) 在 x 的临近结构上,随机生成候选解 y;
　　(3) 判断 y 是否比 x 更优;
　　(4) 若 y 比 x 更优,则赋值 $x = y$;
　　(5) 若 x 比 y 更优,则生成随机数 $r \in [0, 1)$,若 $p = e^{\frac{f(y)-f(x)}{T}} > r$,则赋值 $x = y$;
　　(6) 判断内层循环的停止条件是否满足(内层循环的停止条件可以为:$f(x)$ 均值稳定;连续若干步 $f(x)$ 变化较小;达到固定的抽样步数),若不满足内层循环条件,则返回 2;
　　(7) 判断外层循环的停止条件是否满足(外层循环的停止条件可以为:达到终止温度;达到迭代次数;最优值连续若干步保持不变);
　　(8) 若满足外层循环条件,则输出最终解 x;若不满足外层循环条件,则返回 2

可以发现,模拟退火算法的一个重要操作是,当候选解 y 比现有解 x 更差时,不是直接舍弃,而是有一定概率采用 y,从而在一定程度上避免了陷入局部最优解。在这个过程中,选择较高的初温 T,可以有更大概率采用候选解 y,更有利于找到全局最优解,但退火过程(即温度 T 缓慢下降的过程)将耗费更多的时间。反之,较低的初温可以节约计算时间,但全局搜索的性能会受到一定影响。图 9.1 展示了模拟退火过程中,在各能量状态下的概率分布,其中 $B \in [0,1]$ 为与温度有关的参量,随着 B 的减小,得到的结果从局部最优解演变到了全局最优解。

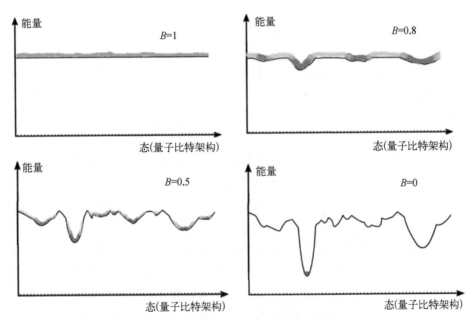

图 9.1　模拟退火过程中能量分布变化

B 为温度参量

3. 量子退火概述

量子退火(quantum annealing,QA)的概念由 Nishimori 等于 1999 年提出[2],是用于解决组合优化和采样问题的量子力学元启发式方法(通用方法和近似方法)。QA 通过控制量子涨落来寻找成本函数的最小值,将多元函数最小化。因为许多重要的实际问题都可被表述为组合优化问题,例如物流投资组合优化与路线优化,寻找解决此类优化问题的有效方法具有很大的社会意义,故QA 一经提出便引起广泛关注。

与 SA 相比,QA 的优势在于,它在运行过程中处于量子叠加态,可同时在多个位置进行搜寻,并且具有量子隧穿效应。因此,QA 可以获得比 SA 更高的搜索效率,节约了搜寻时间。

在某种程度上,量子退火与模拟退火的关系,类似于量子行走与随机行走的关系。在模拟退火中,系统的动力学由主方程描述

$$\frac{\mathrm{d}P_i(t)}{\mathrm{d}t} = \sum_j \mathcal{L}_{ij} P_j(t) \tag{9.2}$$

在量子退火中,与主方程对应的是含时薛定谔方程

$$\mathrm{i}\frac{\partial|\psi(t)\rangle}{\partial t} = H(t)|\psi(t)\rangle \tag{9.3}$$

为了执行量子退火算法,通常根据磁性的伊辛模型编写成本函数。伊辛模型的哈密顿量(能量函数)应满足其最低能量状态(基态)代表组合优化问题的解,并将表示量子力学波动的项添加到哈密顿量,以诱导状态之间的量子跃迁。

量子退火可以有效地把组合优化问题映射到自旋系统的伊辛哈密顿量上,通过退火的过程来找到基态解。组合优化(CO)问题是指一类需要在离散的、有限的数学结构上寻找一个或一组满足给定约束条件并使目标函数值达到最小的解的问题。随着人们工程与生产的需求,这类组合优化问题在生活中出现地越来越频繁。然而,事实证明,使用标准冯·诺依曼计算体系结构解决特定类别的组合优化问题是非常困难的。一个典型的例子是旅行商问题,对于该问题,精确的算法在问题规模上的伸缩性非常差。CO 问题的应用涉及许多学科,包括业务运营、日程安排、交通路线、财务、大数据、药物发现、机器学习以及许多其他需要最小化具有多元输入的复杂能源格局的系统。随着数十年来数字 CMOS 技术的发展开始趋于平稳,人们越来越渴望找到可以解决这些传统难题的挑战的替代计算方法。

D-Wave 系统、新型量子退火机以及数字 CMOS 退火加速器正引起人们的广泛关注,以期比传统算法进行启发式优化更快地解决此类问题。目前关于量子退火是否能比普通计算机更好地解决优化问题,还没有通用的理论论证,不过在特定的示例和近似理论研究中已经大量证明量子退火对优化问题求解的优势。最近还有研究将量子退火用于机器学习的 Boltzmann-Gibbs 分布,以及对多体系统的模拟。表 9.2 列出了基于通用量子逻辑门线路的模型与量子退火模型求解优化问题时,各自的优劣与实现现状。

**表 9.2　基于通用量子逻辑门线路的模型与量子
退火模型用于优化问题求解的比较**

	量 子 门 模 型	量 子 退 火
优势	几种具有实际重要性的算法,运行速度比经典方法快	(1) 许多具有实际重要性的问题可表示为组合优化; (2) 防噪音
缺陷	(1) 量子位非常容易退相干,即容易被噪声破坏; (2) 纠错需要非常大的开销; (3) 考虑到实际相关性,仅在一些问题上比常规机器快	(1) 尚未发现证明比经典方法指数倍高效,并且具有实际意义的问题; (2) 纠错方案尚未建立
实现现状	2022 年 11 月,IBM 公司发布包含 433 个超导量子比特的量子计算机	约 5 000 量子位(超导电路)

4. 量子退火过程

如前所述,量子退火的哈密顿量是一个随时间不断变化的哈密顿量,对应退火过程中不断降低温度的过程。可将哈密顿量定义为

$$\mathcal{H} = A(s)H_{int} + B(s)H_{final} \tag{9.4}$$

如图 9.2 所示,其中 s 是完成的退火量,也称为归一化退火分数,范围为 0 到 1。线性退火设置 $s = \dfrac{t}{t_f}$,其中 t 是时间,t_f 是总退火时间。$A(s)$ 是初始哈密顿量 H_{int} 的权重系数,$B(s)$ 是代表对应问题的哈密顿量 H_{final} 的权重系数。在 $t=0$ 时,$A(0) \gg B(0)$,导致系统处于许多不同态的叠加态。随着系统的退火,$A(s)$ 减小而 $B(s)$ 增大,此时系统逐渐演化至 H_{final} 的最低本征能级状态。

在该过程的最后,哈密顿量包含唯一的 $B(s)$ 项。这是经典的哈密顿量,其中每个可能的经典位串都对应于一个本征态,而本征能量是我们输入到系统中的经典能量目标函数。

图 9.3 是本征能级与时间的关系图,可用于可视化量子退火过程。退火过程中

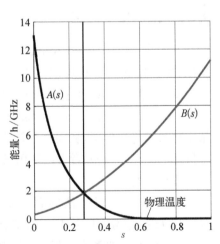

**图 9.2　量子退火过程中温度保持恒定
时能量函数随时间的变化**[3]

最低的能量状态（基态）位于底部，而其他激发态都高于此。

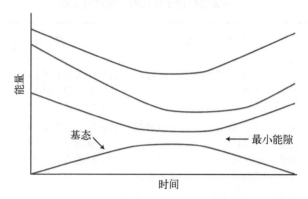

图 9.3　本征能级与时间的关系图[3]

随着退火过程的开始，系统从基态能量开始，该能量与其他任何能量水平都很好地分离。随着引入哈密顿量问题，其他能级可能会更接近基态，并且它们越接近基态，系统从最低能级跃迁到相邻激发态之一的可能性就越高。在整个退火过程中的任何一点上，基态和第一激发态之间的最小能隙，之后能隙会增大。导致系统从基态跃迁到更高激发能状态的两个主要因素：一是任何物理系统中都存在热波动；二是退火过程运行速度过快。

满足不与外界作用，不与外界交换能量，哈密顿量缓慢变化并且保持平衡条件的退火过程称为绝热过程，这就是整个过程也称为绝热量子计算的原因。

9.1.2　绝热量子计算

2000 年，Farhi、Goldstone、Gutmann 和 Sipser 提出了一种基于绝热演化的新型量子算法，用于解决经典优化问题[4]。这一研究是绝热量子计算（adiabatic quantum computation，AQC）的开端，理论基础即为量子绝热定理（quantum adiabatic theorem，QAT）。2007 年，Aharonov 等描述了对任意给定量子算法的绝热模拟，从而在理论上证明了 AQC 模型与标准量子计算模型的等价性[4]。至此，研究者可以利用已充分研究的数学对象，来探究量子计算中的一些开放问题。

对于一般 AQC 方法的简要描述如下。一个 AQC 过程由两个哈密顿量 H_{int} 与 H_{final} 确定，其中 H_{int} 的基态容易制备，该输入状态经过绝热计算，输出结果为 H_{final} 的基态。因此，通常选择一个特殊的 H_{final}，它的基态对应于待求问题的解。一般地，哈密顿量是局域的，只包含定量粒子之间的相互作用(等价于标准量子计算中逻辑门操控的比特数是确定的常数)。总含时哈密顿量 $H(s)$ 处于连接 H_{int} 与 H_{final} 的线段上,即 $H(s) = (1-s)H_{int} + sH_{final}\left(s \equiv \dfrac{t}{T} \in [0,1]\right)$。由 QAT,$H(s)$ 的调控过程需足够缓慢,也就是说,运行时间不能过短。为了满足这一条件,AQC 的运行时间由 $H(s)$ 变化过程中第一激发态与基态之间的最小能隙(需为有限大小)决定[5]。例如,最小能隙是逆多项式量级,则 AQC 在多项式时间内进行。

此外,运行 AQC 的过程中,若能使环境温度所蕴含的能量小于第一激发态与基态之间的最小能隙,计算过程就对控制误差与环境噪声不敏感。这一有利的特性是系统始终处于 $H(s)$ 基态所导致的。在实际问题中,AQC 的应用主要建立在定理 9.1 的基础之上。根据定理 9.1,若能构造一个易求基态的哈密顿量 H_1(即 H_{int}),并将目标问题编码入 H_2(即 H_{final}),那么在上述系统中进行演化即可求解这个问题。

定理 9.1　绝热量子计算(AQC)

若有两个哈密顿量 H_1 与 H_2,且 $[H_1, H_2] \neq 0$,则在系统哈密顿量由 H_1 缓慢变为 H_2 时,若初态为基态,末态仍为该系统的基态。

最后,我们指出 AQC 与 QA 具有密切联系。一个不受外部能源干扰、足够缓慢地变化哈密顿量的退火过程被称为绝热过程。因为不存在完全孤立的计算过程,QA 可被视为 AQC 在真实世界的对应。实际上,对于一些问题,保持在基态的概率有时可能很小,但返回的低能状态仍然非常有用。

9.2　量子退火器与 Ising 机的硬件实现

9.2.1　伊辛模型

为了执行量子退火算法,通常根据磁性的横场伊辛模型(Ising model)编写成本函数。伊辛模型的哈密顿量(能量函数)应满足其最低能量状态(基态)代表组合优化问题的解决方案,将表示量子力学波动的项添加到哈密顿量,以诱导状态之间的量子跃迁。

伊辛模型是统计物理学中铁磁性的基本数学模型。该模型具有代表原子自旋的磁偶极矩的离散变量(+1 和 −1),并且这些自旋可以布置在晶格中,从而允许仅近邻节点之间的局部相互作用。

具有横向场的伊辛模型的哈密顿量写为

$$H = -\sum J_{ij}\sigma_i^z\sigma_i^z - \Gamma(t)\sum\sigma_i^x \qquad (9.5)$$

其中,σ 为泡利算符,J_{ij} 对应节点是节点 i 和 j 之间的相互作用,等式右边的第一项是经典的伊辛模型。第二项则代表横向场项,$\Gamma(t)$ 的引入引起经典状态之间的量子涨落。随薛定谔方程的时间演化,系数从非常大的值开始,并在退火过程中减少至零。

9.2.2 D – Wave 系统

1. 超导环的基本原理

D – Wave 是一家加拿大的科技公司,是制备量子退火求解硬件的代表性公司[6]。1999 年公司刚创立时,公司研究人员认为 D – wave 这种超导结构可以用于制作量子计算机,不过很快发现这种结构不适用,但公司名字还是保留下来。之后在量子退火算法的启发下,他们于 2007 年制造出第一台量子退火计算机 Orion。

D – Wave 公司的单个超导量子比特的结构如图 9.4 所示,根据电流在圆环中的流动方向(顺时针或者逆时针),磁场方向也存在向下和向下两种,我们将磁自旋态编码为 +1 和 −1,这两个态可以构建叠加态。图中的大圆环是由铌原子组成的,当温度逐渐降之后,量子效应开始显现。因此整个超导体系是在接近于绝对零度的超低温下工作的。

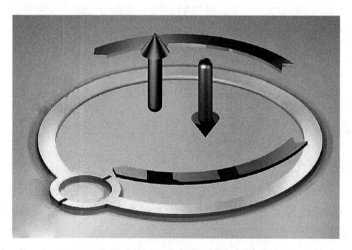

图 9.4   D – Wave 公司的超导量子比特[7]

尽管 D – Wave 和 IBM/谷歌的量子比特都是利用超导制造的,但是二者有很大的区别。编码方式上,D – Wave 是用磁自旋态而后两者是基于非 LC 振荡电路,D-Wave 实现的量子比特不能构建量子比特之间的大规模纠缠,因此难以实现后者量子比特可构建的 CNOT 门等通用量子逻辑门。D-Wave 量子退火是一种不是基于量子逻辑门的专用量子计算。

2. D-Wave 的 QPU 架构

D-Wave 系统的核心是它的量子处理单元(quantum processing unit,QPU),QPU 是一个微小的金属环的格子,每个金属环都是一个量子比特或一个耦合器。其系统需要满足如下要求:(1) QPU 在低于 15mK 的温度下运行,可使用闭环低温稀释制冷机系统达到要求;(2) 屏蔽电磁干扰,可通过使用射频(RF)屏蔽外壳系统和磁屏蔽子系统来实现。

在软件端,用户通过网页端的用户界面与求解器 API 进行通信,从而同 D-Wave 进行交互。求解器 API(也称为 SAPI)是一个开源工具,是用户和量子计算机硬件交互的桥梁。SAPI 组件负责用户交互,用户身份验证和获取用户工作计划。另一方面,SAPI 连接到后端服务器,这些后端服务器向 QPU 和混合求解器发送问题并从中返回结果。

在解决实际问题中,我们要将二次无约束二元优化(QUBO)或伊辛目标函数转换为可以用 D-Wave 系统解决的格式,映射方式取决于 QPU 的布局,因此 QPU 的结构至关重要。下面我们将说明问题图和 QPU 拓扑之间的映射。

D-Wave 的 QPU 是相互连接的量子位组成的晶格。量子位通过耦合器与其他某些量子位相连,但是量子位之间不是全连接的。为了便于理解,我们可以将耦合器分为内部耦合器和外部耦合器(见图9.5)。内部耦合器按如下方式连接成对的正交量子位。外部耦合器连接共线的量子比特对(同一行或同一列中处于对应位置的量子比特)。我们可以用把一个内部耦合器中的八个量子比特想象成一个"晶胞",每一个量子比特是其中的一个原子,外部连接器就是告诉我们晶胞之间是如何"共享"原子的。

内部耦合器有两种等效的方法连接成对的正交量子位,如图9.6所示。分别被称为嵌合体图[图9.6(a)]和飞马座图[图9.6(b)]。嵌合体量子比特具有以下特征:标称长度为4,即每个量子位通过内部耦合器与4个正交量子位相连;维度为6,即每个量子位耦合到6个不同的量子位(四个内部两个外部)。在飞马座图中,与嵌合体图一样,量子位在垂直或水平方向上都"定向",但是类似对齐的量子位也会移动。对于具有这种拓扑结构的 QPU,可将耦合器分为内部,外部和奇数三类。内部耦合器连接成对的正交量子位。每个量子位通过内部耦合连接到其他12个量子位。外部耦合器将垂直量子比特连接到相邻的垂直量子比特,将水平量子比特连接到相邻的水平量子比特。奇数耦合器连接相似对齐的量子比特对。

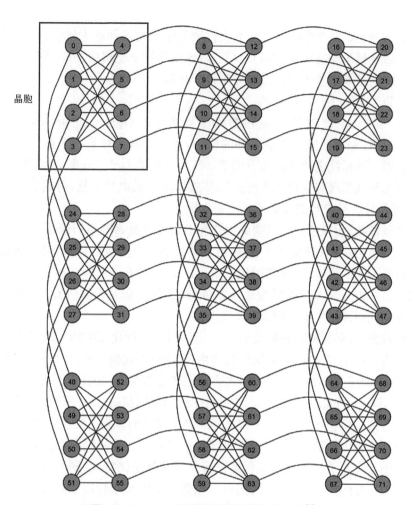

晶胞

图 9.5 D‐Wave 量子处理单元的布局结构[8]

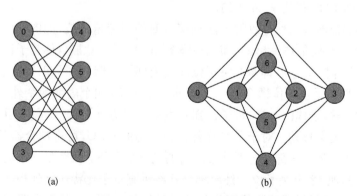

(a)　　　　　　　　　　　　　(b)

图 9.6 D‐Wave 量子处理单元(QPU)布局结构的两种等效表示[8]

(a) 嵌合体图(chimera graph);(b) 飞马座图(pegasus graph)

实际的 D-Wave 硬件中,一个内部耦合器的结构如图 9.7 所示。每一个长方形回路对应着一个量子比特(图中共计 8 个),两个相互正交的量子比特之间有一个圆点,这就是连接两个量子比特的耦合器。实际的硬件中,一个量子比特的尺寸远远大于图 9.7 所示,因为在与晶胞内部耦合的同时要兼顾与其他晶胞的耦合,其实际结构如图 9.8 所示,我们将一组晶胞用黑色方框框了出来。

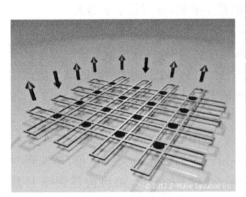

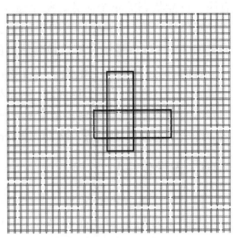

图 9.7　实际 D-Wave 硬件中一个
内部耦合器的结构图[9]

图 9.8　D-Wave 飞马座的
拓扑结构图[10]

每一个长方形回路对应着一个量子比特(图中共计 8 个),蓝点代表连接两个量子比特的耦合器

3. 用 D-Wave 进行量子退火

量子位是构成 D-Wave QPU 的超导环路的最低能量状态,这些状态具有环状电流和相应的磁场。经典位可以具有 0 或 1 状态,但是量子位受量子力学规则支配,因此它可以同时处于 0 和 1 状态的叠加状态。在量子退火过程结束时,量子位从叠加状态坍缩为 0 或 1。

该过程的物理过程可以如下,一开始只有一个最小值。进行量子退火过程,提高势垒,这将能量图变成了所谓的双阱势。在双阱电势中,一个波谷的低点对应于 0 状态,另一个波谷的低点对应于 1 状态,并且量子位在退火结束时终止于这些波谷中的一个。

如果其他所有条件没有影响,则量子位以 0 或 1 状态结束的概率是相等的(1/2),但是,可以通过施加外部磁场来控制量子位,该磁场会使双阱电势倾斜,增加了量子比特最终出现在下层井中的可能性。控制外部磁场的可编程量称为偏置,在存在偏置的情况下,量子位将其能量最小化。

偏置项单独使用时用处不大,但是,当我们将量子位连接在一起时,量子位就能发挥真正的威力,因此它们可以干涉,这是通过称为耦合器的设备完成的,它可以使两个量子位趋于处在相同状态或相反状态下,也可以通过编程耦合强度来设置来产生干涉。可编程的偏置和权重共同定义了 D-wave 问题。

使用耦合器,产生纠缠。当两个量子位纠缠在一起时,它们可以被认为是具有四个可能状态的单个对象。每个量子位都有一个偏置,量子位之间通过耦合器相互作用。设计问题时,我们为偏置和耦合器赋值。偏置和耦合定义了一个能量图,D-Wave 量子计算机找到该图的最小能量,这就是量子退火。

总而言之,我们从一组量子位开始,每个量子位处于 0 和 1 的叠加状态,尚未耦合。当它们进行量子退火时,会引入耦合器和偏置,并且量子位纠缠并具有许多可能的答案,并且在退火结束时,每个量子位都处于代表问题的最小能量状态的经典状态或者近似态。在 D-Wave 系统中计算仅耗时数毫秒。

9.2.3 光学伊辛机

相干伊辛机(coherent Ising machine)指的主要是通过光学手段,来实现伊辛问题的映射与求解。而伊辛机主要需要关注的:① 如何构建伊辛自旋(Ising spin),即 σ;② 如何实现伊辛自旋的相互作用,即 J;③ 求解的速率及准确率。以下关于伊辛机的代表性硬件实现时也将从以上三个角度来进行简要的介绍。

1. 基于光参量振荡器的伊辛机

光参量振荡器(optical parametric oscillators,OPO)伊辛机以日本 Yamamoto 团队为代表。2016 年,研究者将光学网络伊辛模型机与现场可编程门阵列(FPGA)相结合,构建了 100 比特和 2 000 比特的光电混合伊辛模型机[11-12],将该计算机所能求解问题的规模、普适性极大地提升,并且,在求解准确率和求解速度上,都有着不错的表现。

通过简并光参量振荡的方式,参量下转换产生的信号光与闲频光将具有波长、振幅均相同,相位相差 π 的特点。因此可以将 0 和 π 相位的下转换光分别对应于自旋向上和向下伊辛自旋(见图 9.9)。

而研究者借助于 FPGA,通过事先将耦合矩阵编写进 FPGA 中,并利用强度、相位调制器进行反馈调制,实现伊辛自旋之间的相互作用、求解基态(见图 9.10)。FPGA 的引入,也使得所构建的伊辛模型的规模相较于该组之前基于 OPO 的纯光学伊辛模型工作[13-15]有了极大地提升,并且,当求解问题耦合情况不是过于复杂的问题,都能在微秒时间范围内求得精确解。随着问题难度的增

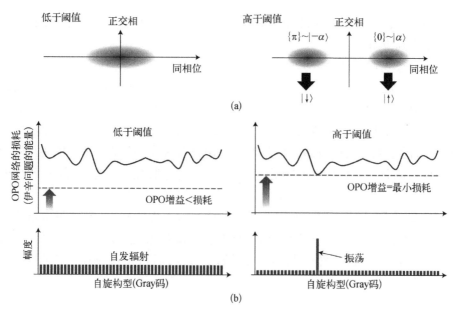

图 9.9　OPO 伊辛机的工作原理[13]

（a）简并 OPO 在阈值以下和阈值以上的二元相态的真空压缩的简化图解，用同相坐标和正交相坐标表示；（b）逐步抽运 OPO 网络，寻找基态，参数增益从低于阈值逐渐增大，达到基态的最小损耗，由于网络的最低损耗对应于表示伊辛问题解的相态配置，因此预计只有基态振荡

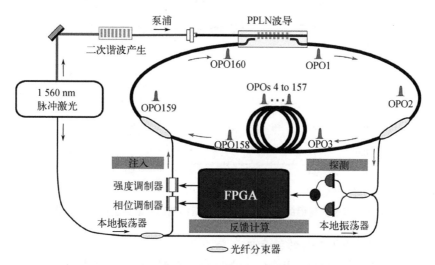

图 9.10　基于测量反馈的相干伊辛机实验原理图[16]

在包含 160 个脉冲的光纤环形腔中，利用非线性晶体[周期性极化铌酸锂（PPLN）]形成了一个时分复用脉冲简并光参量振荡器，每个脉冲的一小部分被测量并用于计算反馈信号，该反馈信号有效地耦合了腔中其他独立的脉冲，这里的伊辛机是由单个光纤腔中的时分多路光参量振荡器组合而成，测量和反馈（注入）阶段用于耦合腔中的脉冲，从而实现伊辛哈密顿量

加，准确率会下降，但所得到的结果也是基态解的近似解，因此，仍然可以在许多问题中得到应用。

2. 基于调制器的伊辛机

虽然 Yamamoto 团队提出的伊辛机可以实现大规模伊辛模型的构建以及最大切割问题的可编程求解。但是，基于 OPO 的方式来构造伊辛模型中的自旋对于系统的稳定性要求非常高，而且泵浦光的重复频率、OPO 振荡腔的腔长、Spin 的个数需要严格的对应与匹配。使得系统需要经常维护，并且在使用时需要对腔长、反馈系统的延迟等多个部分进行监控、调试，不利于系统的商用。

在 2019 年，Böhm[16]等人提出了通过调制器来代替 OPO 产生伊辛自旋的方案，使得系统的复杂度显著降低，并且求解准确率也有所提升。对于莫比乌斯爬梯(Moebius ladder)图的最大切割问题，$N \leqslant 72$ 时，100 次循环得到的准确率为 100%(见图 9.11)。

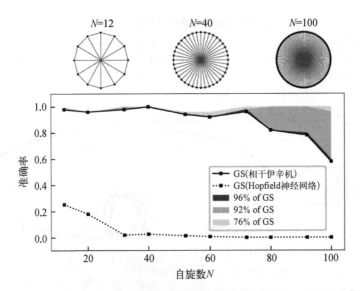

图 9.11 基于调制器的伊辛机解莫比乌斯梯图形的最大切割问题结果[16]

3. 基于空间光调制器的伊辛机

空间光调制器(spatial light modulator，SLM)的方案是 Pierangeli[17-18]等提出的通过 SLM 的相位调制实现伊辛自旋的映射，通过强度调制实现自旋间的相互作用(见图 9.12)。该方案光路简洁，并且可以构建的伊辛模型规模将远超过前面所提到的几种方案，而该团队目前也正在尝试提升该系统的集成度及反馈调制速度。

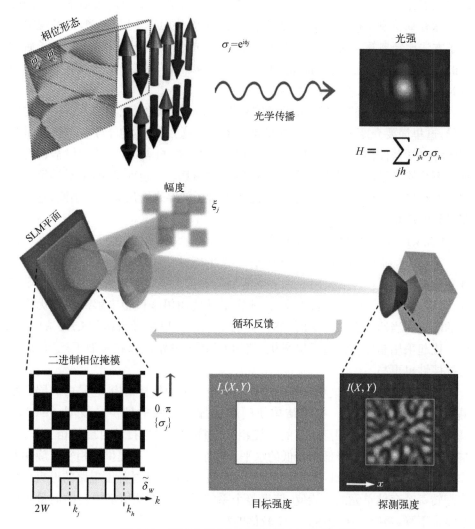

图 9.12　基于空间光调制器的伊辛机示意图[17]

（a）波在不同空间点上的相位给出了自旋在光传播中的演化；（b）调幅激光采用反射式 SLM 进行相位调制，并由 CCD 摄像机在远场检测；（c）二进值离散相位掩码在傅里叶平面上模拟伊辛自旋

9.2.4　电子学伊辛机

　　伊辛机一种用于得到精确或近似的伊辛模型本征态的硬件求解器。迄今，伊辛机的类型包括基于自旋电子学、光学、忆阻器和数字硬件加速器等技术的经典热退火器；用光学和电子学实现的动态系统求解器；以及超导电路量子退火器。总的来看，伊辛机主要采用的三种主要计算方法是经典退火、量子退火和动

态系统演化,一台伊辛机可以在多种计算方法的基础上运行。对通常使用的标准指标有基态成功概率和求解时间等。对于特定的工艺问题实例,已经观察到量子方法比经典算法有更高的性能,促使人们去研究量子硬件方法和量子启发的经典算法。量子-经典混合算法和数字-模拟混合算法在未来的发展中很有前景,它们可以利用两者的互补优势。

为保证"伊辛机"这部分介绍的完整性,同时便于读者比较两者的硬件构成差异,这里简要介绍电子学伊辛机的部分器件。通俗地讲,电子学伊辛机就是利用各种电学器件构成的伊辛机。与上述的各种伊辛机相比,电子学伊辛机的原理并不是使量子涨落逐渐降低,从而最后收敛到基态。也就是说,电子学伊辛机并不处在量子系统的叠加态上,也不能依靠量子隧穿来跑出局部极小值,它是宏观世界的产物。

9.2.4.1 CMOS SRAM 退火机

2015 年,研究者报道了"CMOS 退火器"的实验工作,即使用 CMOS 电子器件来构建伊辛机[19-20]:采用 65 nm 工艺制造的包含了 20k 个自旋的原型伊辛芯片,可实现 100 MHz 的运行操作,并证实了其使用伊辛模型来解决组合优化问题的能力。当运行近似算法时,芯片的功率效率可以估计为通用 CPU 的 1800 倍。比起采用超导体的量子伊辛机,使用 CMOS 电路可以在常温下运行,而且可扩展性也更高。

图 9.13(a)展示了这项工作中选择的伊辛模型的拓扑结构,它是由两层二维晶格构建的三维晶格。三维结构使问题更加容易映射到伊辛模型。N000 - N122 代表伊辛自旋,并且相邻的自旋相互连接。通过连接的自旋的相互作用,整个系统的能量可以降低到较低的水平。每个自旋还具有提供与相邻自旋相互作用的电路,如图 9.13(b)中的白色箭头所示。该方案通过外围电路的退火计算来翻转每个存储单元的自旋值,使得整个系统的能量按照伊辛模型的能量下降策略来下降,最终让系统达到一个较优的解。

图 9.14 中的图表显示了使用 CMOS 退火解决最大切割问题(组合优化问题)时系统能量的变化。在此使用随机数注入方法,随着时间的流逝能量会降低。与 D - Wave 的超导方案相比,CMOS 器件使得其可在常温下运行以及可扩展性高成为其的一大优点。不过,该 CMOS SRAM 方案本质上是模拟退火算法的数字硬件实现,不是直接利用物理动力学的伊辛机方案,对于寻找问题全局最优解的效率还是有一定的限制。

9.2.4.2 基于忆阻器神经网络伊辛机

另一种类伊辛机方案是使用忆阻器阵列来搭建人造神经网络,利用特殊的神经网络模型,如 Hopfield 神经网络,可以将该神经网络的"能量"函数与伊辛

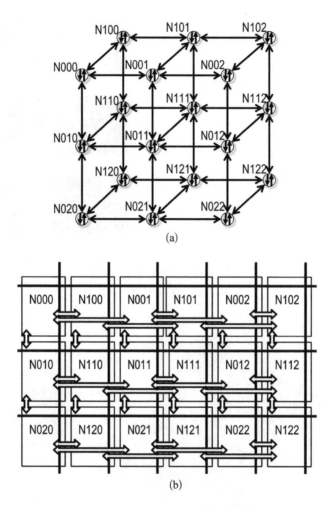

图 9.13 CMOS 退火器概念框架[19]

(a) 伊辛模型的拓扑结构；(b) 采用 CMOS SRAM 实现的电路

哈密顿量映射起来,从而达到去解决组合优化问题的目的。

忆阻器是近些年来发现的电子学的第四种基本元器件,因为忆阻器的电学特性与神经突触的生物学特性十分相似,如图 9.15 所示,因此研究者们将其应用于人造神经网络的制造中。忆阻器能耗低、高速度、精度高的优点使其备受关注,因而将忆阻器用于伊辛机方案的构建也是十分有前景。

图 9.16 是结构实物图以及原理简化图。其中横竖忆阻器阵列通过总线交叉两两相连,每个忆阻器可以被编码进特定问题的权重值,于是整个阵列就构成了一个权重矩阵。然而,像其他的伊辛机方案一样,有时候也

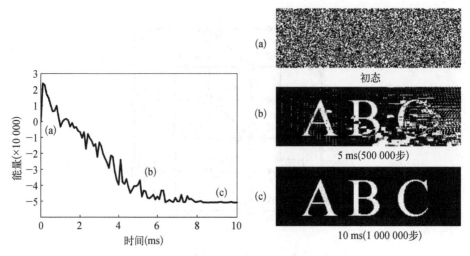

图 9.14　能量演化及自旋状态变化[19]

(a)(b)(c) 表示不同的演化时刻

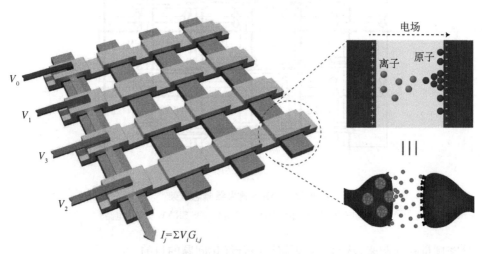

图 9.15　忆阻器结构及用于构造人造神经网络示意图[21]

还是会陷入局部最小值,此方案采用的方法就是,再引入一列忆阻器来通过忆阻器的本征噪声去影响自旋的状态,从而达到跳出局部最小值的目的。

忆阻器伊辛机方案十分有前景,但是该方案目前并没有证实在大规模问题下的求解能力是否稳定,因为其本质上还是模拟退火算法的数字硬件实现,不是直接利用物理动力学的伊辛机方案。

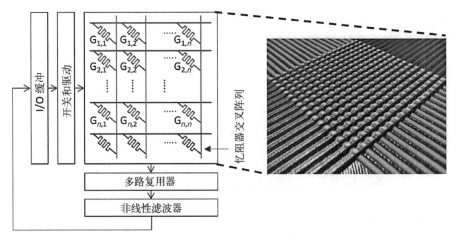

图 9.16　忆阻器原理简化图与结构实物图[22]

（a）设计原理图，包括模拟交叉阵列和外围电路；（b）典型忆阻器交叉阵列的原子力显微图

9.2.4.3　基于电子振荡器的伊辛机

文献[23-25]提出了一种基于电子振荡器的新型机方案。注入锁定现象（injection locking）是指，当一个不稳定的振荡器被另一个频率十分靠近该振荡器本征频率的同步信号所影响时，最终该振荡器的频率和相位都将与信号保持不变的现象。注入锁定现象广泛存在于大自然中，且被广泛利用。而与之相关的另一现象是谐波注入锁定现象（sub-harmonic injection locking），指的是当同步信号的频率足够靠近振荡器本征频率的高次谐波频率时，在同步信号的影响下，最终该振荡器的频率和相位都将与信号保持不变，且振荡器相位表现出多种离散的稳定状态的现象。如图 9.17 所示，当同步信号的频率是振荡器频率的 2 倍频，振荡器的相位将有两种稳定的状态取值，并且相差 180°。这意味着如果有两个本征频率一样的振荡器同时被同步信号锁定时，它们的相位要么同相，要么反相，我们就可以利用这个现象来进行二值编码。

与其他方案类似，每个振荡器可以代表一个自旋，振荡器与振荡器之间可以通过电容或者电阻进行耦合，于是可以将自旋系统映射到振荡器系统上，如图9.18 所示。

值得一提的是，本方案除了振荡器和耦合电阻回路之外没有加入别的外围数字电路，不像其他基于模拟退火算法的伊辛机方案那样需要计算单元参与自旋状态的更新，本方案的最大的特点就是振荡器从自由振动到发生 SHIL 中经历的动力学演化导致能量降低的过程是与伊辛模型所描述的退火过程是一致的，也就是该系统的退火过程完全是自发的，是利用大自然的能量退火机制对自

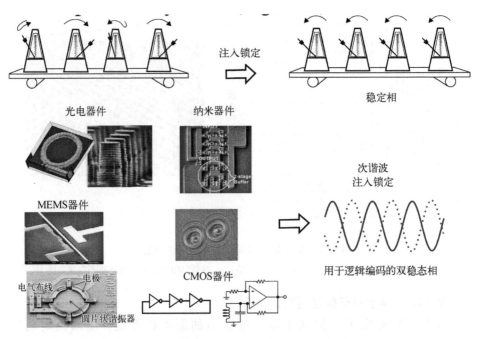

光电器件　　　　纳米器件

MEMS器件

CMOS器件

电气布线　　电极

圆片状谐振器

注入锁定

稳定相

次谐波
注入锁定

用于逻辑编码的双稳态相

图 9.17　在 SHIL 的情况下,双稳态锁相可使多种类型的纳米
振荡器实现基于相位的逻辑编码和存储[25]

MEMS：微机电泵流；CMOS：互补金属氧化物半导体

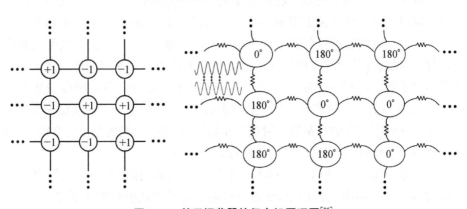

图 9.18　基于振荡器的伊辛机原理图[26]

旋进行更新的真正的伊辛机。

　　与多数方案一样,即使是利用天然物理特性,退火也可能会陷入局部最小值,因此该振荡器方案也采用了高斯白噪声对振荡器的状态进行微扰的方法使其跳出局部最小值。最终的波形结果显示了正确的最优切割方案,验证确认了理论的可靠性。

在性能、速度和可拓展性方面,基于电子振荡器的伊辛机得益于天然的退火机制,当问题尺度变大涉及更多的自旋数量时,系统收敛到最小的能量所耗费的时间几乎不随问题尺度的增加而增大,如图 9.19(a)所示。因此这使得系统的可拓展性十分好,不会因为问题尺度一大就使得求解速度下降。如图 9.19(b) 所示,可以将电子振荡器集成化做成印制电路板(printed circuit board,PCB),通过总线进行连接,从而增加振荡器的数目,在硬件上保障其充分的可扩展性。

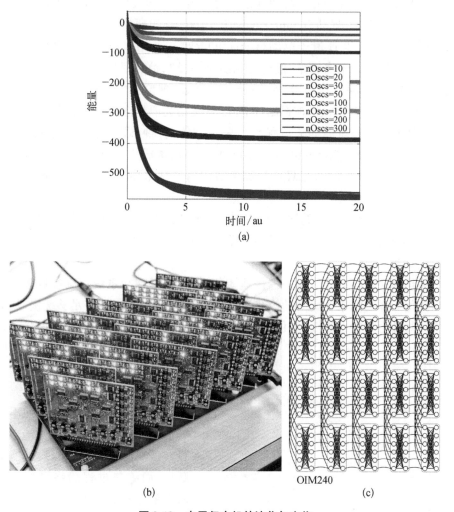

图 9.19　电子伊辛机的演化与实物

(a) 不同规模问题下系统能量随时间的演化[25]及(b) OIM240 的照片(c)OIM240 的示意图[26]

9.3 量子绝热捷径技术

9.3.1 绝热捷径概述

1. 起因

绝热演化要求哈密顿量变化足够缓慢,可能导致较长的运行时间。人们自然地思考如何利用非绝热过程快速地实现绝热演化的效果。早在 2009 年前,就已有关于反向透热驱动(counterdiabatic driving)的研究工作[27-29]。2009 年,Berry 提出一种无跃迁量子驱动(transitionless quantum driving,TQD)方法,即在附近找到一个哈密顿量,使得无论演化快慢原始哈密顿量本征态之间的跃迁振幅都精确为零[30]。2010 年,基于上述 TQD 理论,量子绝热捷径(shortcut to adiabaticity,STA)一词被提出(此前已有应用类似概念解决问题的先例),同样旨在加速量子系统的演化过程[31]。随后数年,各种 STA 方法与应用迅速出现,而先前的反向透热(counterdiabatic,CD)理论也成为最重要的几种 STA 方法之一。时至今日,STA 已经成为加速演化的一种重要方法。9.3 节重点介绍 CD 驱动的 STA 技术。

目前没有一个 STA 的通用理论,每一种主要的方法都有其不同的构造方式、局限性与应用领域,实施途径的多样性也是 STA 的优势之一。

2. 原理

绝热捷径,顾名思义,是一种快速演化,但可以得到与系统控制参量缓慢而绝热变化一样的结果。此处的绝热过程被广泛定义为,系统调控足够缓慢,从而使得一些动力学特性不变,即保留绝热不变量(adiabatic invariant),例如量子系统的量子数,经典系统的相空间区域等[32]。

为了更好地说明 STA 方法的特点,图 9.20 展示了三种不同的演化过程:透热、绝热与绝热捷径。透热演化存在被激发的能级跃迁,而绝热过程始终沿着初态所在的本征能级路径进行演化。图中点线为 STA 路径,主要与系统控制参量的时间依赖特性有关,或者说,与跃迁速率矩阵

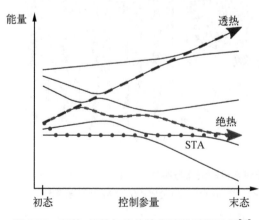

图 9.20　透热、绝热与绝热捷径演化过程示例[32]

(transition-rate matrix)有关。显然,STA 允许演化过程中跃迁,但末态需回归目标本征能级。

制备位于特定本征能级的初态需要消耗资源与时间。因此在理想情形下,一个不依赖于状态的 STA(state-independent STA)方案,可接受任意初态,捷径具有最大鲁棒性,并可降低系统的温度要求。但是,除理想模型外,对于状态的不依赖性仅能近似满足,甚至在某些应用中(例如混沌系统),近似的不依赖性也不可能实现。幸运的是,对于某个特定的状态(通常是基态或一个状态子空间),捷径仍可被构建[32]。

3. 应用

至今,STA 技术的使用范围与目标早已超越初衷。例如,图 9.20 中原始 STA 方法的初态与末态之间,存在某一绝热过程;而为研究驱动跃迁的最小变化量,STA 方法亦被应用于末态不可由初态绝热演化得到的情况。此外,绝热过程并非量子世界所独有,STA 技术已被扩展到经典领域,在光学器件、机械系统与统计物理中也有应用,亦可与最优控制理论(optimal control theory)紧密结合用于确定能源成本与效率,等等。总之,STA 技术可联结众多物理概念与实验技术,提出科学或工程问题,促进各个领域的发展。本书重点介绍 STA 在量子系统与量子技术上的应用。

STA 有两大特点[32]:一是更快的演化速度,二是灵活的控制参量。因此将 STA 方法应用于量子系统的动机主要有两点:一是将系统运行时间压缩到产生退相干之前,二是使得系统规模更大。这样我们对纠错的需求大大降低。

STA 可施加于各种实验平台,例如离子阱、冷原子、NV 色心、超导电路、量子点与腔内原子等。目前,STA 主要应用于两种算法,在门电路中 SAT 加速量子逻辑门运作与量子态制备并且保证在移动原子的过程后不产生激发;在绝热计算与量子退火中 SAT 改变初末哈密顿量,修饰演化路径并为瞬时哈密顿量增添附加项。

9.3.2 反向透热补偿法

1. 原理

CD 驱动的基本思路是,在参考哈密顿量(reference Hamiltonian)$H_0(t)$ 后附加某些相互作用,使得系统动力学遵循由 $H_0(t)$ 驱动的近似绝热演化。这一过程可通俗地类比(见图 9.21),要求把杯子端向目的地,且初、末时刻杯子均处在 A 状态(可视为基态)。显然,有三种端盘方法:缓慢移动杯子,使杯子时刻处于 A 状态;快速移动杯子,杯子中途经历了 B 状态(可视为激发态),水杯晃动水滴洒出,结束时无法重新处于 A 状态;同样快速移动杯子,但倾斜盘面,改变相互作用,杯子中途经历了 C 状态,结束时消除倾斜角即可处于 A 状态。

图 9.21 CD 驱动在生活中的类比[33]

在进一步理论推导前,我们首先引入量子绝热定理(quantum adiabatic theorem,QAT):

定理 9.2 量子绝热定理

设体系哈密顿量 $H(t)$ 随时间的变化足够缓慢,初态为 $|\psi(0)\rangle = |m(0)\rangle$,则在 $t > 0$ 时刻,体系将保持在 $H(t)$ 相应的瞬时本征态 $|m(t)\rangle$ 上。适用条件为,对所有 $n \neq m$,都存在:

$$\left| \frac{\hbar\langle m|\dot{n}\rangle}{E_m - E_n} \right| = \left| \frac{\hbar\langle m|\dot{H}|n\rangle}{(E_m - E_n)^2} \right| \ll 1 \tag{9.6}$$

证明 QAT 的过程,本质上是求解受绝热条件 $\lim_{T\to\infty}\langle n|\dot{m}\rangle = 0$ 限制的含时薛定谔方程。这里,我们不加证明地使用该定理。

下面,我们依据 Berry 在 2009 年的工作[30],进行基本的理论推导。为简单起见,假设系统具有离散能谱,且无简并态。设参考哈密顿量为

$$H_0(t) = \sum_n E_n(t)|n(t)\rangle\langle n(t)| \tag{9.7}$$

初态 $|n(0)\rangle$ 为 $H_0(0)$ 的一个本征态,由 QAT 可知,在 $H_0(t)$ 变化足够缓慢的情况下,将继续保持本征态形式,即

$$|\psi_n(t)\rangle = e^{i\xi_n(t)}|n(t)\rangle \tag{9.8}$$

其中,$\xi_n(t)$ 为绝热相位(adiabatic phase)。将 $\xi_n(t)$ 作为拟设(ansatz),带入由 $H_0(t)$ 驱动的含时薛定谔方程,就可以求解出绝热相位。现寻找一个附近的哈密顿量 $H(t)$,使得近似态 $|\psi_n(t)\rangle$ 成为含时演化的精确态。首先考虑通过为动

力学态 $|\psi_n(t)\rangle$ 指定一组完备基 $\{|n(0)\rangle\}$，从而设计一个幺正演化算符：

$$U(t) = \sum_n |\psi_n(t)\rangle\langle n(0)| = \sum_n \mathrm{e}^{i\xi_n(t)}|n(t)\rangle\langle n(0)| \tag{9.9}$$

显然，演化算符 $U(t)$ 亦必然满足方程：

$$i\hbar\,\partial_t U(t) = H(t)U(t) \tag{9.10}$$

移项，得到由 $U(t)$ 描述的 $H(t)$ 表达式，即

$$H(t) = i\hbar\dot{U}U^\dagger \tag{9.11}$$

将式(9.7)带入上式，目标哈密顿量 $H(t)$ 即可表示为

$$H(t) = H_0(t) + H_{CD}(t) \tag{9.12}$$

$$H_{CD}(t) = i\hbar\sum_n\{|\partial_t n(t)\rangle\langle n(t)| - \langle n(t)|\,\partial_t n(t)\rangle|n(t)\rangle\langle n(t)|\} \tag{9.13}$$

需要注意的是，在某些文献中，$H_{CD}(t)$ 表示总哈密顿量 $H(t)$，而参考哈密顿量 H_0 作为 $H_{CD}(t)$ 中的一项出现[34]。本书采用式(9.12)的表示法。反向透热补偿哈密顿量(Counterdiabatic Hamiltonian) H_{CD} 在 $t<0$ 或 $t>t_f$(t_f 为终止时刻)的时间段内将突然或逐渐地消失，因此在边界时刻 $t=0^-$ 或 $t=t_f^+$ 时，参考哈密顿量 $H_0(t)$ 的瞬时本征态 $|n(t)\rangle$ 成为整个哈密顿量 $H(t)$ 的本征态。原则上，CD 驱动允许任意快速的退火方案，避免了绝热极限要求的无穷小变化速率[33]。

回顾上述推导过程，实质上是由瞬时本征态逆向推出瞬时哈密顿量的过程。这是逆向工程方法(inverse engineering approach)的一种运用。

可以证明，即使在不同表象下表示 $H_0(t)$，$H_{CD}(t)$ 与 $H(t)$ 也不受影响，表象变换不改变内在的物理过程。

一般情况下，态与相位的演化均是先验地被视为绝热过程。在一些特殊的应用下，这一先验性的假设并不成立[35]。原因是，CD 驱动本质上是基于不变量的逆向工程，需人为强加某些动力学条件，而不是预先给定 $H_0(t)$。问题的初始对象仅为由式(9.11)给出的 $U(t)$，而 $H_0(t)$ 是通过后续过程被定义的。改变相位 $\xi_n(t)$ 可以修饰 $H_0(t)$，对 $|\psi(t)\rangle$ 的演化产生影响。特别地，在一些研究中，优化 $\xi_n(t)$ 可最小化能量消耗[36]，或提高稳健性等[37]。

2. 应用

1) 一个简单的算例

考虑一个二能级系统，参考哈密顿量可以表示为

$$H_0(t) = \frac{\hbar}{2}\begin{bmatrix} -\Delta(t) & \Omega_R(t) \\ \Omega_R(t) & \Delta(t) \end{bmatrix} \tag{9.14}$$

其中,$\Delta(t)$ 是失谐,$\Omega_R(t)$ 是实的拉比频率。利用久期方程解出瞬时本征能级 $E_n(t)$,再带入瞬时本征方程 $H_0(t)|n(t)\rangle = E_n(t)|n(t)\rangle$,即可得出瞬时本征态 $\{|\lambda_-(t)\rangle, |\lambda_+(t)\rangle\}$。带入式(9.13),可得 CD 哈密顿量:

$$H_{CD}(t) = \frac{\hbar}{2}\begin{bmatrix} 0 & -i\Omega_a(t) \\ i\Omega_a(t) & 0 \end{bmatrix} \tag{9.15}$$

$$\Omega_a(t) = \frac{\Omega_R(t)\dot{\Delta}(t) - \dot{\Omega}_R(t)\Delta(t)}{\Delta^2(t) + \Omega_R^2(t)} \tag{9.16}$$

2) CD 驱动横场伊辛链的数值模拟

为了进一步说明 CD 驱动的优势,我们利用 MATLAB,在一维横场伊辛模型的基础上,分别计算模拟仅由参考哈密顿量 H_0 驱动与添加 CD 项 H_{CD} 驱动的演化结果。

理论框架如下。在开放边界条件下,仅考虑最近邻相互作用,包含 N 个自旋的横场伊辛链的哈密顿量为

$$H_0(t) = -B(t)\sum_{j=1}^{N}\sigma_j^x + J_0\sum_{j=1}^{N-1}\sigma_j^z \otimes \sigma_{j+1}^z \tag{9.17}$$

显然,量子相变是横场 $B(t)$ 的函数,满足 $\left|\dfrac{B(t)}{J_0}\right| < 1$ 为反铁磁相,满足 $\left|\dfrac{B(t)}{J_0}\right| > 1$ 为顺磁相,相变点为 $|B(t_c)| = J_0$ 的点。$H_{CD}(t)$ 由式(9.13)计算得到,其中 $|n(t)\rangle$ 是 $H_0(t)$ 的瞬时本征态。总哈密顿量为

$$H(t) = H_0(t) + H_{CD}(t) \tag{9.18}$$

在下述各种参数条件下,初态均设定为基态,即 $|\Psi(0)\rangle = |\epsilon_0(0)\rangle$。设仅由 H_0 驱动演化的量子态为 $|\Psi_0(t)\rangle$,由 $H(t)$ 驱动演化的量子态为 $|\Psi(t)\rangle$。则有可用于计算的关系式:

$$|\Psi_0(t_n)\rangle = \lim_{\Delta t \to 0^+} e^{-\frac{iH_0(t_{n-1})\Delta t}{\hbar}} e^{-\frac{iH_0(t_{n-2})\Delta t}{\hbar}} \cdots e^{-\frac{iH_0(t_1)\Delta t}{\hbar}} e^{-\frac{iH_0(t_0)\Delta t}{\hbar}} |\Psi(0)\rangle| \tag{9.19}$$

$$|\Psi(t_n)\rangle = \lim_{\Delta t \to 0^+} e^{-\frac{iH(t_{n-1})\Delta t}{\hbar}} e^{-\frac{iH(t_{n-2})\Delta t}{\hbar}} \cdots e^{-\frac{iH(t_1)\Delta t}{\hbar}} e^{-\frac{iH(t_0)\Delta t}{\hbar}} |\Psi(0)\rangle \tag{9.20}$$

设结束时刻 $t = \tau$,$B(0) = B_0$,$B(\tau) = B_f$。因为 CD 驱动方案要求

$H_{CD}(0^-) = H_{CD}(\tau^+) = 0$，再由式 (9.13)，可知当 $\dot{B}(0) = \dot{B}(\tau) = 0$ 时，H_{CD} 满足约束条件。由此写出一种可能的含时磁场：

$$B(s) = B_0 + 3(B_f - B_0)s^2 - 2(B_f - B_0)s^3, \quad s \equiv \frac{t}{\tau} \in [0, 1] \quad (9.21)$$

在演化过程中，退火速率可用 $B(s)$ 的平均变化速率 $\bar{v} = \dfrac{|B_f - B_0|}{\tau}$ 来衡量。需要注意的是，因为 $B(s)$ 的形式为三次多项式，故运行过程中磁场的瞬时变化率不恒定。若体系在 t 时刻的量子态为 $|\phi(t)\rangle$，则规定保真度为 $\mathcal{F}(t) \equiv |\langle \epsilon_0(t)|\phi(t)\rangle|^2$，即处于瞬时基态的概率。于是激发密度（density of excitations，DOE）可以表示为 $n_{ex}(t) = 1 - \mathcal{F}(t)$.

图 9.22 展示了自旋个数 $N = 5, 7, 9, 11$ 时，由 H_0 或 $H_0 + H_{CD}$ 驱动演化的结果。可见，由 $H_0 + H_{CD}$ 驱动时，无论有多少个自旋，系统状态始终保持在瞬时基态附近；但仅由 H_0 驱动时，包含更多自旋的系统更易偏离瞬时基态。此外，由 $B(s)$ 的形式，易知相变点约为 $s_c = 0.52$，如图中虚线所示。在临近相变点时，仅由 H_0 驱动的量子态纷纷开始被激发。尤其是 $N = 11$ 的伊辛链，由 H_0 驱动演化结束时其处于基态的概率只有 0.06 左右。而添加 H_{CD} 项的情况下，各种长度伊辛链的激发均被大幅抑制。

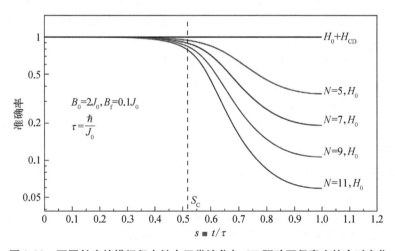

图 9.22　不同长度的横场伊辛链在正常演化与 CD 驱动下保真度的含时变化

图 9.23 展示了自旋个数 $N = 5, 7, 9, 11$ 时，由 H_0 或 $H_0 + H_{CD}$ 驱动，演化结束时的激发率随调控速率的变化。可见，仅由 H_0 驱动时，欲使末态处于基态附近，至少需要保证调控速率小于 $0.1 J_0^2/\hbar$；而添加 H_{CD} 驱动项后，调控速率至

少可以达到 $100J_0^2/\hbar$ 而不会导致大规模的激发。这一现象意味着至少 10^3 倍的效率提升。我们再次指出,在理想模型中,CD 驱动允许任意快速的退火方案。

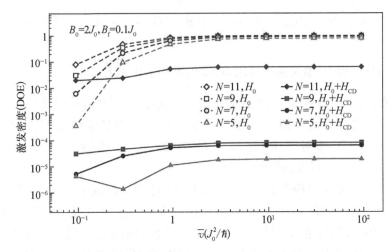

图 9.23　不同长度的横场伊辛链在正常演化与 CD 驱动下
演化结束时的激发密度随磁场调控速率的变化

　　本节主要介绍了量子绝热捷径技术的原理与一些应用。如 9.3.1 所述,量子绝热捷径的目的是,通过非绝热过程实现绝热演化的最终效果,从而大幅缩减演化时间,不必受到绝热极限的限制。CD 驱动是实现绝热捷径的一种主流方法,在 9.3.2 中对其进行了简单推导,并指出其在伊辛模型中的应用。

　　对于工程技术人员,绝热捷径技术,特别是 CD 驱动,有助于在环形和星形超导网络的遥远节点之间传输信息[38]、测量 Berry 相位等[39]。在超导电路中应用绝热捷径,有助于制备光子猫态,这种状态储存在高 Q 值谐振器中,可用于制造高效的通用量子计算[40]。工程技术人员可利用无跃迁量子驱动,控制双光子驱动的幅度与相位,从而非绝热且快速地制备猫态。在光学器件中,通过绝热捷径技术,可用含时参数来控制线性介质中传播的光波[41],同时使用空间坐标代替时间,有利于制作更紧凑的波导器件,使仪器更加集成化。总之,绝热捷径可以在离子阱、双势阱、腔量子电动力学、超导电路、自旋轨道耦合、NV 色心、多体与自旋链式模型等各种平台上构建,以促进量子科技的发展。另外,工程师若欲将绝热捷径技术推广,需考虑能源消耗的问题。从原理上看,绝热捷径与绝热过程的演化终点具有相同的能量,故绝热捷径不需消耗额外资源似乎是可能的。但是,许多利用绝热捷径的工作都对系统输入了不同程度的辅助能量,这提醒我们捷径不是"免费"的。对于绝热捷径过程能耗的研究已经有很多,其中一些给出了最短演化时间,即 t_f 所具有的下限[42-44]。

参考文献

［1］ Kirkpatrick S, Gelatt C D, Vecchi M P. Optimization by Simulated Annealing. Science, 1983, 220: 671 - 680.

［2］ Kadowaki T, Nishimori H. Quantum annealing in the transverse Ising model. Physical Review E, 1999, 58: 5355.

［3］ D-Wave. What is Quantum Annealing? https://docs.dwavesys.com/docs/latest/c_gs_2.html [2023].

［4］ Farhi E, Goldstone J, Gutmann S, et al. Quantum computation by adiabatic evolution. arXiv, 2000, p.0001106.

［5］ Aharonov D, Dam W V, Kempe J, et al. Adiabatic quantum computation is equivalent to standard quantum computation. SIAM Journal on Computing, 2007. 37 (1): p. 166 - 194.

［6］ D-Wave. Unlock the Power of Practical Quantum Computing Today. https://www.dwavesys.com [2023].

［7］ Smelyanskiy V N, Rieffel E G, Knysh S I, et al. A near-term quantum computing approach for hard computational problems in space exploration. arXiv, 2012: 1204.2821.

［8］ D-Wave. QPU Topology. https://docs.ocean.dwavesys.com/en/stable/concepts/topology.html [2023 - 01].

［9］ Olaya P. The D-Wave computer practical quantum computing. http://web.eecs.utk.edu/~bmaclenn/Classes/494 - 594 - UC-F19/presentations/CS594_UC_Dwave_FinalPresentation.pdf [2019].

［10］ D-Wave. D-Wave QPU Architecture: Topologies. https://docs.dwavesys.com/docs/latest/c_gs_4.html [2023].

［11］ McMahon P L, Marandi A, Haribara Y, et al. A fully programmable 100-spin coherent Ising machine with all-to-all connections. Science, 2016, 354: 614 - 617.

［12］ Inagaki T, Haribara Y, Igarashi K, et al. A coherent Ising machine for 2000-node optimization problems. Science, 2016, 354: 603 - 606.

［13］ Marandi A, Wang Z, Takata K, et al. Network of time-multiplexed optical parametric oscillators as a coherent Ising machine. Nature Photonics, 2014, 8: 937 - 942.

［14］ Inagaki T, Inaba K, Hamerly R, et al. Large-scale Ising spin network based on degenerate optical parametric oscillators. Nature Photonics, 2016, 10: 415 - 419.

［15］ Takata K, Marandi A, Hamerly R, et al. A 16 - bit coherent Ising machine for one-dimensional ring and cubic graph problems. Scientific Reports, 2016, 6: 34089.

［16］ Böhm F, Verschaffelt G, Van der Sande G. A poor man's coherent Ising machine based on opto-electronic feedback systems for solving optimization problems. Nature Communications, 2019, 10: 1 - 9.

［17］ Pierangeli D, Marcucci G, Conti C. Large-scale photonic Ising machine by spatial light modulation. Physical Review Letters, 2019, 122: 213902.

[18] Pierangeli D, Marcucci G, Brunner D, et al. Noise-enhanced spatial-photonic Ising machine. Nanophotonics, 2020: 1.

[19] Yamaoka M, Yoshimura C, Hayashi M, et al. A 20k-spin Ising chip to solve combinatorial optimization problems with CMOS annealing. IEEE Journal of Solid-State Circuits, 2015, 51: 303 - 309.

[20] Shin J H, Jeong Y J, Zidan M A, et al. Hardware acceleration of simulated annealing of spin glass by RRAM crossbar array. 2018 IEEE International Electron Devices Meeting (IEDM), 2018: 3.3. 1 - 3.3. 4.

[21] Zidan M A, Strachan J P, Lu W D, et al. The future of electronics based on memristive systems. Nature Electronics, 2018, 1: 22 - 29.

[22] Cai F, Kumar S, Van Vaerenbergh T, et al. Harnessing intrinsic noise in memristor Hopfield neural networks for combinatorial optimization. arXiv, 2019: 1903.11194.

[23] Wang T, Roychowdhury J. OIM: Oscillator-based Ising machines for solving combinatorial optimisation problems. International Conference on Unconventional Computation and Natural Computation, Springer, Cham, 2019: 232 - 256.

[24] Wang T, Wu L, Roychowdhury J. Late breaking results: New computational results and hardware prototypes for oscillator-based Ising machines. 2019 56th ACM /IEEE Design Automation Conference (DAC), IEEE, 2019: 1 - 2.

[25] Wang T, Roychowdhury J. Oscillator-based ising machine. arXiv, 2017: 1709.08102.

[26] Wang T, Wu L, Roychowdhury J. Late breaking results: New computational results and hardware prototypes for oscillator-based Ising machines. arXiv, 2019: 1904.10211.

[27] Demirplak M, Rice S A. On the consistency, extremal, and global properties of counterdiabatic fields. Journal of Chemical Physics, 2008, 129: 154111.

[28] Demirplak M, Rice S A. Assisted adiabatic passage revisited. Journal of Physical Chemistry B, 2005, 109: 6838 - 6844.

[29] Demirplak M, Rice S A. Adiabatic population transfer with control fields. Journal of Physical Chemistry A, 2003, 107: 9937 - 9945.

[30] Berry M V. Transitionless quantum driving. Journal of Physics A Mathematical and Theoretical, 2009, 42: 365303.

[31] Chen X, Ruschhaupt A, Schmidt S, et al. Fast optimal frictionless atom cooling in harmonic traps: Shortcut to adiabaticity. Physical Review Letters, 2010, 104: 063002.

[32] Guéry-Odelin D, Ruschhaupt A, Kiely A, et al. Shortcuts to adiabaticity: Concepts, methods, and applications. Reviews of Modern Physics, 2019, 91: 045001.

[33] Sels D, Polkovnikov A. Minimizing irreversible losses in quantum systems by local counterdiabatic driving. Proceedings of the National Academy of Sciences of the United States of America, 2017, 114: E3909 - E3916.

[34] Saberi H, Opatrny T, Mølmer K, et al. Adiabatic tracking of quantum many-body dynamics. Physical Review A, 2014, 90: 060301.

[35] Chen X, Torrontegui E, Muga J G. Lewis-Riesenfeld invariants and transitionless quantum driving. Physical Review A, 2011, 83: 062116.

[36] Hu C K, Cui J M, Alan C, et al. Experimental implementation of generalized transitionless quantum driving, Optics Letters, 2018, 43: 3136 – 3139.

[37] Santos A C, Sarandy M S, et al. Generalized shortcuts to adiabaticity and enhanced robustness against decoherence. Journal of Physics A Mathematical & Theoretical, 2018, 51: 025301.

[38] Kang Y H, Shi Z C, Huang B H, et al. Fast and robust quantum information transfer in annular and radial superconducting networks. Annalen der Physik, 2017, 529: 1700154.

[39] Zhang Z, Wang T, Xiang L, et al. Measuring the Berry phase in a superconducting phase qubit by a shortcut to adiabaticity. Physical Review A, 2017, 95: 042345.

[40] Puri S, Boutin S, Blais A. Engineering the quantum states of light in a Kerr-nonlinear resonator by two-photon driving. Npj Quantum Information, 2017, 3: 18.

[41] Lakehal H, Maamache M, Choi J R. Novel quantum description for nonadiabatic evolution of light wave propagation in time-dependent linear media. Scientific Reports, 2016, 6: 19860.

[42] Deffner S, Campbell S. Quantum speed limits: From Heisenberg's uncertainty principle to optimal quantum control. Journal of Physics A Mathematical General, 2017, 50: 453001.

[43] Sebastian D Steve C. Superadiabatic controlled evolutions and universal quantum computation. Scientific Reports, 2015, 5: 15575.

[44] Deffner S, Lutz E. Energy-time uncertainty relation for driven quantum systems. Journal of Physics A Mathematical & Theoretical, 2013, 46: 335302.

第 Ⅳ 篇
经典-量子混合算法

第10章
经典-量子混合的新兴通用量子算法

尽管我们已经通过很多技术路径制造出通用量子比特,未来五到十年,我们认为量子计算机的硬件水平还是会处于有噪声中等规模量子技术(noisy intermediate-scale quantum,NISQ)的时代[1]。其中关键词"有噪声"是指量子门的噪声限制了门电路的规模,而"中等规模"指的是目前我们可以用 50~100 个物理量子比特进行计算。在 NISQ 时代下,如果运用前面章节介绍的量子相位估计算法等基于通用量子线路的算法,需要非常大的线路深度,准确率难以保证,或涉及非常复杂的量子纠错,需要很高的量子比特数目,因此难以实现高效准确的量子计算。

目前在 NISQ 背景下可能的技术路径是将经典计算与量子计算结合,形成经典-量子混合算法。在这种情况下我们需要一个量子处理器来制备量子态并构建含参数的量子线路,用经典优化器来反馈调节量子线路参数,混合算法不断重复这一流程直到我们得到满意的近似解。这样可以利用有限深度的量子线路实现混合量子计算,并且发挥经典优化器在参数优化方面的优势。首先提出的混合量子计算算法是变分量子本征值求解器(variational quantum eigensolver,VQE),随即在可编程光网络芯片中实验实现[2],并相继在其他量子物理体系中演示。还有一个代表性算法是量子近似优化算法(quantum approximate optimization algorithm,QAOA),它是受绝热量子计算启发下实现的等效的通用量子线路版本,因此我们将本章放置于绝热量子计算等专用量子计算相关篇章之后,体现量子算法发展的延续和知识体系的承接。

本章我们将分别对 VQE 和 QAOA 展开介绍。

10.1 变分量子本征值求解

10.1.1 纯量子线路的缺陷

量子相位估计(quantum phase estimation,QPE)可以实现估计酉矩阵的特

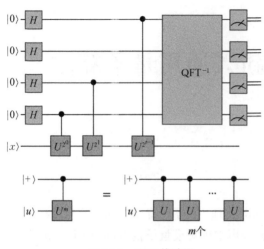

图 10.1　QPE 线路图

征值。如图 10.1 所示,QPE 是一个纯粹基于通用量子门的线路,它的受控旋转操作 U 以及逆向傅里叶估计 QFT^{-1} 这两个模块都需要非常大的量子线路深度,线路深度随量子比特数呈现指数上升趋势。可见 QPE 是 NISQ 时代并不太友好的量子算法。例如,在第 5 章中提到改进的量子幅度估计算法 IQAE,就采用不基于 QPE、QFT^{-1} 这种指数消耗量子线路深度的方式,去实现 NISQ 时代下更高效的算法。

当前基于真实量子计算硬件的实验结果是一个很好的佐证。以 HHL 线性方程求解量子算法为例,它是一个基于 QPE 的代表性纯通用量子算法。图 10.2(a)是量子计算模拟器中对应一个 2×2 的 $\boldsymbol{A}$ 矩阵得到的结果,根据第 5 章相关知识点,我们关心 $|00001\rangle$ 和 $|01001\rangle$ 的比值,模拟器得到 3 比 1 的值与真实解一致。而图 10.2(b)是通过真实 IBM 量子计算硬件 ibmqx4 来求解,此时噪声对结果的影响太大,从结果中完全无法得出需要的结果。这只是用到 4 量子比特的最简单版的 HHL 线路,可见纯通用的 QPE 算法在当前硬件中的确充满挑战。

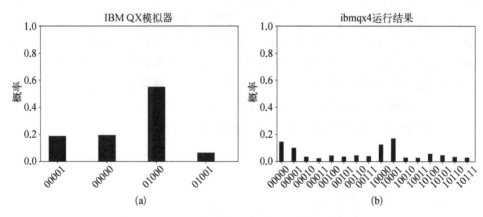

图 10.2　关于 HHL 线性方程算法的模拟器求解
(a)和量子计算硬件求解结果(b)[3]

10.1.2　VQE 的原理

鉴于 QPE 等算法在 NISQ 时代发挥不佳,本征值求解具有重要的意义和广泛的应用,因此寻找其在 NISQ 时代可行的替代品成为重要的方向。VQE 就是在这个背景下诞生的,VQE 的概念以及实验演示都是在 2013 年提出的,如同其名,它是一种 NISQ 背景下更高效的本征值求解算法。VQE 的整体算法框架如图 10.3 所示,将哈密顿量分为多项的求和形式,将每一子项的哈密顿量分别通过量子线路测量,用经典计算处理单元对各子项哈密顿量的演化结果进行求和,并用经典优化器调整下一次输入量子态的参数,经过不断循环迭代,使得演化结果的求和值达到最小[4-6]。

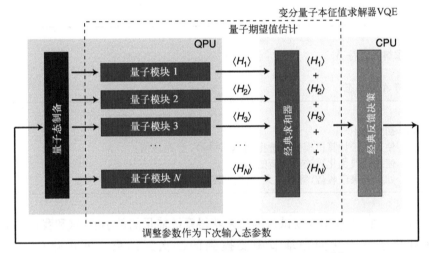

图 10.3　VQE 算法中经典-量子交互过程示意图[2]

在了解如何调整参数之前,我们要知道为什么可以通过调整参量进行优化,因此我们先简要介绍变分原理。Rayleigh - Ritz 定理[7-8]表示,对于一个厄米矩阵 H(例如哈密顿量),其最小本征值 E_0(也就是量子体系中的基态能量),可以用对应的本征函数(基态波函数)φ_0(默认已经归一化,下同)获得:

$$E_0 = \langle \varphi_0 | H | \varphi_0 \rangle \tag{10.1}$$

这是个很显然的结论,接下来,我们可以证明:任意一个不处于基态的系统,其波函数是 $\psi(\theta)$,系统能量 $\langle \psi(\theta) | H | \psi(\theta) \rangle$ 一定大于等于 E_0。

假设 H 的本征能量为 $E_0, E_1, E_2 \cdots$,对应的本征函数为 $\varphi_0, \varphi_1, \varphi_2 \cdots$,很显然我们可以将 $\psi(\theta)$ 分解为本征函数的线性组合:

$$\psi(\theta) = \sum_{i=0} c_i(\theta) \varphi_i \tag{10.2}$$

$$\langle \psi(\theta)|H|\psi(\theta)\rangle = \sum_{i=0} \langle c_i^*(\theta)\varphi_i|H|c_i(\theta)\varphi_i\rangle$$

$$= \sum_{i=0} |c_i(\theta)|^2 \langle \varphi_i|H|\varphi_i\rangle = \sum_{i=0} |c_i(\theta)|^2 E_i$$

$$\geqslant \sum_{i=0} |c_i(\theta)|^2 E_0 = E_0 \qquad (10.3)$$

那么我们就容易想到：如果一个系统能量越接近 E_0，是不是波函数越接近 φ_0，答案是肯定的。进而我们可以思考，如果我们任意给定一个初始系统状态（试探函数），是不是可以不断改变参量 θ，使其能量不断降低，无限接近于基态。从这个角度说，VQE 与退火有一些相似。

VQE 算法如下（经典–量子交互过程参见图 10.1）：

算法 10.1：VQE 算法

输入：
  待求解的算符 A
输出：
  算符 A 的基态

过程：
  (1) 初始化 $|\psi\rangle$；
  (2) 使用量子计算机模拟测量得到 $\langle \psi|A|\psi\rangle$，记录该值；
  (3) 使用经典优化算法得到新的 $|\psi\rangle$；
  (4) 如果结果已收敛，算法结束；否则回到 2

另一方面，不断用改变试探函数来获得系统能量的最小值，这和我们在后续量子计算求解优化问题章节中要提到的二次无约束二元优化（quadratic unconstrained binary optimization，QUBO）问题的思路很像，我们可以将 VQE 和 QUBO 对比。

表 10.1　VQE 与 QUBO 对比

方法	公　式	原　　理
VQE	$\langle \psi(\theta)|H|\psi(\theta)\rangle \geqslant E_0$	尝试不同的参量 θ，得到最小的 $\langle \psi(\theta)|H|\psi(\theta)\rangle$，对应于基态能量 E_0。
QUBO	$\min y = \boldsymbol{x}^{\mathrm{T}} \boldsymbol{Q} \boldsymbol{x}$	尝试不同的矢量 $\boldsymbol{x}$ 来获得 y 的最小值，$\boldsymbol{x}$ 就是优化问题的解。

前面我们提到，QPE 可以用来求解本征值，当我们只需要知道最小本征值时，VQE 可以作为 QPE 的替代方法（但是也仅限于最小本征值，目前也存在一

些 VQE 变体尝试求解激发态能级)。不过 VQE 与 QPE 的一个不同之处在于，VQE 本质是一个优化问题的应用。

可能你已经注意到，如果波函数 $|\psi\rangle$ 是一个任意的函数，由于受到优化算法能力和速度的局限，我们仍然难以求解这一最小值。因此，我们需要根据实际情况，构造一组 $|\psi\rangle$ 的"拟设"[9]，也即一个含参数的函数表达式，并用优化算法求解目标值关于这些参数的最小值。设计良好的拟设可以大大减少对计算性能的需求。在许多量子问题中，$|\psi\rangle$ 是一组已知基矢的叠加，此时仅需用叠加系数作为求解的参数即可。

正如图 10.3 所示，VQE 分为量子和经典两个部分，量子部分的作用是提供拟设(初始输入态)以及依次测量 H 在 $|\psi(\theta)\rangle$ 上的 N 个分量 $\langle\psi|\sigma_x\sigma_x|\psi\rangle$，$\langle\psi|\sigma_z\sigma_z|\psi\rangle$，$\cdots$；经典部分的作用是根据 QPU 的测量结果，结合其所占的权重，求和得到 $\langle\psi|H|\psi\rangle$，然后调整参数 θ 来降低 $\langle\psi|H|\psi\rangle$。

10.1.3　实现 VQE

1. Ansatz 的设置

在 VQE 的实验实现中，拟设线路提供了含参数量子态 $\psi(\theta)$ 的表示，使得拟设态中包含优化参量 θ。 主要包含两类：硬件相关的拟设以及化学启发的拟设。

硬件实现拟设线路相对十分容易，例如旋转 X 门 $R_x(\theta)$ 等现有的通用量子逻辑门可以直接实现(见图 10.4)；还有化学启发拟设，例如酉耦合簇态(unitary coupled cluster，UCC)拟设，由于 VQE 经常用于求解分子基态能量，构建诸如 UCC 拟设这样的化学启发式拟设，有助于针对特定的化学优化问题进行高效准确的参数调节。虽然 UCC 拟设的表示式比较复杂，但相对还是能够直观地通过通用逻辑门来构建。表 10.2 给出了更多 VQE 应用于量子化学领域的硬件实现。

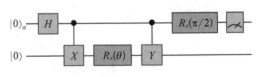

图 10.4　旋转 X 门 $R_x(\theta)$ 实现拟设

表 10.2　VQE 应用于量子化学领域的硬件实现[6]

架构/平台	分子体系	量子比特数	Ansatz	优化方法	求解目标
光子芯片	HeH^+	2	硬件相关参数	Nelder - Mead	基态能量
单离子阱	HeH^+		UCC	Nelder - Mead	基态/激发态能量

续　表

架构/平台	分子体系	量子比特数	Ansatz	优化方法	求解目标
超导处理器	H_2	2	UCC	网格搜索和局部优化	基态能量
超导处理器	H_2/LiH/BeH_2	6	硬件相关参数	SPSA	基态能量
离子阱（Ca^+）	H_2/LiH	3	近似 UCC	网格搜索和局部优化	基态能量
超导处理器	H_2	2	硬件相关参数	PSO	基态/激发态能量
硅光芯片	LHII 复合体中 18 - mer 环上的两个叶绿素单元	2	带截断的参数化哈密顿量	PSO	基态/激发态能量
超导处理器	氚核	2~3	UCC	网格搜索	基态能量

下面我们将通过几个例子来说明如何在线路中引入参量。首先我们从最简单的情况开始,如图 10.5 所示,我们如何在 2×2 的哈密顿量的拟设线路中引入两个参量 t_1 和 t_2:

$$R_z(t_2)R_x(t_1)|0\rangle=|\psi\rangle \tag{10.4}$$

对于任意的态:

$$|\psi\rangle=\begin{bmatrix} \cos\theta/2 \\ \mathrm{e}^{-i\varphi}\sin\theta/2 \end{bmatrix} \tag{10.5}$$

我们都可以通过

$$\boldsymbol{R}_x(t_1)=\begin{bmatrix} \cos\dfrac{t_1}{2} & -i\sin\dfrac{t_1}{2} \\ -i\sin\dfrac{t_1}{2} & \cos\dfrac{t_1}{2} \end{bmatrix} \tag{10.6}$$

$$\boldsymbol{R}_z(t_2)=\begin{bmatrix} 1 & 0 \\ 0 & \mathrm{e}^{-it2} \end{bmatrix}$$

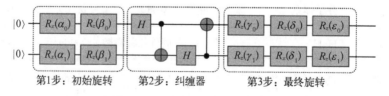

图 10.5　一般的双量子比特拟设

得到。即对于单量子比特的量子态,我们通过两个参量就可以遍历整个布洛赫球,实现所有单比特量子态的遍历,找到最优参量值。

4×4 的哈密顿量的拟设线路更为复杂,原因在于两点:需要引入更多变量、可以使用 CNOT 门来设置纠缠。更一般的双量子比特拟设如图 10.5 所示,首先对两个比特分别进行单比特的拟设操作,然后让两者产生纠缠,最后再对二者分别旋转。

三量子比特的参量化 W 态的拟设,其线路图如图 10.6 所示,其中具体参数如下:

$$\alpha_1(\phi)|100\rangle + \alpha_2(\phi)|110\rangle + \alpha_3(\phi)|111\rangle$$
$$\alpha_1(\phi) = \cos\theta_1$$
$$\alpha_2(\phi) = -\sin\theta_1\cos\theta_2 \tag{10.7}$$
$$\alpha_3(\phi) = \sin\theta_1\sin\theta_2$$

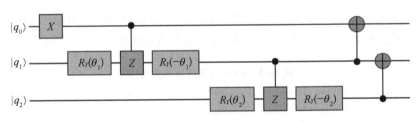

图 10.6　三量子比特的参量化 W 态的拟设

更为复杂的拟设,我们就不在这里展开了,通用形式可以在一般双量子比特的结构基础上扩展得到,对于 n 量子比特的哈密顿量,可能需要高达 2^n 个参数,因此设置简洁有效的拟设也是一项值得研究的点。

2. 哈密顿量的加载

任何 2×2 的矩阵都可以分解为泡利算符的线性表示:

$$H = \sum_{n=0}^{3} a_n \sigma_n \tag{10.8}$$

因此,我们能够将哈密顿量表示成多项式的求和,例如 $H = a_0\sigma_I + a_1\sigma_x + a_2\sigma_y + a_3\sigma_z$,其中 σ_I 是单位算符,每次在加载完拟设后(见图 10.7),再在量子线路中仅加载 σ_I、σ_x、σ_y、σ_z 泡利算符中的一个,然后测量。计算期望值总和时还将前面的系数 a_0、a_1、a_2、a_3 与对应测量值分别相乘。对于双量子比特的情形,也类似地将哈密顿量分解为 $\sigma_I\sigma_x$、$\sigma_x\sigma_x$ 等十六项双泡利算符的求和,可以在线路中分别加载 $\sigma_I\sigma_x$、$\sigma_x\sigma_x$ 等双泡利算符,从而完成哈密顿量的加载。

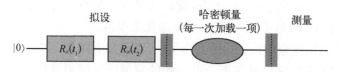

图 10.7   在 2×2 的哈密顿量 VQE 的量子线路流程图

3. 测量的换基操作

我们已提到在测量部分中依次对泡利算符进行测量,获得 $\langle \sigma_n | H | \sigma_n \rangle$ 的期望值,并根据权重 a_n 求和。但是有些泡利算符无法直接测量,需要进行基矢转化后才能测量。测量 σ_z 就是直接对计算基矢(computation basis)进行测量,测量 σ_x 等同于先加 Hadamard 门然后对计算基矢进行测量,测量 σ_y 等同于先加 $HS^\dagger \left(S = \begin{bmatrix} 1 & 0 \\ 0 & i \end{bmatrix} \right)$ 门然后对计算基矢进行测量,σ_I 无须任何测量,因为测量结果必定为 1。

由于 4×4 的哈密顿量往往是两个泡利算符的乘积,在测量前需要进行更多样化的换基操作,调整为测量计算基矢,具体变换方法如表 10.3 所示[10]。

表 10.3   4×4 线路所需基矢转换

泡利测量	对 应 幺 正 变 换
$\sigma_z \otimes I$	$I \otimes I$
$\sigma_x \otimes I$	$H \otimes I$
$\sigma_y \otimes I$	$HS^\dagger \otimes I$
$I \otimes \sigma_z$	SWAP
$I \otimes \sigma_x$	$(H \otimes I)$ SWAP
$I \otimes \sigma_y$	$(HS^\dagger \otimes I)$ SWAP
$\sigma_z \otimes \sigma_z$	CNOT_{10}
$\sigma_x \otimes \sigma_z$	$\text{CNOT}_{10}(H \otimes I)$
$\sigma_y \otimes \sigma_z$	$\text{CNOT}_{10}(HS^\dagger \otimes I)$
$\sigma_z \otimes \sigma_x$	$\text{CNOT}_{10}(I \otimes H)$
$\sigma_x \otimes \sigma_x$	$\text{CNOT}_{10}(H \otimes H)$
$\sigma_y \otimes \sigma_x$	$\text{CNOT}_{10}(HS^\dagger \otimes H)$
$\sigma_z \otimes \sigma_y$	$\text{CNOT}_{10}(I \otimes HS^\dagger)$
$\sigma_x \otimes \sigma_y$	$\text{CNOT}_{10}(H \otimes HS^\dagger)$
$\sigma_y \otimes \sigma_y$	$\text{CNOT}_{10}(HS^\dagger \otimes HS^\dagger)$

10.1.4　求解激发态的 VQE 变体算法

上文提到的 VQE 只能求解系统的最低/最高能级,因此出现一系列研究[11-13]尝试用不同的方法改进 VQE,从而求解系统激发态。其中一种设定成本函数的优化方式[13]相对简洁直观,我们在此进行简单的介绍。我们通过在优化函数上添加"重叠"项,利用厄米矩阵拥有一组完整的正交特征向量这一特点,保留了拟设的经典参数,使得已有的低深度量子电路可以很容易地用来计算这些重叠项。

针对第 k 激发态,我们定义拟设 $|\psi(\theta_k)\rangle$ 的成本函数为

$$F(\theta_k) = \langle\psi(\theta_k)|H|\psi(\theta_k)\rangle + \sum_{i=0}^{k-1} \beta_i |\langle\psi(\theta_k)|\psi(\theta_i)\rangle|^2 \tag{10.9}$$

其中,θ_k 是待优化的参数。式(10.9)的第一项与 VQE 基态能量的形式一致,因此可以直接利用原 VQE 线路计算。第二项在真实系统中,$|\psi(\theta_k)\rangle$ 与 $|\psi(\theta_0)\rangle$, $\cdots$, $|\psi(\theta_{k-1})\rangle$ 均正交,因此选取较大的 β_i 可以保证 $|\psi(\theta_k)\rangle$ 为第 k 激发态的本征函数,进而保证 $F(\theta_k)$ 为第 k 激发态的本征能量,这与退火中的惩罚函数思路相近。

此外我们还注意到,要求得 $|\psi(\theta_k)\rangle$,我们必须知道 $|\psi(\theta_0)\rangle$, $\cdots$, $|\psi(\theta_{k-1})\rangle$。因此求解 $|\psi(\theta_k)\rangle$ 是一个不断迭代的过程,需要依次求解出 $|\psi(\theta_0)\rangle$, $\cdots$, $|\psi(\theta_{k-1})\rangle$。

一个与上述过程等价的观点是,我们求解的第 k 激发态是某个有效哈密顿量 H_k 的基态(这是一个很常用的方法,就是将我们未知的问题转化为已知的问题,我们会求基态,所以我们将求激发态转化为求某个哈密顿量的基态),这里我们延用式(10.2)的设定:

$$H_k = H + \sum_{i=0}^{k-1} \beta_i |\varphi_i\rangle\langle\varphi_i| \tag{10.10}$$

并假设 d 为本征态的总数量(包括基态),该哈密顿量 H_k 的基态能量为

$$
\begin{aligned}
\langle\psi|H_k|\psi\rangle &= \sum_{i=0}^{d-1} \langle c_i\varphi_i|H|c_i\varphi_i\rangle + \sum_{i=0}^{k-1} \beta_i\langle c_i\varphi_i|\varphi_i\rangle\langle\varphi_i|c_i\varphi_i\rangle \\
&= \sum_{i=0}^{d-1} |c_i|^2 E_i + \sum_{i=0}^{k-1} |c_i|^2 \beta_i \\
&= \sum_{i=0}^{k-1} |c_i|^2 (E_i + \beta_i) + \sum_{i=k}^{d-1} |c_i|^2 E_i
\end{aligned}
\tag{10.11}
$$

显然只要保证 $\beta_i > E_k - E_i$,就可以保证当 $i \leqslant k-1$ 时 $c_i = 0$,而显然

$E_{d-1} - E_0 \geqslant E_k - E_i$，因此我们只要设定 $\beta_i > E_{d-1} - E_0$ 就可以了，而 E_{d-1} 如我们之前所示可以用 VQE 反向求解得到。

10.1.5 NISQ 时代下 VQE 的意义

VQE 的提出，具有一定的划时代意义。在此之前及同期，HHL、量子支持向量机 QSVM、量子主成分分析 QPCA 等新兴算法，都是基于纯粹的通用量子计算的方式。而 VQE 这种经典-量子混合量子计算算法，与 NISQ 背景具有很好的适配，可以体现在具体以下两个方面。

首先，在 NISQ 时代，由于耦合时间的限制，量子比特的寿命通常不长，所以对每个量子比特的操作是有限的（这限制了线路的深度）；而且量子比特的数量和相互作用是有限制的，这使得线路的规模和配置也受到限制。而 VQE 的线路深度十分灵活，我们可以在线路深度和准确性（拟设数量）之间灵活调整。VQE 线路远小于 QPE，这是因为由于我们逐项测量时，每次只测量一个期望值，这大大减少了量子位相干的时间，并且我们不需要诸如 QFT 的复杂操作。

其次，NISQ 时代的量子门存在噪音，这就要求量子线路有足够的鲁棒性来容纳误差，VQE 从至少两个方面来抵抗误差：由于经典优化器已经十分可靠，我们仍然很可能得到最小值；此外，适当程度的噪声将有助于优化器摆脱局部最优解（例如模拟退火）。

10.2 量子近似优化算法

2014 年，美国麻省理工学院 Farhi 提出 QAOA 的概念[14]，之后他也提出了绝热量子计算[15]，二者之间是否存在着一定的关联，事实的确如此。在 AQC 中，系统的哈密顿量随时间缓慢变化，从最开始的 H_B 变为最终的 H_C（二者不对易）：

$$H(\alpha) = (1-\alpha)H_B + \alpha H_C \tag{10.12}$$

在演化过程中系统所处的态不变，因此初始时刻如果处于 H_B 的基态，那么结束时系统一定处于 H_C 的基态。实现 AQC 必须有以下几个条件。第一，系统必须是孤立的，也就是说与外界没有能量交换，这其实很难实现。第二，演化时间要足够长。第三，我们难以通过基于门电路的量子计算机实现这种连续时间演化的非数字型量子计算。可能有的人会问，如果系统是孤立的，而 H_B 和 H_C 对应态的能量不同，那么能量不就不守恒了吗。实际上，系统是和环境有能量交换的,但是我们的演化过程足够长,在每一时刻交换的能量都十分少,不会产生量子态的跃迁,但是水滴石穿,最终的能量是可以变化的。

10.2.1　Trotter–Suzuki 分解

我们可以将哈密顿量分解为如下形式:

$$H = \sum_{k=1}^{K} H_k \tag{10.13}$$

系统的演化可以写成:

$$|\psi_t\rangle = e^{-iHt}|\psi_0\rangle = e^{-i\sum H_k t}|\psi_0\rangle \tag{10.14}$$

但是如果 H_k 之间不对易,那么

$$e^{-i\sum H_k t}|\psi_0\rangle \neq \prod_{k=1}^{K} e^{-iH_k t}|\psi_0\rangle \tag{10.15}$$

Trotter–Suzuki 分解[16-17]首先将 H 拆分成两项 H_1 和 H_2,然后将这两项分解成很多无限小的部分:

$$e^{-i(H_1+H_2)\triangle t} = e^{-iH_1\triangle t} e^{-iH_2\triangle t} + \mathcal{O}(\triangle t^2) \tag{10.16}$$

$$e^{-i(H_1+H_2)t} = \lim_{n\to\infty} (e^{-iH_1 t/n} e^{-iH_2 t/n})^n \tag{10.17}$$

学过分析力学的人会发现,这跟分析力学中的旋转很像:旋转是不对易的,但是无限小的旋转是对易的。

算法 10.2:Trotter–Suzuki 分解算法

输入:
　哈密顿量 H
　初始态 $|\psi_0\rangle$
输出:
　哈密顿量 H 的演化末态 $|\tilde{\psi}_t\rangle$

过程:
　(1) 初始化 $|\tilde{\psi}_0\rangle = |\psi_0\rangle$, $j=0$;
　(2) $|\tilde{\psi}_{j+1}\rangle \leftarrow U_{\triangle t}|\tilde{\psi}_j\rangle$;
　(3) $j = j+1$;
　(4) 如果 $j\triangle t < t$,回到 2;
　(5) 输出 $|\tilde{\psi}_t\rangle = |\tilde{\psi}_j\rangle$

其中, $U_{\triangle t} = e^{-iH_1\triangle t} e^{-iH_2\triangle t} \cdots e^{-iH_K\triangle t}$, $\triangle t$ 必须足够小。

10.2.2　QAOA 的原理

QAOA 就是在量子线路中模拟 AQC。QAOA 首先用 H_B 演化一个短暂的时间 β，对应 $U(H_B,\beta)=\mathrm{e}^{-\mathrm{i}H_B\beta}$；接着使用 H_C 演化一个短暂的时间 γ，对应 $U(H_C,\gamma)=\mathrm{e}^{-\mathrm{i}H_C\gamma}$。二者交替进行，经过了一个确定的时间 $\sum\beta_i+\sum\gamma_i$ 得到了与 AQC 近似相等的演化结果。QAOA 依然是一个经典-量子混合算法，经典优化器用来寻找最优的演化时间。指数项 $\mathrm{e}^{-\mathrm{i}H_B\beta}$ 让我们联想其量子线路中的旋转门，的确，时间参数 β 和 γ 通过旋转角度表示[18]。

算法 10.3　QAOA

输入：
　　编码待求解问题的哈密顿量 H_2
　　与 H_2 不对易的哈密顿量 H_1 及其基态 $|\psi_0\rangle$
输出：
　　H_2 的基态

过程：
　　(1) 初始化 $t=(t_{a1},t_{b1},t_{a2},t_{b2},\cdots,t_{an},t_{bn})$.（$n$ 为提前指定的步数）；
　　(2) 使用量子计算机从 $|\psi_0\rangle$ 起交替依据 H_1，H_2 进行一系列演化得到 $|\psi\rangle$；
　　(3) 使用量子计算机模拟测量得到 $\langle\psi|H_2|\psi\rangle$，记录该值；
　　(4) 使用经典优化算法得到新的 t；
　　(5) 如果结果已收敛，算法结束，否则回到 2

10.2.3　QAOA、VQE 及更多经典-量子混合计算

QAOA 与 VQE 有许多相似之处，例如线路深度是可扩展的，并且有经典优化器的存在使得量子线路部分很短；经典优化器使得 QAOA 同样对噪声有抵抗能量。QAOA 也与 VQE 有许多区别。QAOA 的拟设相对于 VQE 比较简明，涉及变量较少，但是拟设的形式相对有着更多的限制。同样，QAOA 适用的哈密顿量也更为有限（如伊辛模型）。QAOA 的 H_C 只由 σ_z 构成，因此测量时不需要基矢变换。

总的来说，可以说 QAOA 是 VQE 的一种特例，VQE 是一大类框架，对于 QAOA 能适用的哈密顿量也都可以通过 VQE 的普通拟设构建方式来实现。对于 H 和它的基态能量 E_0，如果我们更关心它的基态能量 E_0 但不在乎对应的解，我们更多使用 VQE，反之如果我们更注重它的解而不需要基态能量 E_0，我们更倾向于使用 QAOA。关于 QAOA、VQE 的具体示例，我们将在量子计算求

解优化问题这一章给出它们用于求解最大割问题的示例,并在量子计算求解化学问题这一章节中给出 VQE 求解氢气分子能级的具体示例。

值得一提的是,自从 VQE 和 QAOA 算法提出的大约四五年间,经典-量子混合计算的研究主要就集中于 VQE、QAOA 以及它们的变体。自 2018 年左右,这种带参数调整的量子线路(parameterized quantum circuit, PQC)成为量子机器学习的一种主要方式[19-20],推动了量子计算领域的发展,将在量子机器学习这一章中做更多介绍。同时,近年来的经典-量子混合计算算法也在扩展。VQE、QAOA 算法的量子线路都是基于通用量子逻辑门,混合计算算法的量子线路也可以基于专用量子计算,例如,高斯玻色采样的幺正矩阵也包含了很多可调节的参量,因此也出现了基于高斯玻色采样的混合优化算法以及机器学习梯度训练研究[21]。基于各种通用量子线路或专用量子算法的经典-量子混合计算变得日益多样化。

参考文献

[1] Preskill J. Quantum computing in the NISQ era and beyond. Quantum,2018,2:79.

[2] Peruzzo A, McClean J, Shadbolt P, et al. A variational eigenvalue solver on a photonic quantum processor. Nature Communications,2014,5:4213.

[3] Coles P J, Eidenbenz S, Pakin S, et al. Quantum algorithm implementations for beginners. arXiv,2018:1804.03719.

[4] Stechly M. Mustythoughts_plus/VQE_explained_example.ipynb. https:∥github.com/mstechly/mustythoughts_plus/blob/master/VQE_QAOA/VQE_explained_example.ipynb [2019 - 11].

[5] McArdle S, Endo S, Aspuru-Guzik A, et al. Quantum computational chemistry. Reviews of Modern Physics,2020,92:015003.

[6] Cao Y, Romero J, Olson J P, et al. Quantum chemistry in the age of quantum computing. Chemical Reviews,2019,119:10856 - 10915.

[7] Rayleigh J W. In finding the correction for the open end of an organ-pipe. Philosophical Transactions,1870,161:77.

[8] Ritz W. Über eine neue Methode zur Lösung gewisser variationsprobleme der mathematischen physik. Journal fur dieReine und Angewandte Mathematik,1908,135:1 - 61.

[9] Hadfield S, Wang Z, O'Gorman B, et al. From the quantum approximate optimization algorithm to a quantum alternating operator ansatz. Algorithms,2019,12:34.

[10] Lopez S, Hudek T, Eduardo G S. Single- and multi-qubit Pauli measurement operations. https://docs. microsoft. com /en-us /azure /quantum /concepts-pauli-measurements [2022 - 11].

[11] Santagati R, Wang J, Antonio A, et al. Witnessing eigenstates for quantum simulation of hamiltonian spectra. Science Advances, 2018, 4: eaap9646.

[12] McClean J R, Kimchi-Schwartz M E, Carter J, et al. Hybrid quantum-classical hierarchy for mitigation of decoherence and determination of excited states. Physical Review A, 2017, 95: 042308.

[13] Higgott O, Wang D, Brierley S. Variational quantum computation of excited states. Quantum, 2019, 3: 156.

[14] Farhi E, Goldstone J, Gutmann S. A quantum approximate optimization algorithm. arXiv, 2014: 1411.4028.

[15] Farhi E, Goldstone J, Gutmann S, et al. Quantum computation by adiabatic evolution. arXiv, 2000: 0001106.

[16] Trotter H F. On the product of semi-groups of operators. Proceedings of the American Mathematical Society, 1959, 10: 545 – 551.

[17] Suzuki M. Generalized Trotter's formula and systematic approximants of exponential operators and inner derivations with applications to many-body problems. Communication in Mathematical Physics, 1976, 51: 183 – 190.

[18] Stechly M. Quantum Approximate Optimization Algorithm explained. https://www. mustythoughts. com /quantum-approximate-optimization-algorithm-explained [2020 – 05].

[19] Benedetti M, Erika E, Sack S, et al. Parameterized quantum circuits as machine learning models. Quantum Science and Technology, 2019, 4: 043001.

[20] Ostaszewski M, Grant E, Benedetti M. Structure optimization for parameterized quantum circuits. Quantum, 2021, 5: 391.

[21] Banchi L, Nicolás Q, Arrazola J M. Training Gaussian boson sampling distributions. Physical Review A, 2020, 102: 012417.

第 V 篇
量子计算的应用

第11章
量子算法用于优化问题

数学优化是指从一组可能的解决方案中,根据特定的标准和限定条件找到问题的最佳解决方案。通常,最优化问题可以表述为寻找满足特定约束函数的变量,使其目标函数达到最大值或最小值,此时这组变量就对应了最优解决方案。各种不同的优化技术在机械,经济学和工程学等各个领域中得到广泛应用,并且随着所涉及数据的复杂性和数据量的增加,对优化问题求解方不断提出更高的要求。量子优化算法是用于解决优化问题的量子算法。量子计算的能力可以解决经典计算机上实际上不可行的问题,或者相对于最著名的经典算法,可以大大提高速度。

本章首先介绍各种常见的优化问题与方法,着重介绍 QUBO 问题以及可以在伊辛机等量子硬件中映射的方法。然后将以最大切割数这一优化问题为例,展示同一优化问题如何运用量子退火算法以及 VQE、QAOA 变分算法等不同的量子计算途径实现,并进一步介绍了不同途径分别有哪些实现条件。最后还补充了 Grover 搜索算法等其新兴的量子优化途径。

11.1　优化问题概述

11.1.1　几种主要的优化问题形式

任何优化问题都可以提炼出几个基本元素:决策变量及目标函数。对于大部分优化问题,还存在特定约束条件,只有少数优化问题没有约束条件,称为无约束优化问题。根据目标函数的差别,优化问题分为以下几种常见形式[1]。

1. 线性规划

线性优化或称线性规划(linear programming, LP),是指约束函数和目标函数都是线性函数的优化问题,是相对最容易求解的优化问题,如图 11.1 所示。如果约束函数和目标函数中至少有一个为非线性函数,则称为非线性规划(nonlinear programming，NLP)。线性规划可以用单纯形方法、内点法等经典方法求解。

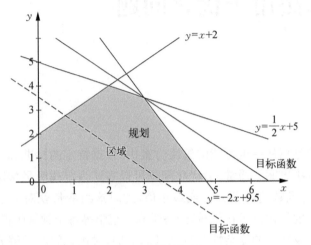

图 11.1　线性规划

2. 二次规划

二次优化或称二次规划(quadratic programming，QP)，是更加普遍存在的优化问题，指其中目标函数是变量的二次函数。对于约束函数同样也为二次函数的二次优化问题，称为二次约束的二次规划(quadratically constrained quadratic programming，QCQP)，如图 11.2 所示。

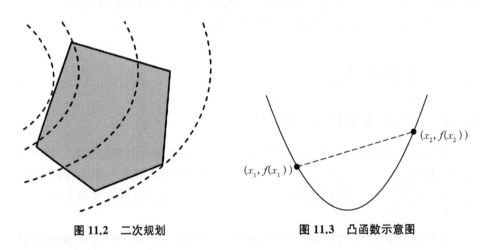

图 11.2　二次规划　　　　　图 11.3　凸函数示意图

这里常常会提到凸优化的概念。凸函数(convex function)是指几何意义上，函数任意两点连线上的值大于对应自变量处的函数值，如图 11.3 所示。从代数上看,凸函数要求二阶可微且二阶导数需大于 0。例如 $f(x) = 3x^2 + 1$ 这种开口向上的就是凸函数,而 $g(x) = -5x^2$ 这种开口向下的是非凸函数,但可以通过添加负号变成凸函数去进一步求解。目标函数和约束函数都是凸函数的优化问题称为凸优化,往往局部最优解就是全局最优解。常见凸优化函数包括指数函数族、非负对数函数、二次函数等,因此二次规划可采用凸优化常用的内点法进行求解。

线性规划和二次规划是比较宽泛的概念,还推广延伸出一些概念。例如,锥优化(conic optimization)的目标函数仍然为线性的,而约束函数由线性变为一个闭凸锥。又如整数规划(integer programming)是指部分或全部的变量取整数的优化问题,对目标函数是线性还是非线性没有要求。

此外,前述优化形式,都是默认为研究数据是确定的、不变的。实际应用问题中,研究数据常常随着时间发生改变,因此需要动态地去寻找当下的最优方案。可采用动态规划,将问题分成阶段性地进行递推优化。随机规划则是面对部分数据存在随机性的优化问题。可以说,动态规划、随机规划是针对变化数据的优化问题,它们对于变量是否为整数、目标函数是否为线性没有要求。

11.1.2　罚函数与松弛变量

通常我们感兴趣的优化问题必须满足特定约束,例如:

目标函数:$\min f(x) = 100/x$;

约束条件:$x \leqslant 5$。

如何能将约束条件融合进目标函数,使得通过求解一个整体函数就获得满足约束条件的目标函数最优值,这就是罚函数(penalty function)要起到的作用。可以从赛跑这一场景理解罚函数。赛跑的目标就是要用时尽可能短,但约束条件是不能抢跑违背比赛公正。那么罚函数就相当于设立罚时项,如果不抢跑则为零,一旦抢跑则计时,使得总的赛跑计时等于赛程计时加上罚时,总的赛跑计时最少者才是比赛胜出者。如果罚时不计入,那么人人都会想抢跑;罚时如果等于抢跑的时间,则总赛跑计时等于实际用时,仍然会有人心存侥幸;如果罚时等于十倍甚至百倍抢跑的时间,那么抢跑反而使得总赛跑时间大大增加,使选手都能在保证不抢跑这一约束条件下去实现快速赛跑的目标。

因此,罚函数具有以下几个主要特征:

(1) 罚函数加在原目标函数,生成一个新的整体目标函数去进行优化,兼顾原目标函数优化及约束条件的满足。例如示例(1)中,设立一个罚函数 $P(x)$,新的目标函数为 $\min g(x) = f(x) + P(x)$。

(2) 罚函数总是在满足约束条件时为零,不满足约束条件时,对于求目标函数最小值的问题,罚函数总为正值。例如前文的约束条件:$x \leqslant 5$,我们的罚函

数可以设为 $P(x)=\max(0, x-5)$，这样当且仅当 $x-5>0$ 时，$P(x)$ 为正值。

（3）为了使罚函数具有充分的效力，往往会设立二次或更高次的罚函数，例如上述 $P(x)$ 变为 $P(x)=\max(0, r(x-5)^3)$，r 为一个较大的正数，并且使用立方项，这样当 $x-5>0$ 时会带来很大的正值。

对于一些特定的约束方程，有一些等用的等效罚函数。表给出对于一些二元变量（即变量取值只为 0 或 1）的约束条件对应的罚函数[2]。

表 11.1　经典约束和对应的等效罚函数

经典约束	等效罚函数
$x+y\leqslant 1$	$P(xy)$
$x+y\geqslant 1$	$P(1-x-y+xy)$
$x+y=1$	$P(1-x-y+2xy)$
$x\leqslant y$	$P(x-xy)$
$x_1+x_2+x_3\leqslant 1$	$P(x_1x_2+x_2x_3+x_3x_1)$
$x=y$	$P(x+y-2xy)$

以 $x+y\leqslant 1$ 为例，对于二元变量 x，y，$x+y\leqslant 1$ 意味着最多只有一个变量为 1，那么设立罚函数 $P=xy$，它当且仅当 x 和 y 都为 1 时为正数，其他情形都为 0，满足罚函数基本要求。又如 $x=y$，那么 $P=(x-y)^2$ 当且仅当 x 和 y 不相等时为正数，展开为 $P=x^2+y^2-2xy$。对于二元变量，$0^2=0$，$1^2=1$，因此，$x^2=x$ 恒成立，可以互相替代。又如 $x+y=1$，意味着 x，y 中有且只有一个为 1，即要求 x 和 y 不相等，那么当且仅当 x 和 y 相等时 P 为正，可设 $P=1-(x-y)^2$，或 $1-x-y+2xy$。这些罚函数的设立在使用量子退火求解二元二次优化问题时会广泛使用到。

在上述约束条件中，出现了一些不等式，但是好在约束条件中的变量只能为 0 或 1，因此不等式其实是按照离散的几种情形来分析。更普遍的场景是，一些连续实数取值的不等式，如 $Ax<b$，可以设置松弛变量（slack variable）$y>0$，将不等式转化为等式：$Ax+y=0$。

11.2　二元二次优化问题及量子退火求解

11.2.1　组合优化与二次无约束二元优化问题

组合优化是优化中的重要部分之一，几乎在每个领域中都有应用，它可以在

给定的约束条件下将某些函数(称为成本函数)最小化。这些问题的数学表达式为

$$x^* = \arg \min_x f(x) \tag{11.1}$$

其中,x 代表代表决策变量的向量,而 $f(x)$ 是实值成本函数。当 x 为离散向量时,优化问题称为组合优化问题。$\arg \min_x$ 是使目标函数 $f(x)$ 取最小值的变量值,用 x^* 表示。

很多组合优化问题中,决策变量 x 取值对应的意义是选择或者不选择这一方案 x,因此 x 的取值为 0 或 1,即 x 是一个二元(binary)变量。同时,如果只存在 x_i 一次项及 $x_i x_j$ 这些二次多项式,那么这成为一类具有代表性的优化问题,即二元二次优化问题。

求解二元二次优化问题时常常提到 QUBO 这一概念,即二次无约束二元优化问题。不考虑约束方程,QUBO 问题只有一个简洁的目标函数:

$$f(x) = \sum_{i<j}^{N} Q_{ij} x_i x_j + \sum_{i}^{N} Q_{ii} x_i \tag{11.2}$$

结合伊辛模型[见式(9.5)],我们可以发现尽管应用领域不同,但是伊辛模型和 QUBO 问题有着相似的函数形式。

对于 QUBO 问题的目标函数,我们可以考虑用图形形式来表示,有助于将目标映射到 QPU 中。对于这样一个目标函数:$f(x) = A x_1 + B x_2 + C x_1 x_2$ 可以用图 11.4 表示,线性系数节点与二次项系数节点相连接,分别代表量子位偏置和耦合强度。

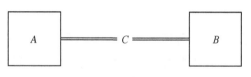

图 11.4　QUBO 图像

由式(11.2)可以看出,QUBO 问题可以使用一个常数的矩阵 Q 来描述:

$$\min y = x^{\mathrm{T}} Q x \text{ 或 } \max y = x^{\mathrm{T}} Q x \tag{11.3}$$

其中 x 是二进制决策变量的向量。Q 可以是一个有实权重 $N \times N$ 的上三角矩阵,其中 Q 的对角项代表着线性项,非对角项代表着二次项,Q 也可以是对称矩阵。以下示例说明如何针对特定的 QUBO 问题构建出 Q 矩阵。

例 1:求 $-5x_1 - 3x_2 - 8x_3 - 6x_4 + 4x_1 x_2 + 8x_1 x_3 + 2x_2 x_3 + 10x_3 x_4$ 的最小值,其中 x_j 为二进制值。

本例中成本函数有两个部分,线性部分 $(-5x_1 - 3x_2 - 8x_3 - 6x_4)$ 和二次项部分 $(4x_1 x_2 + 8x_1 x_3 + 2x_2 x_3 + 10x_3 x_4)$,因为二进制变量满足 $x_j^2 = x_j$,线性部分可以写成 $-5x_1^2 - 3x_2^2 - 8x_3^2 - 6x_4^2$。

我们现在可以以矩阵形式重写模型:

$$\min(y) = \begin{bmatrix} x_1 & x_2 & x_3 & x_4 \end{bmatrix} \begin{bmatrix} -5 & 2 & 4 & 0 \\ 2 & -3 & 1 & 0 \\ 4 & 1 & -8 & 5 \\ 0 & 0 & 5 & -6 \end{bmatrix} \begin{bmatrix} x_1 \\ x_2 \\ x_3 \\ x_4 \end{bmatrix} \tag{11.4}$$

现在我们可以写成式(11.3)的形式,其中 x 是二进制变量的列向量,线性项系数出现在主对角线上,并且 Q 是对称的,没有任何修改。对于式(11.4),可以通过经典优化算法及量子退火算法等方法求解基解而获知。

以下示例则体现了如何将一个特定问题变为优化问题,并公式化成 QUBO 问题。

例 2: 半加器(half adder)的真值表如下所示。

表 11.2　半加器的真值表

X	Y	S	C
0	0	0	0
0	1	1	0
1	0	1	0
1	1	0	1

找出根据半加器各数位之间的逻辑关系确定通用(二进制)方程,例如 $X + Y = S + 2C$。也就是说,想要求得半加器的真值表,即已知输入端 X、Y 的值以获得输出端 S、C 的值,可以寻找符合条件的 X、Y、S、C 值,使 $X+Y=S+2C$ 得到满足。对于 $a = b$ 的求解问题,都可以转换成求满足 $(a-b)^2$ 最小值的变量值的问题。因此半加器真值表求解可转换寻找 QUBO 方程目标函数的最小值问题:

$$\begin{aligned} \min(X + Y - S - 2C) &= \min[(X + Y - S - 2C)^2] \\ &= \min(X^2 + XY - XS - 2XC + Y^2 + YX - YS \\ &\quad - 2YC - SX + S^2 + 2SC - 2CX - 2CY + 2CS \\ &\quad + 4C^2) \end{aligned} \tag{11.5}$$

变量 X、Y、S、C 为布尔值,X、Y、S、C 及其平方相等且只能为 $\{0, 1\}$,从而将方程化简为

$$X + Y + S + 4C + 2XY - 2XS - 4XC - 2YS - 4YC + 4SC \tag{11.6}$$

之后与 QUBO 模型相同。对这样的 QUBO 模型进行求解,如表 11.3 所示。

表 11.3　半加器真值表对应的 QUBO 模型各系数及目标值

序号	q_1	q_2	q_3	q_4	目标值	序号	q_1	q_2	q_3	q_4	目标值
1	0	0	0	0	0	9	1	0	0	0	1
2	0	0	0	1	4	10	1	0	0	1	1
3	0	0	1	0	1	11	1	0	1	0	0
4	0	0	1	1	9	12	1	0	1	1	4
5	0	1	0	0	1	13	1	1	0	0	4
6	0	1	0	1	1	14	1	1	0	1	0
7	0	1	1	0	0	15	1	1	1	0	1
8	0	1	1	1	4	16	1	1	1	1	1

我们可以看出序号为 1、7、11 和 14 的解为目标值最小解。对于不同的变量值,共有四个场景下达到最低的目标值 0,这四种变量取值正与表 11.2 中的数值相同,从而验证了通过 QUBO 模型构建和求解可以获得半加器的真值表。

11.2.2　带约束优化问题生成 QUBO 公式

QUBO 问题是指没有约束的二元二次优化,但是,通常我们感兴趣的优化问题必须满足的其他约束。通过将二次罚函数引入目标函数,我们将这些类型的问题转换为"自然 QUBO",通过制定罚函数以使它们对于可行解决方案等于 0,对于不可行解决方案则等于确定的正数。在之前的表 11.1 中给出了一些常见的约束及其等价映射。

例 3:$\min y = f(x)$ 并满足 $x_1 + x_2 \leqslant 1$

其中,变量是二进制的,根据表 11.1,与约束相对应的二次罚函数为 $P(x_1 x_2)$,其中 P 是一个较大的正标量,将问题转化为

$$\min y = f(x) + P(x_1 x_2) \tag{11.7}$$

添加了二次罚函数的总目标函数,则又是一个更多项的二元二次函数,同样可以写成 QUBO 模型。下面的顶点覆盖问题示例展示如何从实际问题中提炼目标函数和罚函数。

1. 顶点覆盖(vertex cover)问题

给定一个无向连接图 $G = (V, E)$,V 和 E 分别代表顶点和边的集合。顶点覆盖问题是指对于这样给定的一个图结构,最少需要涂色标注几个顶点,使得每条边都有一个顶点被标注。这是一个 NP‐hard 问题。

对于这个问题,我们将其构建成 QUBO 模型。首先,用变量 x 代表所有顶点被涂色的情况,如果 $x_v=1$,代表该顶点被涂色,反之则 $x_v=0$。问题的目标函数则可显然构建为

$$H_A = \sum x_v \tag{11.8}$$

与此同时,顶点覆盖要求,每条边都有至少一个顶点,因此对于同一条边上的两个顶点 x_u 和 x_v,构建罚函数

$$H_B = \sum_{uv \in E} (1-x_u)(1-x_v) \tag{11.9}$$

当至少有一个顶点着色时,罚函数为 0;当两个顶点都没有着色时,x_u、x_v 同时为 0,罚函数为正。因此构建包含约束条件的总目标函数为 $H = AH_A + BH_B$,正标量 A 和 B 满足 $A < B$,保证罚函数具有充分的效力。

在没有"自然"QUBO 公式或可用罚函数未知的情况下,我们还可以通过引入松弛变量来辅助构建罚函数。

2. 背包(knapsack)问题

这是一个生活中常见的优化问题,现在我们有 N 件物品,每件物品 α 的重量为 w_α,而价值为 c_α,想要选取若干件物品放进背包,使得背包内装下物品的总价值最大化,而总重量不超过背包的最大承重 W。为了方便分析,这里重量 W 和 w_α 都考虑为整数。

现在使用 N 个二元变量 x_α 代表物品 α 是否选中背包,选中则 $x_\alpha=1$,反之为 0。目标函数就是 $\max C = \sum_{\alpha=1}^{N} x_\alpha c_\alpha$。而通常将 QUBO 问题与伊辛模型映射并通过量子退火器求解时,是求解一个能量最低值的基态问题。我们只需要变换为 $\min(-C)$,即设立 $H_A = -\sum_{\alpha=1}^{N} x_\alpha c_\alpha$,就可以将求最大值问题转换为求解最小值问题。

与此同时,背包里物品的总重量 $W_s = \sum_{\alpha=1}^{N} w_\alpha$,需要满足 $W_s \leqslant W$ 这样一个不等式如何建立罚函数呢。由于这里考虑重量值为整数,因此在背包的最大承重 W 之内最多有 W 种重量值。如果满足不超重,那么背包里物品的总重量必然为这 W 种重量值中的一种。这时可以引入 W 个二元松弛变量 $y_m (1 \leqslant m \leqslant W)$,从而构建二元二次的罚函数:

$$H_B = \left(1 - \sum_{m=1}^{W} y_m\right)^2 + \left(\sum_{m=1}^{W} m y_m - \sum_{\alpha=1}^{N} w_\alpha\right)^2 \tag{11.10}$$

　　第二项将 y_m 赋予意义,即当总重量为 m 时,就将 y_m 启动为 1,其余 y 为 0。满足这样时第二项为 0,若其他 y 也启动为 1,结合第一项往往只有一个 y 等于 1,那么这时不等于总重量 m,则第二项为正。第一项作用则是保证总重量不超重,即 W 种重量值中有且只有一个值为物品总重量。同样地,构建包含约束条件的总目标函数为 $H = AH_A + BH_B$,正标量 A 和 B 满足 $A < B$,保证罚函数具有充分的效力。

　　通过这个背包问题示例,对于类似的不等式约束条件,我们都可以设置二元松弛变量,将其转化为等式约束条件,从而设置罚函数,将其与原目标函数合为一个新的 QUBO 方程并直接通过量子退火器求解,这就是求解带约束的二元二次优化问题的一个普适方法。更多的实际应用场景以及 QUBO 模型构建也可以参见文献[3 - 4]。

11.2.3　用 D‑Wave 求解带约束二元优化问题示例

　　D‑Wave 公司提供了基于超导体系的量子退火器,量子退火虽然不能像绝热量子计算保证求解出基态,但总能得到接近基态的低能级态。多次量子退火获得不同结果出现的频次,频次最高的则往往对应理论中的正确结果。D‑Wave 提供了量子退火器云平台,可通过在线操作指令调用其退火器硬件获得物理系统上的量子退火计算结果。

　　(1) 使用 pip 命令在系统中设置 D‑Wave。

　　(2) 从 / python / script 打开命令提示符,并按照显示的命令配置 D‑Wave,以便我们可以从本地系统使用它。

```
C:\Users\Pag9704\AppData\Local\Programs\Python\Python36\Scripts>
dwave config create
Configuration file not found; the default location is: C:\Users\Rag9704\
AppData\Local\dwavesystem\dwave\dwave.conf
Configuration file path [C:\Users\Rag9704\AppData\Local\dwavesystem\
dwave.conf]:
Configuration file path does not exist. Create it? [y/N]: y
Profile (create new) [prod]: RAG9704
API endpoint URL [skip]:
Authentication token [skip]: [                    ]
Default client class [skip]:
Default solver [skip]:
Configuration saved.
```

　　(3) 通过使用 D‑Wave 的 ping 命令检查端点链接和求解器。

```
C:\Users\Rag9704\AppData\Local\Programs\Python\Python36\Scripts>
dwave ping
Using endpoint: https: //cloud.dwavesys.con/sapi/
Using solver: DW_2000Q_5
Submitted problem ID: [          ]
```

我们可以看到我们有 DW_2000Q_5 解算器。

（1）从模块导入必要的功能。

```
> > > from dwave.system.samplers import DWaveSampler
> > > from dwave.system.composites import EmbeddingComposite
> > >
```

（2）Sampler 接受我们先前定义的二进制二次模型，并返回变量分配。嵌入合成，自动将问题嵌入结构化样本中。

```
> > >
> > > sampler = DWaveSampler (endpoint= 'https: //cloud.dwavesys.com/
sapi',token = [                        ],solver = 'DW_
2000Q_5')
> > > sampler_embedded = EmbeddingComposite(sampler)
> > >
```

（3）通过我们从 D - Wave ping 命令获得的端点、令牌和求解器来设置采样器。

```
> > >
> > > Q = {('x', 'x'):1, ('y', 'y'):1, ('s', 's'):1, ('c', 'c'):4,
...('x', 'y'):2, ('x', 's'): - 2, ('x', 'c'): - 4, ('y', 's'): - 2,
('y', 'c'): - 4, ('s', 'c'):4}
> > >
```

（4）在字典数据结构中定义线性和二次项。这里输入例 2 中的半加器目标函数。

11.3　优化问题的不同量子算法求解

在本节中，我们将用不同的量子算法（包括专用量子算法中的量子退火，以及变分量子算法 VQE 和 QAOA），求解著名的 NP-完全问题：最大割问题，从而让读者体会不同量子算法对于求解优化问题的方法的相同和差异之处[5-6]。

最大割问题（max-cut problem）

最大割问题可以表述如下：给定一个无向图 $G=(V, E)$，对图的节点使用两种颜色进行染色，使得有边相连的异色节点尽可能多。最大割问题是一个 NP 完全问题。所有可行解的数量随节点数量指数增加。代表 4 元环的图，如图 11.5 所示。

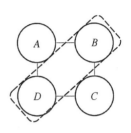

图 11.5　最大割问题例子

达到"最大割"的方式即 AC 与 BD 染不同的颜色，如图 11.5 中虚线所示，这时全部 4 条边连接的是不同颜色的节点，即总共切割了四条边。

为了使用算法解决这一问题，我们将上述问题形式化。对每个节点给定属性 v_i，设第一种颜色的节点 $v_i=1$，第二种颜色的节点 $v_i=-1$，最大割问题就是求解如下量的最大值：

$$C = \sum_{\langle i, j\rangle \in E} \frac{1}{2}(1 - v_i v_j) \tag{11.11}$$

当一条边上的两个节点为同一种颜色（即 $v_i=v_j=1$ 或 $v_i=v_j=-1$）时，$1-v_i v_j=0$；而一条边上的两个节点为不同颜色时，$1-v_i v_j=2$，因此 C 数值越大，代表切割边数越多。值得一提的是，运用量子退火等算法求解优化问题时，往往是求解本征能量最低值，因此对于求解最大值的问题，可以在前面添加负号转换成求解最小值问题：

$$\text{Max}\sum_{\langle i, j\rangle \in E} \frac{1}{2}(1 - v_i v_j) \leftrightarrow \text{Min}\left[-\sum_{\langle i, j\rangle \in E} \frac{1}{2}(1 - v_i v_j)\right] \tag{11.12}$$

在用量子比特进行编码时，我们简单地用一个二进制态向量表示染色状态，$|0\rangle$ 表示对应位置节点为第一种颜色，$|1\rangle$ 表示该节点为第二种颜色。于是很自然地，将上述求最小值的目标函数可转换为求以下哈密顿量的本征能级：

$$H = -\sum_{\langle i, j\rangle \in E} \frac{1}{2}(I - \sigma_i^z \sigma_j^z) \tag{11.13}$$

σ_i^z 表示作用于第 i 位的 Z-泡利算符。可以通过矩阵计算简单、快速地验证一下为什么该哈密顿量可以实现以上目标函数：

$$\frac{1}{2}(I - \sigma_i^Z \sigma_j^Z) = \frac{1}{2}\left(\begin{bmatrix} 1 & & & \\ & 1 & & \\ & & 1 & \\ & & & 1 \end{bmatrix} - \begin{bmatrix} 1 & 0 \\ 0 & -1 \end{bmatrix} \otimes \begin{bmatrix} 1 & 0 \\ 0 & -1 \end{bmatrix}\right) = \begin{bmatrix} 0 & & & \\ & 1 & & \\ & & 1 & \\ & & & 0 \end{bmatrix},$$

(11.14)

这样的矩阵作用于

$$\begin{bmatrix} |00\rangle & |01\rangle & |10\rangle & |11\rangle \\ 1 & & & \\ & 1 & & \\ & & 1 & \\ & & & 1 \end{bmatrix},$$

使得仅对于 $|01\rangle$ 和 $|10\rangle$,即当两节点为不同颜色时,H 带来非零值,与目标函数一致。因此有:$-C = \langle \Psi|H|\Psi \rangle$。

11.3.1 直接应用 VQE 求解

由式(11.13)可见,C 已经被显式地表示为 VQE 优化目标的形式,即哈密顿量为若干相互独立项的求和。因而可以直接使用 VQE 算法进行求解。对于图 11.5 的结构,采用 4 个量子比特,$H = \sum_{i=1,2,3,4,5} H_i$,其中 $H_1 = \frac{1}{2}Z_1 \otimes Z_2 \otimes I_3 \otimes I_4$,$H_2 = \frac{1}{2}I_1 \otimes Z_2 \otimes Z_3 \otimes I_4$,$H_3 = \frac{1}{2}I_1 \otimes I_2 \otimes Z_3 \otimes Z_4$,$H_4 = \frac{1}{2}Z_1 \otimes I_2 \otimes I_3 \otimes Z_4$,$H_5 = -2I_1 \otimes I_2 \otimes I_3 \otimes I_4$,这里为了简洁,用 Z 和 I 分别表泡利 Z 算符和泡利 I 算符。根据 VQE 的步骤,设置适于 4 个量子比特的合适的拟设量子线路,然后将 H_1 至 H_5 这五项哈密顿量分别输入量子线路中,分别进行测量。对于 Max-cut 问题的哈密顿量,只有泡利 Z 和泡利 I 算符,因此测量时不需要进行换基操作。在经典求解器中根据哈密顿量的常数系数加权求和,并不断优化得到最低值,它的负值即是最大割的数目。

11.3.2 应用绝热量子算法求解

在介绍 QAOA 变分量子算法求解之前,我们也介绍一下应用绝热量子计算方法如何求解。虽然现在也有数字绝热量子计算,即在以量子门为基础的量子计算机运行,但绝热量子计算更主流的方法是模拟型的演化过程,在 D‑Wave 量子退火器或光学伊辛机中都可以实现。

根据绝热量子计算,我们取一个较长的时间(如 100 秒),并将 t 时刻的系统哈密顿量定为 $H(t)=\dfrac{t}{T}H_2+\dfrac{T-t}{T}H_1$。这里 H_1 是一个容易制备和求基态的初始哈密顿量,可取为 $\sum_i \sigma_i^x$。H_2 则是式(11.13)中显示的哈密顿量,反映了最大割这一特定问题的目标函数。

对此系统 $H(t)$ 进行演化一定的时间,即可得到结果。我们可以通过模拟验证其正确性。同时,也可以用现成的 D‑Wave 量子退火器来求解,如 11.1 节所示,它采用横场伊辛模型,横场 $\sum_i \sigma_i^x$ 项就相当于内置的一个初始哈密顿量 H_1,目标函数可定义为 QUBO 特性的函数,即每个变量取值为 0 或 1。这里因为 D‑Wave 量子退火求解器里自带了一个将布尔(0 或 1)编码转换为自旋(1 或 −1)的函数,可以将我们定义的 QUBO 函数转化为系统可以求解的伊辛模型。而如式(11.13)的哈密顿量,是直接用伊辛模型编码的。如果按布林值($x_i = 0$ 或 1)编码,可以设定目标函数为 $\mathrm{Min}\Big[-\sum_{\langle i,j\rangle\in E}(x_i + x_j - 2x_i x_j)\Big]$。

11.3.3　使用 QAOA 求解

QAOA 是适合基于量子门电路的变分量子计算。和前一节 AQC 相同,QAOA 需要准备一个同样的初态哈密顿量 H_β,可设为 $\sum_i \beta \sigma_i^x$,可在后面加一列 $R_x(2\beta)$ 单比特旋转门实现。同时需要加载这一哈密顿量的基态,易求得全为 $|+\rangle$ 态,因此对 $|000\cdots0\rangle$ 应用 Hadamard 算符即得。

对于 H_γ,将每一组 $\gamma(I-\sigma_i^z\sigma_j^z)$ 编码在涉及第 i、j 个量子比特的一组量子逻辑门中,图 11.6 给出了使用 QAOA 求解 4 元环上最大割问题的量子门电路。

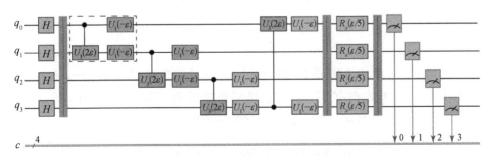

图 11.6　QAOA 求解 MAXCUT 问题门电路示例

其中每两个相连的节点都对应量子线路中由一个受控 U_3 门和两个 U_1 门组成的一组量子线路。由 $CU_3(0, 0, -2\gamma, 0)$ 和 $U_1(\gamma)$ 可构建 $\gamma(I - \sigma_i^z \sigma_j^z)$，具体推导如下(这里我们将哈密顿量中的 γ 替换为了 ε，因为前者是 qiskit 里 CU_3 门的一个默认参数名)。

我们首先要将 $\mathrm{e}^{-\mathrm{i}\varepsilon\frac{1}{2}(I-\sigma_i^z\sigma_j^z)}$ 转化为通用量子门表示，这里涉及到了矩阵的指数计算，这个技巧实际上在 5.5.1 节中用到过，但是我们没有展开，这里我们给出详细说明，并且这一技巧也将在 12.4.1 节中用到。

对于一个矩阵 $\boldsymbol{A}$，如果有性质 $\boldsymbol{A}^2 = I$，那么我们可以进行泰勒展开：

$$
\begin{aligned}
\mathrm{e}^{-\mathrm{i}\varepsilon A} &= \sum_{n=0}^{\infty} \frac{(-\mathrm{i}\varepsilon A)^n}{n!} = \sum_{k=0}^{\infty} \frac{(-\mathrm{i}\varepsilon)^{2k}}{(2k)!} A^{2k} + \sum_{k=0}^{\infty} \frac{(-\mathrm{i}\varepsilon)^{2k+1}}{(2k+1)!} A^{2k+1} \\
&= I \sum_{k=0}^{\infty} \frac{(-\mathrm{i}\varepsilon)^{2k}}{(2k)!} + A \sum_{k=0}^{\infty} \frac{(-\mathrm{i}\varepsilon)^{2k+1}}{(2k+1)!} \\
&= I \cos\varepsilon - \mathrm{i}A \sin\varepsilon
\end{aligned}
\tag{11.15}
$$

而很显然，$(\sigma_i^z \sigma_j^z)^2 = I$，因此

$$
\begin{aligned}
\mathrm{e}^{-\mathrm{i}\varepsilon\frac{1}{2}(I-\sigma_i^z\sigma_j^z)} &= \mathrm{e}^{-\frac{\mathrm{i}\varepsilon}{2}I} \mathrm{e}^{\frac{\mathrm{i}\varepsilon}{2}\sigma_i^z\sigma_j^z} \\
&= \left(I\cos\frac{\varepsilon}{2} - \mathrm{i}I\sin\frac{\varepsilon}{2}\right)\left(I\cos\frac{\varepsilon}{2} + \mathrm{i}\sigma_i^z\sigma_j^z\sin\frac{\varepsilon}{2}\right) \\
&= \mathrm{e}^{-\mathrm{i}\frac{\varepsilon}{2}}\begin{bmatrix} \mathrm{e}^{\mathrm{i}\frac{\varepsilon}{2}} & & & \\ & \mathrm{e}^{-\mathrm{i}\frac{\varepsilon}{2}} & & \\ & & \mathrm{e}^{-\mathrm{i}\frac{\varepsilon}{2}} & \\ & & & \mathrm{e}^{\mathrm{i}\frac{\varepsilon}{2}} \end{bmatrix} \\
&= \begin{bmatrix} 1 & & & \\ & \mathrm{e}^{-\mathrm{i}\varepsilon} & & \\ & & \mathrm{e}^{-\mathrm{i}\varepsilon} & \\ & & & 1 \end{bmatrix}
\end{aligned}
\tag{11.16}
$$

而对于更一般的情况，我们可以找到一组这样的矩阵 $\{I_1, I_2, \cdots, I_n\}$，使得其中每一个矩阵都有 $I_i^2 = I$，这样任意矩阵都可以分解为 $B = a_1 I_1 + a_2 I_2 + \cdots + a_n I_n$，进而 $\mathrm{e}^{-\mathrm{i}\varepsilon B} = \mathrm{e}^{-\mathrm{i}\varepsilon a_1 I_1} \mathrm{e}^{-\mathrm{i}\varepsilon a_2 I_2} \cdots \mathrm{e}^{-\mathrm{i}\varepsilon a_n I_n}$。

但是在这个例子中，我们有一种更简单的计算方法，注意到 $\left(\dfrac{I-\sigma_i^z\sigma_j^z}{2}\right)^n =$

$\left(\dfrac{I-\sigma_i^z\sigma_j^z}{2}\right)$，我们同样可以用泰勒展开：

$$e^{-i\varepsilon\frac{1}{2}(I-\sigma_i^z\sigma_j^z)}=\sum_{n=0}^{\infty}\frac{\left[-i\varepsilon\,\frac{1}{2}(I-\sigma_i^z\sigma_j^z)\right]^n}{n!}=I+\sum_{n=1}^{\infty}\frac{\left[-i\varepsilon\,\frac{1}{2}(I-\sigma_i^z\sigma_j^z)\right]^n}{n!}$$

$$=I+\frac{1}{2}(I-\sigma_i^z\sigma_j^z)\sum_{n=1}^{\infty}\frac{[-i\varepsilon]^n}{n!}=I+\frac{1}{2}(I-\sigma_i^z\sigma_j^z)(e^{-i\varepsilon}-1)$$

$$=\begin{bmatrix}1&&&\\&1&&\\&&1&\\&&&1\end{bmatrix}+\begin{bmatrix}0&&&\\&e^{-i\varepsilon}-1&&\\&&e^{-i\varepsilon}-1&\\&&&0\end{bmatrix}$$

$$=\begin{bmatrix}1&&&\\&e^{-i\varepsilon}&&\\&&e^{-i\varepsilon}&\\&&&1\end{bmatrix}\tag{11.17}$$

在通用量子门线路中，我们可以通过图 11.6 中虚线框内所示的量子线路来实现，受控 U_3 门由四个参数描述

$$CU_3(\theta,\varphi,\lambda,\gamma)=e^{i\gamma}\begin{bmatrix}1&&&\\&1&&\\&&\cos\dfrac{\theta}{2}&-e^{i\lambda}\sin\dfrac{\theta}{2}\\&&e^{i\varphi}\sin\dfrac{\theta}{2}&e^{i(\lambda+\varphi)}\cos\dfrac{\theta}{2}\end{bmatrix}\tag{11.18}$$

U_1 门（相位门）由一个参数描述

$$U_1(\alpha)=\begin{bmatrix}1&\\&e^{i\alpha}\end{bmatrix}\tag{11.19}$$

$$[U_{1i}(\alpha)\otimes U_{1j}(\alpha)]CU_3(\theta,\varphi,\lambda,\gamma)$$

$$=\begin{bmatrix}1&&&\\&e^{i\alpha}&&\\&&e^{i\alpha}&\\&&&e^{i2\alpha}\end{bmatrix}e^{i\gamma}\begin{bmatrix}1&&&\\&1&&\\&&\cos\dfrac{\theta}{2}&-e^{i\lambda}\sin\dfrac{\theta}{2}\\&&e^{i\varphi}\sin\dfrac{\theta}{2}&e^{i(\lambda+\varphi)}\cos\dfrac{\theta}{2}\end{bmatrix}$$

$$= e^{i\gamma} \begin{bmatrix} 1 & & & \\ & e^{i\alpha} & & \\ & & e^{i\alpha}\cos\dfrac{\theta}{2} & -e^{i(\alpha+\lambda)}\sin\dfrac{\theta}{2} \\ & & e^{i(2\alpha+\varphi)}\sin\dfrac{\theta}{2} & e^{i(2\alpha+\lambda+\varphi)}\cos\dfrac{\theta}{2} \end{bmatrix} \qquad (11.20)$$

对比两个矩阵,我们发现只要满足 $\theta=0$, $\gamma=0$, $\alpha=-\varepsilon$, $2\alpha+\lambda+\varphi=0$ 就可以通过图中的线路求解该问题。

同样的,如果哈密顿量是 $H=-\sum_{\langle i,j\rangle\in E}\dfrac{1}{2}(I+\sigma_i^z\sigma_j^z)$,我们可以将参数条件修改为 $\theta=0$, $\gamma=-\varepsilon$, $\alpha=\varepsilon$, $2\alpha+\lambda+\varphi=0$。 对于 $H=-\sum_{\langle i,j\rangle\in E}\dfrac{1}{2}\sigma_i^z\sigma_j^z$, $\theta=0$, $\gamma=-\varepsilon/2$, $\alpha=\varepsilon$, $2\alpha+\lambda+\varphi=0$。

图 11.6 显示出已优化得到的参数,对应 $\beta=0.2$ 和 $\gamma=1.9$(这里的 β 和 γ 的定义又回到了本节最开始的 H_β 和 H_γ)。此时得到目标态 $|0101\rangle$ 和 $|1010\rangle$ 的概率值相对最高。

我们知道 QAOA 需要不断迭代 H_β、H_γ 多次,即随着迭代次数 p 的增大,获得目标态的概率会不断提升。图 11.6 中显示了 QAOA 算法中 $p=1$ 即一次迭代的线路,如果需要多次迭代,只需要将 Hadamard 线路之后的量子线路(即对应 H_β、H_γ 的线路)不断重复即可。

AQC 总体属于非通用的模拟量子计算,VQE 和 QAOA 属于经典-量子混合变分算法,但三个方法均能有效求解最大割问题等一系列 QUBO 问题。直接应用 VQE 时,由于 ansatz 的空间为 2^n 维的希尔伯特空间,对经典计算机的时空开销仍然为指数级。QAOA 则对经典计算机开销很小。这也说明了在使用经典-量子混合算法中,选择合适的问题表示方法的重要性。AQC 对量子计算机的性能需求与具体实现关系较大。对于这类 QUBO 问题,几种算法共同点是均需要与图节点数相同数量的量子比特。

可以看出,不管是 VQE 和 QAOA 还是 AQC,只是提供了一个算法的框架,对能解决的问题的限制并不多,因而可以应用在许多问题上[3]。

番外篇:运用 QAOA 代替 Shor 算法分解大数质因子

在第 5 章中我们提到了 shor 算法分解大数质因子,但是我们也可以用 QAOA 做到[7]。

首先对于一个数 m,我们假设 $m=pq$,很显然我们可以将这三个数改写为

二进制

$$\sum_{k=0}^{n_m-1} 2^k m_k = \Big(\sum_{i=0}^{n_p-1} 2^i m_i\Big)\Big(\sum_{j=0}^{n_q-1} 2^j m_j\Big) \tag{11.21}$$

其中，n_m 是 m 的二进制位数，m_k 是第 k 位上的二进制值,其余两个数的二进制表述与之相同,不再赘述。不失一般性,我们令 $p \geqslant q$。在分解之前我们需要估计 p，q 的二进制位数,这样我们才能留出足够的 qubit 来储存它们,当 m 为质数时,$m = p$，因此 n_p 的上限是 n_m，而 $q \leqslant \sqrt{m}$，因此 n_q 的上限是 $\left[\dfrac{n_m}{2}\right]$。对于一个未知的数 m，我们需要 n_p 和 n_q 均取上限。因此我们定义：

$$n_c = n_p + n_q - 1 \in O(n_m) \tag{11.22}$$

那么对于任意的 $0 \leqslant i < n_c$，都有

$$0 = \sum_{j=0}^{i} q_j p_{i-j} + \sum_{j=0}^{i} z_{j,i} - m_i - \sum_{j=1}^{n_c} 2^j z_{i,i+j} \tag{11.23}$$

其中，$z_{i,j} \in \{0, 1\}$ 是位置 i 到位置 j 的进位,这个式子的数学意义是,式 (11.21) 左边的每一位二进制值都应该与右边算出来的相等,很显然 2^i 前的系数 m_i 由三个部分决定: 2^i 与 2^{i-j} 相乘得到的部分 $\sum_{j=0}^{i} q_j p_{i-j}$，低位进来的部分 $\sum_{j=0}^{i} z_{j,i}$ 以及向高位进出去的部分 $-\sum_{j=1}^{n_c} 2^j z_{i,i+j}$。

我们定义：

$$C_i = \sum_{j=0}^{i} q_j p_{i-j} + \sum_{j=0}^{i} z_{j,i} - m_i - \sum_{j=1}^{n_c} 2^j z_{i,i+j} \tag{11.24}$$

很显然，

$$\sum_{i=0}^{n_c} C_i^2 = 0 \tag{11.25}$$

那么因数分解问题可以转换为给二元变量组 $\{p_i\}$，$\{q_i\}$，$\{z_i\}$ 的赋值问题,而我们的哈密顿量很显然为

$$H = \sum_{i=0}^{n_c} C_i^2 \tag{11.26}$$

此外需要注意的是,如果 m 有多个质因子,那么这个哈密顿量拥有许多个基态,每一个基态都对应于不同的因数对 $\{p, q\}$，我们可以进一步对每一个数重复上述步骤来将 m 彻底分解。在推导的过程中我们可以感觉到一些冗余

qubit 的存在，例如对于一个大数 $n_m < n_p + n_q$，因此部分 C_i 是无效的，我们还可以通过一些约束条件来简化我们的哈密顿量，大大降低我们的计算量[8]。

11.3.4 使用 Grover 通用量子算法求解

除了前面提到的变分量子算法和绝热量子计算可以用来求解 QUBO 问题，近来基于纯通用量子计算的 Grover 算法也被提出可用于求解 QUBO 优化问题，即采用一种 Grover 自适应算法（grover adaptive search，GAS）[9-11]。至此，不同路径的量子计算方法都可用于优化问题的应用。

回顾第 4 章中关于 Grover 搜索算法的相关知识[12]，Grover 算法量子线路主要包括 O 和 G 两个部分：O 部分通过实现特定量子态的相位翻转导入 Oracle；G 部分则是通过量子线路将 O 部分的相位差别转化为量子态幅度的差别，从而能够测量出不同量子态的概率差别，概率最高的量子态则是待搜索的量子态。

现在我们来看看如何将这种方法运用于优化问题。优化问题通常通过连续逼近方法解决，GAS 的工作方式与此类似，它反复使用 Grover 搜索从所有解决方案中抽样，将概率最高的量子态对应最优化的解。一个 n 变量的 QUBO 问题通常描述为

$$f(x) = \min_{x \in \{0,1\}^n} \Big(\sum_{i,j=1}^n Q_{ij} x_i x_j + \sum_{i=1}^n Q_i x_i + c \Big) \tag{11.27}$$

因此，我们需要构造用于 QUBO 问题的 GAS oracle O_y。我们首先构造 A_y，它包括一个由 n 个量子比特组成的输入寄存器来表示所有 $|x\rangle_n$ 的相等叠加，还包括一个由 m 个量子比特的输出寄存器来记录对应的 $|f(x)-y\rangle_m$。y 是人为设定的值，如果 y 设得过小，所有 $f(x)-y$ 都为正值；反之，如果 y 设得过大，则所有 $f(x)-y$ 都为负值；而理想的 y 选值则是，可以使得对于特定的 x 取值，$f(x)-y$ 为负值，对于其余 x 则 $f(x)-y$ 为正值。我们的优化问题，就是希望 $f(x)$ 越小越好并找出对应的 x，此时 $f(x)-y$ 为负值，其余 x 使 $f(x)-y$ 为正值。因此，我们采用 oracle O_y 标记使得 $f(x)-y$ 为负值的量子态 x，翻转该量子态 x 使其相位为负，即

$$A_y |0\rangle_n |0\rangle_m = \frac{1}{\sqrt{2^n}} \sum_{x=0}^{2^n-1} |x\rangle_n |f(x)-y\rangle_m \tag{11.28}$$

$$O_y |x\rangle_n |z\rangle_m = \mathrm{sign}(z) |x\rangle_n |z\rangle_m \tag{11.29}$$

其中，$|x\rangle$ 是整数 x 的二进制编码。

进一步地,我们套用 Grover 搜索算法中的 G 量子线路,将 O_y 的相位差转化为量子态幅度差并测量出概率最高的量子态。前述章节还提到 Grover 搜索算法有时经过一次 O、G 操作,目标量子态的概率还不够突出,需要经过多次 O、G 重复操作提升目标量子态的概率,直至接近 1。这里我们说的 GAS,是指我们需要不断调整人为设定的 y 值,以及对于每个 y 值情形尝试 r 次 O、G 重复操作[13]。GAS 算法的框架如下所示。

算法 11.1：GAS算法

输入：
　　函数 $f: X \rightarrow \mathbb{R}$
　　系数 $\lambda > 1$
输出：
　　实现最小 f 值对应的 x

过程：
　　(1) 随机选择 $x_1 \in X$,$y_1 = f(x_1)$；令 $k = 1$, $i = 1$
　　(2) 当结束条件不满足,从集合 $\{0, 1, \cdots, \langle k-1 \rangle\}$ 中随机选择旋转数 r_i；
　　(3) 用 oracles A_{yi} 和 O_{yi} 运行 Grover 算法 r_i 次,得到新的 x 和 y；
　　(4) 如果 $y < y_i$,则 $x_{i+1} = x$, $y_{i+1} = y$, $k = 1$；
　　(5) 否则 $x_{i+1} = x_i$, $y_{i+1} = y_i$, $k = \lambda k$；
　　(6) $i = i + 1$

我们用以下 QUBO 问题进行具体说明。这可以是一个具体优化问题目标函数结合约束条件罚函数形成的一个总方程。

$$f(x) = \min_{x \in \{0, 1\}^3} (-2x_1x_3 - x_2x_3 - x_1 + 2x_2 - 3x_3) \qquad (11.30)$$

这里三个 x 变量需 $n = 3$ 个输入量子比特,并且估计需要 $m = 4$ 个量子比特用于存储求和 $f(x)$,因此 A_y 运算符包括 7 个量子比特。我们将初始阈值 y_1 设置为 0,如果在该算法的 $r = 3$ 次 O、G 重复操作中未发现任何改进,则停止搜索。进一步,降低阈值 y,开始新一轮的尝试,直到可以搜索出足够明显的目标量子态。

这些操作可以运用 IBM Qiskit 的算法包进行直接调用[14-15]。IBM Qiskit 开拓了这一运用通用量子计算求解优化问题的方法,并给出了方便调用的算法指令集。对于上式示例,模拟实验的结果如图 11.7 所示。

如图 11.7 所示,3 个 x 变量共组成 $2^3 = 8$ 个量子态。初始时各量子态的概率相同。当 $y = -4$ 时,发现 $|101\rangle$ 和 $|111\rangle$ 这两个态的概率各占一半,快

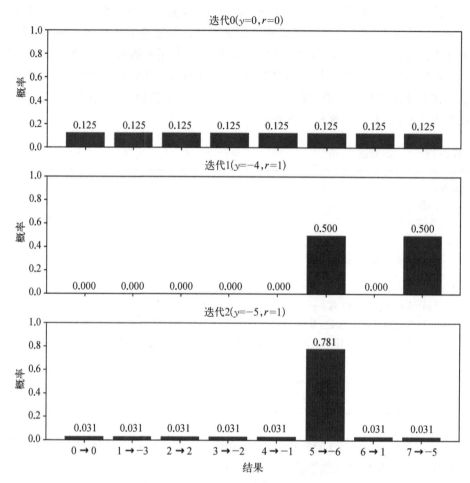

图 11.7　不同阈值 y 和 Grover 重复操作次数 r 设置下的 GAS 输出各量子态的概率

速验算发现，$x_1x_2x_3 = 101$ 和 $x_1x_2x_3 = 111$ 分别使 $f(x) = -2x_1x_3 - x_2x_3 - x_1 + 2x_2 - 3x_3$ 为 -6 和 -5，的确都能使得 $f(x) - y$ 为负值，因此 $|101\rangle$ 和 $|111\rangle$ 量子态都被标记相位翻转并被搜索出来。而进一步降低 $y = -5$ 时，只有 $|101\rangle$ 能使得 $f(x) - y$ 为负值，因此 $f(x)$ 的最小值以及对应的 x 取值可以求解出来。

　　通过这个示例我们可以体会 Grover 搜索算法求解优化问题的方法。在编码上与 QAOA、AQC 的相同之处在于，都是采用 n 个量子比特来对应 n 个节点或变量，不同之处在于 Grover 算法还用到额外的若干量子比特去编码求和 $f(x)$ 的值，涉及加法器、比较器等通用量子线路[13]，在线路深度和需要的量子比特数上会高于变分量子算法。无论如何，Grover 搜索算法为基于纯通用量子线路求解优化问题提供了新的思路。

参考文献

［1］ Wikipedia. Mathematical optimization. https：//en. wikipedia. org /wiki /Mathematical_ optimization ［2023－05］.

［2］ Glover F，Kochenberger G，Du Y. A tutorial on formulating and using QUBO models. arXiv，2018：1811.11538.

［3］ D-wave. 250＋ early quantum applications. https：//www. dwavesys. com /learn / featured-applications ［2023］.

［4］ Lucas A. Ising formulations of many NP problems. Frontiers in Physics，2014，2：5.

［5］ Farhi E，Goldstone J，Gutmann S. A quantum approximate optimization algorithm applied to a bounded occurrence constraint problem. arXiv，2014：1412.6062.

［6］ Akshay V，Philathong H，Morales M E S，et al. Reachability deficits in quantum approximate optimization. Physical Review Letters，2020，124：090504.

［7］ Minato Y. Variational quantum factoring using QAOA and VQE on blueqat. https：// minatoyuichiro. medium. com /variational-quantum-factoring-using-qaoa-and-vqe-on-blueqat-29c6f4f195f1 ［2019－05］.

［8］ Anschuetz E，Olson J，Aspuru-Guzik A，et al. Variational quantum factoring. International Workshop on Quantum Technology and Optimization Problems，Springer， Cham，2019：74－85.

［9］ Durr C，Hoyer P. A quantum algorithm for finding the minimum. arXiv，1996： 9607014.

［10］ Bulger D，Baritompa W P，Wood G R. Implementing pure adaptive search with Grover's quantum algorithm. Journal of Optimization Theory and Applications，2003，116： 517－529.

［11］ Baritompa W P，Bulger D W，Wood G R. Grover's quantum algorithm applied to global optimization. Siam Journal on Optimization，2008，15：1170－1184.

［12］ Grover L K. A fast quantum mechanical algorithm for database search. In Proceedings of the Twenty-eighth Annual ACM Symposium on Theory of Computing，STOC'96，New York，USA，1996：212－219.

［13］ Gilliam A，Woerner S，Gonciulea C. Grover adaptive search for constrained polynomial binary optimization. Quantum，2021，5：428.

［14］ Andrew W C，Lev S B，Sarah S，et al. Validating quantum computers using randomized model circuits. Physical Review A，2019，100：032328.

［15］ Arellano E. GitHub-qiskit /qiskit-optimization：Quantum optimization. https：//github. com /Qiskit /qiskit-optimization ［2023－05］.

第12章
量子计算在机器学习中的应用

　　量子计算和人工智能都是目前备受关注的科技前沿方向,与此同时,"量子人工智能"这个新兴的交叉学科也正在快速发展。图灵奖得主姚期智院士曾指出,"量子计算和人工智能两个领域的结合,将会是未来的重大时刻。"量子人工智能交叉学科包含两个层面的意思:一是运用人工智能机器学习的技术,提升对很多复杂的量子物理数据分析的处理效率,如机器学习识别相变、实验演示神经网络实现量子态的分类、凸优化用于海水量子信道重建;二是目前同样广为关注的方向,就是如何运用量子计算技术去推动人工智能的发展。目前不少经典的机器学习问题,都有了量子算法的理论加速版本,并且有的还在量子计算硬件中进行了原理性实验演示。本章主要介绍第二个层面,即量子计算如何助推机器学习的发展。

　　本章首先简要梳理经典机器学习的发展历程及主要类型,然后介绍量子机器学习的发展及对现有各种量子机器学习算法的实现方法。12.3 节和 12.4 节分别从特征空间及数据编码、梯度训练这些机器学习的重要因素,介绍量子算法的对应方案,并在 12.5 节给出一个具体的示例,助于加深对量子机器学习的理解,并启发更多量子机器学习算法的设计。

12.1　经典机器学习

12.1.1　经典机器学习的发展历程概述

　　很多人可能会把人工智能和机器学习画上等号,实际上应该说目前机器学习是一种主流的人工智能研究途径,是人工智能和统计学下面的重要子学科,在历史上还有"专家系统"等更多人工智能实现方式。同样我们提到的量子人工智能,是以量子机器学习的研究为主。

　　量子计算和人工智能的交叉学科发展,其实并不是随性偶遇,或是强行的撮合,还颇有一点注定有缘的意味。在两者相遇之前,都各自经历了起起落落、螺旋上升的发展历程。

人工智能的渊源绕不开 Turing 在 1950 年提出的测试:如果一台机器能在 5 分钟内接受人们一系列询问,让 30%以上的人分辨不出是这是人还是机器在回答,那么就认为机器具有了人的智能[1]。1956 年,数学家约翰·麦卡锡正式提出"人工智能"这个概念。在 20 世纪五六十年代,机器学习、神经网络、遗传算法等现在常用到的基本模型就提出来了。机器学习的定义由 Samuel 于 1959 年提出:使计算机无须经过明确编程即可获得学习能力的研究领域。现在更准确地来说,因为算法本身不是在学习过程中自适应的,而是其编码的功能去自适应,需要通过大量训练数据中得出计算机程序的输入输出关系。伴随着计算机从最初的电子管到晶体管的进展,诸如 Student 求解应用程序、Elisa 聊天机器人等应用陆续出现,机器学习结束了最初的发展热潮。但是到了 20 世纪 70 年代,人工智能陷入第一次危机,面临着计算机性能不足、数据量严重缺失等技术瓶颈。

20 世纪 80 年代,一类"专家系统"程序为人工智能掀起第二次发展高潮,其能够依据专业知识推演出的 if-then 逻辑规则在特定领域回答问题,但几年下来人们发展应用领域很窄,个人台式机等新生力量更值得投入,加上 1987 年美国金融危机等外因,人工智能的投入研究又转入寒冬。在这一阶段,虽然大规模集成电路计算机已开始发展,但原技术瓶颈仍未完全突破。此时的"专家系统"和机器学习都是通过不同方式模仿人类智能决策的方式,相较如今是基于大数据动态决策的机器学习途径成为主导。正是在 1980 年代,在"专家系统"研究热潮之余,反向传播模型实现了神经网络训练的突破,使得后来基于神经网络的机器学习研究重获生机。

人工智能的第三次高潮则伴随着摩尔定律下的计算机性能频频翻倍的形势而来,20 世纪 90 年代中期以来,IBM 机器人"深蓝"战胜国际象棋冠军(1997 年),深度学习算法及"云计算"概念被提出(2006 年),谷歌无人驾驶汽车创 16 万公里无事故纪录(2010 年),苹果发布语音个人助手 Siri(2011 年),华为发布 AI 定制移动端芯片(2017 年),等等。运用机器学习的人工智能在自然语言、机器视觉、自动驾驶等众多细分领域都得到快速发展,如图 12.1 所示。

12.1.2　经典机器学习的主要类型

机器学习根据训练数据集的不同情况,通常分为三种类型:监督学习(supervised learning)、无监督学习(unsupervised learning)和强化学习(reinforcement learning)[3]。

监督学习是从有标记的训练数据中推导出预测函数。有标记的训练数据是

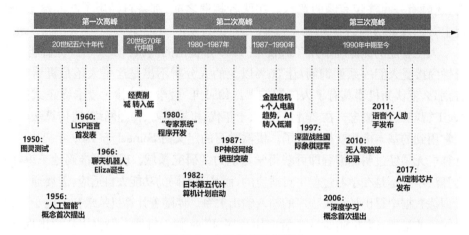

图 12.1 人工智能发展简史

指每个训练实例都包括输入 x 和期望的输出 y，即监督学习的数据集为 $\{(x, y)\}$。计算机给出正确输入输出关系的示例，从中推断出映射。在模式分类中有重要应用，其中必须将输入数据的向量分配给不同的类。一些监督学习技术包括线性回归（回归）、局部线性回归（回归）、logistic 回归（分类）等。

无监督学习是从无标记的训练数据中推断结论，即数据集为 $\{x\}$，不包含期望的输出 y。最典型的无监督学习就是聚类分析，它可以在探索性数据分析阶段用于发现隐藏的模式或者对数据进行分组，这在社会学研究和市场研究中具有重要的应用。一些无监督学习技术包括：自编码（autoencoding）、主成分分析（principal components analysis）、随机森林（random forests）、K 均值聚类（K - means clustering）和生成对抗网络（generative adversarial networks）等。

介于监督学习与非监督学习之间的还有半监督学习（semi-supervised learning），是指在训练阶段结合了大量未标记的数据和少量标签数据。

强化学习通常没有数据集。给定规则和环境（environment），代理会根据其取胜的策略而受到奖励（reward）或惩罚。每项奖励都强化了当前的策略，而惩罚则导致了其策略的适应性调整[4-5]。强化学习的目标正是优化整个探索过程，使代理在现环境下得到尽可能高的奖励回报。强化学习是很多游戏和智能代理的重要机制[6]。

强化学习和前述机器学习的区别在于，监督、非监督学习往往是一个一次决策的过程，而强化学习是一个多次决策的过程，可以形成一个决策链。有一个摇杠赌博机的例子，强化学习类似于赌徒没有初始数据集，只能通过用某种策略去测试摇杠，期望能在整个测试过程得到最好的收益；监督学习类似于赌徒一开始就统计了所有用户在赌博机上的收益情况,然后进行监督学习得到模型,等赌徒操作摇杠赌博机时直接利用模型得到该摇哪个摇杠。强化学习在测试收集数据的过程中是有代价的,而监督学习是一开始就给定了数据集,收集数据集的代价是其他人所承担的,所以监督学习不用考虑这部分的代价。

表 12.1 列出了三种经典机器学习类型在数据集方面的区别。监督学习从训练数据中得出模式,并在模式识别任务中找到应用。无监督学习从输入的结构推断信息,这对于数据聚类很重要。强化学习通过奖励功能的反馈来优化策略,通常适用于智能代理和游戏。

表 12.1　三种经典机器学习类型的主要算法

	监督学习	非监督学习	强化学习
训练数据集	$\{(x, y)\}$	$\{x\}$	$\varnothing$ 空集

此外,一些机器学习的框架,不能简单归为监督、非监督、强化学习中的一种。例如人工神经网络结构,它主要用于非监督学习,也可用于监督或半监督学习。深度学习是指运用包含多层的人工神经网络进行机器学习,现在常提到的卷积神经网络、循环神经网络等就是代表性的深度学习神经网络,已在计算机视觉、语音识别、自然语言处理、音频识别与生物信息学等领域取得了很好的应用。自动编码器(AutoEncoder)通过训练编码器与解码器两个神经网络结构的参数进行学习,2014 年新提出的生成对抗网络(generative adversary network,GAN),通过生成器(generator)和鉴别器(discriminator)两个神经网络相互博弈的方式进行学习,这些框架可加载各种神经网络,例如基于卷积神经网络的自动编码器已经比较普遍。

在这些不同类别中,"学习"一词指代不同的具体过程。例如,对于监督学习来说,它可以指训练阶段通过正确的输入-输出关系示例,调整参数以重现这些示例,从而获得算法的最佳参数(例如权重,初始状态)[7],例如通过反向传播或深度学习在人工神经网络中进行权重调整的过程[8-9]。除了参数优化问题的学习,还有许多机器学习算法没有明确的学习阶段。例如,如果给出未分类的输入向量,则用于模式分类的 k-近邻法将利用训练数据来决定其分类,此时学习是从示例中推断出决策函数。在强化学习中,学习指的是对策略进行调整以增加将来获得奖励的机会。

无论选择哪种学习类型和过程,最优的机器学习算法都是那些以最少的资源运行、并实现与任务相关的最小错误率的方案。因此对于机器学习的一个有意义的研究点在于寻找可以降低算法复杂度等级的方案,这是量子计算有望提供帮助的地方。

12.2　量子机器学习算法

2012 年,谷歌宣布成立量子人工智能实验室(quantum artificial intelligence lab),普通大众看到两个名字放在一起了,还会有点纳闷。其实,在此之前,大约从 2000 年以来,已有人在试想量子和 AI 结合,例如是否可以构建量子神经网络,或者从信息论角度指出量子和经典信息的等价可学习性,好比从根本上认定了两方结合的可行性[10]。

细细想来,现在摩尔定律逐渐陷入瓶颈,包括光子计算、类脑计算等各种非冯诺伊曼机的计算途径开始迅速发展,尤其是量子计算,在理论上已被论证了加速运算的各种优势。回想人工智能的发展历程,每一次的发展高峰都得益于计算机硬件的提升,如 20 世纪 60 年代的晶体管计算机编程,2000 年以来的 GPU 运算;而同时,此前两次的回落也又都因为计算机硬件瓶颈,毕竟 AI 程序涉及极高计算复杂度和数据处理量。现在人工智能若想要保持旺盛冲劲,必须克服摩尔定律限制,结合最前沿的计算机计算途径和硬件性能去突破。量子计算的很多算法可以把 AI 程序涉及的计算复杂度变为多项式级,从根本上提升运算效率,无疑是非常有吸引力的。

而且,目前从各国推出的量子计算白皮书以及各商业公司的量子计算研究组网站上看,它们都表示希望量子计算能够应用在优化问题、生物医学、化学材料、金融分析、图像处理等各行业应用领域。对于人工智能,说到它的应用场景,罗列出来,不外乎也是优化问题、生物医学、化学材料、图像处理、金融分析等。人们希望将量子计算和人工智能都能够应用在各民生领域。

量子机器学习有的基于全通用量子计算,如 2014 年 Lloyd 等提出的量子 PCA[11],量子 SVM,都是以量子傅里叶变换为内核。还有基于量子退火的方式,实现更高效的受限玻尔兹曼机训练及强化学习。而大部分现有的量子机器学习,都采用了目前 NISQ 技术背景下主流的量子-经典混合变分量子计算。下述对于代表性量子机器学习的介绍,还是按照无监督、有监督及强化学习的类型来分别阐述。

12.2.1　监督型量子机器学习

目前,已经有许多监督型量子机器学习算法被提出。在这些监督型量子机器学习方法中,有一部分算法是基于已有的经典机器学习算法改进而来。常用的算法有支持向量机等一系列基于核的机器学习方法、量子最近邻算法、量子决策树算法和变分量子分类器(variational quantum classifier)等。

支持向量机(support vector machine,SVM)在经典机器学习中有极为重要的地位。支持向量机是用于对数据进行分类的机器学习方法,其基本的思想是通过一个超平面将不同类别的数据划分开来,如图 12.2 所示。

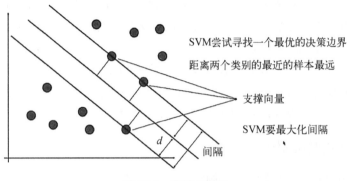

图 12.2 支持向量机

在图中,我们可以观察到,一条直线将两种不同类别的点区分开来,而我们需要优化的是这条直线与不同类别的点的最小距离。经典的支持向量机将该问题转化为一个基于核的优化问题[12]:

$$C(\alpha) = \sum_{i=1}^{\mathcal{D}} \alpha_i - \frac{1}{2}\sum_{i,j}^{\mathcal{D}} y_i y_j \alpha_i \alpha_j \kappa(x_i, x_j) \qquad (12.1)$$

上式即为支持向量机计算过程中所需要最大化的损失函数,其中,x_i 代表数据点的向量,y_i 代表数据点类别,而需要优化的参数是 α_i。 为了了解量子支持向量机是如何工作的,我们无须关注该式的具体推导过程和优化过程,仅需要关注其中出现的核函数 $\kappa(x_i, x_j)$。 核函数并非一个单一的函数,对于不同的分类问题,可以选择不同的核函数进行优化,几种常见的核函数包括线性核、多项式核与高斯核。其中,最为简单的线性核可以看作是两个输入向量的内积。为了得到核函数的值,量子计算机可以对输入的特征进行内积运算:

$$\kappa(x_i, x_j) \equiv \langle \Phi(x_i) | \Phi(x_j) \rangle_{\mathcal{H}} \qquad (12.2)$$

其中,Φ 代表了从向量数据到量子态的特征映射。通过狄拉克记号的表示方式,我们使用量子态内积的方式表示了核函数。在使用量子计算机得到了该核函数的值之后,该核函数的值可以被输入到经典计算机中,通过经典优化方法得

到最优的 α 参数值。

除了支持向量机之外,还有使用变分方法优化参数的变分量子分类器这一量子监督学习方案。在将数据特征映射到量子态后,通过一个由参数 θ 构建的量子线路 $u(\theta)$ 即可得到输出,量子线路的输出对应了输入量子态的预测分类。之所以称之为变分的量子分类器,是因为我们需要通过变分的方式改变量子线路,从而使该量子分类器得到更加准确的分类结果。在优化变分量子分类器时,通常先固定量子线路的参数值,并通过测量量子线路对于不同输入的输出得到当前的预测损失。之后,使用经典的优化算法来优化参数的值,并重复上述步骤,直到参数的值能够收敛。

上述的两种分类器方案都依赖从向量数据到量子态的特征映射这个过程。对于本节中所述的量子支持向量机,可能需要使用到振幅编码以支持向量内积的运算。关于特征映射过程的详细介绍,可以参考 12.3 节。

12.2.2 无监督型量子机器学习

无监督型量子机器学习的方法也已经得到了广泛的研究。目前的方法包括量子玻尔兹曼机、量子电路玻恩机、量子主成分分析、量子 K - means 算法和量子生成对抗网络等。本节将对量子 K - means 算法与量子生成对抗网络做简要介绍。

我们来看一看经典的 K - means 算法是如何工作的,如图 12.3 所示,K - means 算法是一种基于距离的无监督聚类算法,它将一系列的点分成 k 个簇。

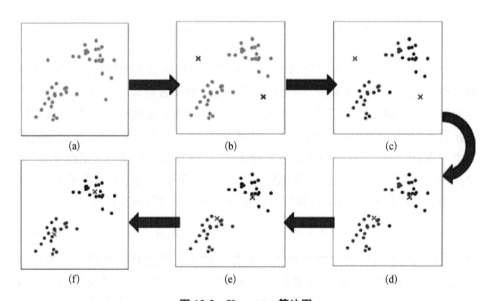

图 12.3 K - means 算法图

它的大致工作步骤如下：首先，从所有的点中随机选定 k 个点作为中心点；之后，分别计算每个点到 k 个中心点的距离，并由此确定该点的类别归属；最后，计算每个类别点的平均位置作为新的中心位置，并重复上述步骤。通过这样的方式，我们便可以最终得到 k 个在距离上靠近的簇。

在 K‐means 的计算过程中，每一步都需要分别计算每个点到每一个簇中心点的距离，并得到其距离最小的簇中心点。对于经典计算机而言，点的数目越多，该计算步骤越耗时。对于这一计算步骤，可以将其表示为求以下量子态的值：

$$\frac{1}{\sqrt{N_c}} \sum_{c,\, p \in c} |c\rangle |\vec{v}^p\rangle \tag{12.3}$$

在该量子态中，$|c\rangle$ 是点对应的特征 $|v^p\rangle$ 所属的簇。为了得到该量子态，一种可行的方案是使用绝热量子计算，在此前章节中已多次介绍。对于上述问题的求解，可以定义如下的哈密顿量：

$$H_1 = \sum_{c',\, j} |\vec{v}^p - \vec{v}_{c'}|^2 |c'\rangle\langle c'| \bigotimes |j\rangle\langle j| \tag{12.4}$$

在该哈密顿量中，v^p 与 $\vec{v}_{c'}$ 分别代表点与簇中心点位置的向量。当该哈密顿量对应的量子系统处于基态时，每个点应当与其最近的簇中心点相对应，从而得到目标的量子态[13]。

另一种量子无监督学习的应用是量子生成对抗网络（quantum generative adversarial network，QGAN）[14]。生成对抗网络（generative adversarial network，GAN）是一种非常流行的机器学习方法。生成对抗网络由一个生成器与一个判别器组成：生成器负责接收随机的输入并生成一些数据，判别器负责判断数据的真伪。真实的数据指的是数据集中的数据，而伪造的数据则是由生成器生成的。这种方法之所以被称为生成对抗网络，是因为生成器与判别器二者的目的是相互对抗的。生成器的目标是让自己生成得到的样本尽可能被判别器判定为真实，判别器的目标则是尽可能区分来自生成器的数据与真实的数据。

在使用经典计算机的机器学习中，可以使用神经网络构建生成器与判别器。在训练生成对抗网络时，生成器与判别器会被交替训练。当二者训练达到终点时，生成器将会生成的数据将与真实的数据类似，而判别器将会以二分之一的概率正确区分它们。训练完成后，通过输入不同的噪声，我们就可以使用生成器得到不同的输出，而这些输出可能和数据集中任何已有的数据都不完全一致，但它们和数据集中的数据有着相似的特征。在图像超分辨、图像补全等领域，生成对抗网络都已经取得了非常不错的效果。

量子生成对抗网络和生成对抗网络的大致步骤几乎相同,但是其编码器与判别器都是使用量子处理器实现的。也就是说,生成器生成的数据,是通过从一个量子系统中采样得到的。由于量子系统的优势,一个简单的量子系统能够表述的数据复杂程度要远远大于近似大小的经典神经网络结构,这使得量子生成对抗网络中的生成器能够得到更为复杂的数据分布,这也是量子生成对抗网络的最大优势。

我们来看一看量子生成对抗网络具体是如何被训练的。图 12.4 中包含了生成器(G)与判别器(D)两个部分。首先,生成器中的参数被固定,判别器中的参数被训练。每次训练时,生成器都生成一个态(可以使用密度矩阵来表示),这个态被输入到判别器中,并由判别器给出判断的结果;此外,判别器还会接收另外一个来自真实数据的输入,并给出另外一个判断的结果。根据这些判断结果的正误,就可以优化判别器中的参数,让判别器能够尽可能区分真实输入与生成器输入。之后,判别器中的参数被固定,生成器中的参数被训练。每当生成器生成一个态并由判别器进行判断之后,生成器中的参数会被优化,使生成器能够尽可能"欺骗"判别器。通过这种方式,判别器与生成器被交替训练,最终使生成器得到的输出态的分布与真实的态类似。

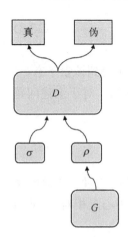

图 12.4 量子生成对抗网络示意图[14]

12.2.3 强化型量子机器学习

强化学习不同于监督/无监督学习,它需要智能体(agent)与环境(environment)的交互过程。具体而言,强化学习可以被描述为一个马尔可夫决策过程。例如,一个玩家正在玩一款策略类游戏,那么此时,玩家就是智能体,游戏就是环境,而当前玩家下一步需要进行的操作将会决定在下一时刻游戏展示的画面。当处于某一特定状态 S 中,玩家进行了操作 A,游戏下一时刻的状态就会从 S 变为 S',并得到一个奖励 R。玩家需要根据当前的环境和所处的状态,来决定下一步的操作,使期望的奖励能够达到最大化,这就是强化学习的过程。

由于玩家与游戏的交互可能会改变环境,所以不应当将环境看作为一个固定的存储内容。环境的输入应当是完整的交互序列,而不是某一时刻的状态。为了解决这一问题,环境与智能体的输入应当包含了完整的交互序列。在量子强化学习中,环境与智能体的输入分别通过环境寄存器与智能体寄存器表示。

这两个寄存器有着有限的大小,但是可以很大,以存储完整的历史记录。智能体与环境可以看作是两个不同的酉矩阵序列,作用在各自的寄存器上。为了存储环境与智能体之间的一些交互信息,我们还需要一个额外的交互寄存器作为酉矩阵的输入。

量子强化学习与其他量子机器学习的概括图如图 12.5 所示。在量子强化学习中,每一步的状态都分别由环境与智能体决定,而非仅仅由其中的一者决定。所以,在强化学习中,我们需要一个额外的寄存器 R_E 来存储环境信息。但是,在普通的量子机器学习中,我们不需要记录当前的环境信息。这也是量子强化学习与其他量子机器学习方案在本质上的不同之处。

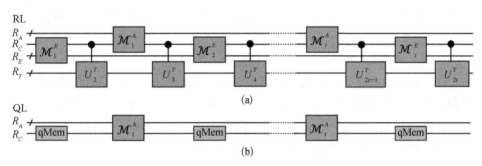

图 12.5　强化学习框架图[15]

(a) 经典强化学习;(b) 量子强化学习框架

此外,量子强化学习相较于经典强化学习的加速也是一个值得研究的问题。经典强化学习中,智能体和环境之前的交互通道是经典的,即一个固定的偏好基矢,例如光的水平或竖直极化。而对于量子强化学习,智能体和环境之间允许任意叠加态在量子交互通道中实现相互作用。因此,量子强化学习加速的一种基本思想是对环境的并行访问,这和 Grover 搜索中的加速思想非常相似[16]。这种加速方案要求量子线路对量子环境的量子并行访问,只有这样才能为基于环境访问的量子强化学习方案提供加速。

表 12.2　NISQ 算法在机器学习领域的应用[17]

算法	监督学习	非监督学习	强化学习
应用	量子内核法、变分量子分类器(VQC)、VQA 中的编码策略、量子储备池计算、监督 QUBO 分类器	量子玻尔兹曼机(QBM)、量子电路玻恩机(QCBM)、量子生成对抗网络(QGAN)、量子 K - means 算法	量子强化学习

12.3　数据编码与特征映射

12.3.1　数据编码

输入模型是描述数据如何表示和输送到算法的方法。经典计算中有许多这样的输入模型，例如数据库模型、流模型或在线学习等。在量子计算中，数据编码输入模型往往更加复杂，主要包括位编码、幅度编码和内积编码等[12]。

从量子计算的角度来看，量子特征映射 $x \to |\phi(x)\rangle$ 对应将状态准备电路 U_x 作用于希尔伯特空间 $\mathcal{F}$ 的基态（真空态）$|0\cdots0\rangle$，即 $U_{\phi}(x)|0\cdots0\rangle = |\phi(x)\rangle$。我们称 U_x 为特征嵌入电路。

1. 基本编码（位编码）

许多量子机器学习算法假设计算的输入 x 被编码为由量子位的计算基础状态表示的二进制字符串[18-19]。例如，$x=01001$ 可以表示为 5 量子比特基态 $|01001\rangle$。 计算状态基对应于 2^n 维希尔伯特空间 F 中的标准基向量 $|i\rangle$（其中 i 是位串的整数表示），而特征嵌入电路的作用由下式给出

$$U_{\varphi}: \boldsymbol{x} \in \{0, 1\}^n \to |i\rangle \tag{12.5}$$

该特征映射将每个数据输入映射到一个标准正交基上的状态。位编码的主要优点在于它提供数据的方法与经典机器学习方法完全相同。这意味着获取训练数据的电路部分类似于访问经典训练集，它的主要缺点则是存储量子状态所需的空间开销相当高昂。例如，MNIST 数据集上的每一张图片总共为 784 像素，若使用位编码输入至少需要 784 个量子比特。目前现有的量子计算机一般只有不到 100 个量子比特，几乎无法运行该编码方式训练出小规模应用。

2. 幅度编码

信息编码的另一种方法是将归一化的 N 维输入向量 $x=(x_0, \cdots x_{N-1})^{\mathrm{T}} \in \mathbb{R}^N(N=2^n)$，与 n 个量子比特状态 $|\psi_x\rangle$ 的振幅关联起来[20-21]：

$$U_{\phi}: \boldsymbol{x} \in \mathbb{R}^N \to |\psi_x\rangle = \sum_{i=0}^{N-1} x_i|i\rangle \tag{12.6}$$

式中，$|i\rangle$ 表示第 i 个计算状态基。除了量子退火实验外，绝大多数在现有数据集的上完成的量子机器学习实验都使用幅度编码。幅度编码的优势在于编码训练数据集所需的量子比特仅为对数级别。例如我们的输入矢量 $\boldsymbol{x}=(1 \quad 0.5 \quad 2 \quad 4)^{\mathrm{T}}$，那么我们的编码为

$$|D\rangle = \frac{1}{\sqrt{21.25}}(|00\rangle + 0.5|01\rangle + 2|10\rangle + 4|11\rangle) \tag{12.7}$$

总共涉及 4 个态但只用了两个量子位来描述[22]。

然而,幅度编码需要额外的量子比特来保证垃圾空间(将非单位向量填充到单位向量中)的唯一性,即其不会将向量投影到训练向量的其他形式的编码上。保持幅度编码向量间正确的内积关系所需的额外空间较为高昂,因此一些量子机器学习算法在使用这种编码时并不保证向量的正交性,实际上变为了电路中量子向量的特征映射。这使得量子算法提供的训练数据与经典算法提供的训练数据不同,尤其当量子模型的错误率高于经典方法时需要额外的处理。

3. 内积编码

向量积编码也是一种可行的编码方式,该方式将输入向量 $x = (x_1, \cdots, x_N)^{\mathrm{T}} \in \mathbb{R}^N$ 编码为一个独立量子比特的幅度,例如将 x_i 编码为 $|\phi(x_i)\rangle = \cos x_i |0\rangle + \sin x_i |1\rangle$,$i = 1, \cdots, N$ [23-24],其对应特征嵌入电路的作用为

$$U_\phi : x \in \mathbb{R}^N \rightarrow (\cos x_1 \quad \sin x_1)^{\mathrm{T}} \otimes \cdots \otimes (\cos x_N \quad \sin x_N)^{\mathrm{T}} \in \mathbb{R}^{2N} \tag{12.8}$$

在此编码下 $x = \left(\dfrac{\pi}{4} \quad \dfrac{\pi}{3} \quad \dfrac{\pi}{2} \quad \dfrac{\pi}{6}\right)^{\mathrm{T}}$ 的量子态为

$$\left[\frac{\sqrt{2}}{2}|0\rangle + \frac{\sqrt{2}}{2}|1\rangle\right] \otimes \left[\frac{1}{2}|0\rangle + \frac{\sqrt{3}}{2}|1\rangle\right] \otimes |1\rangle \otimes \left[\frac{\sqrt{3}}{2}|0\rangle + \frac{1}{2}|1\rangle\right] \tag{12.9}$$

可见使用的量子比特数与位编码相同。

以上几种是量子机器学习算法中的常用输入模型,还有更多的编码方式在不断地被提出,可用于量子 PCA,量子哈密顿学习[25]和量子神经网络生成训练[26]等。对查询复杂性的巨大限制可以通过使用纯化的量子输入谕示[27]缓解,也可用于 QRAM 量子数据结构的实例化[28]等。

12.3.2　特征映射

在机器学习、模式识别和图像处理中,特征映射(feature map)从一组初始的测量数据出发构建含有信息的非冗余派生值(也称为特征),促进后续学习和泛化的步骤,并能在某些情况下提升其可解释性。一个常见的例子是支持向量机(SVM),它使用线性超平面对数据进行分类。当数据在原始空间中已经线性可分时,线性超平面的效果很好,但是许多数据集往往并不是线性可分的。为了解

决这个问题,可以通过特征映射的方式将数据转换为一个线性的新空间,如图
12.6 所示。

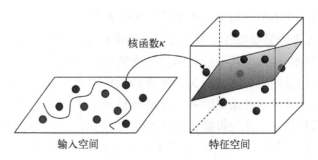

核函数κ

输入空间   特征空间

图 12.6   特征映射示意图

特征映射与降维有关,需要减少描述大量数据所需的资源数量。在对复杂
数据进行分析时,所涉及的变量的数量是主要的挑战。对于大量变量的分析,一
般需要大量的内存和计算能力,甚至可能导致分类算法对训练样本过拟合,对新
样本泛化能力较差。当一个算法的输入数据太大而无法处理,并且有可能含有
冗余(例如,含有以斤和公斤为单位的同一个量),那么它可以被转换为一个简化
的特征集,称为特征向量。特征向量形成的空间称为特征空间。

确定初始特征子集的过程称为特征选择。所选特征要能够反映输入数据的相
关信息,从而能够通过使用它来简化表示,代替完整的初始数据执行所需的任务。

对于特征映射的选取通常有四个主要因素:特征映射电路深度、编码经典
数据的函数、可用量子门集合以及展开的阶数。

在具体介绍特征映射线路之前,我们介绍一下参数化量子线路用于机器
学习的背景知识。参数化量子线路是 NISQ 时代重要的量子计算途径,之前
介绍的 VQE、QAOA 混合变分量子算法就是基于参数化量子线路。自 2018
年,提出了基于参数化量子线路开展量子机器学习的方法,即量子线路学习
(quantum circuit learning,QCL 或 PQC)[29-30]。PQC 或 QCL 的主要框架为,
将经典数据编码进量子系统,运用量子线路构建特征映射,并且对于有梯度训练
的机器学习模型,可构建适于量子线路的梯度(参见 12.4 节),结合经典优化器
进行量子线路参数的训练。

参数化量子线路的特征映射线路主要包括如图 12.7 所示的几种架构[31]:
链式、环式及全连接式。从图中可以清楚看出各种结构的区别,即通过 CNOT
门构建了不同量子比特之间的连接,从而将多个量子比特之间纠缠起来,链式、
环式和全连接式则是分别将不同量子比特连接成链、环及全连接图。全连接式
需要较深的线路深度,目前以环式相对最为常用。

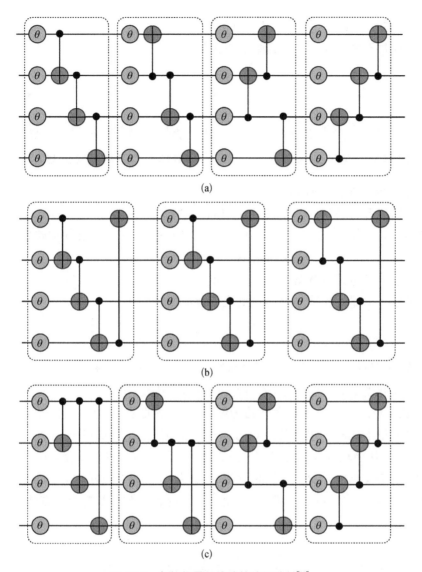

图 12.7　参数化量子线路的特征映射[31]

（a）近邻式（或称链式）；（b）环式；（c）全连接式

对应具体的量子逻辑门，特征映射包括以下方式[32]。

1. 一阶展开（Z 特征映射）

一阶展开特征映射按照下式变换数据向量 $\boldsymbol{x} \in \mathbb{R}^n$，然后串接相同的电路 d 次，其中 d 为电路深度：

$$U_{\Phi(\boldsymbol{x})} = \exp\left(\mathrm{i} \sum_{S \subseteq [n]} \varphi_S(\boldsymbol{x}) \prod_{i \in S} Z_i\right) \tag{12.10}$$

其中，$S \in \{0, 1, \cdots, n-1\}$，$\phi_i(\boldsymbol{x}) = x_i$。

一阶展开的电路示意图如图 12.8 所示。

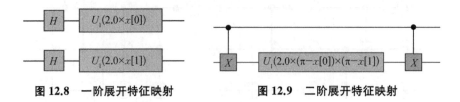

图 12.8　一阶展开特征映射　　　　　图 12.9　二阶展开特征映射

2. 二阶展开(ZZ 特征映射)

二阶展开特征映射的变换方式相同，但增加了相邻量子比特的 ZZ 门，即 $S \in \{0, 1, \cdots, n-1, (0, 1), (0, 2), \cdots, (n-2, n-1)\}$，相应的映射函数为 $\phi_i(\boldsymbol{x}) = x_i$，$\phi_{(i, j)}(\boldsymbol{x}) = (\pi - x_i)(\pi - x_j)$。

二阶展开电路示意图如图 12.9 所示。

若输入的量子比特数为 2，则对应的特征映射为

$$U_{\Phi(\boldsymbol{x})} = \exp(\mathrm{i}(x_1 Z_1 + x_2 Z_2 + (\pi - x_1)(\pi - x_2) Z_1 Z_2)) \qquad (12.11)$$

在 QSVM 算法中，提升测量核函数 $K(\boldsymbol{m}, \boldsymbol{n}) = |\langle \Phi(\boldsymbol{m}) | \Phi(\boldsymbol{n}) \rangle|^2$ 的速度是算法优化的重要问题，使用 ZZ 特征映射是提升效率的方法之一。

在图 12.10 中，其中红色线路为编码 $\boldsymbol{m}$ 向量的量子比特，蓝色线路为编码 $\boldsymbol{n}$ 向量的量子比特。注意到当 $U_{\Phi(\boldsymbol{m})} = U_{\Phi(\boldsymbol{n})}$ 时，整个电路的酉矩阵可简化为单位矩阵，从而输入与输出状态一致。因此，若对输出进行测量，由于输入量子比特全零，此时状态 $|0^n\rangle$ 的频率值即为 $|\langle \Phi(\boldsymbol{m}) | \Phi(\boldsymbol{n}) \rangle|^2$ 的估计值。该方法能够有效测量核函数的值，相较于直接转换经典核计算方法有较大优势。

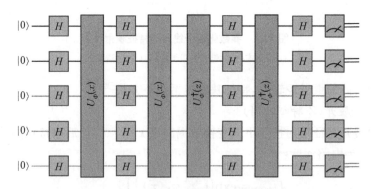

图 12.10　QSVM 算法核函数的量子线路(后附彩图)

3. 泡利 Z 展开

泡利 Z 展开是包含上述一阶和二阶展开的特征映射方式,它按照下式变换数据向量 $\boldsymbol{x} \in \mathbb{R}^n$,然后串接相同的电路 d 次,其中 d 为电路深度:

$$U_{\Phi(x)} = \exp\left(\mathrm{i} \sum_{S \subseteq [n]} \phi_S(\boldsymbol{x}) \prod_{i \in S} Z_i\right) \tag{12.12}$$

其中,$S \in \{C_n^k$ 组合数,$k = 1, \cdots, n\}$:

$$\phi_S(x) = \begin{cases} x_i, & k = 1 \\ \prod_S (\pi - x_j), & j \in S,\text{其他} \end{cases} \tag{12.13}$$

容易知道,当 $k = 1$ 和 $k = 2$ 时,泡利 Z 展开分别对应一阶展开和二阶展开。

4. 泡利展开

泡利 Z 展开是最一般的特征映射方式,它按照下式变换数据向量 $\boldsymbol{x} \in \mathbb{R}^n$,然后串接相同的电路 d 次,其中 d 为电路深度,

$$CU_{\Phi(x)} = \exp\left(\mathrm{i} \sum_{S \subseteq [n]} \phi_S(\boldsymbol{x}) \prod_{i \in S} P_i\right) \tag{12.14}$$

其中,$S = C_n^k, (k = 1, \cdots, n), P_i \in \{I, X, Y, Z\}$

$$\phi_S(x) = \begin{cases} x_i, & k = 1 \\ \prod_S (\pi - x_j), & j \in S,\text{其他} \end{cases} \tag{12.15}$$

容易知道,当 $k = 1, P_0 = Z$ 和 $k = 2, P_0 = Z, P_{0,1} = ZZ$ 时,泡利展开分别对应一阶展开和二阶展开。

例如,在 2 量子比特的线路中选择 $P_0 = Z$ 和 $P_{0,1} = YY$ 量子门,使用默认的数据映射方式 (ϕ_S) 重复一次,则对应的泡利演化特征映射电路如图 12.11 所示。

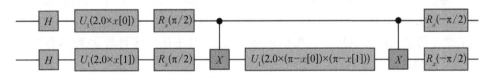

图 12.11　泡利展开($P_0 = Z$ 和 $P_{0,1} = YY$)的特征映射

12.4　参数平移法

在之前的经典-量子混合算法中我们提到,经典优化器会对量子处理器发出

优化指令。而优化算法通常与梯度密不可分,传统的求梯度的算法有高斯牛顿法、有限差分法等。但是在 NISQ 时代,传统方法很难应用于量子线路,因为如果步长较小,则量子线路导致的变化可能远大于改变参量带来的变化,而如果步长过大则近似不再成立。因此我们需要其他方法来求解梯度,很幸运,利用量子门的特性,我们有一个很好的替代方案,那就是参数平移法(parameter-shift rule)[33-37]。

12.4.1　参数平移法

参数平移法是测量量子电路中参数梯度的方法,不需要辅助量子位或受控操作(受控门)[34]。假设我们量子电路中最终想要观测的可观测量是 A,A 的期望值我们用目标函数 $f(\theta)$ 表示:

$$f(\theta) = \langle\psi|U_G^{\dagger}(\theta)AU_G(\theta)|\psi\rangle \tag{12.16}$$

其中,参数化量子门是

$$U_G(\theta) = \mathrm{e}^{-\mathrm{i}a\theta G} \tag{12.17}$$

其中,G 是门的组成部分并且是厄米矩阵,a 是实常数。此时,在我们只对这个参数化量子门感兴趣,其前后的动力学过程可以是任意的,为了简化符号表示,我们将把这些动力学合并到初始状态 ψ 和可观测算符 A 中。

假设式(12.17)中的 G 是幺正并且是厄米的,并且 $a=1$。那么 G 也是幂等的,即 $G^2 = I$,那么根据欧拉公式,我们可以将门表示为

$$U_G(\theta) = \mathrm{e}^{-\mathrm{i}\theta G} = I\cos(\theta) - \mathrm{i}G\sin(\theta) \tag{12.18}$$

即使 G 不是幺正的,只要有两个不同的特征值 e_0 和 e_1,那么我们总是可以将 aG 转化为 $a(G-s)/r$ 来得一个幺正算符,其中 $r=a(e_1-e_0)/2$,$s=(e_1+e_0)/2$。可以忽略加法带来的相位偏移。因此,对于任何实常数 a 和具有两个不同特征值的厄米算符 G,我们有

$$U_G(\theta) = \mathrm{e}^{-\mathrm{i}a\theta G} = I\cos(r\theta) - \mathrm{i}\frac{a}{r}G\sin(r\theta) \tag{12.19}$$

作为式(12.19)的一个特例,我们有

$$U_G\left(\pm\frac{\pi}{4r}\right) = \frac{1}{\sqrt{2}}\left(I\mp\mathrm{i}\frac{a}{r}G\right) \tag{12.20}$$

而量子门 U_G 的导数是

$$\frac{\partial}{\partial \theta} U_G(\theta) = -\mathrm{i} a G \mathrm{e}^{-\mathrm{i} a \theta G} \tag{12.21}$$

现在,我们可以得出参数平移法:

$$\frac{\partial}{\partial \theta} f(\theta) = \langle \psi | \left[\mathrm{i} a G \right] U_G^\dagger(\theta) A U_G(\theta) | \psi \rangle + \langle \psi | U_G^\dagger(\theta) A \left[-\mathrm{i} a G \right] U_G(\theta) | \psi \rangle$$

$$= \frac{r}{2} \langle \psi | U_G^\dagger(\theta) \left(I + \mathrm{i} \frac{a}{r} G \right) A \left(I - \mathrm{i} \frac{a}{r} G \right) U_G(\theta) | \psi \rangle -$$

$$\quad \frac{r}{2} \langle \psi | U_G^\dagger(\theta) \left(I - \mathrm{i} \frac{a}{r} G \right) A \left(I + \mathrm{i} \frac{a}{r} G \right) U_G(\theta) | \psi \rangle$$

$$= r \langle \psi | U_G^\dagger \left(\theta + \frac{\pi}{4r} \right) A U_G \left(\theta + \frac{\pi}{4r} \right) \Big| \psi \rangle -$$

$$\quad r \langle \psi | U_G^\dagger \left(\theta - \frac{\pi}{4r} \right) A U_G \left(\theta - \frac{\pi}{4r} \right) \Big| \psi \rangle$$

$$= r \left[f\left(\theta + \frac{\pi}{4r} \right) - f\left(\theta - \frac{\pi}{4r} \right) \right] \tag{12.22}$$

式(12.22)的第一步我们使用式(12.21)和链式法则写出梯度;然后重新排列和整理项,使得可观测量 A 的左右矢是共轭的;接着根据式(12.22),我们发现这实质上与初始门电路相同,只是改变了门的参数;最后我们得到电路梯度参数平移法的表达式,如图 12.12 所示。

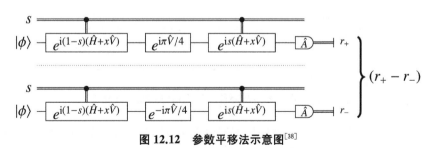

图 12.12 参数平移法示意图[38]

12.4.2 参数平移法的实验演示

之前我们提到了传统的有限差分法,现在将两者做一个简单对比,如表 12.3 所示。

表 12.3　有限差分法与参数平移法对比

有 限 差 分 法	参 数 平 移 法
$\dfrac{\partial}{\partial\theta}f(\theta)=\dfrac{f(\theta+\Delta\theta)-f(\theta-\Delta\theta)}{2\Delta\theta}$	$\dfrac{\partial}{\partial\theta}f(\theta)=r\left[f\left(\theta+\dfrac{\pi}{4r}\right)-f\left(\theta-\dfrac{\pi}{4r}\right)\right]$
近似成立	严格成立
平移 $\Delta\theta$ 需要是小量	一般来说我们用一个较大位移
已知会导致数值问题	对于每一个量子门位移是独特的(所有的单比特旋转都可以参数平移)
在 NISQ 设备中,小平移的测量结果可能被噪声所干扰	给定一个量子线路,我们可以通过运行电路两次来获得任意偏导数:对于 m 个参数则有 $2m$ 次演化

　　在实验中,我们能更直观的观察到二者的差异[39]。如图 12.13 所示是一个 5 量子比特的量子线路,它由一个单量子位的泡利‐X 旋转、一个纠缠块和在第二个量子位上泡利‐Z 测量组成。这个电路提供了一个低深度的非平凡梯度,并设置了纠缠块来匹配硬件设备的拓扑结构。

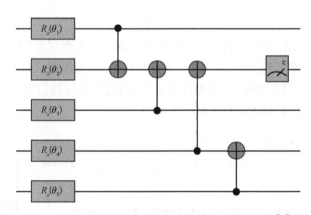

图 12.13　在模拟器与硬件系统上运行的量子线路[39]

　　将该电路在 PennyLane 软件模拟器以及 IBM Quantum Experience 上运行 1 000 次,结果如图 12.14 所示,图 12.14(a)是该线路在 PennyLane 软件模拟器中运行的结果,黄线是参数平移法的均方误差随平移步长的变化,蓝线则是有限差分法的,对应颜色的阴影部分则是单次均方误差的分布区间,虚线部分则是理论预测得到的均方差曲线;图 12.14(b)则是该线路在 IBM Quantum Experience 上运行的结果,各部分含义均与图 12.14(a)相同。从结果我们可以发现,当步长较小时,有限差分法与参数平移法效果基本相同,但随着步长的增大,有限差分法的误差会迅速增加,而参数平移法效果依旧稳定,并在步长取 $\pi/2$ 时达到最优效果,均与理论预测相符。

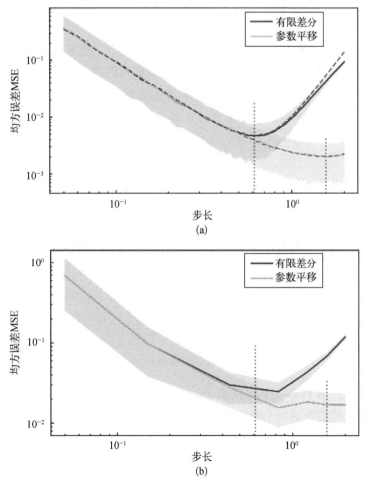

图 12.14　在 PennyLane 软件模拟器(a)和 IBM Quantum Experience(b)用参数平移法和有限差分法测量量子线路的梯度,梯度的均方差随着步长变化(后附彩图)[39]

12.4.3　参数平移法的一些讨论

与其他测量电路梯度的方法相比[40],参数平移法的优点是它需要两个电路的测量值,每个电路的门数与原始电路的门数相同,并且不需要辅助量子位(我们可以简单地理解为在原电路的基础上调整两次参数值)。此处我们暂时不考虑目前 NISQ 计算机上的实际困难,如准确地测量期望值。

这种量子电路的梯度可用于变分量子算法的优化步骤[41],包括 VQE、QAOA、量子自编码,以及对量子机器学习的各种方案[34]。经典优化步骤的常用方法为梯度下降法,如果是针对大型输入数据集的话,则是随机梯度下降,或者是紧密相关的算法,如 ADAM。

参数移位方法最初只能用于具有 2 个特征值的门。但是通过微积分的乘积规则,我们可以将这一方法拓展开来,前提是我们可以将感兴趣的门分解为门的乘积,分解出的每个门参数平移规则都是可区分的[33]。例如单比特的泡利旋转门,当 $r = 1/2$ 时三者的参数平移是可区分的。

$$R_X(\theta) = \mathrm{e}^{-\mathrm{i}\frac{1}{2}\theta X}$$
$$R_Y(\theta) = \mathrm{e}^{-\mathrm{i}\frac{1}{2}\theta Y} \qquad\qquad (12.23)$$
$$R_Z(\theta) = \mathrm{e}^{-\mathrm{i}\frac{1}{2}\theta Z}$$

此外,我们可以更方便的表示与泡利算符等幂的门,此时我们取位移常数为 $r = \pi/2$:

$$X^t \simeq R_X(\pi t) = \mathrm{e}^{-\mathrm{i}\frac{\pi}{2}tX}$$
$$Y^t \simeq R_Y(\pi t) = \mathrm{e}^{-\mathrm{i}\frac{\pi}{2}tY} \qquad\qquad (12.24)$$
$$Z^t \simeq R_Z(\pi t) = \mathrm{e}^{-\mathrm{i}\frac{\pi}{2}tZ}$$

其中 $\simeq$ 表示二者只差一个相位因子。有了这个我们就可以对任参数平移法进行推广,首先我们考虑一个标准的双比特量子门:

$$U_{\mathrm{CAN}} = \mathrm{e}^{-\mathrm{i}\frac{\pi}{2}(t_x X \otimes X + t_y Y \otimes Y + t_z Z \otimes Z)} \qquad\qquad (12.25)$$

其中,系数 t_x、t_y、t_z 是任意的。标准门的哈密顿量一般有两个以上的特征值,但是我们可以用参数位移法对任意一个系数求梯度(一般取 $r = \pi/2$),这是因为哈密顿量中的 $X \otimes X$、$Y \otimes Y$ 和 $Z \otimes Z$ 是可交换的,并且在标准门中我们可以以任意顺序分解这三个门(见图 12.15)。

$$U_{XX} \simeq \mathrm{e}^{-\mathrm{i}\frac{\pi}{2}tX \otimes X}$$
$$U_{YY} \simeq \mathrm{e}^{-\mathrm{i}\frac{\pi}{2}tY \otimes Y} \qquad\qquad (12.26)$$
$$U_{ZZ} \simeq \mathrm{e}^{-\mathrm{i}\frac{\pi}{2}tZ \otimes Z}$$

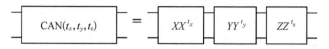

图 12.15　标准双比特量子门的分解

更一般的,我们可以将任意双量子比特门分解为标准门和单比特门的组合,如图 12.16 所示,其中 15 个参数都由分解前的门参数 θ 决定,而原本的梯度我们可以通过链式法则求得

$$\frac{\mathrm{d}}{\mathrm{d}\theta}f(\theta)=\sum_{i=1}^{15}\frac{\partial}{\partial t_i}f_{\mathrm{CAN}}(t_1,\,t_2,\,\cdots,\,t_{15})\frac{\mathrm{d}t_i}{\mathrm{d}\theta} \tag{12.27}$$

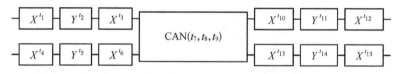

图 12.16　任意双量子比特门的分解

我们可以发现,任意双量子比特门有 15 个参数,需要测量至多 30 个期望值,这制约了参数平移法的应用,利用对称性我们可以减少参数的数量,有兴趣的读者可以更深入的研究相关文献[33]。

12.5　量子 PointNet 用以点云识别

12.5.1　PointNet 技术概述和量子 PointNet

经典 PointNet 是一种新型的处理点云数据的深度学习模型[42],能够用于点云数据的多种认知任务,如分类、语义分割和目标识别。点云不同于表征图像数据的规整像素网格,它是无序的空间内点构成的集合,比起规整的像素难处理得多。一个简单直接的做法是将点云投影到多个视角的二维图像来处理,但是这样通常消耗大量的计算资源,且忽视了三维空间独有的性质,效果并不理想。另一种做法则是效仿二维、在三维空间对点云采样为均匀的体素网格,但是其空间复杂度与分辨率为立方关系,在此基础上很难构建有效的大规模神经网络。

PointNet 技术不同于以上两种方法,它并不经过对点云数据的转换后再使用之,而是直接在点云数据上构建的深度学习模型。

PointNet 的模型结构如图 12.17 所示,其关键流程如下所示。① 输入为点云数据,表示为一个 $n \times 3$ 的矩阵,其中 n 代表点的数量,3 对应 xyz 三维坐标。② 输入数据可以通过和一个 T-Net 学习到的转换矩阵相乘来对齐,提升模型的对特定空间转换的不变性。③ 通过多层感知机(multi-layer perceptron,MLP)对各点云数据进行特征提取后,再用一个 T-Net 对特征进行对齐。④ 在特征的各个维度上执行全局最大值池化操作,来得到最终的全局特征。⑤ 对分类任务,将全局特征再通过一个 MLP 来预测最后的分类分数;对分割任务,将全局特征和之前学习到的各点云的局部特征进行串联,再通过 MLP 得到每个数据点的分类结果。

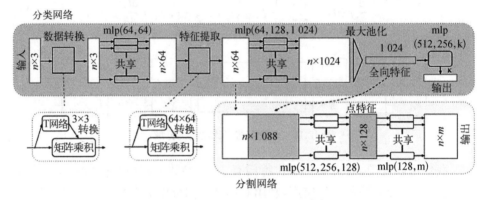

图 12.17　经典 PointNet 模型[42]

PointNet 中涉及的逐点操作会占用大量计算资源,并且 PointNet 对特征的表达能力受到其特征空间大小的限制。因此,我们考虑应用量子技术,以更丰富的特征空间和更低的计算成本实现 PointNet。

PointNet 中的逐点运算,可以理解为在整个空间中分布的隐式场的生成过程。在 3D 机器视觉中,"场"是空间中连接区域的并集,通常由三角面片对象或点云显式表示。隐式场则由空间上的连续函数表征,通过定义场内部和外部的函数值来定义隐式场。一组不相交的隐式场形成非规则的网格状结构。

从这个意义上讲,最大池化不仅对输入点云中的排列不变,而且对点的局部密度也不变,这使其对其他关于点云排列顺序对称的运算(例如求平均值)具有优势。因此,只要模型保持生成隐式场的能力、并使用最大值池化,就可以得到与 PointNet 相当的表征能力。具体的操作实现则可以非常灵活。

因此,我们可以考虑使用量子线路作为隐式场的生成器。我们将上述提取特征的 MLP 变换为量子隐式场学习器(quantum implicit field learner,QIFL),就得到了量子 PointNet[43] 的雏形,如图 12.18 所示。

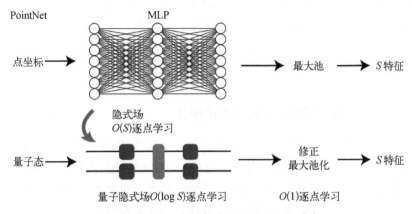

图 12.18　经典和量子 PointNet 结构对比[43]

　　量子 PointNet 技术的数据通路如图 12.19 所示。其结构与多数量子机器学习模型类似,首先为特征映射、随后是深度可学习网络、和测量过程。随后是 PointNet 特有的最大池化过程。在得到全局特征后,可使用量子或经典分类器进行最终分类。

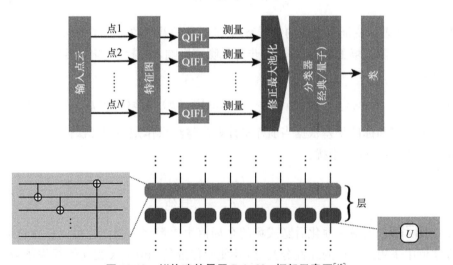

图 12.19　拟构建的量子 PointNet 框架示意图[43]

12.5.2　特征映射

　　具体而言,特征映射是点云中的原始点坐标转换为量子态向量的函数,构建时只需要保证信息完全被编码。在 12.3 节中,我们介绍了多种编码输入的方式。在这里,因为对应的经典数据是连续值,我们采用量子输入模型作为编码方

式,将信息嵌入到量子门的参数中。为简单起见,在本例中我们对于每个值分别采用单量子位操作,通过以下量子线路完成特征映射:

$$F(x, y, z) = Z \circ R_X(x)|0\rangle \otimes Z \circ R_X(y)|0\rangle$$
$$\otimes Z \circ R_X(z)|0\rangle \otimes |00\cdots 0\rangle \tag{12.28}$$

12.5.3　QIFL 和带整流的最大池化操作

按前文所述,QIFL 模块从输入状态向量生成隐式场函数值。该模块也可以有多种具体实现方式。在本例中,我们可以间隔地设置两种网络层:参数化 U_3 门构成的可学习网络层,和 CNOT 门构成的固定纠缠层。理论表明,这样的配置是通用的,即配合测量操作可以拟合任意的连续映射。

另外一些设计则是为量子 NISQ 时期的设备特性而考虑。首先,为了减轻当前量子计算机中存在的噪声带来的影响,也为了减少预测时所需的测量次数,我们通过添加要最大化的正则项来使得每个点生成的隐式场的值具有稀疏性:

$$\mathcal{L}_{Sp} = \lambda \sum_i \sigma(\text{QIFL}(|\psi_i\rangle)) \tag{12.29}$$

其中,$|\psi_i\rangle$ 表示特征图生成的量子态,σ 是标准偏差函数。为了使网络具有生成不同幅值的隐式场的能力、并进一步降低噪声影响,在最大池化之后应用了整流操作:

$$\text{Rec}_N(p) = (\text{Rec}(p) - \text{mean}(\text{Rec}(p))) / \sigma(\text{Rec}(p)) \tag{12.30}$$

平均值和标准偏差根据当前样本计算。整流操作则使用二次函数来压缩 0 附近的值,减少噪声干扰:

$$\text{Rec}(p) = \begin{cases} p^2, & p \leqslant 0.15 \\ p, & \text{其他} \end{cases} . \tag{12.31}$$

分类器根据最大池化后隐式场的全局值生成最终分类。它可以任意选取,在本例中采用最简单的线性分类器,并使用传统的 softmax 交叉熵损失函数来指导训练过程。

12.5.4　训练量子 PointNet

经典神经网络通常通过梯度进行训练,著名的反向传播算法将求解梯度的复杂度降低到与求值同一个数量级。然而,在量子机器中梯度求解较为困难。对此,我们可以应用只需要函数值信息的 SPSA 优化器进行带噪声情景下的鲁棒优化,也可以使用前面章节所述的参数平移法进行梯度的求解,它比直接按定义差分的方式在数值上精确得多。

　　本节我们用上述方法训练了一个能够区分三种类型的几何体(球体、正方体和圆柱体)的量子 PointNet 网络。随后,我们在模拟器和 IBMQ Valencia 具有 5 量子比特的机器上进行了不同测量次数的测试。如图 12.20 所示,图(a)表示我们将单位立方体中均匀采样的点送入 QIFL 时各分量的激活值大小,这体现了网络所学到的点云特征;图(b)展示了分类准确率随测量次数的变化趋势。由于有稀疏性约束保证,我们不需要测量很多次就可以得到较准确的结果。关于本示例的具体实现代码详见附录 D。

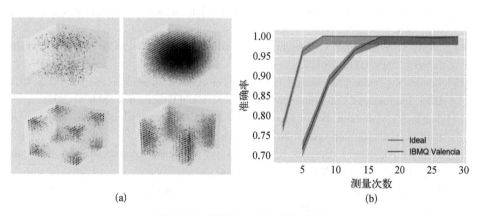

(a)　　　　　　　　　　　　(b)

图 12.20　量子 PointNet 训练结果

参考文献

[1] Turing A M. Computing machinery and intelligence//Copeland B J. The essential Turing. Oxford Academic, 2020.

[2] Rajaraman, V. John McCarthy-Father of artificial intelligence. Resonance, 2014, 19: 198 - 207.

[3] Schuld M, Sinayskiy I, Petruccione F. An introduction to quantum machine learning. Contemporary Physics, 2015, 56: 172 - 185.

[4] Alpaydin E. Introduction to machine learning. Cambridge: MIT press, 2020.

[5] Stork D G, Duda R O, Hart P E, et al. Pattern classification. New York: A Wiley-Interscience Publication, 2001.

[6] Landsburg S E. Quantum game theory. Wiley Encyclopedia of Operations Research and Management Science, 2010.

[7] Nasrabadi N M. Pattern recognition and machine learning. Journal of Electronic Imaging, 2007, 16: 049901.

[8] Hinton G E, Osindero S, Teh Y W. A fast learning algorithm for deep belief nets. Neural Computation, 2014, 18: 1527 – 1554.

[9] David E R, Hinton G E, Williams R J. Learning representations by back propagating errors. Nature, 1986, 323: 533 – 536.

[10] Servedio R A, Gortler S J. Quantum versus classical learnability. Conference Proceedings on Computational Complexity, 2001: 138 – 148.

[11] Lloyd S, Mohseni M, Rebentrost P. Quantum principal component analysis. Nature Physics, 2014, 10: 631 – 633.

[12] Schuld M, Killoran N. Quantum machine learning in feature Hilbert spaces. Physical Review Letters, 2018, 122: 040504.

[13] Wiebe N, Kapoor A, Svore K M. Quantum algorithms for nearest-neighbor methods for supervised and unsupervised learning. Quantum Information & Computation, 2015, 15: 316 – 356.

[14] Lloyd S, Weedbrook C. Quantum generative adversarial learning. Physical Review Letters, 2018, 121: 040502.

[15] Dunjko V, Taylor J M, Briegel H J. Advances in quantum reinforcement learning. 2017 IEEE International Conference on Systems, Man and Cybernetics (SMC), 2017.

[16] Saggio V, Asenbeck B E, Hamann A, et al. Experimental quantum speed-up in reinforcement learning agents. Nature, 2021, 591: 229 – 236.

[17] Bharti K, Cervera-Lierta A, Kyaw T H, et al. Noisy intermediate-scale quantum (NISQ) algorithms. arXiv, 2021: 2101.08448.

[18] Farhi E, Neven H. Classification with quantum neural networks on near term processors. arXiv, 2018: 1802.06002.

[19] Wang S Q. A shifted power method for homogenous polynomial optimization over unit spheres. Journal of Mathematics Research, 2015, 7: 175.

[20] Rebentrost P, Mohseni M, Lloyd S. Quantum support vector machine for big data classification. Physical Review Letters, 2014, 113: 130503.

[21] Schuld M, Fingerhuth M, Petruccione F. Implementing a distance-based classifier with a quantum interference circuit. Europhysics Letters, 2017, 119: 60002.

[22] PennyLane. Quantum embedding. https://pennylane. ai /qml /glossary /quantum _ embedding [2023].

[23] Stoudenmire E M, Schwab D J. Supervised learning with tensor networks. Advances in Neural Information Processing Systems 29, 2016: 4799 – 4807.

[24] Guerreschi G G, Smelyanskiy M. Practical optimization for hybrid quantum-classical algorithms. arXiv, 2017: 1701.01450.

[25] Wiebe N, Granade C, Ferrie C, et al. Hamiltonian learning and certification using quantum resources. Physical Review Letters, 2014, 112: 190501.

[26] Kieferov'a M, Wiebe N. Tomography and generative training with quantum boltzmann machines. Physical Review A, 2017, 96: 062327.

[27] Low G H, Chuang I L. Hamiltonian simulation by uniform spectral amplification. arXiv, 2017: 1707.05391.

[28] Arunachalam S, Gheorghiu V, Jochym-O'Connor T, et al. On the robustness of bucket brigade quantum RAM. New Journal of Physics, 2015, 17: 123010.

[29] Benedetti M, Lloyd E, Sack S, et al. Parameterized quantum circuits as machine learning models. Quantum Science and Technology, 2019, 4: 043001.

[30] Mitarai K, Negoro M, Kitagawa M, et al. Quantum circuit learning. Physical Review A, 2018, 98: 032309.

[31] Xin T, Che L, Xi C, et al. Experimental quantum principal component analysis via parameterized quantum circuits. Physical Review Letters, 2021, 126: 110502.

[32] Agnihotri S. Quantum Machine Learning 102 - QSVM Using Qiskit. https://medium. com /quantumcomputingindia /quantum-machine-learning-102 - qsvm-using-qiskit-731956231a54 [2020 - 09].

[33] Crooks G E. Gradients of parameterized quantum gates using the parameter-shift rule and gate decomposition. arXiv, 2019: 1905.13311.

[34] Mitarai K, Negoro M, Kitagawa M, et al. Quantum circuit learning. Physical Review A, 2018, 98: 032309.

[35] Vidal J G, Theis D O. Calculus on parameterized quantum circuits. arXiv, 2018: 1812.06323.

[36] Li J, Yang X, Peng X, et al. Hybrid quantum-classical approach to quantum optimal control. Physical Review Letters, 2017, 118: 150503.

[37] Schuld M, Bergholm V, Gogolin C, et al. Evaluating analytic gradients on quantum hardware. Physical Review A, 2019, 99: 032331.

[38] Bergholm V, Izaac J, Schuld M, et al. Pennylane: Automatic differentiation of hybrid quantum-classical computations. arXiv, 2018: 1811.04968.

[39] Mari A, Bromley T R, Killoran N. Estimating the gradient and higher-order derivatives on quantum hardware. Physical Review A, 2021, 103: 012405.

[40] Jordan S P. Fast quantum algorithm for numerical gradient estimation. Physical Review Letters, 2005, 95: 050501.

[41] McClean J R, Romero J, Babbush R, et al. The theory of variational hybrid quantum-classical algorithms. New Journal of Physics, 2016, 18: 023023.

[42] Qi C R, Su H, Mo K C, et al. PointNet: Deep learning on point sets for 3d classification and segmentation. 2017 IEEE Conference on Computer Vision and Pattern Recognition (CVPR), 2017: 77 - 85.

[43] Shi R X, Tang H, Jin X M. Training a quantum PointNet with Nesterov accelerated gradient estimation by projection. 34th Conference on Neural Information Processing Systems, 2020.

第*13*章
量子计算在金融中的应用

13.1　量子计算在金融行业的应用概述和展望

　　金融行业涉及各种数值和分析任务,例如衍生产品定价、信用评级、外汇算法交易、投资组合优化等,都需要大量的定量分析工作。现有的金融量化知识体系建设是与计算机的发展史紧密结合的。计算机的出现使得自动取款机在 1960 年代开始投入使用,至今每天产生海量的交易数据;集成电路计算机在 20 世纪七八十年代的快速发展,促进了经济学家乃至物理学家用数学、物理模型来对金融市场的规律进行定量描述,并运用计算机进行计算分析。1976 年,用于期权定价的 Black‐Scholes 模型被提出[1],并经 Merton 进行进一步的改进推广[2],这种基于随机微分方程对市场价格进行描述并运用计算机进行蒙特卡罗数值求解的方法成为了现代量化分析金融衍生品定价的常规操作,也因而获得 1997 年诺贝尔经济学奖。与此同时,各种金融产品和交易场景中存在的各式各样的优化问题[3],例如期权套利分析,投资组合获取最大化夏普比,极大似然法估计时间序列自相关参数,涉及锥优化、二次优化、非线性规划等不同的优化方法,这些金融场景分析都得益于优化方法的发展和计算机的算力提升。

　　近十年来,随着大数据科学和机器学习领域的发展,金融也是最早响应大数据和机器学习应用的领域之一,金融科技(fintech)一词开始流行。许多知名商学院的金融量化分析的相关方向,早在 2010 年代初就开展了大数据和机器学习用于金融领域的相关介绍课程。例如运用人工神经网络能够对股票市场价格等时间序列进行更准确的预测,运用大数据方法对金融交易数据进行有效管理。还有区块链也在金融领域产生应用,基于区块链的智能合约使很多交易更加高效便捷。

　　由此可见,更高的计算速度和精度,始终是金融行业所追求的,可以带来巨大的社会价值。而这也正是量子计算的目标。十几年前,量子物理学家试着运用量子力学方程式改进金融模型[4],例如使用薛定谔方程和费曼路径积分法来求解利率衍生产品的随机微分方程,并且将海森堡不确定性原理用于解释股价波动。近三到五年来的研究则是把量子计算作为一个利用量子优势实现的更快的计算工具,在量子电路中实现各种加速算法,例如量子幅度估计,量子主成分分析,量子生成对抗网络,量子经典混合变分量子本征求解器算法,量子近似优化算法等算法不断涌现,并已有部分应用于金融分析任务。

量子计算应用于金融领域的相关工作在近年来呈现快速发展的趋势,包括了以下诸多方面,如图 13.1 所示[5-18]。

图 13.1　金融产品分类示意图

13.1.1　量子幅度估计替代蒙特卡罗

在量化金融的所有领域中,蒙特卡罗(Monte Carlo)模拟始终发挥着重要作用,广泛用于投资组合评估、个人理财规划、风险评估和衍生品定价。因为在金融领域,随机微分方程通常用于模拟影响股票、投资组合或期权等金融产品的不确定性影响,只有少数随机微分方程具有解析解,而大多数只能通过蒙特卡罗方法这种在不确定性分布(例如正态或对数正态分布)中重复多次随机设置来数值求解。蒙特卡罗方法的问题是,如果想要获得一个基于广泛分布最有可能的结果,或者得到一个关联误差非常小的结果,所需的模拟次数可能会变得非常大,耗费很多时间。对于实际金融市场的模拟可能常常耗费一整天。

量子幅度估计算法(QAE)于 2002 年提出,在 2018 年被指出可以有效代替蒙特卡罗方法应用于金融分析,能够非常有效地估计期望值,实现平方加速[6]。关于 QAE 算法的基本介绍参见 5.4 节。

QAE 的直接应用就是金融衍生品的定价。金融衍生品合约的收益取决于某些资产的未来价格走势。经纪商必须知道如何根据市场状况为衍生品定价。这就是定价问题。用于基本期权定价的 Black-Scholes-Merton 基本模型尚有解析解,随着衍生品的种类越来越多,只有蒙特卡罗模拟是可行的,但计算成本高,执行时间长。目前已经使用 QAE 对多种期权进行了定价[7]。近期还将 QAE 运用在另一个更复杂、同样应用广泛的结构性金融衍生品——担保债务凭证(CDO)的定价中[8],应用示例在本章第二节详细给出。

考虑到蒙特卡罗模拟的广泛性和定价模型的多样性,量子技术在金融领域的介入仍处于起步阶段。如图 13.1 所示,金融产品主要包括股票(equity)、固定收益(fixed income,又称为债券 bonds)以及衍生品(derivatives)三类。其中衍生品包括期权(options)、期货(future)、互换(swap)等多种工具,以及资产担保证券(asset-based security,ABS)等更复杂的结构性产品。衍生品既可以基于股票(equity derivative),也可以基于固定收益(fixed income derivative),其中后者更加广泛。各种金融产品为金融工程提供了丰富多样的量化工具,都可以考虑运用 QAE 进行量子加速。

风险计量与管理是金融机构中的一个重要工作。常用的数学量化模型是风险价值(value at risk,VaR)方法,也称为风险价值模型。VaR 指的是在市场正常波动中,在一定概率水平(置信度)下,某一金融资产或证券组合价值在未来特定时期内的最大可能损失。条件风险价值(conditional value at risk,CVaR)则是指投资组合的损失大于某个给定的 VaR 值的条件下,该投资组合损失的平均值。在量化金融中,VaR 和 CVaR 都是使用蒙特卡罗方法来估计的。通过 QAE 算法,可以快速获得精度较高的 VaR 和 CVaR 值[9-10]。

13.1.2　量子优化

优化问题是许多金融问题的核心,在前述章节已对量子优化算法的方法进行了介绍,包括基于 Grover 搜索算法、基于 VQE 或 QAOA 这种经典-量子混合算法,以及量子退火算法三种主要途径。这些方法都可以应用于金融场景的各种优化问题场景中,将这些对于经典计算机具有挑战性的 NP - hard 问题进行加速求解。

其中最常见的应用投资组合优化,例如在股市中选择最佳的 40 只股票放入自己的投资组合(portfolio)中,使得在一定风险上限的限定内实现收益最大化,常用参考标准为最大化夏普比。近年来,有若干量子计算投资组合优化的工作相继出现[11-16],或采用 Markowitz 优化模型进行量子退火运算,或使用改进版 VQE 方法进行优化,还进行了投资组合动态优化,等等,可以看出这个领域开始形成并不断发展起来。

寻找最佳套利机会也是一个常见的优化问题。套利可以通俗地理解为去发现差价,从而不需要本钱就能够获利。例如在跨货币套利中,我们发现欧元/美元汇率乘以美元/日元汇率并不严格等于欧元/日元汇率,因此我们可以把欧元兑换成美元,美元兑换成日元,日元再兑换成欧元,在这个过程中赚取价差。确定最优套利机会的问题可以映射成 QUBO 这类 NP‑Hard 问题,它的核心目标函数就是使得在有向图的流动中找到总成本最低的轨迹。

此外,寻找最优交易路径、寻找用于信用评级的最优标准、交易清算等问题都可以归结为 QUBO 问题模型。从目前报道的工作来看,更多使用基于 D‑Wave 的量子退火方案,使用基于逻辑门线路的方案对于求解这类优化问题的可扩展性目前还受限于量子比特数目及纠错等硬件限制。随着各种量子计算途径的硬件指标都在快速发展,对于优化问题的应用会更加广泛。13.3 节中就对怎样运用量子退火方法来进行投资组合优化给出具体介绍。

13.1.3　量子机器学习

运用量子算法优化提升机器学习算法在第 12 章已进行全面讲述。机器学习模式识别、分类、神经网络等技术的快速发展已经在金融领域有所运用,而量子化的机器学习则将在以量子硬件的持续升级为前提保障下带来进一步的提升。

首先,量子主成分分析可以替代常规主成分分析在金融中的大量应用。例如,债券及利率衍生品中的风险分析,往往使用 PCA 进行降维分解为平度、斜率和凸度三个主要因素,这三个因素占据往往占据所有风险因素的 95％ 以上,这样把大量债券之间的风险相关性转为与三个风险因素的相关系数,使数据维度大幅降低。使用量子 PCA 对利率衍生品的风险相关情形进行降维表述[17],然后再导入衍生品计算模型中求解。

量子机器学习数据分类模型,如量子支持向量机模型等,可应用于贷款信用评估等涉及数据分类的场景。量子机器学习回归模型和量子神经网络能够学习更加复杂的数据模式,目前机器学习已经用于描述金融市场价格预测的隐马尔可夫模型时间序列,量子版本有望对金融时间序列分析进行进一步的提升。

随着目前更多新兴机器学习算法在金融量化科技的应用,例如卷积神经网络(convolutional neural networks, CNN)、生成对抗模型、长短期记忆网络(long short-term memory, LSTM)、Transformer 等,也有一些新的研究工作[18]尝试将这些新兴机器学习算法运用量子线路实现,并运用于金融量化中。这一方面的研究还正在不断地快速发展中。

表 13.1 量子计算在金融应用方面的研究工作

研究方向	参与机构	软件或硬件平台	具体进展	发表年份
衍生品定价[7]	纽约 J.P. Morgan Chase 银行，IBM Research – Zurich,瑞士苏黎世联邦理工学院	IBM Qiskit simulator	运用 QAE 实现欧式期权、美式期权、亚式期权、一揽子期权等不同期权的定价	2020 年 7 月
衍生品定价[8]	上海交通大学	IBM Qiskit simulator	运用 QAE 实现可抵押债务凭证定价,资产的系统风险符合高斯或正态逆高斯分布	2021 年 9 月
衍生品定价[17]	西班牙巴斯克大学,上海大学,西班牙马德里 Santander 银行,西班牙 Multiverse 量子金融初创公司等	IBM Qiskit simulator 5 量子比特 IBMQX2 芯片	运用量子 PCA 算法进行数据降维,为利率衍生品使用 HJM 模型定价打下基础	2021 年 3 月
风险分析[9]	IBM Research – Zurich	IBM Qiskit simulator 及 20 量子比特 IBM Q 20 Tokyo 芯片	首先运用经典 PCA 将债券风险简化为水平和斜率两个因素,再运用 QAE 计算风险价值 VaR 和条件风险价值 CVaR	2019 年 7 月
风险分析[10]	IBM Research – Zurich, IBM Spain,西班牙巴伦西亚 CaixaBank 银行	IBM Qiskit simulator	运用条件独立方法 (conditional independence approach) 处理投资组合的相互关联性,运用 QAE 计算条件风险价值 CVaR	2019 年 5 月
交易结算优化[11]	瑞士苏黎世 Barclays 银行,IBM Research – Zurich；美国 IBM T.J. Watson 研究中心	IBM Qiskit simulator 及 5 量子比特 IBM Q Valencia 芯片	将交易结算中使结算资产总额尽可能最大化的问题归纳为 QUBO 问题,运用 QAOA 算法求解(外接 COBYLA 经典优化器)	2019 年 2 月
投资组合优化[12]	美国高等计算机科学研究所(RIACS),英国伦敦 Standard Chartered 银行	D – Wave 2000QTM 系统	运用经典初选与量子退火结合的方法,实现不超过 60 个拟定资产的优化组合	2019 年 4 月
投资组合优化[13]	IBM Research – Zurich,美国 IBM T.J. Watson 研究中心,法国巴黎高等师范学院	IBM Qiskit simulator 及 20 量子比特 IBM Q Poughkeepsie 芯片	将 VQE 和 QAOA 的目标函数改进为 CVaR,运用 VQE 和 QAOA(外接 COBYLA 经典优化器)对最大割、投资组合优化等问题演示	2020 年 4 月

续　表

研究 方向	参与机构	软件或硬件平台	具 体 进 展	发表 年份
投资组合 优化[14]	美国 Chicago Quantum 初创公司	D - Wave 2000QTM 系统	映射为 QUBO 问题,建立 Markowitz 优化模型,选 出包含 40 个流通美股的 优化组合	2020 年 7 月
投资组合 优化[15]	美国 Chicago Quantum 初创公司	D - Wave 2000QTM 系统	映射为 QUBO 问题,建立 Markowitz 优化模型,选 出包含 60 个流通美股的 优化组合	2020 年 8 月
投资组合 动态优 化[16]	加拿大/西班牙 Multiverse 量子金融初 创公司,西班牙 BBVA 银行,西班牙 Donostia 国际物理中心等	D - Wave 2000QTM 系统 Xanadu PennyLane library	为实现从 52 个资产 8 年 实时数据动态选择特定数 目投资组合实现动态优 化,受量子特性启发推出 张量网络算法,与 VQE、 改进版 VQE、D - Wave 量 子退火等全面对比	2020 年 6 月

注:发表年份以最早在 arxiv 上分享的时间为准

13.2　量子计算在金融产品定价问题的应用

13.2.1　抵押债务凭证基本概念及定价模型

1. CDO 的基本概念

抵 押 债 务 凭 证 (collateral debt obligations,或 collateralized debt obligations,CDO)就是资产担保证券 ABS 的一种,是重要的结构性金融衍生产品[19]。CDO 可以算作基于固定收益的衍生品,因为它的资产池包括各种债务工具,按信用评级从高到低可包括长中短期国家债券(sovereign bond)、公司债券(corporate bonds),高收益新兴市场(emerging market)公司债券等。在这样的资产池投资组合里,每个资产都有各自的违约概率,并且相互之间存在违约的相关性。CDO 则是将该投资组合通常打包分为三个 CDO 批次(CDO tranche),如图 13.2 所示,包括股票批次(虽然名字叫股票,其实通常由信用评级低、甚至没有信用评级的债券组成),夹层批次(通常由 A 或 A +级证券组成)和高级批次(通常由信用评级最高的 AAA 级债券组成)。当池中任何资产发生违约时,CDO 规定由股票批次投资者首先承担损失,如果损失大于第一个临界点

(attachment point)，则多出的部分由夹层批次投资者承担。只有当损失大于第二个临界点时，高级批次投资者才会亏损。高级批次投资者具有最佳的风险防护，还具有接受本金和利息支付的优先级。根据金融风险和回报的一致性，高级批次投资者获得最低利率回报，而股票批次投资者在承担最多风险的同时获得最高收益。

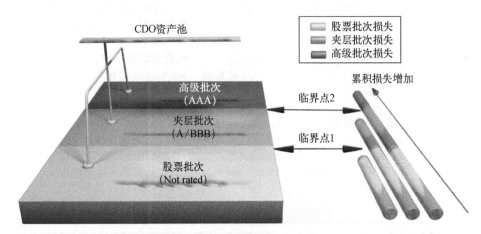

图 13.2　CDO 包括股票批次(equity tranche)，夹层批次(mezzanine tranche)和高级批次(senior tranche)，各批次承担损失的顺序不同

CDO 可以有效地保护高级批次免于损失。CDO 是一种有用的信贷工具，可以以非常定量的方式计算和重新分配信贷风险，目前金融行业具有信用风险管理的强烈需求，因此 CDO 在量化金融中得到广泛研究并不断完善。目前还从未有量子算法在 CDO 等复杂结构性金融工具的应用报道。

2. CDO 的数学定价模型

CDO 的定价，指的就是计算出每个批次可能承担损失的期望值，除以这个批次的资产价值，得到这个批次面临的损失率，那么该批次应当支付投资人相当的收益率实现风险和收益的平衡。

CDO 每个批次承担损失与总损失的关系函数类似于期权定价中的收益函数(pay-off function)。看涨期权的价值在特定临界点后随着资产价值的提升以 1 为斜率线性增长，期权价值为正(in the money)。CDO 批次损失同样在特定临界范围内随总损失线性增长。这种和特定临界点进行比较的操作都可以在量子线路的比较器模块中实现，将在后文中提及。

资产池的总损失取决于每个资产的违约情况。资产价格遵循一个不确定性分布随机上下浮动，当价格低于某阈值时认为该资产违约。这个不确定性分布模型中以高斯分布最常见。但现实世界中，价格分布往往还存在偏度和峰度。

正态逆高斯(normal inverse Gaussian，NIG)模型，则可以通过更多的参数调控，实现灵活的偏度和峰度，能更好地解释高斯分布不能解释的 CDO 市场"相关性微笑"(correlation smile)等现象。图 13.3 分别是用四个量子比特加载的高斯分布，以及符合某个真实 CDO 市场数据的正态逆高斯分布。

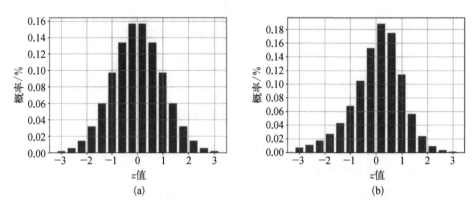

图 13.3　用 4 个量子比特加载的高斯分布示意图(a)和 NIG 分布示意图(b)
该 NIG 分布的偏度为 1，峰度为 6

　　CDO 定价需要重点注意的，是大量资产之间违约事件存在一定的相关性，数学上通常采用 copula 模型描述。不管单因素高斯 copula，还是 NIG copula，都可以使用 Vasicek 提出的条件独立方法，将每个资产 i 之间的违约风险相关性转化为与系统风险 Z 的相关性。此时受系统风险 Z 影响下的资产违约概率为

$$p_i(z) = F\left[\frac{F^{-1}(p_i^0) - \sqrt{\gamma_i}z}{\sqrt{1-\gamma_i}}\right] \tag{13.1}$$

　　F 代表 Z 的分布函数，在本书中是高斯分布或 NIG 分布。式(13.1)中包含的原始独立违约概率，可以从其历史表现中获得；与 Z 的相关性参数则可以通过校准市场数据获得的相关参数。

　　使用这种条件独立性模型，预期总损失则是 Z 取特定分布中不同值的各资产违约产生损失之和的期望值。

13.2.2　CDO 定价的量子线路构造

1. 加载相互关联违约风险的量子线路

　　要将量子计算应用于 CDO 定价，首先需要将投资组合中的资产风险以及相关性加载到量子线路中。量子线路框架如图 13.4 所示。

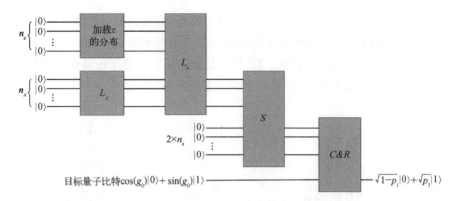

图 13.4　CDO 定价的量子线路框架

（1）首先通过 L_x 加载违约风险互不相关的独立的资产，使 $|1\rangle$ 态的概率就是资产 i 的独立违约概率 p_i。

（2）同时加载系统风险 Z 的高斯分布或 NIG 分布（图 13.4 中加载 Z 的分布模块）。对于高斯分布，使用 IBM Qiskit 中自带的 Uncertainty Model 和 Conditional Independence Model 程序。对于 NIG 分布，作者则上传了相应程序，为 Qiskit 开源程序库的丰富完善作了一定贡献。

（3）然后通过 L_z 处理资产违约风险之间的相关性，旋转使 $|1\rangle$ 态的概率变为受系统风险 Z 影响的 $p_i(z)$。$p_i(z)$ 与 z 和 p_i 的函数表达式上文已给出。运算符 L_z 的 slope 和 offset 与 z 和 p_i 关系的详细推导可参阅论文的附录 II。L_z 运算符使用 n_z 个量子比特，就可以将分布离散化到 2^{n_z} 个槽中。例如，具有 3 个量子位，z 的范围在 0 到 7 之间，对应于高斯分布的正负三个方差区间。对于 $z=4=1\times 1+0\times 2+1\times 4-1$，量子比特 1 和 3 会打开其相应的受控旋转门，而量子比特 2 不会。通过这样的仿射映射，z 值对线性旋转的影响被编码在量子电路中。

（4）使用 S 进一步求和投资组合的总损失。即系数 i 乘以资产 i 的给定违约损失并求和，如果资产 i 违约，则系数 i 为 1，反之为 0。系数 i 为 1 的概率正是 L_z 运算符输出的 $p_i(z)$。

2. 计算批次损失的量子线路构造

图 13.4 的量子线路中还有最后一个重要的模块，即 C&R，即包括了比较器运算符 C 和分段线性旋转运算符 R。

比较器运算符是完成金融产品定价任务的重要组成部分。在期权定价的量子计算中，它用于将资产价格与行使价格进行比较。这里使用比较器运算符 C，对上述运算符 S 输出的损失总和值和每个批次的固定下临界点进行比较。如果损失总和大于该批次下临界点，C 将会从 $|0\rangle$ 态翻转到 $|1\rangle$ 态，否则保持 $|0\rangle$

态不变。

与此同时,还有一个目标量子比特,它将在比较器比特的控制下旋转其状态。也就是说,通过比较器运算符 C 和分段线性旋转运算符 R 实现如下转换:

$$|\psi\rangle|0\rangle[\cos(g_0)|0\rangle+\sin(g_0)|1\rangle]$$

$$\rightarrow: \begin{cases} |\psi\rangle|0\rangle[\cos(g_0)|0\rangle+\sin(g_0)|1\rangle] & \text{if } L(z) \leqslant K_L \\ |\psi\rangle|1\rangle[\cos(g_0+g_z)|0\rangle+\sin(g_0+g_z)|1\rangle] & \text{if } L(z) > K_L \end{cases} \quad (13.2)$$

这样一来,目标量子比特在 $|1\rangle$ 态的概率 P_1 则包含了特定批次的预期损失 $E[L_{\text{tranche}}]$ 的信息,具体推导可参考文献[8]。只要得到 P_1,就能计算出批次损失,除以该批次的资产价值,就得到该批次投资人作为风险补偿应得的收益,实现 CDO 定价。

那么怎样测得概率 P_1 呢?我们知道对一个旋转了任意角度的量子态进行测量,它会坍缩到一组选定的正交基矢。测量单一正交基矢的分量不能还原相位,测量的概率值对应是模平方,已经抹除了相位信息。采用量子态层析技术是可行的,但是需要准备多份样本,并且需要多组基矢测量,多次测量破坏量子态来获得相位。

量子幅度估计算法,它的内核是量子相位估计,不需要破坏目标量子态就能有效获得其相位、计算出 P_1。量子幅度估计的主要思想就是,采用 m 个辅助量子比特,则可以生成 2^m 个不同的值,就像切蛋糕一样把 π 分成了 2^m 份。对 m 个量子比特进行测量,得到的二进制数转换成十进制数 y,占了 y 小块蛋糕,那么测量的角度约等于 y 除以 2^m 乘以 π。如何将测量角度映射到 m 个辅助量子比特中,涉及量子逆傅里叶变换等操作,具体可以参阅文献[8]。辅助量子比特数 m 决定估算的精度,一般大于 3 比较合适。

13.2.3 CDO 定价的量子计算示例

以一个示例来说明 CDO 的定价。该 CDO 资产池包括四个资产。如表13.2所示,第 2、3、4 列分别为资产的给定违约损失、独立违约概率以及对系统风险敏感性。表 13.3 的第 2.3 列显示了 CDO 批次的下临界点和上临界点。

表 13.2 CDO 资产池的相关情况

资产 i	给定违约损失 λ_i	独立违约概率 P_{i0}	系统风险敏感性 ρ_i
1	2	0.3	0.05
2	2	0.1	0.15

续　表

资产 i	给定违约损失 λ_i	独立违约概率 P_{i0}	系统风险敏感性 ρ_i
3	1	0.2	0.1
4	2	0.1	0.05

表 13.3　CDO 不同批次的下临界点和上临界点

批次名称	下临界点	上临界点
股票	0	1
夹层	1	2
高级	2	7

对于此任务,需要 $n_k=4$ 个量子比特来表示 L_x 运算符中的四个资产。在 L_x 运算符中使用 $n_z=4$ 个量子比特产生 $2^4=16$ 个槽位用于展示系统风险 Z 的不确定性分布,即图 13.3。使用条件独立性模型,资产违约风险之间的相关性将转换为系统风险 Z 的相关性。如图 13.5 所示。

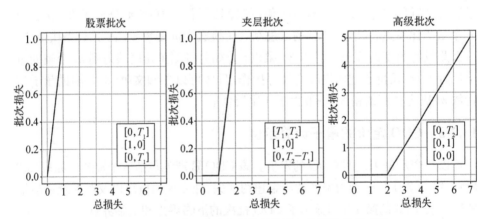

图 13.5　股票、夹层和高级批次的损失与总损失的关系图

每子图小框中的三个数组分别表示 breakpoints、slopes 和 offsets 数组

在加权和运算符 S 中,考虑所有资产均违约时,此投资组合的最大累计损失为 $7(<2^3-1)$,因此使用 $n_s=3$ 个量子比特对总损失进行编码。

量子电路使用 Qiskit 内置的分段线性旋转函数,其中包括比较器 C 和分段线性旋转器 R。内置函数使用 breakpoints 数组记录连接点,并使用 slopes 和

offsets 数组记录斜率和偏移量。

进行完以上设置就可以使用 QAE 算法估 P_1，然后转换求得每个批次的损失期望值。使用 Qiskit 的 QASM 模拟器默认使用的是 QAE 的新兴变体算法 IQAE，具体方法在 5.4.3 节中有所介绍。IQAE 中使用 $m = 4$ 个辅助量子比特，求得结果与经典蒙特卡罗结果进行比较。如图 13.6 所示 Z 为 NIG 分布时，两种方法的结果非常吻合。另外当 Z 遵循高斯分布时结果也一致。如果增加辅助量子比特数 m，估算的精度还可进一步提高。

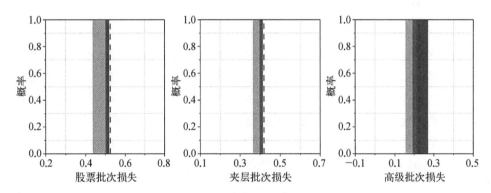

图 13.6 计算所得股票、夹层和高级批次的损失

深色柱和浅色柱状分别为量子计算和蒙特卡罗结果，虚线代表对量子线路进行矩阵计算得出的理论值

用图 13.6 所得的批次损失除以批次资产（即批次上下临界点之差），就可以计算出股票、夹层和高级批次的批次收益。高级批次在现实中就是低回报的，首先是因为它是承受亏损的风险最小，其次因为高级批次的资产价值很大，往往占总资产的 80% 以上。股票和夹层批次的回报率算出来偏高，现实中通常分别为 15%～25%、5%～15%。一方面原因是这里设的独立违约概率比现实情形高，另一方面原因是，这里专注基本模型结构就没有考虑资产的恢复率。恢复率通常设置为 40%，这意味着当资产违约时，可以尝试通过出售一些房地产等方式来恢复某些价值以补偿投资者。最大损失将等于总名义值乘以（1－恢复率）。在此示例中，40% 恢复率会使给定违约损失变为 1.2、1.2、0.6 和 1.2，而批次临界点保持不变，就会降低批次损失。

实现 CDO 定价问题的代码见附录 E。

13.2.4 关于量子应用于金融产品定价的讨论与展望

CDO 是相对先进和复杂的结构化金融产品，尽管在 2008 年金融危机期间存在一些争议，但 CDO 仍然在量化金融中被广泛研究并不断完善。这项工作实现了相比高斯模型更具优势的正态高斯逆模型。还有 Variance Gamma 等适于 CDO 定价的新型模型，以及期货等更多衍生品的定价模型，它们和期权、CDO 一样，都可以用量子 QAE 算法代替蒙特卡罗方法实现。

13.3 量子优化算法求解金融投资组合优化

13.3.1 Markowitz 模型

"现代资产组合理论(modern portfolio theory)"一词被广泛用于旨在识别优化资产投资的理论和模型中，通常要求投资组合在给定的风险水平下最大化预期收益，或者在给定的预期收益的情况下最大限度地降低风险。第一个现代资产组合理论是由 Markowitz 提出的，这使我们第一次能够在数学上形式化期望收益和风险的概念，构造了多样化的概念，并制定了优化模型。Markowitz 也因为在金融经济学理论的这个开创性工作获得了 1990 年诺贝尔经济学奖。

在 Markowitz 的现代资产组合理论中，他建议使用方差：

$$\sigma^2 = E\{(R - E\{R\})\}^2 \tag{13.3}$$

作为衡量风险的一种方法，他认为"资产收益相互关联。多样化不能消除所有方差。"对于给定的预期收益率，可以通过分散投资组合降低收益的方差，但不能完全消除之。

投资组合收益的方差可以表示为资产权重 x_j 的二次函数。资产 j 的回报率 R_j 是一个随机变量，均值 μ_j。我们用 σ_j^2 来表示方差 R_j，用 σ_{ij} 来表示资产 j 和 i 回报率之间的协方差，具体公式如下：

$$\sigma_{ij} = E\{(R_i - \mu_i)(R_j - \mu_j)\} \tag{13.4}$$

将协方差归一化可得到相关系数 $\bar{\rho_i} = \dfrac{\sigma_{ij}}{\sigma_i \sigma_j}$。

相关系数为正值表示资产 j 和 i 回报率倾向于有着相同的变化趋势。系数的值越大，趋势越强。负值表示回报率倾向于有着相反的变化趋势，也就是说，当一个回报率增加时，另一个趋向于下降。

投资组合 x 的收益率方差可以表示为

$$\sigma^2(x) = \sum_{i}^{n} \sigma_i^2 x_i^2 + 2 \sum_{i=1}^{n} \sum_{j=i+1}^{n} \sigma_{ij} x_i x_j \tag{13.5}$$

在 Markowitz 模型中，将方差最小化，并为预期投资组合收益率设置下限。

Martowitz 模型的经典形式是

$$\min\left(\sum_{i=1}^{n}\sum_{j=1}^{n}\sigma_{ij}x_ix_j\right)$$

(13.6)

同时满足：$\sum_{k}^{n}\mu_jx_j \geqslant \mu_0$，$\sum_{j=1}^{n}x_j = 1$ 且 $x_j \leqslant 1$，$j = 1\cdots n$

　　这是一个具有二次目标函数、两个线性约束和非负连续变量的二次规划问题,体现了尽可能增大收益并减小风险(即方差)的目标。事实上,金融业中常常提及的追求更高的夏普比率(Sharpe ratio)也是为了同样的目标,夏普比率的定义为投资收益与无风险收益之差的期望值,再除以投资标准差。不过类似夏普比率这种分数形式的目标函数不方便采用二次规划问题的优化方法求解。在实际操作中,我们习惯采用将式(13.6)合为一个 QUBO 形式的目标函数,投资组合优化问题最终需要在每一期求解如下二次优化问题的最小值:

$$H = -\mu^{\mathrm{T}}x + \frac{\gamma}{2}x^{\mathrm{T}}\Sigma x$$

(13.7)

　　其中,$x_n \in \{0,1\}$ 为投资组合中第 n 项资产是否被选为该期投资资产的指示变量。γ 为风险厌恶系数,γ 越大则代表投资人越希望最小化投资风险(即收益曲线的波动率)。Σ 即为协方差矩阵,代表投资组合的风险;μ 即为收益率序列均值,代表各资产收益回报。此类问题可以使用量子退火算法等量子优化算法轻松解决。

13.3.2　投资组合优化案例分析

　　让我们分析具有方差方程的两个资产 A 和 B,其设定如下:

　　方差取决于资产收益率的各个方差及其相关性。对于给定的 x_A 和 x_B 值,当 ρ_{AB} 从 1 减小到 -1 时,投资组合收益率的方差减小。

　　在图 13.7 中,我们通过将相关系数 ρ_{AB} 分别设置为 -1,-0.5、0.5、1 绘制了风险边界和收益边界关系图。资产 A 和 B 的标准偏差为 $\sigma_A = 8\%$ 和 $\sigma_B = 18\%$,而预期收益为 $\mu_A = 3\%$ 和 $\mu_B = 14\%$。该图表明,对于给定的预期收益水平,当相关系数从 1 下降到 -1 时,有效投资组合的标准偏差会减小。

　　让我们分析极端情况:

　　(1) $\rho_{AB} = 1$：资产完全正相关。在这种情况下,边界是与仅由一项资产组成的投资组合相关的点之间的直线:

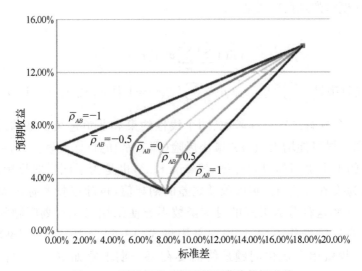

图 13.7　不同相关系数下的预期收益标准差

$$\sigma^2 = \sigma_A^2 x_A^2 + \sigma_B^2 x_B^2 + 2\sigma_A \sigma_B x_A x_B = (\sigma_A x_A + \sigma_B x_B)^2 \qquad (13.8)$$

投资组合标准差是两个资产的标准差的凸组合，系数为 x_A 和 x_B，$x_A + x_B = 1$。

（2）资产完全负相关。边界由与预期收益轴相交的两条线组成，可以用以下方程式描述：

$$\sigma^2 = \sigma_A^2 x_A^2 + \sigma_B^2 x_B^2 - 2\sigma_A \sigma_B x_A x_B = (\sigma_A x_A - \sigma_B x_B)^2 \qquad (13.9)$$

因为 $x_B = 1 - x_A$，当 $x_A = \dfrac{\sigma_B}{\sigma_A + \sigma_B}$ 时，标准差 $\sigma_A x_A - \sigma_B x_B$ 为零。因此当 x_A 大于或小于 $\dfrac{\sigma_B}{\sigma_A + \sigma_B}$ 时，我们各获得一条直线。

我们 D‑Wave 中设置 11 种资产 A，B，…，J，K，根据真实市场价格数据，可以获得它们的市场均值期望，以及由全部资产组成的投资组合的方差：

$$\begin{aligned}
\sigma^2(x) = {} & \sigma_A^2 x_A^2 + \sigma_B^2 x_B^2 + \sigma_C^2 x_C^2 + \sigma_D^2 x_D^2 + 2\rho_{AB}\sigma_A\sigma_B x_A x_B + \\
& 2\rho_{AC}\sigma_A\sigma_C x_A x_C + 2\rho_{AD}\sigma_A\sigma_D x_A x_D + 2\rho_{BC}\sigma_B\sigma_C x_B x_C + \\
& 2\rho_{BD}\sigma_B\sigma_D x_B x_D + 2\rho_{CD}\sigma_C\sigma_D x_C x_D + \cdots
\end{aligned}$$
$$(13.10)$$

协方差矩阵 Σ 如下：

$$10^{-2} \times \begin{bmatrix} 5.71 & 2.38 & 1.07 & 1.86 & 1.61 & 2.08 & 2.48 & 2.06 & 2.58 & 2.03 & 1.08 \\ 2.38 & 6.66 & 1.36 & 3.36 & 2.71 & 4.88 & 2.76 & 2.80 & 2.97 & 3.18 & 1.21 \\ 1.07 & 1.36 & 4.09 & 1.41 & 1.51 & 1.35 & 1.44 & 1.30 & 1.75 & 0.52 & 1.05 \\ 1.86 & 3.36 & 1.41 & 5.28 & 2.15 & 2.77 & 2.11 & 2.12 & 2.92 & 2.77 & 1.16 \\ 1.61 & 2.71 & 1.51 & 2.15 & 3.36 & 2.34 & 1.95 & 1.78 & 2.22 & 2.08 & 1.07 \\ 2.08 & 4.88 & 1.35 & 2.77 & 2.34 & 4.70 & 2.45 & 2.24 & 2.43 & 2.37 & 1.21 \\ 2.48 & 2.77 & 1.44 & 2.11 & 1.96 & 2.45 & 5.52 & 2.22 & 2.92 & 2.42 & 1.28 \\ 2.06 & 2.80 & 1.30 & 3.23 & 2.78 & 2.24 & 2.22 & 7.14 & 2.07 & 2.63 & 0.94 \\ 2.58 & 2.97 & 1.75 & 2.92 & 2.22 & 2.43 & 2.92 & 2.07 & 17.68 & 5.60 & 1.26 \\ 2.03 & 3.19 & 0.52 & 2.77 & 2.08 & 2.37 & 2.42 & 2.63 & 5.60 & 31.69 & 0.84 \\ 1.08 & 1.21 & 1.05 & 1.16 & 1.07 & 1.21 & 1.28 & 0.94 & 1.26 & 0.84 & 3.24 \end{bmatrix}$$

均价期望 μ 如下：

$$[0.17 \quad 0.08 \quad 0.09 \quad -0.007 \quad 0.10 \quad 0.18 \quad 0.22 \quad 0.03 \quad 0.20 \quad -0.31 \quad -0.000\,94]$$

将这些数据以图表形式或以常规设置提供给 D‑Wave,我们将能够找到最佳投资组合,以最大限度地降低风险,并获得一定的回报,计算结果如图 13.8 所示。

```
{0: 1, 1: 1, 2: -1, 3: -1, 4: 1, 5: -1, 6: 1, 7: -1, 8: -1, 9: 1, 10: 1} -9963.71738343603
Advantage beta time taken : 3.8159072399139404
```

图 13.8　D‑Wave 量子退火求解器求解上述示例的结果显示

结果中每一组冒号前的数字代表资产编号,冒号后的数字为 1 或 −1,分别代表买入和不买入。由此可看出,选择投资资产 0、1、4、6、9、10 的策略,可以实现较高收益与较低风险的最优投资组合。

采用 D‑Wave 的“Advantage Beta”量子退火器硬件,用时 3.8 秒,相比在经典计算机的 CPU 上进行遍历运算需耗时十几秒,效率有所提高。对于更大的投资组合或更大量的优化频次,量子算法的优势会更加明显,有助于投资者更高效地使用投资组合策略以最小的风险获得最大的利润。

如图 13.9 所示,以“图灵金科”微信小程序为例,展示通过一种量子启发的优化算法进行投资收益组合优化,从而获得较高的持仓收益。在“图灵金科”小程序中,用户可以选择一个资产池以及定义起始时间;设置时间间隔,例如日频即表示设置风险偏好对应式(13.7)中的风险厌恶系数 γ,偏好越保守

则设定 γ 值越高。

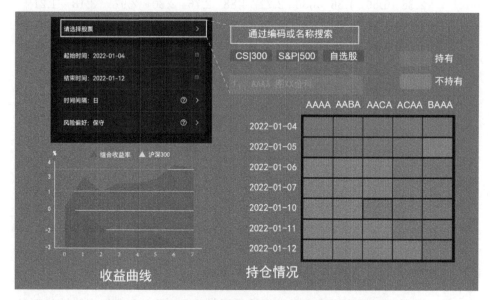

图 13.9 "图灵金科"小程序的功能模块(包括选择投票、
收益曲线和持仓情况三个主要模块)

设置完毕后,程序则根据导入的市场价格数据生成均值和协方差矩阵,对式(13.7)进行优化求解,展示出每个时间间隔下对资产池中的不同股票持仓情况,红色为持有,绿色为不持有。将一只股票从不持有变为持有(即买入)时,买入价格即为成本;每次将一只股票从持有变为不持有(即卖出)时,卖出时价格减去买入价格差即为一次交易的收益。同时程序中设定了一定比例的交易手续成本。经过一段时间交易操作,得到所有收益减去所成本即可获得不同时刻下的收益曲线。

我们从美国标准普尔 500 指数中随机选择 8 只股票构成投资组合,分别为苹果、微软、谷歌、特斯拉、亚马逊、英伟达、脸书和摩根大通。采用 2021 年 1 月 1 日到 2021 年 9 月 1 日的数据,确定投资组合中每种资产的日频持仓分配。如图 13.10 所示,图中最高的两条基本重合的曲线,粗线、细线分别为使用"图灵金科"量子启发式优化器和 D‑Wave 量子退火求解器得到的收益曲线,二者得到一致的收益效果,均显著高于随机持仓策略,也高于标普 500 指数大盘整体水平。进一步计算三者的夏普比率,量子优化策略、随机持仓策略以及大盘的夏普比率依次为 0.323 3、0.141 6、0.055 7,量子优化对于提升夏普比率起到了明显的作用。

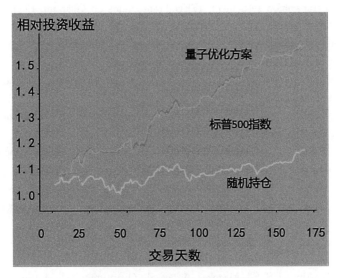

图 **13.10**　投资组合收益曲线示例

参考文献

［1］Black F, Scholes M. The pricing of options and corporate liabilities. The Journal of Political Economy. 1973, 81: 637 - 654.

［2］Merton R C. Theory of rational option pricing. The Bell Journal of Economics and Management Science, 1973, 4: 141 - 183.

［3］Cornuejols G, Tütüncü R. Optimization methods in finance. Pittsburgh: Carnegie Mellon University, 2006.

［4］Baaquie B E. Quantum finance: Path integrals and Hamiltonians for options and interest rates. Cambridge: Cambridge University Press, 2007.

［5］Orús R, Mugel S, Lizaso E. Quantum computing for finance: Overview and prospects. Reviews in Physics, 2019, 4: 100028.

［6］Rebentrost P, Gupt B, Bromley T R. Quantum computational finance: Monte Carlo pricing of financial derivatives. Physical Review A, 2018, 98: 022321.

［7］Stamatopoulos N, Egger D J, Sun Y, et al. Option pricing using quantum computers. Quantum, 2020, 4: 291.

［8］Tang H, Pal A, Wang T Y, et al. Quantum computation for pricing the collateralized debt obligations. Quantum Engineering, 2021, 3: e84.

［9］Egger D J, Gutiérrez R G, Mestre J C, et al. Credit risk analysis using quantum computers. IEEE Transactions on Computers, 2020, 70: 2136 - 2145.

［10］Woerner S, Egger D J. Quantum Risk Analysis. npj Quantum Information. 2019, 5: 15.

［11］Brainer L, Egger D J, Glick J, et al. Quantum algorithms for mixed binary optimization applied to transaction settlement. IEEE Transactions on Quantum Engineering, 2021, 2: 3101208.

[12] Venturelli D, Kondratyev A. Reverse quantum annealing approach to portfolio optimization problems. Quantum Machine Intelligence, 2019, 1: 17 - 30.

[13] Barkoutsos P K, Nannicini G, Robert A, et al. Improving variational quantum optimization using CVaR. Quantum, 2020, 4: 256.

[14] Cohen J, Khan A, Alexander C. Portfolio optimization of 40 stocks using the dwave quantum annealer. arXiv, 2020: 2007.01430.

[15] Cohen J, Khan A, Alexander C. Portfolio optimization of 60 stocks using classical and quantum algorithms. arXiv, 2020: 2008.08669.

[16] Mugel S, Kuchkovsky C, Sanchez E, et al. Dynamic portfolio optimization with real datasets using quantum processors and quantum-inspired tensor networks. Physical Review Research, 2022, 4: 013006.

[17] Martin A, Candelas B, Rodríguez-Rozas Á, et al. Toward pricing financial derivatives with an IBM quantum computer. Physical Review Research, 2021, 3: 013167.

[18] Pistoia M, Ahmad S F, Ajagekar A, et al. Quantum machine learning for finance ICCAD special session paper. 2021 IEEE/ACM International Conference On Computer Aided Design (ICCAD), 2021: 1 - 9.

[19] Chacko G, Sjöman A L, Motohashi H, et al. A primer on credit risk, modeling, and instruments. Old Tappan, New Jersey: Pearson Education, 2016.

第14章
量子计算在化学中的应用

物理学家费曼曾经说过："如果想要模拟自然界,最好通过量子力学的方法。"量子计算技术最直接的应用,就是在化学领域,用量子计算机去模拟计算电子结构、反应动力学等在经典计算机上难以直接计算的问题。

现代化学背后几乎都是由量子力学的规律支配着,因而,是否可以通过量子力学的方法来预测任何化学物质的性质呢?然而,求解薛定谔方程组的复杂性随粒子数量指数爆炸:例如,最简单的情况下,假设有三个独立粒子、波函数分别为 $\psi_a(p_a)$、$\psi_b(p_b)$、$\psi_c(p_c)$,其中 p_a,p_b,$p_c \in \mathbb{R}^3$,那么整个系统的波函数为三粒子的乘积,变量空间为 $\mathbb{R}^3 \times \mathbb{R}^3 \times \mathbb{R}^3$,整个函数所产生的总复杂性随粒子数指数增长。这导致了在经典计算机上难以实现对量子力学的准确应用。即便用目前速度最快的超级计算机、用最适合的解法,仍然难以处理具有数百原子构成的化学体系。传统上,(经典)计算化学通过近似来解决这些问题,也确实可以在不牺牲太多精度的情况下,有效提升计算的效率。pySCF 库能够在一个 2000 核的集群上在数小时内完成数万原子的计算[1]。

量子计算可以从多个层面缓解这一问题。一是通过量子算法,在通用量子计算机上实现对变分求解步骤的加速(目前最有名的是基于 VQE 的方法);另外,可以从更专用、更底层的方面,通过量子模拟及专用量子计算,构建哈密顿量映射对化学体系实现更精细的模拟,从而直接从中得到结果,省去了将问题形式化、寻找表示、再求解的种种困难。

最近,随着通用量子计算进入 NISQ 时代,化学中许多有研究价值的中小型规模体系,已经成为当下量子计算机典型的"试水"目标之一。2020 年,谷歌量子 AI 实验室在 Science 上报道了运用超导通用量子计算机的 VQE 算法成功模拟了长达 H_{12} 的氢链的结合能和二氮烯的异构化机理,并且实现方式具有很好的可扩展性[2]。2021 年,光量子初创公司 Xanadu 在 Nature 上报道了光量子芯片上实现高斯玻色采样,并对分子振动图谱进行简单的演示[3]。

14.1 节将补充介绍计算化学和量子化学的一些基本知识,包括 Hatree –

Fock 求解分子基态能级的具体方法以及分子振动图谱的基本概念。14.2 节介绍如何将 VQE 变分量子算法或量子退火算法应用于求解分子基态能级这一重要的化学计算任务中。14.3 节聚焦分子振动图谱计算示例,介绍如何采用高斯玻色采样专用量子计算准确得到分子振动图谱。

14.1　计算化学和量子化学知识补充

14.1.1　电子层结构及近似求解方法相关基本概念

首先介绍一些概念。我们认为读者有基本的化学认识,包括原子的电子层基本结构等。

原子轨道/薛定谔方程的解/原子内电子的波函数:这三者指的是同一事物,即原子内由定态薛定谔方程 $H\psi = E\psi$ 确定的电子的波函数 ψ。

基函数组:在许多情况下,由于未知量为函数,难以直接求解,需要将函数展开为一系列函数的线性组合,此时这些函数便被称为基函数组。

分子轨道:分子内电子薛定谔方程的解、波函数。

1927 年首次运用薛定谔方程计算氢分子中两个氢原子间结合能的论文及计算结果,如图 14.1 所示。接下来,我们介绍两个基本的近似方案[5]。这两项近似在大多数方法中直接使用,几乎不会造成计算结果的精度损失。

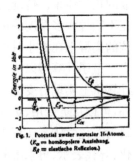

Wechselwirkung neutraler Atome und homöopolare Bindung nach der Quantenmechanik [1].

Von W. Heitler und F. London in Zürich.

Mit 2 Abbildungen. (Eingegangen am 30. Juni 1927.)

Das Kräftespiel zwischen neutralen Atomen zeigt eine charakteristische quanten-mechanische Mehrdeutigkeit. Diese Mehrdeutigkeit scheint geeignet zu sein, die verschiedenen Verhaltungsweisen zu umfassen, welche die Erfahrung liefert: Bei

图 14.1　1927 年首次运用薛定谔方程计算氢分子中两个氢原子间结合能的论文及计算结果[4]

1. 玻恩-奥本海默近似

在化学体系中,主要考察的是电子的运动。更加重一些的粒子例如原子核等,在化学反应的能量条件下基本不会发生变化,其运动相对于质量小得多的电子来说也几乎可以忽略不计。因而,在计算过程中,不妨认为其是静止的。这就是著名的玻恩-奥本海默(Born - Oppenheimer)近似[6]。这允许我们将原子核与电子的运动分开处理,实际情况下可固定一组原子核的参数,仅求解电子的运动。

根据玻恩-奥本海默近似构建单原子的哈密顿量如下式所示：

$$H\Psi = E\Psi \tag{14.1}$$

$$H = -\frac{\hbar^2}{2m_e} \sum_{i=1}^{n} \nabla_i^2 - \sum_{i=1}^{n} \frac{Ze^2}{r_i} + \frac{1}{2} \sum_{i=1}^{n} \sum_{j=1}^{n} \frac{e^2}{r_{ij}} \tag{14.2}$$

其中，哈密顿量 H 的第一项 $\left(-\frac{\hbar^2}{2m_e} \nabla_i^2\right)$ 为电子的动能项，第二项 $\left(-\frac{Ze^2}{r_i}\right)$ 为电子与核相互吸引的库仑势能，第三项 $\left(\frac{e^2}{r_{ij}}\right)$ 为电子间相互排斥的库仑势能。

2. 非相对论近似

在原子序数不太大的情况下，相对论效应对结果（能量）的影响不显著，可以忽略，采用非相对论近似。

(1) 一次量子化与二次量子化。符合玻恩-奥本海默近似的哈密顿量属于一次量子化。还有二次量子化，是在一次量子化基础上进一步对电子的波函数用场算符来量化表示，用到产生算符 $\alpha^{\dagger}$ 和湮灭算符 α。二次量子化的哈密顿量如下式表示：

$$H_P = \sum_{pq} h_{pq} \alpha_p^{\dagger} \alpha_q + \frac{1}{2} \sum_{pqrs} h_{pqrs} \alpha_p^{\dagger} \alpha_q^{\dagger} \alpha_r \alpha_s \tag{14.3}$$

第一项 h_{pq} 是一个电子的相关哈密顿量，第二项 h_{pqrs} 反映两个电子相关的哈密顿量：

$$h_{pq} = \int dr x_p(r)^* \left(-\frac{1}{2} \nabla^2 - \sum_{\alpha} \frac{Z_{\alpha}}{|r_{\alpha} - r|}\right) x_q(r) \tag{14.4}$$

$$h_{pqrs} = \int dr_1 \, dr_2 \frac{1}{|r_1 - r_2|} x_p(r_1)^* x_q(r_2)^* x_r(r_1) x_s(r_2) \tag{14.5}$$

将上式与一次量子化哈密顿量对比，不难发现，二次量子化与其是一致的。h_{pq} 的第一项 $\left(-\frac{1}{2} \nabla^2\right)$ 代表电子动能，h_{pq} 的第二项 $\left(\frac{Z_{\alpha}}{|r_{\alpha} - r|}\right)$ 代表电子与核的库仑势能，h_{pqrs} 代表电子间相互排斥的库仑势能。

(2) 原子单位制。为了研究方便，将薛定谔方程中普朗克常数等常数融合进各单位中，从而得到原子单位制，避免使用指数较大的科学计数法表示，方便人理解的同时避免一部分数值精度问题。在本章后面部分出现的数值无特殊说明均采用原子单位制[7-10]。部分单位列出如下：

长度-玻尔半径 $1a_0 = 5.29 \times 10^{-11}$ m；

质量-电子质量 $1m_e = 9.11 \times 10^{-31}$ kg；

电量-元电荷 $1e = 1.60 \times 10^{-19}$ C；

能量-哈特里 $1\epsilon_a = 2.63 \times 10^3$ kJ/mol $= 27.2$ eV。

14.1.2 计算化学相关基本概念

至此，使用经典力学方法就可以快速地求解原子核之间的库仑势能。但是由于电子数量较多，直接求解这一体系的薛定谔方程依旧十分困难。接下来的一组近似方法将多电子体系转换为单电子体系进行处理。

1. Hatree‑Fock 方法

这一方法的思想由 Hatree 最先提出，随后由 Fock 和 Slater 等基于对泡利不相容原理的显式表示对此方法的精度加以改进，得到了最终的 Hatree‑Fock 方法[11-13]。其主要思想是将每次选择一个电子，固定其他电子，对这一电子的轨道进行优化求解。不断进行此步骤，直到算法收敛，将会得到一个"自洽"的电子系统，因而称为"自洽场计算"。

此时求解体系薛定谔方程的复杂度随着电子数量已经由指数降为多项式级别，但是仍然较高，并且没有考虑电子自旋导致的关联能。为解决这些问题，Hohenberg 和 Korn 提出了密度泛函理论。

2. 密度泛函理论（density functional theory，DFT）方法

1964 年，Hohenberg 和 Kohn 基于他们的非均匀电子气理论，提出了如下两个定理[14-15]：

（1）不计自旋的全同费米子系统的基态能量是粒子数密度函数 $\rho(r)$ 的唯一泛函。

（2）能量泛函 $E[\rho]$ 在粒子数不变的情况下，对正确的粒子数密度函数取极小值，并等于基态能量。

这给了我们一条新的路径，基于整体的电子密度函数而不是波函数来求解分子体系。

接下来的一组方法用以具体计算分子轨道。

1. LCAO‑MO 近似

LCAO 为 linear combination of atomic orbitals 的缩写，MO 为 molecular orbital 的缩写。按字面意义，此方法用原子轨道的线性组合表示分子轨道。此时，原子轨道即为基函数组[7-10]。

2. 网格方法

将空间划分为足够细的网格，进行求解。这可以将复杂的积分-微分方程非

常简单直接地转变为代数方程组,代价则是网格通常较大,需要应用 FFT 和多重线性代数中的算法进行分解运算。

我们接下来将以求解氢分子基态能量为示例,介绍 Hatree - Fock 的具体使用方法。我们将采用 LCAO - MO 方法处理分子轨道近似。

一般地说,使用此方法求解分子能量的步骤如下:

(1) 从光谱数据分析得到原子轨道。

(2) 对各原子轨道之间进行积分,求得对应的电子动能、电子和核之间的库仑势能、电子互斥的库仑势能。

(3) 假设分子轨道为一个原子轨道的线性组合,并随机赋以初值,启动自洽场计算。

(4) 选择一个电子、固定其他电子的分子轨道,调节该电子中各原子轨道的线性组合系数,使得该电子的能量到达目前的最低值。

(5) 重复 4,直至收敛。

其中,动能项为 $\langle\psi|-\frac{1}{2}\nabla^2\psi\rangle$,电子与核的库仑势能为 $\langle\psi|-\frac{Z}{r_i}\psi\rangle$,电子间的库仑势能为 $\langle\psi|\frac{1}{r_{ij}}\psi\rangle$。

在原子单位制中,氢原子的 $1s$ 轨道表示即为 Ne^{-r}。其中 N 为由归一化性质 $\langle\psi|\psi\rangle=1$ 决定的常数,也就等于 $\sqrt{1/\pi}$。

氢原子中视质子为静止的中心,电子的哈密顿量由动能和势能组成。可以验证,氢原子的基态能量为 -0.5 哈特里:

$$\langle\psi|-\frac{1}{2}\nabla^2\psi\rangle=\iiint_{R^3}-\frac{1}{2}\left(\sqrt{\frac{1}{\pi}}e^{-r}\right)\left(\frac{\partial^2}{\partial x^2}+\frac{\partial^2}{\partial y^2}\right.$$
$$\left.+\frac{\partial^2}{\partial z^2}\right)\left(\sqrt{\frac{1}{\pi}}e^{-r}\right)dx\,dy\,dz\simeq 0.498$$
$$\langle\psi|-\frac{Z}{r_i}\psi\rangle=\iiint_{R^3}-\frac{1}{r}\left(\sqrt{\frac{1}{\pi}}e^{-r}\right)^2 dx\,dy\,dz\simeq -0.998$$
$$\langle\psi|-\frac{1}{2}\nabla^2\psi\rangle+\langle\psi|-\frac{Z}{r_i}\psi\rangle\simeq -0.500$$

(14.6)

接下来,为了求解氢气分子的基态能量,我们需要在体系中放置两个氢原子。查阅文献可知氢分子的键长为 74 pm$\simeq$1.40a_0。故可设第一个氢原子的坐标为 $(-0.7,0,0)$,第二个氢原子的坐标为 $(0.7,0,0)$。在求解电子结构时可能遇到键长未知的情形,此时可将其作为一个优化参量、求解分子能量最低值。

随后，我们根据上述步骤，求解各个电子能量。由于 H_2 具有轴对称性，并且 $1s$ 轨道与更高能级轨道之间的能量相差较大，HF 求解出的电子轨道即为两原子 $1s$ 轨道的均匀混合：

$$\psi' = N'(\phi_0(x-0.7,\ y,\ z) + \phi_0(x+0.7,\ y,\ z)) \tag{14.7}$$

其中，N' 为由归一化条件得到的常数。根据此结果重新进行单电子积分，可得

$$\langle \psi' | -\frac{1}{2}\nabla^2\psi'\rangle + \langle \psi' | -\frac{Z}{r_i}\psi'\rangle \simeq -2.38 \tag{14.8}$$

重新进行双电子积分，可得

$$\int_{\mathbb{R}^3 \times \mathbb{R}^3} \frac{\psi_1\psi_2}{|r_{12}|}\mathrm{d}x \simeq 0.97 \tag{14.9}$$

又原子核间势能

$$E_p = \frac{Z^2}{|r|} = \frac{1}{1.4} \simeq 0.71 \tag{14.10}$$

故得氢分子总基态能量为 $-2.38 + 0.97/2 + 0.71 \simeq -1.19$ 哈特里。

这表明氢原子结合为分子时释放能量约为 0.19 哈特里。实验测得氢分子结合能为 4.75 eV=0.17 哈特里。这说明 HF 的计算方法是较为准确的（差异是由于数值上的误差以及未考虑关联能导致）。

14.1.3　分子振动图谱

　　分子光谱，是分子自身的重要属性，也是人们研究分子结构、性质的有力工具。对于分子来说，除了有电子能级之外，还存在着原子核振动对应的振动能级和原子自身旋转对应的能级。分子的振动光谱如拉曼光谱等，可以提供丰富的物质结构信息，在工程和科研领域都有着很重要的应用价值。

　　基于一定的近似，分子振动图谱可以通过对两组量子谐振子的本征态波函数进行重叠积分获得，这两组谐振子对应于不同电子态下的振动本征态，初态与末态间任意两谐振子波函数的重叠积分被称为 Franck - Condon 因子，其幅值对应于跃迁概率，如图 14.2 所示。

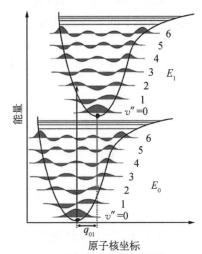

图 14.2　初态与末态间两谐振子波函数的重叠积分幅值对应于跃迁概率[16]

两组谐振子间完整的的重叠积分被称为 Franck‑Condon 积分，可以用来预测振动光谱。

根据 Franck‑Condon 近似，Franck‑Condon 因此定义如下[3]：

$$F(m) = |\langle \boldsymbol{m} | \hat{U}_{\mathrm{Dok}} |\boldsymbol{0}\rangle|^2 \tag{14.11}$$

其中，$\hat{U}_{\mathrm{Dok}}$ 为 Doktorov 算符，$|\boldsymbol{0}\rangle$ 表示所有初始电子态的真空态，$|\boldsymbol{m}\rangle = |m_1, m_2, \cdots, m_M\rangle$ 指的是输出图样，表示 m_i 个光子存在于第 i 个电子激发模式中。在有限温度下给定振动频率 ω_{vib} 的模式发生跃迁的 Franck‑Condon 积分定义为

$$\begin{aligned} \mathrm{FCP}_T(\omega_{\mathrm{vib}}) = \sum_{n,\,m} P_T(n) |\langle \boldsymbol{m} | \hat{U}_{\mathrm{Dok}} |\boldsymbol{n}\rangle|^2 \delta \\ \left(\omega_{\mathrm{vib}} - \sum_{k=1}^{M} \omega'_k m_k + \sum_{k=1}^{M} \omega_k n_k \right) \end{aligned} \tag{14.12}$$

其中，$|\boldsymbol{n}\rangle$ 为电子基态的 Fock 态，$P_T(n)$ 为所有基态的初始热分布，ω_k 为初始电子态第 k 个模式的本征频率，ω'_k 为末态第 k 个模式的本征频率。

分子的电子跃迁会导致分子结构发生变化，使得不同电子激发态的振动本征模式各不相同，每个激发态都会定义一组全新的振动模式，因此复杂结构分子振动光谱的计算是非常具有挑战性的，目前还没有已知的有效的经典算法来完成这项任务。最近的研究表明，分子振动光谱的估计原则上可以使用基于高斯玻色采样的量子模拟器来完成。

14.2　使用 VQE 变分量子算法或绝热量子算法求解电子结构

随着系统中粒子数量的增加，希尔伯特空间维数的也随之增加，求解薛定谔方程也变得更为困难。这增加了计算量，并需要相应增加计算资源。量子系统为计算电子结构提供了一条新途径。我们可以选择 VQE 这种变分量子算法或者量子退火算法进行计算，如图 14.3 所示。

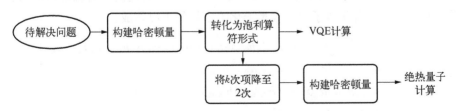

图 14.3　使用 VQE 变分量子算法或绝热量子算法求解电子结构的步骤图

不管用哪种量子算法,首先都需要构建可以在量子系统中实现的问题哈密顿量,本示例中为氢分子哈密顿量 H_{H_2}。构建哈密顿量包括以下步骤[17]。

(1)利用费米子的产生和湮灭算符来构建电子结构的哈密顿量,提供二次量子化形式。

(2)使用 Jordan‑Wigner 或 Barvyi‑Kitaev 转换,将费米子算符转换为旋转算符,即量子线路上可实现的泡利算符。

对于 VQE,这些泡利算符求和形成的哈密顿量,就可以依次导入量子线路中。而对于绝热量子计算,还需要进一步对哈密顿量进行改进。

(3)将自旋哈密顿量从 k 次项减少到 2 次项。例如 $\sigma_z^0 \sigma_z^1 \sigma_z^2$,可以采用一个额外的量子比特 $\sigma_z^4 = \sigma_z^1 \sigma_z^2$,使得 $\sigma_z^0 \sigma_z^1 \sigma_z^2 = \sigma_z^0 \sigma_z^4$ 变成伊辛模型需要的二次项。

(4)2 次项哈密顿量映射到常规伊辛模型哈密顿量,将 σ_x、σ_y 都转化成 σ_z 项(附录 F)。

获得哈密顿量之后,对于 VQE,我们在第 10 章中介绍过,就是需要不断变分优化调节参数,获得能量 $E = \langle \psi(\theta) | H_{H_2} | \psi(\theta) \rangle$ 的最小值,即氢分子的基态能级。

而对于绝热量子计算,系统在"初始"哈密顿量 H_i 的基态下初始化,H_i 通常可求解。然后允许系统依据 $H(s) = (1-s)H_i + sH_{H_2}(s \in [0, 1])$ 绝热地演化。绝热演化受薛定谔方程控制,而方程中的哈密顿量 $H[s(t)]$ 与时间相关。因此,系统可以在平衡状态下从 H_i 演化为 H_{H_2},同时保证系统在微扰演化过程中保持其瞬时本征态,求得的本征态同样对应氢分子的基态能级。

14.2.1　构建氢气分子的二次量子化哈密顿量

广义过程从对费米子系统的二次量子化描述开始[18-19],系统中的 N 个单粒子态可以为空或被无旋费米子占据。我们将使用每个自旋轨道的张量积 $|f_0 \cdots f_n\rangle$ 来表示费米子系统的状态,其中 $f_j \in \{0, 1\}$ 是轨道 j 的占有数。在费米子系统中任何相互作用都可以用产生算符 $a_j^\dagger$ 和湮灭算符 a_j 的乘积表示($j \in \{0, \cdots, N-1\}$)。在这里,我们考虑氢分子的极小基 STO‑6G。考虑氢分子中有两个氢原子,每个原子都有一个自旋向上和自旋向下的轨道,共有四个分子自旋轨道。分子电子的二次量子化哈密顿量可以写成:

$$
\begin{aligned}
H_{H_2} =\ & h_{00}a_0^\dagger a_0 + h_{11}a_1^\dagger a_1 + h_{22}a_2^\dagger a_2 + h_{33}a_3^\dagger a_3 + h_{0110}a_0^\dagger a_1^\dagger a_1 a_0 + \\
& h_{2332}a_2^\dagger a_3^\dagger a_3 a_2 + h_{0330}a_0^\dagger a_3^\dagger a_3 a_0 + \\
& h_{1221}a_1^\dagger a_2^\dagger a_2 a_1 + (h_{0220} - h_{0202})a_0^\dagger a_2^\dagger a_2 a_0 + \\
& (h_{1331} - h_{1313})a_1^\dagger a_3^\dagger a_3 a_1 +
\end{aligned}
$$

$$h_{0132}(a_0^\dagger a_1^\dagger a_3 a_2 + a_2^\dagger a_3^\dagger a_1 a_0) +$$
$$h_{0312}(a_0^\dagger a_3^\dagger a_1 a_2 + a_2^\dagger a_1^\dagger a_3 a_0) \qquad (14.13)$$

其中，h_{ij} 和 h_{ijkl} 是单电子和两电子积分，经过经典计算可以输入到量子计算机中。

14.2.2　将氢气分子的二次量子化哈密顿转换为泡利算符哈密顿量

接下来，我们将此形式用为泡利矩阵表达，这可以通过使用 Bravyi–Kitaev 变换或 Jordan–Wigner 变换来完成。

现在，在具有 k 局域自旋哈密顿量（k 个费米子相互作用）之后，我们可以使用一种通用程序将哈密顿量简化为 2 局域（两体相互作用）自旋哈密顿量形式，这是计算设备的核心要求。将氢分子的哈密顿量二次量子化：

$$a_0^\dagger = \frac{1}{2}\sigma_x^3\sigma_x^1(\sigma_x^0 - i\sigma_y^0)$$

$$a_1^\dagger = \frac{1}{2}(\sigma_x^3\sigma_x^1\sigma_x^0 - i\sigma_x^3\sigma_y^1)$$

$$a_2^\dagger = \frac{1}{2}\sigma_x^3(\sigma_x^2 - i\sigma_y^2)\sigma_z^1 \qquad (14.14)$$

$$a_3^\dagger = \frac{1}{2}(\sigma_x^3\sigma_z^2\sigma_z^1 - i\sigma_y^3)$$

以及：

$$a_0 = \frac{1}{2}\sigma_x^3\sigma_x^1(\sigma_x^0 + i\sigma_y^0)$$

$$a_1 = \frac{1}{2}(\sigma_x^3\sigma_x^1\sigma_x^0 + i\sigma_x^3\sigma_y^1)$$

$$a_2 = \frac{1}{2}\sigma_x^3(\sigma_x^2 + i\sigma_y^2)\sigma_z^1 \qquad (14.15)$$

$$a_3 = \frac{1}{2}(\sigma_x^3\sigma_z^2\sigma_z^1 + i\sigma_y^3)$$

利用 Bravyi–Kitaev 变换，有

$$H_{\text{H2}} = f_0 1 + f_2\sigma_z^1 + f_3\sigma_z^2 + f_3\sigma_z^2 + f_1\sigma_z^0\sigma_z^1 + f_4\sigma_z^0\sigma_z^2 + f_5\sigma_z^1\sigma_z^3 +$$
$$f_6\sigma_x^0\sigma_z^1\sigma_x^2 + f_6\sigma_y^0\sigma_z^1\sigma_y^2 + f_7\sigma_z^0\sigma_z^1\sigma_z^2 +$$
$$f_4\sigma_z^0\sigma_z^2\sigma_z^3 + f_6\sigma_x^0\sigma_z^1\sigma_x^2\sigma_z^3 + f_6\sigma_y^0\sigma_z^1\sigma_y^2\sigma_z^3 +$$
$$f_7\sigma_z^0\sigma_z^1\sigma_z^2\sigma_z^3 \qquad (14.16)$$

从对称性可以看出量子位 1 和 3 在过程中从未翻转,因此我们可以将哈密顿量简化为仅作用于两个量子位的形式:

$$H_{\text{H}_2} = g_0 1 + g_1 \sigma_z^0 + g_2 \sigma_z^1 + g_3 \sigma_z^0 \sigma_z^1 + g_4 \sigma_x^0 \sigma_x^1 + g_4 \sigma_y^0 \sigma_y^1 \tag{14.17}$$
$$g_0 = f_0, \ g_1 = 2f_1, \ g_2 = 2f_3, \ g_3 = 2(f_4 + f_7), \ g_4 = 2f_6$$

其中的系数取决于分子固有的键长。不同键长 R 对应的系数 $g_0 \sim g_4$ 取值以及根据哈密顿矩阵直接求解本征值所得结果如表 14.1 所示[17]。

表 14.1　不同核间距 R 处精确基态能级与模拟基态
能级(由 4×2 量子比特模拟)的比较

R	g_0	g_1	g_2	g_3	g_4	理论值	模拟值
0.6	1.594 3	0.513 2	−1.100 8	0.659 8	0.080 9	−0.561 7	−0.570 3
0.65	1.419 3	0.500 9	−1.036 6	0.654 8	0.081 3	−0.678 5	−0.687 7
0.7	1.266 8	0.488 7	−0.976 7	0.649 6	0.081 8	−0.772 0	−0.781 7
0.75	1.132 9	0.476 7	−0.920 8	0.644 4	0.082 4	−0.847 2	−0.857 5
0.8	1.014 4	0.465	−0.868 5	0.639	0.082 9	−0.907 8	−0.918 8
0.85	0.909	0.453 5	−0.819 7	0.633 6	0.083 5	−0.956 9	−0.968 5
0.9	0.814 6	0.442 2	−0.774	0.628 2	0.084	−0.997 4	−1.008 8
0.95	0.729 7	0.431 3	−0.731 2	0.622 7	0.084 6	−1.031 7	−1.041 5
1.0	0.653 1	0.420 7	−0.691	0.617 2	0.085 2	−1.059 5	−1.067 8
1.05	0.583 6	0.410 3	−0.653 3	0.611 7	0.0 859	−1.082 0	−1.088 9
1.1	0.520 4	0.400 3	−0.617 8	0.606 1	0.086 5	−1.099 9	−1.105 6
1.15	0.462 6	0.390 6	−0.584 3	0.600 6	0.087 2	−1.114 0	−1.118 6
1.2	0.409 8	0.381 1	−0.552 8	0.595 1	0.087 9	−1.124 9	−1.128 5
1.25	0.361 3	0.372 00	−0.523	0.589 7	0.088 6	−1.133 0	−1.135 8
1.3	0.316 7	0.363 1	−0.494 9	0.584 2	0.089 3	−1.138 9	−1.140 9
1.35	0.275 5	0.354 6	−0.468 3	0.578 8	0.09	−1.142 7	−1.144 1
1.4	0.237 6	0.346 3	−0.443 1	0.573 4	0.090 7	−1.144 8	−1.145 7
1.45	0.202 4	0.338 3	−0.419 2	0.568 1	0.091 5	−1.145 4	−1.145 9
1.5	0.169 9	0.330 5	−0.396 6	0.562 8	0.092 2	−1.144 8	−1.145
1.55	0.139 7	0.322 99	−0.375 1	0.557 5	0.093 00	−1.143 1	−1.143 2
1.6	0.111 6	0.315 7	−0.354 8	0.552 4	0.093 8	−1.140 4	−1.140 5
1.65	0.085 5	0.308 7	−0.335 4	0.547 2	0.094 6	−1.137 0	−1.137 1
1.7	0.061 2	0.301 8	−0.317	0.542 2	0.095 4	−1.132 9	−1.133 2
1.75	0.038 5	0.295 2	−0.299 5	0.537 1	0.096 2	−1.128 1	−1.128 7

R	g_0	g_1	g_2	g_3	g_4	理论值	模拟值
1.8	0.017 3	0.288 8	−0.282 9	0.532 2	0.096 99	−1.123 0	−1.123 9
1.85	−0.002 3	0.282 6	−0.267	0.527 3	0.097 8	−1.118 3	−1.118 7
1.9	−0.020 8	0.276 6	−0.252	0.522 5	0.098 7	−1.113 1	−1.113 3
1.95	−0.038 1	0.270 7	−0.237 6	0.517 7	0.099 5	−1.107 6	−1.107 7
2.0	−0.054 3	0.265 1	−0.223 8	0.513	0.100 4	−1.101 8	−1.101 9
2.05	−0.069 4	0.259 6	−0.210 8	0.508 4	0.101 2	−1.095 8	−1.096 1
2.1	−0.083 7	0.254 2	−0.198 3	0.503 9	0.102 1	−1.089 5	−1.090 1
2.15	−0.096 9	0.249	−0.186 3	0.499 4	0.103 00	−1.083 1	−1.084 2
2.2	−0.109 5	0.244	−0.174 9	0.495	0.103 8	−1.076 5	−1.078 2
2.25	−0.121 3	0.239 1	−0.163 9	0.490 6	0.104 7	−1.069 9	−1.072 3
2.3	−0.132 3	0.234 8	−0.153 6	0.486 4	0.105 6	−1.063 0	−1.066 4
2.35	−0.142 7	0.229 7	−0.143 6	0.482 2	0.106 4	−1.058 1	−1.060 5
2.4	−0.152 4	0.225 2	−0.134 1	0.478	0.107 3	−1.053 0	−1.054 8
2.45	−0.161 6	0.220 8	−0.125	0.474	0.108 2	−1.048 4	−1.049 2
2.5	−0.170 3	0.216 5	−0.116 2	0.47	0.109	−1.043 3	−1.043 7
2.55	−0.178 4	0.212 4	−0.107 9	0.466	0.109 9	−1.038 2	−1.038 3
2.6	−0.186 1	0.208 3	−0.099 9	0.462 2	0.110 8	−1.033 0	−1.033 1
2.65	−0.193 3	0.204 4	−0.092 2	0.458 4	0.111 7	−1.027 8	−1.028
2.7	−0.200 1	0.200 6	−0.084 8	0.454 7	0.112 5	−1.022 7	−1.023 1
2.75	−0.206 4	0.196 8	−0.077 8	0.451	0.113 4	−1.017 5	−1.018 4
2.8	−0.212 5	0.193 2	−0.071	0.447 5	0.114 2	−1.012 4	−1.013 9
2.85	−0.218 2	0.189 7	−0.064 6	0.443 9	0.115 1	−1.007 2	−1.009 5
2.9	−0.223 5	0.186 2	−0.058 4	0.440 5	0.115 9	−1.002 1	−1.005 3
2.95	−0.228 6	0.182 9	−0.052 4	0.437 1	0.116 8	−0.998 8	−1.001 3
3.0	−0.233 3	0.179 6	−0.046 7	0.433 8	0.117 6	−0.995 8	−0.997 4
3.05	−0.237 8	0.176 4	−0.041 3	0.430 5	0.118 4	−0.992 8	−0.993 8
3.1	−0.242 1	0.173 3	−0.036 0	0.427 3	0.119 3	−0.989 8	−0.990 3

14.2.3　使用 VQE 计算氢分子基态能级实例

下面列出了代表氢分子的两氢原子在间距 $R=1.45\ a_0$ 时的哈密顿量[17]，已经将费米子算符转换成了泡利算符，用两个量子比特表示：

$$H_{H_2} = 0.202\,4\,II + 0.338\,3\,ZI - 0.419\,2\,IZ + 0.568\,1\,ZZ \tag{14.18}$$
$$+ 0.091\,5\,XX + 0.091\,5\,YY$$

对于 VQE,我们将 H_{H_2} 中的 II、ZI、IZ、ZZ、XX、YY 项依次代入量子线路。第 10 章中已提到过,对于不同的泡利门,选择对应的拟设和对应的测量基(measurement basis)。优化参数并求和,得到基态能级为 $-1.145\,9\,a_0$。

具体程序实现代码可参见文献[20-22]。

14.2.4　使用量子退火器计算氢分子基态能级实例

如果采用量子退火算法,需要将泡利算符表示下哈密顿量做进一步的变换。首先将自旋哈密顿量从 k 次项减少到伊辛模型需要的二次项,对于 H_2 氢分子示例,如式(14.18),哈密顿量已经满足是二次项。其次还需要将 σ_x、σ_y 都转化成伊辛模型中需要的 σ_z 项。对于式(14.18),XX 项不满足只有 σ_z 项的要求,会为哈密顿量 H_{H_2} 带来伊辛模型中不方便处理的非对角线项。

根据文献[17]给出的方法,我们可以将包含 σ_x、σ_y 的项都转化为 σ_z 项。具体方法在本书附录 F 中进行详细的介绍,并且附上了操作代码。

对于 VQE 或量子退火求解氢分子本征能量,我们还需要提供一个理论结构作为参照。理论上,求解氢分子本征能量也可通过以下线性代数经典方法求解,即需要找到矩阵特征值

$$H|\psi\rangle = E|\psi\rangle \tag{14.19}$$
$$\det(H - E) = 0$$

可通过 Matlab 求解上式,它给出了哈密顿特征值,即本征能量。得到一致的结果。

通过介绍量子计算解决计算化学问题的两种主要方法,我们展示了如何将化学问题映射到量子计算机上,以及如何求解它们以获得基态。对量子计算在化学中的应用带来更多启发。

14.3　使用高斯玻色采样计算分子振动图谱

14.3.1　分子振动图谱求解映射为高斯玻色采样问题

在经典玻色采样中,我们考虑 N 光子进入到 M 个模式中,通过幺正变换后输出,即 $|\varphi_{out}\rangle = \hat{U}|\phi_{in}\rangle$。采样结果对应于输入态向不同输出态转换的概率,即 $P_{nm} = |\langle m|\hat{U}|n\rangle|^2$,这里 $|n\rangle$ 和 $|m\rangle$ 代表输入与输出图样的向量,即光

子在每个模式的分布情况,如图 14.4 所示。很容易看出,M 个模式中的 N 个光子,与 M 个振动模式中的 N 个声子(即对应的量子谐振子)的希尔伯特空间是同构的,不同输出模式出现的概率可以理解为模式之间跃迁的概率,采样结果则对应于最为简单的振动光谱,即 FC 积分。然而在经典玻色采样中,输入与输出模式之间仅存在简单的幺正变换,即两组谐振子之间仅存在旋转操作;而在分子振动问题中,新的电子能级下对应的振动模式,相当于将原来能级下的振动模式进行了压缩、位移和旋转操作,因此我们需要对经典玻色采样进行改进。

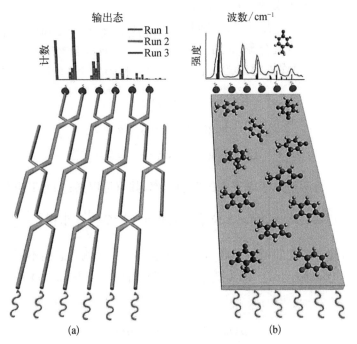

图 14.4　玻色采样和分子振动光谱的图示说明[23]

(a) 玻色采样示意图;(b) 利用玻色采样计算分子振动光谱的示意图

1. Duschinsky 变换关系

表示不同电子能级下振动模式的两组量子谐振子之间存在着 Duschinsky 变换关系[24-25],可简单地表示如下:

$$q' = U_D q + d \qquad (14.20)$$

式中,U_D 为 Duschinsky 矩阵,与各模式量子谐振子波函数间重叠积分有关,d 为描述由于电子跃迁导致分子几何结构变化的实向量。U_D 和 d 的具体值可以借助 DFT 计算。有机分子卟吩镁(magnesium porphine,MgP)的 Duschinsky 矩阵,如图 14.5 所示。

2. 进一步的 Doktorov 变换

Doktorov 算符 $\hat{U}_{\mathrm{Dok}}$ 可以分解为位移算符 $\hat{D}(\alpha)$、压缩算符 $\hat{S}(r)$ 以及线性干涉仪算符 $\hat{R}(U_{\mathrm{L}})$ 和 $\hat{R}(U_{\mathrm{R}})$,即[26]:

$$\hat{U}_{\mathrm{Dok}} = \hat{D}(\boldsymbol{\alpha})\hat{R}(U_{\mathrm{L}})\hat{S}(r)\hat{R}(U_{\mathrm{R}}) \tag{14.21}$$

式中,U_{L},U_{R} 为幺正矩阵,r 为描述压缩系数的矢量,这三者都可以通过对矩阵 $\boldsymbol{J}$ 进行奇异值分解得到,即 $\boldsymbol{J} = U_{\mathrm{L}}\mathrm{diag}(r)U_{\mathrm{R}}$ 矩阵 $\boldsymbol{J}$ 的定义如下:

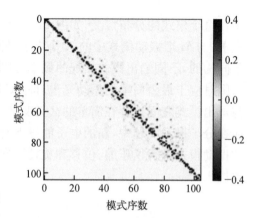

图 14.5　有机分子卟吩镁的 Duschinsky 矩阵(后附彩图)[25]

这个分子有 37 个原子以及 105 个振动模式

$$\boldsymbol{J} = \Omega'\boldsymbol{U}_{\mathrm{D}}\Omega^{-1}$$
$$\Omega' = \mathrm{diag}(\sqrt{\omega_{1'}}, \cdots, \sqrt{\omega_{M'}}) \tag{14.22}$$
$$\Omega = \mathrm{diag}(\sqrt{\omega_1}, \cdots, \sqrt{\omega_M})$$

式中,ω 和 ω' 为两组电子电子态的振动频率,其值可以通过 DFT 求得。而位移矢量 $\boldsymbol{\alpha}$ 则可以通过 Duschinsky 位移矢量 $\boldsymbol{\beta} = \hbar^{-1/2}\Omega'\dfrac{d}{\sqrt{2}}$ 求得。

输入与输出态之间可以写成 $|\phi_{\mathrm{out}}\rangle = \hat{U}_{\mathrm{Dok}}|\phi_{\mathrm{in}}\rangle$,而输入态向不同输出态转换的概率 $|\langle m; \mathrm{out}|n; \mathrm{in}\rangle|^2$ 即为跃迁 FC 因子,对应于初态 $|n\rangle$ 向末态 $|m\rangle$ 跃迁的概率,即

$$p(m|n) = |\langle m|\hat{U}_{\mathrm{Dok}}|\boldsymbol{n}\rangle| \tag{14.23}$$

完整的采样结果可以给出 FC 积分,并预测分子振动光谱。

值得一提的是,Doktorov 变换中存在压缩操作。如果不具备压缩态等实验条件,也可转化为常规波色采样。通过对矩阵 $\boldsymbol{J}$ 进行奇异值分解(SVD),我们可以得到 $\boldsymbol{J} = C_{\mathrm{L}}\Sigma C_{\mathrm{R}}^t$,进一步得到 $\hat{U}_{\mathrm{Dok}} = \hat{R}_{CL}\hat{S}_\Sigma^\dagger\hat{R}_{CR}^\dagger\hat{D}_{\frac{1}{\sqrt{2}}J^{-1}\delta}$。同时,我们可以将输入态写成:

$$|\phi_{\mathrm{in}}\rangle = \hat{S}_\Sigma^\dagger\hat{R}_{CR}^\dagger\hat{D}_{\frac{1}{\sqrt{2}}J^{-1}\delta}|\boldsymbol{0}; \mathrm{in}\rangle = \hat{S}_\Sigma^\dagger\left|\frac{1}{\sqrt{2}}\boldsymbol{C}_R^t\boldsymbol{J}^{-1}\boldsymbol{\delta}; \mathrm{in}\right\rangle \tag{14.24}$$

则末态 $|\phi_{\mathrm{out}}\rangle = \hat{R}_{CL}|\phi_{\mathrm{in}}\rangle$,此时整个过程相当于将制备好的压缩、旋转、位移

真空态注入完成旋转操作的线性光学网络中,进行玻色采样,并利用光子数可分辨的探测器对采样结果进行采集。

14.3.2　使用高斯玻色采样计算分子振动图谱实例

基于高斯玻色采样的分子振动图谱测量在可编程光子芯片上进行了原理性实验演示。在这个实验中,光模式代表简正模,并根据压缩、位移和线性干涉仪编程装置,生成 Franck - Condon 参数。根据乙烯和苯基乙烯基乙炔的 Duschinsky 矩阵编写芯片干涉仪参数,实验中进行一定的简化,没有考虑位移,并且假设压缩态只存在于第一模态,因此得到的谱线不对应于这些分子的真实振动谱,但是作为原理演示已经足够了[3]。

实验中的参数如下,乙烯:

$$\Omega = \mathrm{diag}(54.58,\ 39.75,\ 35.86,\ 31.26)$$
$$\Omega' = \mathrm{diag}(53.18,\ 37.39,\ 35.03,\ 29.24)$$
$$U_D = \begin{pmatrix} 0.798\,937\,82 & -0.146\,778\,06 & 0.011\,380\,51 & 0.583\,116\,66 \\ 0.088\,837\,64 & -0.862\,993\,47 & -0.370\,563\,06 & -0.331\,712\,46 \\ -0.102\,558\,9 & 0.295\,366\,34 & -0.920\,883\,79 & 0.232\,837\,81 \\ -0.585\,907\,76 & -0.382\,697\,26 & 0.120\,526\,14 & 0.704\,079\,79 \end{pmatrix}$$

$$\tag{14.25}$$

苯基乙烯基乙炔:

$$\Omega = \mathrm{diag}(6.56,\ 9.38,\ 15.43,\ 19.95)$$
$$\Omega' = \mathrm{diag}(8.19,\ 11.27,\ 14.18,\ 18.68)$$
$$U_D = \begin{pmatrix} -0.534\,910\,56 & 0.838\,267\,09 & 0.103\,560\,58 & -0.021\,311\,66 \\ -0.679\,513\,41 & -0.499\,908\,36 & 0.536\,983\,08 & 0.001\,522\,86 \\ -0.429\,508\,48 & -0.173\,208\,34 & -0.706\,280\,09 & 0.535\,434\,19 \\ 0.260\,105\,13 & 0.131\,904\,47 & 0.449\,547\,33 & 0.844\,306\,65 \end{pmatrix}$$

$$\tag{14.26}$$

在实际实验中,每一个分子做了 1.2×10^6 次采样,结果如图 14.6 所示,图 14.6(a)是乙烯的实验结果,图 14.6(b)是苯基乙烯乙炔的实验结果。图中的波数代表初始能级与最终能级之间的能量差(零级忽略),红线是能量的直方图,显示出每一种能量出现的次数,绿色的线条是红色直方图加上洛伦兹展宽后的结果。

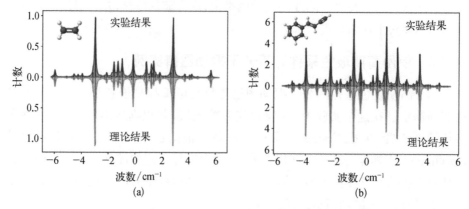

图 14.6　部分分子振动图谱的计算结果(后附彩图)[3]

参考文献

[1] PySCF. The Python-based simulations of chemistry framework. https://pyscf. org [2021].

[2] Frank A, Kunal A, Ryan B, et al. Hartree-Fock on a superconducting qubit quantum computer. Science, 2020, 369: 1084－1089.

[3] Arrazola J M, Bergholm V, Brádler K, et al. Quantum circuits with many photons on a programmable nanophotonic chip. Nature, 2021, 591: 54－60.

[4] Heitler W. Wechselwirkung neutraler Atome und homopolare Bindung nach der Quantenmechanik. Ztschrift für Physikalische Chemie, 1927, 44: 455－472.

[5] 里沃斯.计算化学:分子和量子力学理论及应用导论.北京:科学出版社,2012.

[6] Born M, Oppenheimer R. Zur quantentheorie der molekeln. Annalen Der Physik, 1985, 389: 457－484.

[7] 徐光宪.量子化学——基本原理和从头计算.北京:科学出版社,1980.

[8] Venera K, Boris N K. Tensor numerical methods in quantum chemistry. Berlin/Boston: Walter de Gruyter GmbH, 2018.

[9] 周公度,段连运.结构化学基础.北京:北京大学出版社,2014.

[10] 江建军,缪灵,梁培,等.计算材料学.武汉:华中科技大学出版社,2009.

[11] Hartree D R. The wave mechanics of an atom with a non-coulomb central field. part I. theory and methods. Mathematical Proceedings of the Cambridge Philosophical Society, 1928, 24: 89－110.

[12] Slater J C. Note on Hartree's method. Physical Review, 1930.

[13] Fock V. Naherungsmethode zur Losung des quantenmechanischen mehrkorperproblems. Zeitschrift Fur Physik a Hadrons & Nuclei, 1930: 61.

[14] Hohenberg P, Kohn W. Inhomogeneous electron gas. Physical review, 1964,

136: B864.

[15] Kohn W. Nobel lecture: Electronic structure of matter—wave functions and density functionals. Reviews of Modern Physics, 1999, 71: 1267.

[16] Evans M. The franck-condon principle and fermi's golden rule. https://www.youtube.com/watch?v=ULCTTxeHI6o [2021 - 01].

[17] Xia R, Bian T, Kais S, et al. Electronic structure calculations and the Ising Hamiltonian. Journal of Physical Chemistry B Condensed Matter Materials Surfaces Interfaces & Biophysical, 2018, 122: 3384.

[18] Sakurai J J, Napolitano J. Modern quantum mechanics. Cambridge: Cambridge University Press, 1993.

[19] McArdle S, Endo S, Aspuru-Guzik A, et al. Quantum computational chemistry. Review of Modern Physics, 2020, 92: 015003.

[20] Qiskit. Operator Flow. https://qiskit.org/documentation/tutorials/operators/01_operator_flow.html [2023 - 01].

[21] Qiskit. Introduction to quantum computing and quantum hardware-lab 9. https://www.youtube.com/watch?v=nzIJeuPQB80&list=PLOFEBzvs-VvrXTMy5Y2IqmSaUjfnhvBHR&index=38 [2020 - 09].

[22] Sangaji C. Hardware-efficient trial states for variational quantum eigensolvers. https://cahyati2d.medium.com/hardware-efficient-trial-states-for-variational-quantum-eigensolvers-81eb18793da [2020 - 12].

[23] Huh J, Guerreschi G G, Peropadre B, et al. Boson sampling for molecular vibronic spectra. Nature Photonics, 2015, 9: 615 - 620.

[24] Duschinsky F, The importance of the electron spectrum in multi atomic molecules. Concerning the Franck-Condon principle. Acta Physicochim, 1937, USSR 7: 551 - 566.

[25] Jahangiri S, Arrazola J M, Delgado A. Quantum algorithm for simulating single-molecule electron transport. The Journal of Physical Chemistry Letters, 2021, 12: 1256 - 1261.

[26] Doktorov E V, Malkin I A, Man'ko V I. Dynamical symmetry of vibronic transitions in polyatomic molecules and the Franck-Condon principle. Journal Of Molecular Spectroscopy, 1977, 64: 302 - 326.

第 15 章
量子计算应用于生物领域

在生物领域中,包含多样化的海量生物学数据,例如氨基酸结构、基因数据。近年来,生物信息学(bioinformatics)这门学科得到快速发展,它是利用应用数学、信息学、统计学、经典计算机科学,以及前沿的机器学习等方法,研究序列比对,基因识别、基因重组、从蛋白质的氨基酸序列预测蛋白质结构、基因表达等一系列生物学的问题。并且这些研究对于药物设计等关乎人类生命健康的应用领域息息相关。

处理药物设计等实际应用数据,对经典的组合优化是一个巨大的挑战。例如研究用于胃药的兰索拉唑(Lansoprazole)分子,涉及组合 20 万种;莱米诺拉唑(Leminoprazole) 分子,涉及组合 10 万亿种;对于稍复杂的一些新药,可能涉及的排列组合甚至趋于无穷[1]。这使得药物设计需要耗费巨大的算力。世界许多科技公司对于药物设计中涉及的各种生物信息加速处理都予以很高的研发投入。

在现有的各种经典生物信息学方法快速发展的同时,量子计算也带来另一种可行的思路。量子计算提供了多样化的量子算法工具,尤其是将生物学研究问题提炼出优化问题模型,再进一步灵活采用各种量子优化方法求解,成为量子计算在生物领域的重要应用方式。

15.1 节将对一些重要的生物学问题进行介绍[2-3],例如蛋白质折叠、分子对接、基因识别,以及如何将它们提炼成为可行的数学问题。15.2 节给出量子退火求解蛋白质折叠优化问题的具体示例,为更多量子计算生物应用带来启示。

15.1 生物学问题及数学模型基本介绍

15.1.1 蛋白质折叠

蛋白质折叠,从蛋白质本身来说是蛋白质获得其功能性结构和构象的过程。从生物学意义上来讲还有一个重要领域就是根据已知氨基酸序列预测其空间结构。在细胞合成时三个核苷酸形成密码子,可以决定氨基酸的序列,利用 DNA

序列我们可以氨基酸的序列,因此如果能进一步从 DNA 序列推得蛋白质结构
对我们认知自身有重要意义。

1. 氨基酸与蛋白质

氨基酸是构成人体结构最基础的小分子之一,如图 15.1 所示每个氨基酸都由
氨基、羧基和侧链组成,其中核心区别是侧链 R,根据侧链的不同,我们一共发现了
20 余种氨基酸。我们可以通过多种方法对氨基酸进行分类。在人体中,11 种是一
般成人可以自给自足的,称为非必需氨基酸,
其余九种需要从食物中摄取,称为必需氨基
酸。氨基酸顾名思义既有氨基又有羧基,因此
它既可以和氢离子结合形成阳离子,也可以失
去氢离子成为阴离子,根据其水溶液的酸碱性
可以将其分为酸性、碱性和中性三类。根据分
子的极性(polar)可以分为极性(hydrophilic)氨
基酸和非极性(hydrophobic)氨基酸。

图 15.1　氨基酸的基本结构[4]

氨基酸之间会发生脱水缩合反应形成肽如图 15.2 所示,在这一过程中一个
蛋白质的羧基失去氢氧,另一个氨基酸的氨基失去氢原子,剩下的结构被称为残
基,残基的碳原子和氮原子之间成键,这一连接结构被称为肽键。许多氨基酸脱
水缩合形成的长链我们称为肽链,其中保留了氨基的一头我们称之为 N 端,保
留了羧基的一头我们称之为 C 端。

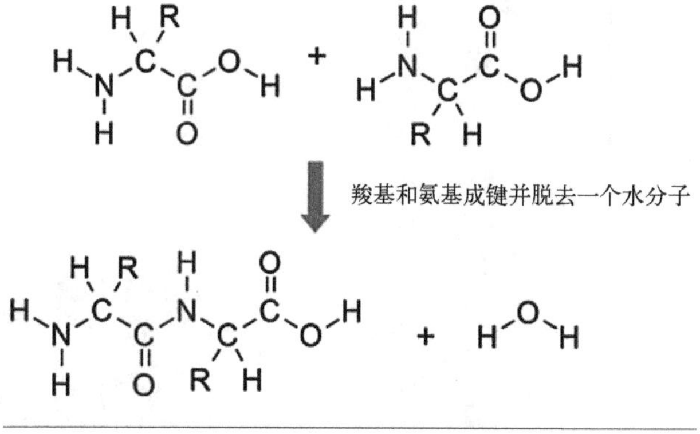

图 15.2　脱水缩合[4]

蛋白质折叠,从蛋白质本身来说是蛋白质获得其功能性结构和构象的过程。
一般来说蛋白质通过四级结构,从最基础的氨基酸小分子变成复杂且具有特定功
能的大分子/高分子。一级结构(primary)是氨基酸脱水缩合形成肽链(见
图 15.3);二级结构(secondary)是残基之间利用氢键和二硫键等在局部形成折叠结

构,例如α螺旋和β折叠(见图15.4);三级结构(tertiary)是蛋白质整体弯曲折叠形成复杂结构(见图 15.5);四级结构(quaternary)是肽链之间的空间构型(见图15.6)。每一级结构都建立在上一级结构之上,构成了无穷无尽的蛋白质结构。

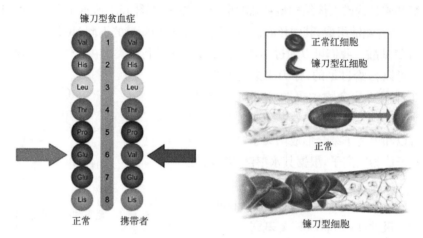

图 15.3　一级结构偏差导致镰刀型贫血症[4]

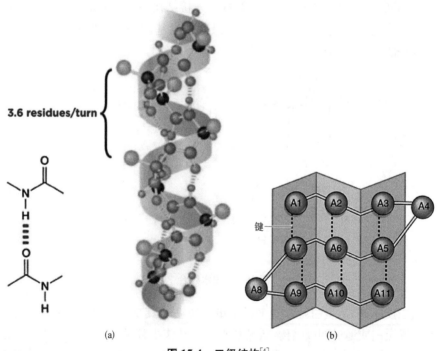

图 15.4　二级结构[4]

(a)α螺旋;(b)β折叠

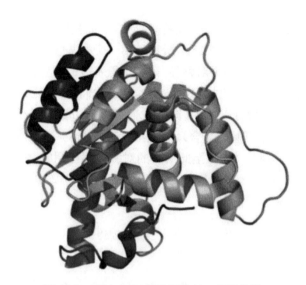

图 15.5　通过 VMD 软件画出的三级结构[4]

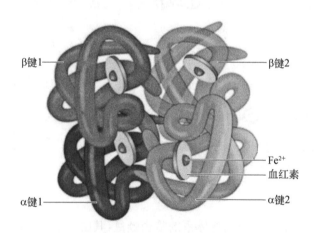

图 15.6　血红蛋白的四级结构[4]

从生物学意义上来讲,蛋白质折叠不仅是对已知的蛋白质测序找出其工作机理、空间结构等,还有一个重要领域就是根据已知氨基酸序列预测其空间结构。在细胞合成时三个核苷酸形成密码子,可以决定氨基酸的序列,利用 DNA 序列我们可以推出氨基酸的序列,因此如果能进一步从 DNA 序列推得蛋白质结构就会对我们认知自身有重要意义。

2. 模型构建

我们考虑一种简化的模型,假设氨基酸都在一个平面内,并且都位于方形网络的格点上[5]。很显然,下一个氨基酸相对于上一个氨基酸有上下左右四种可能的位置，因此我们需要两个量子比特来描述，例如我们定义向下为 00，向上为 11，向左为 10，向右为 01，如图 15.7 所示。第一个氨基酸的位置显然是任意的，我们可以认为它是原点。根据对称性，第二个氨基酸的位置也是任意的，因为只有确定了起始的两个点我们才能定义方向，此处我们定义第二个氨基酸向右，编码为 01。第三个氨基酸可以向下（向上我们可以通过翻转等价成向下）或者继续向右（不能和第一个氨基酸重合），因此第三个量子位一定是 0，此处我们定义第三个氨基酸向下，编码为 00，至此所有的对称性都已用完，之后的我们得到的解不会出现因为对称而等价的情况。综上，我们可以定义比特串 q 来描述整个蛋白质的空间结构。

$$q = q_0 \ \underbrace{q_1}_{} \ \underbrace{q_2 q_3}_{\text{turn2}} \cdots \underbrace{q_{2(N-1)-4} q_{2(N-1)-3}}_{\text{turn}N-1} \tag{15.1}$$

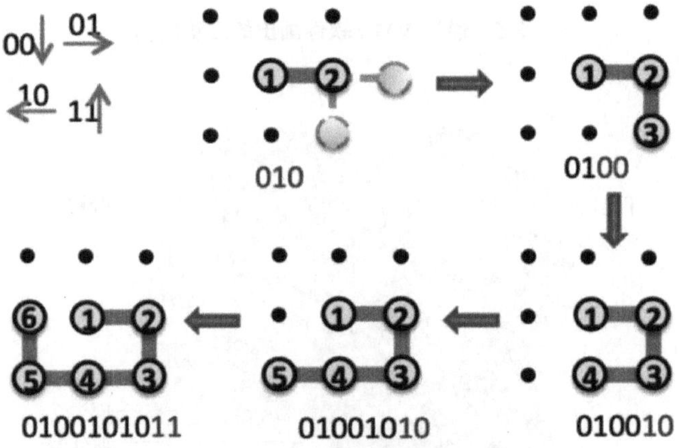

图 15.7　氨基酸编码[5]

在此基础上，我们可以构建体系的哈密顿量，其由三个部分组成：

$$H_0(q) = H_{\text{back}}(q) + H_{\text{overlap}}(q) + H_{\text{pair}}(q) \tag{15.2}$$

1）H_{back}：重合罚函数

$H_{\text{back}}(q)$ 是一个特殊的罚函数，它针对的是 $j+1$ 个氨基酸直接掉头与 $j-1$ 个氨基酸完全重合的情况，根据我们要惩罚方向的编码，我们可以写出第 j 步的四个罚函数，首先我们定义方向函数，例如下一个氨基酸向右（01），我们可以令

$$d_{x+}^j = q_{2j-3}(1 - q_{2j-4}) = q_{2j-3} - q_{2j-3}q_{2j-4} \tag{15.3}$$

很显然，当且仅当 $q_{2j-4} = 0$，$q_{2j-3} = 1$ 时 d_{x+}^j 为 1，其余为零，即为 $q_{2j-4}q_{2j-3} =$

01 为真。同理我们可以依次写出向左(10)、向上(11)、向下(00)三个方向函数：

$$d^j_{x-} = q_{2j-4}(1-q_{2j-3}) = q_{2j-4} - q_{2j-3}q_{2j-4}$$
$$d^j_{y+} = q_{2j-3}q_{2j-4} \tag{15.4}$$
$$d^j_{y-} = (1-q_{2j-3})(1-q_{2j-4}) = 1 - q_{2j-4} - q_{2j-3} + q_{2j-3}q_{2j-4}$$

那么重合罚函数就会对同时满足第 j 步和第 $j+1$ 步的方向完全相反(从而造成两步完全重合)的情形带来处罚,此时以下语句不为零:

$$(d^j_{x+} \wedge d^{j+1}_{x-}) \vee (d^j_{x-} \wedge d^{j+1}_{x+}) \vee (d^j_{y+} \wedge d^{j+1}_{y-}) \vee (d^j_{y-} \wedge d^{j+1}_{y+}) \tag{15.5}$$

分别表示出来

$$
\begin{aligned}
d^j_{x+} \wedge d^{j+1}_{x-} &= q_{2j-3}(1-q_{2j-4})q_{2j-2}(1-q_{2j-1}) \\
&= q_{2j-2}q_{2j-3} - q_{2j-2}q_{2j-3}q_{2j-4} - \\
&\quad q_{2j-1}q_{2j-2}q_{2j-3} + q_{2j-1}q_{2j-2}q_{2j-3}q_{2j-4} \\
d^j_{x-} \wedge d^{j+1}_{x+} &= q_{2j-1}q_{2j-4} - q_{2j-1}q_{2j-3}q_{2j-4} - q_{2j-1}q_{2j-2}q_{2j-4} + \\
&\quad q_{2j-1}q_{2j-2}q_{2j-3}q_{2j-4} \\
d^j_{y+} \wedge d^{j+1}_{y-} &= q_{2j-3}q_{2j-4} - q_{2j-2}q_{2j-3}q_{2j-4} - q_{2j-1}q_{2j-3}q_{2j-4} + \\
&\quad q_{2j-1}q_{2j-2}q_{2j-3}q_{2j-4} \\
d^j_{y-} \wedge d^{j+1}_{y+} &= q_{2j-1}q_{2j-2} - q_{2j-1}q_{2j-2}q_{2j-4} - q_{2j-1}q_{2j-2}q_{2j-3} + \\
&\quad q_{2j-1}q_{2j-2}q_{2j-3}q_{2j-4}
\end{aligned} \tag{15.6}
$$

为了简洁,我们令 $i=2j-4$。 上面四个式子中只要有一个为真(当然也不可能多个同时为真)

$$
\begin{aligned}
&d^j_{x+} \wedge d^{j+1}_{x-} + d^j_{x-} \wedge d^{j+1}_{x+} + d^j_{y+} \wedge d^{j+1}_{y-} + d^j_{y-} \wedge d^{j+1}_{y+} \\
&= (q_{i+3}+q_{i+1})(q_{i+2}+q_i) - 2(q_{i+3}+q_{i+1})q_{i+2}q_i - \\
&\quad 2(q_{i+2}+q_i)q_{i+3}q_{i+1} + 4q_{i+3}q_{i+2}q_{i+1}q_i \\
&= (q_{i+3}+q_{i+1}-2q_{i+3}q_{i+1})(q_{i+2}+q_i - \\
&\quad 2q_{i+2}q_i)
\end{aligned} \tag{15.7}
$$

我们可以写出 $H_{\text{back}}(q_{i+3}q_{i+2}q_{i+1}q_i)$:

$$
\begin{aligned}
&H_{\text{back}}(q_{i+3}q_{i+2}q_{i+1}q_i) \\
&= \lambda_{\text{back}}(q_{i+3}+q_{i+1}-2q_{i+3}q_{i+1})(q_{i+2}+q_i - \\
&\quad 2q_{i+2}q_i)
\end{aligned} \tag{15.8}
$$

其中, λ_{back} 为系数,可以根据需求调整。对于起始位 $(i=0)$,我们可以认为 $q_0=0$:

$$H_{\text{back}}(q_0q_1q_2q_3) = \lambda_{\text{back}}(q_1q_2 + q_2q_3 - 2q_1q_2q_3) \tag{15.9}$$

2) H_{overlap}：交叠罚函数

$H_{\text{overlap}}(q)$ 是对任何交叉、重叠的现象进行惩罚，为此我们需要知道每一个氨基酸的坐标。很显然，对于第 n 个氨基酸，其坐标可以通过式(15.10)计算：

$$x_n = 1 + q_1 + \sum_{k=3}^{n-1} (d_{x+}^k - d_{x-}^k)$$

$$y_n = q_1 - 1 + \sum_{k=3}^{n-1} (d_{y+}^k - d_{y-}^k)$$
（15.10）

这样我们可以定义两个氨基酸之间的距离（由于实际的距离并不重要，只需要不为零，所以不用开方）

$$g_{ij} = (x_i - x_j)^2 + (y_i - y_j)^2$$
（15.11）

很显然

$$0 \leqslant g_{ij} \leqslant (i-j)^2$$
（15.12）

又因为在这个模型中"一来一回"必须经过两个步骤，因此想要重合的话 $i - j$ 必须是偶数，因此我们给出最终的表达式（具体的推导和 γ_{ij} 的表达式请参阅相关文献[5]）：

$$H_{\text{overlap}}(q) = \sum_{i}^{N-4} \sum_{j=i+4}^{N} [(1+i-j) \bmod 2] \gamma_{ij}$$
（15.13）

3) H_{pair}：残基相互作用

$H_{\text{pair}}(q)$ 描述了残基之间的氢键和二硫键等相互作用的能量，这些相互作用使得分子能量降低结构更加稳定。残基对之间想要存在相互作用，必须满足 $g_{ij} = 1$，这里同样我们直接给出最终表达式：

$$H_{\text{pair}}(q) = \sum_{i}^{N-4} \sum_{j=i+4}^{N} \omega_{ij} J_{ij}$$
（15.14）

其中，ω_{ij} 是判断 g_{ij} 是否为 1 的开关，只有 $g_{ij} = 1$ 时 $\omega_{ij} = 1$，J_{ij} 是残基对之间的能量，一般是负数，具体数值根据具体的残基决定。

此外还有一些其他影响能量的项。如 Miyazawa - Jernigan 模型[6]给出了所有残基之间详细的能量关系；极性氨基酸之间也存在相互作用，从而降低能量。

对于三维的情况，有两种编码方式，一种我们可以在前文的基础上拓展一个维度，用三个量子比特定义六个方向，例如向上为 001，向下为 010，向左为 110，向右为 101，向里为 100，向外为 111，如图 15.8 所示。

同样我们可以定义距离函数：

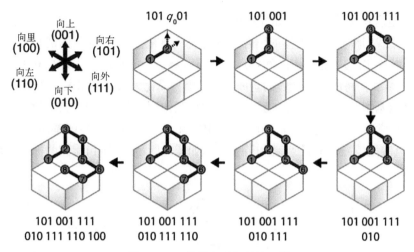

图 15.8　三维蛋白质折叠编码[7]

$$d_{x+}^{j} = (1 - q_{i+2})q_{i+1}q_{i+3}$$
$$d_{x-}^{j} = (1 - q_{i+3})q_{i+1}q_{i+2}$$
$$d_{y+}^{j} = (1 - q_{i+1})(1 - q_{i+2})q_{i+3}$$
$$d_{y-}^{j} = (1 - q_{i+1})(1 - q_{i+3})q_{i+2} \qquad (15.15)$$
$$d_{z+}^{j} = q_{i+1}q_{i+2}q_{i+3}$$
$$d_{z-}^{j} = (1 - q_{i+2})(1 - q_{i+3})q_{i+1}$$

其中，$i = 3(j - 2)$ 其余的推导与之前类似，可以参阅相关文献[7]。

还有一种编码是正四面体编码，只需要两个量子比特并且与实际碳原子的 sp^3 杂化更为接近，其方法和实际计算实例读者可以参阅附录 G。

15.1.2　分子对接

1. 分子对接基本介绍

分子对接是一种基于结构来合理发现药物的计算方式。对接算法预测药物分子（配体）与目标大分子（受体）之间的非共价相互作用，根据受体结合位点预测的配体的三维取向，并给出每种取向的相应得分。为了从大型化合物库（数十亿种）中筛选针对一种或多种蛋白质靶标的药物，要可靠地确定最可能的配体取向及其在一系列化合物中的排名，因此需要准确的评分功能和高性能的搜索算法[8]。评分功能包含一组物理或经验参数，参数根据与活性和非活性配体的实验确定，对结合方向和相互作用进行评分。搜索算法是一种优化算法，通过在受体的化学环境中扫描配体的平移和旋转自由度来获得评分的最小值。广泛使用的方法是启发式搜索方法,如模拟退火[9]、进化算法[10]、确定性方法[11]等。

通常我们将受体和配体的结合位点均表示为完整的图,这些图的顶点由分子几何形状决定,边为这些点之间的欧几里得距离。为了在图的表达性和大小之间取得平衡,我们将配体和受体的全原子分子模型简化为药效基团表示法[12]。

药效基团是一组对分子的药理和生物相互作用有很大影响的特征结构,例如带电的化学基团或疏水区域,如图 15.9 中定义了六种不同的药效基团点:负/正电荷,氢键配体/受体,疏水基和芳香环。如图 1 所示,配体和受体的标记距离图构建如下:

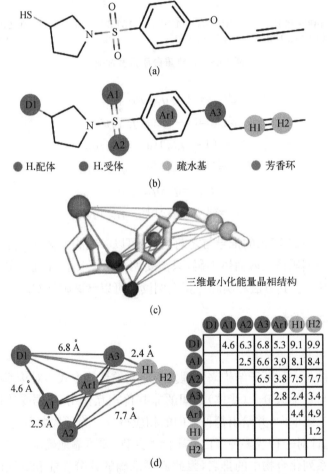

图 15.9　配体分子标记距离图的构建[13]**(后附彩图)**

(a) 配体分子的平面结构;确定分子(b)的药效团,并使用已知的三维(3D)结构(c)测量其成对距离;此信息被组合在配体分子(d)的标记距离图中,其中顶点表示它们各自成对距离的药效团点和边缘权重(完整的权重矩阵在(D)的右侧)

（1）启发式识别可能参与结合相互作用的药效团点。这些形成图的顶点。

（2）在每对顶点之间添加一条边,并将其权重设置为它们表示的药效团点之间的欧几里得距离。

（3）根据其表示的药效团点的相应类型,为每个顶点分配一个标签。

2. 将分子对接映射到最大加权集团

前一部分中,我们用带标记的距离图描述蛋白质结合位点,还有与其相互作用配体的几何三维形状和分子特征。在本节中,我们将这两个图组合为一个相互作用图,并将分子对接问题简化为寻找最大加权子集团（maximum weighted clique）的问题。

最大加权子集团问题是最大子集团（maximum clique）问题的推广。最大子集团是指在图结构中找出一个顶点数尽可能多的子图（也称为集团）,并满足子图中的所有顶点与其他所有顶点都是连接的,即全连接子图。最大加权集团问题则是针对包含不同权重顶点的图,选择其中权重最大的全连接子图。

配体中的一个药效团和受体中的一个药效团相互作用,对应为交互图上的一个顶点,例如图 15.10 中的(D1, a1),或(A1, d1)。对于包含药效团数目分别为 m 和 n 的配体和受体,形成的相互作用图包含顶点数为 nm。

对于相互作用图的边,它代表药效团的不同相互作用是否兼容。例如当且仅当(D1, a1)和(A1, d1)这两组药效团的几何距离大致相同,因此互相不冲突,可以兼容存在,此时代表(D1, a1)和(A1, d1)的两个顶点连成一条边。实际操作中,还可能会考虑到配体和结合位点可以表现出一定程度的柔韧性,两个接触 (v_{l1}, v_{b1}) 和 (v_{l2}, v_{b2}) 之间的几何距离差考虑一定的冗余度,如图 15.10(c)所示。

完整的全连接子图则意味着,子集合中的所有药效团组合互不冲突,可以兼而有之,因此可以形成一个稳定的分子对接。如果进一步考虑对不同类型的药效团点之间不同的相互作用强度,我们将不同的权重关联到绑定交互图的每个顶点,寻找图中权重最大的顶点团。

最大加权子集团问题或最大子集团问题是 NP 困难问题[14]。当配体-受体相互作用图具有 n 个顶点时,可能的子图数为 $O(2^n)$,因此随着 n 的增加,蛮力方法很快变得不可行。存在确定性和随机性的经典算法,在 n 较大时找到良好的近似解[15]。或者建立 QUBO 模型,通过量子退火等量子算法求解。

对于这类问题,我们可以依次寻找是否存在 K 顶点的子集团。对于 k-clique:

$$H_K(\bar{x}) = c_V H_V(\bar{x}) + c_E H_E(\bar{x}) \tag{15.16}$$

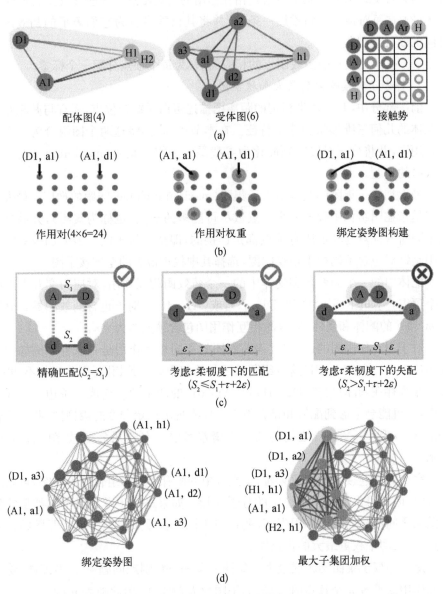

图 15.10 结合相互作用图的构建[13]（后附彩图）

（a）用于构建结合相互作用图的输入-两个标记图（一个用于配体，一个用于受体）和相应的接触电势，这些电势捕获了不同类型的顶点标记之间的相互作用强度；分别用大写和小写字母表示配体和受体上的顶点，通过为配体和受体之间的每个可能的接触创建一个顶点（由接触电位加权）来构造结合相互作用图（b）；表示兼容触点的成对顶点[请参见针对各种情况的（c）]由一条边连接，然后将生成的图形用于搜索潜在的绑定姿势（d），它们被表示为图形的完整子图（也称为集团），因为它们形成了成对兼容的触点集，最重的顶点加权的派系代表最可能的绑定姿势（最大的顶点加权的派系以橙色表示）

其中，c_V 和 c_E 是正的常数

$$H_V(\bar{x}) = \left(K - \sum_{v \in V} x_v\right)^2 \qquad (15.17)$$

$$H_E(\bar{x}) = \frac{K(K-1)}{2} - \sum_{(u,\,v) \in E} x_u x_v \qquad (15.18)$$

$$x_v = \begin{cases} 1, & v \text{ 在子集团中} \\ 0, & v \text{ 不在子集团中} \end{cases} \qquad (15.19)$$

哈密顿量 $H_K(\bar{x})$ 当且仅当存在一个 K 顶点的子集团时 $E = 0$，否则 $E > 0$。类似的，可以转化为最大子集团问题的 NP 困难问题也可以用伊辛模型表示，尽管其对应的哈密顿量可能十分复杂。例如在图 15.11 中，最大子集团的顶点用圆圈标出。

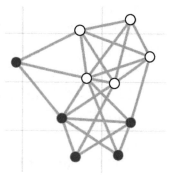

图 15.11 图结构中的最大子集团

15.1.3 基因识别

当基因部分包含重复序列时，基因工程系统很容易失败。设计许多具有所需功能的非重复遗传部件是一个高计算复杂性的任务。本节我们将简要介绍基因识别的任务以及如何将其映射到最小顶点覆盖问题。

1. 重复基因序列的影响

在合成生物学中，当设计者在多个位置重复使用遗传部件，或选择具有相似 DNA 序列的遗传部件时，他们无意中将重复的 DNA 引入到他们的遗传系统中，从而可能产生灾难性的影响。重复 DNA 扰乱了合成生物学的"设计-构建-测试-学习"周期，在 DNA 片段合成和组装过程中产生了不需要的产物，引发同源重组并产生遗传不稳定性，并阻止了下一代测序(NGS)读数的正确对齐，从而降低了修复错误的能力。例如，在一个 90 天的压力测试中，改造细胞产生 10 种高价值的化学物质，重复的基因部分大大增加了接收合成 DNA 片段所需的时间，并导致了苯甲酰胺合成途径中四种酶的缺失[16]。

最长重复序列是遗传系统稳定性的关键因素，我们称为最大共享重复长度($L_{\max}$)。在大肠杆菌中，一组 21 个碱基对(bp)的重复序列足以触发同源重组[17]。在其他生物体中(例如酿酒酵母、枯草芽孢杆菌和哺乳动物病毒载体)，一个 12 到 18 bp 的重复序列长度足以进行链入侵和同源重组。DNA 组装对重复序列也很敏感：20 bp 的重复就让初步的成功率降到 40%，而有 11 bp 重复片段的 DNA 很容易合成。总而言之，如果一个工具箱的基因部分 $L_{\max}$ 低于 10 bp，那么所有的工具

都可用于构建遗传系统而不引入超过 10 bp 的 DNA 重复。

2. 映射到最小顶点覆盖问题

通过实验我们可以获得非重复性遗传部件工具箱,然后我们要从中识别非重复的基因部分。Hossian 等人开发了非重复部件计算器的 Finder 模式,以从现有的工具箱中识别最大的非重复遗传部件子集[18]。Hossian 等用图论将每个遗传部分由一个节点表示,当两个遗传部分有一个大于 L_{max} bp 的共享重复序列时,它们的节点通过一条边连接,创建一个重复图[见图 15.12(a)]。具有内部重复序列的遗传部分由带环边的单个节点表示。最优解决方案是找到最小顶点覆盖,然后从图中删除它,创建一个断开的图[见图 15.12(b)]。最小顶点覆盖表示贡献至少一个共享重复的遗传部分的最小数目。一旦这些遗传部分被移除,剩下的是非重复遗传部分的更小工具箱,最大共享重复 L_{max} bp。

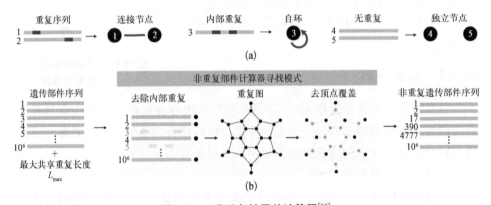

图 15.12　非重复性零件计算器[18]

(a) 工具箱中的遗传部分由节点和边表示,即当两个节点包含共享的重复序列(倒转或直接)时,它们共享一条边,具有内部重复的遗传部分由具有自环边的节点表示;(b) Finder 模式下非重复部件计算器的概述,显示了重复图中最小顶点覆盖的识别和删除

对于顶点覆盖问题的 QUBO 模型构建,在本书量子优化算法一章中提及。可使用多种量子算法对该 QUBO 问题进行求解。

15.1.4　mRNA 反向编译

将多肽序列反向翻译为可表达 mRNA 结构是一个 NP 问题。蛋白质序列中的每个氨基酸最多可以用 6 种密码子来表示,选择最可能密码子组合的过程被称为密码子优化。量子退火被应用于优化密码子,比具有相同目标函数的标准遗传算法(genetic algorithm,GA)更有竞争力[19]。

1. 密码子优化

蛋白质序列可以由大量可能的核苷酸序列编码。由于氨基酸和同义密码子之间的简并映射,可能核苷酸序列的数量和多肽链的长度之间呈指数关系。然而,编码同一蛋白的不同核苷酸序列在表达系统中可能表现出显著不同的结果。此外,最近的研究表明,密码子选择可以影响下游过程,如蛋白质折叠和功能,这对重组蛋白治疗尤其重要。

密码子优化是一种基于启发式评分函数而设计的增加基因表达的程序,已有许多评分函数被提出。一些更常见的评分功能包括:寻求优化 G 和 C 碱基的分数[20],匹配宿主表达系统的密码子使用偏差[21]。大量的解空间最常用遗传算法进行采样,遗传算法通过引入同义词密码子突变和遗传有利突变来寻求进化的解[20-22]。当然也有人提出了其他方法[23]。虽然遗传算法等经典方法具有很高的性能,但随着多肽链长度的增长,解空间在固定次数迭代中采样条件下的得分呈指数级下降。因此,对于与生物学相关的应用场景,在解空间的彻底抽样对于经典计算机是较大的挑战。

2. 密码子优化的模型构建

将氨基酸对应的 n 个密码子采用 n 个量子位一一对应表示,测量后返回"1"的量子位代表多肽序列中每个位置选择的密码子,多肽序列中每个位置只能有 1 个量子位(密码子)处于"1"状态,其余量子位测量后必须返回"0"[见图 15.13(a)]。

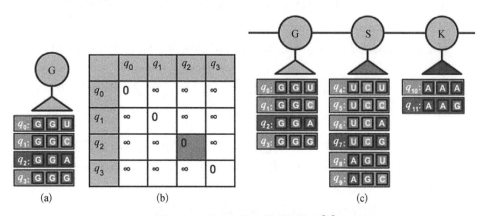

图 15.13　密码子优化的模型构建[19]

(a) 甘氨酸氨基酸(灰色椭圆形标记为"G")的每个可能密码子映射到量子位元的示例,灰盒表示标记为 $q_0\cdots q_3$ 的量子位,分配给每个量子位的密码子显示在量子位标记旁边;(b) 构造罚矩阵,对多个密码子处于"1"状态的情况增加无限能量,在这个例子中,量子位 q_2 处于"1"状态,其余量子位处于"0"状态,这将返回等于 0 的能量惩罚;(c) 将蛋白序列 GSK…的密码子映射到量子位元的例子,为序列中的每个位置选择一个密码子,用深灰色突出显示

密码子优化是在量子器件上进行二元二次优化,通过分离一体和二体相互作用项,经典得分函数可以重新解释为哈密顿函数,目标函数从序列本身考虑,包括最小化以下三个要素:

(1) 密码子使用的偏置值。

(2) GC 含量与目标值之间的差值。

(3) 按顺序重复的核苷酸的数目。

此外,还施加了额外的约束,对不能转换为查询序列的密码子组合添加能量惩罚。在每个量子位元的单体项上增加了一个小的线性移动,移动电势增大了在包含更多密码子序列的可能性。类似地,还有一个约束可以限制密码子映射到氨基酸序列的相同位置。与无效密码子组合相比,这两种势的组合优化了有效密码子组合的能量分数。综上,哈密顿量共有四项,对于每一项我们只简要介绍并给出最终表达:

$$H = H_f + H_{GC} + H_R + H_P \tag{15.20}$$

H_f:统计概率给出密码子的取值(密码子使用的偏置值)。

密码子的使用频率因宿主系统而异,但是表达式都是一致的:

$$H_f = -c_f \sum_i^N \log_2 \left[\frac{1}{C_i + \varepsilon_f} \right] q_i = c_f \sum_i^N \varsigma_i q_i \tag{15.21}$$

其中,c_f 是一个可调常数,ς 是一个包含对数反密码子使用频率值的向量,对于每一个氨基酸,密码子出现的概率越高,q_i 前的系数越小。哈密顿量只惩罚"选中"的密码子,即 $q_i = 1$。

H_{GC}:每种碱基使用数量与原先一致(GC 含量与目标值之间的差值)。

$$H_{GC} = \frac{2c_{GC}}{N^2} \sum_i^N \sum_{j<i}^N s_i s_j q_i q_j + \frac{2c_{GC}}{N^2} \sum_i^N s_i^2 q_i - \frac{2\rho_T c_{GC}}{N} \sum_i^N s_i q_i + c_{GC} \rho_T^2$$

$$\tag{15.22}$$

其中,c_{GC} 是一个可调常数。GC 含量是将长度为 N 的序列中 G 和 C 的个数相加除以 N,s_i 为表示密码子 s_i 中 G 和 C 的个数的整数,ρ_T 为原本密码子组合中 GC 含量。

H_R:碱基使用数量大致相同(按顺序重复的核苷酸的数目)。

为了减少序列中重复核苷酸的数量,对氨基酸序列中所有序列位置的密码子进行比较。设 $r(C_i, C_j)$ 表示一个二元函数,该函数返回密码子 C_i 和 C_j 之间重复序列核苷酸的最大数目,没有相同则减去 1 移到原点。例如

$$\begin{aligned} r(\textbf{ATA}, \textbf{TCG}) &= 1^2 - 1 = 0 \\ r(\textbf{ATA}, \textbf{ACG}) &= 2^2 - 1 = 3 \\ r(\textbf{CGG}, \textbf{GGG}) &= 5^2 - 1 = 24 \end{aligned} \tag{15.23}$$

引入一个可调常数 c_R 来衡量哈密顿量的贡献,得到如下形式:

$$H_R = c_R \sum_i^N \sum_{j<i}^N r(C_i,\ C_j)\,\delta_{ij}q_iq_j \tag{15.24}$$

H_P：额外的限制。

上面描述的能量术语是为了给特定的序列属性添加惩罚。这类目标函数的基态能量为零，因为引入密码子增加了分数。为了抵消这一趋势，在每个密码子的单体项中减去一个常数 ε，从而增加了密码子引入系统的能量优势。该常数的绝对值必须超过单体相互作用的最大值。

为了否定为一个给定位置分配多个密码子的可能性，我们对分配到同一位置的密码子对施加无限惩罚。对于一个有 N 个可能密码子的系统，哈密顿量通过添加以下项来修正

$$H_P = -\sum_i^N \varepsilon + c_P \sum_i^N \sum_{j<i}^N \delta_{ij}q_iq_j \tag{15.25}$$

其中，c_P 是一个很大的数，理论上趋向于无穷大。

15.2　量子退火算法求解蛋白质折叠示例

在蛋白质折叠的过程中会有分子伴侣（chaperone protein）参与这一过程，这一过程中伴侣蛋白会占据部分格点从而阻止某些结构的形成，在实际建模中如果蛋白质与伴侣蛋白位置重叠我们可以利用 $H_{\text{overlap}}(q)$ 增大系统能量。

我们给出一个四氨基酸组成的蛋白质的简单示例[24]，如图 15.14 所示，1 和 4 是亲水的，间距为 1 时降低 1 个单位的能量，而蛋白质和伴侣蛋白每重合一个格点将给出 4 个单位能量的惩罚，因此

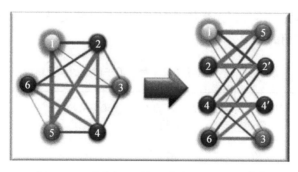

图 15.14　哈密顿量的构建难点与解决方案[24]

$$H(q) = 4 - 3q_1 + 4q_2 - 4q_1q_2 - q_3 + q_1q_3 - 2q_2q_3 + 4q_4 - 2q_1q_4$$
$$- 8q_2q_4 + 5q_1q_2q_4 - 2q_3q_4 + 5q_2q_3q_4 - q_1q_2q_3q_4 \quad (15.26)$$

实际使用退火计算时我们发现,伊辛模型都是两体相互作用,因此我们要将高次项转化为二次项。例如我们令 $q_1q_2 = q_5$,我们就可以把 $q_1q_2q_4$ 转化为伊辛模型可计算的 q_4q_5,同时我们又要保证 q_1 和 q_2 的独立性,因此我们需要额外引入一项

$$E_\wedge(q_1, q_2, q_5; \delta_{12}) = 14q_5 - 12q_1q_5 - 12q_2q_5 + 10q_1q_2 \quad (15.27)$$

其中系数可以任意选取,只要满足对于任意 q_1、q_2,当且仅当 $q_1q_2 = q_5$ 时式(15.27)为零。同理我们可以令 $q_3q_4 = q_6$,最终输入的哈密顿量为

$$H(q) = 4 - 3q_1 + 4q_2 + 6q_1q_2 - q_3 + q_1q_3 - 2q_2q_3 + 4q_4 - 2q_1q_4$$
$$- 8q_2q_4 + 5q_4q_5 + 4q_3q_4 + 5q_2q_6 - q_5q_6 + 14q_5$$
$$- 12q_1q_5 - 12q_2q_5 + 10q_6 - 8q_3q_6 - 8q_4q_6 \quad (15.28)$$

将哈密顿量映射到 D-Wave 系统时,我们又发现一个问题,那就是 q_2、q_4 同时与其余五个量子比特相互作用,超出了 D-Wave 一个晶胞内的连接上限。同时 q_2、q_4 同时某个量子比特作用(例如 q_1),要求 q_2、q_4 在同一组而 q_1 在另一组(见图 9.6 和图 15.14),而 q_2 和 q_4 相互作用又要求 q_2、q_4 在不同组,这就产生了矛盾。解决方案是我们在另一组中复制出 $q_2(q_4)$ 称为 $q_{2'}(q_{4'})$ 然后我们在 q_2 和 $q_{2'}$ 施加强耦合保证两者的取值相等。因此我们最终映射到 D-Wave 系统中的哈密顿量为

$$H = H(q) - 2 = (13\sigma_1^z + 3\sigma_2^z + 7\sigma_3^z + \sigma_4^z - 8\sigma_5^z - 8\sigma_6^z + 6\sigma_1^z\sigma_{2'}^z$$
$$+ \sigma_1^z\sigma_3^z - 2\sigma_2^z\sigma_3^z - 2\sigma_1^z\sigma_{4'}^z - 8\sigma_2^z\sigma_4^z + 4\sigma_3^z\sigma_4^z$$
$$- 12\sigma_1^z\sigma_5^z - 12\sigma_2^z\sigma_5^z + 5\sigma_4^z\sigma_5^z + 5\sigma_{2'}^z\sigma_6^z - 8\sigma_3^z\sigma_6^z$$
$$- 8\sigma_{4'}^z\sigma_6^z - \sigma_5^z\sigma_6^z - 13\sigma_2^z\sigma_{2'}^z - 13\sigma_4^z\sigma_{4'}^z)/13 \quad (15.29)$$

通过计算,我们可以得到最终所有可能的折叠情况对应的能量,如图 15.15 所示,具体起作用的项如表 15.1 所示。

表 15.1 不同折叠情况中每一项子函数的作用情况

	$H_{back}(q)$ 的惩罚	$H_{overlap}(q)$ 的惩罚	$H_{pair}(q)$ 的奖励	总能量	评价
0001、0100	有	有	无	8	最差
0000、0111、0101	无	有	无	4	

续 表

	$H_{back}(q)$ 的惩罚	$H_{overlap}(q)$ 的惩罚	$H_{pair}(q)$ 的奖励	总能量	评价
0010	无	有	有	3	
1101、1111	无	无	无	0	
1110	无	无	有	−1	最优

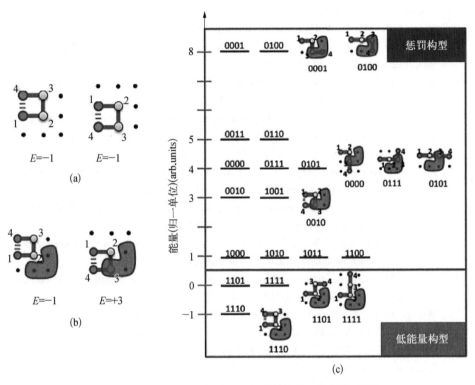

图 15.15　分子伴侣参与的不同折叠情况及对应的能量[24]

参考文献

［1］台灣量子電腦暨資訊科技協會 TAQCITE.量子演算法及應用 Quantum algorithms and applications-2020 量子計算論壇. https://www.youtube.com/watch?v=GGBgnjhoU8w ［2020-12］.

［2］乔纳森·佩夫斯纳.生物信息学与功能基因组学.北京：化学工业出版社,2019.

［3］陈铭.生物信息学(第四版).北京：科学出版社,2022.

[4] Professor Dave Explains. Protein structure. https://www. youtube. com /watch? v = EweuU2fEgjw [2016 - 08].

[5] Babbush R, Perdomo-Ortiz A, O'Gorman B, et al. Construction of energy functions for lattice heteropolymer models: Efficient encodings for constraint satisfaction programming and quantum annealing. Advances in Chemical Physics, 2014, 155: 201 - 244.

[6] Hui Z, Liu K S, Zheng W M. The Miyazawa-Jernigan contact energies revisited. The Open Bioinformatics Journal, 2012, 6: 1 - 8.

[7] Babej T, Fingerhuth M. Coarse-grained lattice protein folding on a quantum annealer. arXiv, 2018: 1811.00713.

[8] Halperin I, Ma B, Wolfson H, et al. Principles of docking: An overview of search algorithms and a guide to scoring functions. Proteins: Structure, Function, and Bioinformatics, 2002, 47: 409 - 443.

[9] Yue S Y. Distance-constrained molecular docking by simulated annealing. Protein Engineering, Design and Selection, 1990, 4: 177 - 184.

[10] Oleg T, Olson A J. AutoDock Vina: Improving the speed and accuracy of docking with a new scoring function, efficient optimization, and multithreading. Journal of Computational Chemistry 2009, 31: 455 - 461.

[11] Rarey M, Kramer B, Lengauer T, et al. A fast flexible docking method using an incremental construction algorithm. Journal of Molecular Biology, 1996, 261: 470 - 489.

[12] Yang S Y. Pharmacophore modeling and applications in drug discovery: Challenges and recent advances. Drug Discovery Today, 2010, 15: 444 - 450.

[13] Banchi L, Fingerhuth M, Babej T, et al. Molecular docking with Gaussian Boson sampling. Science Advances, 2020, 6: eaax1950.

[14] Karp R M. Reducibility among combinatorial problems, in complexity of computer computations. Berlin: Springer, 1972: 85 - 103.

[15] Wu Q, Hao J K. A review on algorithms for maximum clique problems. European Journal of Operational Research, 2015, 242: 693 - 709.

[16] Casini A, Chang F Y, Eluere R, et al. A pressure test to make 10 molecules in 90 days: External evaluation of methods to engineer biology. Journal of American Chemical Society, 2018, 140: 4302 - 4316.

[17] Nielsen A A K, Der B S, Shin J, et al. Genetic circuit design automation. Science, 2016, 352: aac734.

[18] Hossain A, Lopez E, Halper S M, et al. Automated design of thousands of nonrepetitive parts for engineering stable genetic systems. Nature Biotechnology, 2020, 38: 1466 - 1475.

[19] Dillion M F, Kim M B, Ross C W. mRNA codon optimization on quantum computers. PLoS ONE, 2021, 16: e0259101.

[20] Wang X, Li X, Zhang Z, et al. Codon optimization enhances secretory expression of Pseudomonas aeruginosa exotoxin A in E. coli. Protein Expression and Purification, 2010, 72: 101 - 106.

[21] Chung B K S, Lee D Y. Computational codon optimization of synthetic gene for protein expression. BMC Systems Biology, 2012, 6: 134.

[22] Nieuwkoop T, Claassens N J, van der Oost J. Improved protein production and codon optimization analyses in Escherichia coli by bicistronic design. Microbial Biotechnology, 2019, 12: 173 - 179.

[23] Puigbò P, Guzmán E, Romeu A, et al. OPTIMIZER: A web server for optimizing the codon usage of DNA sequences. Nucleic Acids Research, 2007, 35: 126 - 131.

[24] Kassal I, Whitfield J D, Perdomo-Ortiz A, et al. Simulating chemistry using quantum computers. Annual Review of Physical Chemistry, 2011, 62: 185 - 207.

附　录

附录 A　福克态

在经典力学中,我们考虑固定在一根弹簧一端的一个质点,这个弹簧振子的运动满足牛顿第二定律:

$$\ddot{q} = -\omega^2 q \tag{A.1}$$

其中,q 表示质点的坐标,设弹簧的劲度系数为 k,质点质量为 m,那么振动频率 $\omega = \sqrt{k/m}$。我们可以写出弹簧振子的哈密顿量:

$$\mathcal{H}(p, q) = \frac{p^2}{2m} + \frac{m\omega^2 q^2}{2} \tag{A.2}$$

其中,$p = m\dot{q}$ 是弹簧振子的动量。利用哈密顿量,我们可以写出与式(A.1)等价的哈密顿方程:

$$\dot{q} = \{q, \mathcal{H}\} = \frac{\partial \mathcal{H}}{\partial p} = p/m$$

$$\dot{p} = \{p, \mathcal{H}\} = -\frac{\partial \mathcal{H}}{\partial q} = -m\omega^2 q \tag{A.3}$$

其中,$\{A, B\}$ 表示泊松括号:

$$\{A, B\} \equiv \frac{\partial A}{\partial q}\frac{\partial B}{\partial p} - \frac{\partial B}{\partial q}\frac{\partial A}{\partial p} \tag{A.4}$$

特别地,有 $\{q, p\} = 1$。我们首先进行正则量子化,分为两步:

第一步,用量子力学自伴随算子替换正则共轭变量 $q \rightarrow \hat{q}$,$p \rightarrow \hat{p}$;

第二步,用对易子代替正则泊松括号 $\{q, p\} \rightarrow [\hat{q}, \hat{p}]/i\hbar$:

$$[\hat{q}, \hat{p}] \equiv \hat{q}\hat{p} - \hat{p}\hat{q} \tag{A.5}$$

之所以这么强调,是因为初学者很容易迷惑,简单地认为 $[\hat{q},\hat{p}]=0$。事实上正是因为 $\hat{q}\hat{p}-\hat{p}\hat{q}$ 多数情况下不为零,我们才引入了对易子。例如我们令 $\hat{q}$ 为位置算符 x,$\hat{p}$ 为动量算符 $p=-\mathrm{i}\hbar\dfrac{\partial}{\partial x}$(这里 $\hat{p}$ 可以是任意的算符,而物理上动量算符一般都用字母 p 表示,我们遵循书写习惯不予改变,希望读者区分)。

$$[x,p]f(x)=xpf(x)-pxf(x)=-\mathrm{i}\hbar x\frac{\partial f(x)}{\partial x}+\mathrm{i}\hbar\frac{\partial xf(x)}{\partial x}$$

$$=-\mathrm{i}\hbar x\frac{\partial f(x)}{\partial x}+\mathrm{i}\hbar x\frac{\partial f(x)}{\partial x}+\mathrm{i}\hbar f(x)=\mathrm{i}\hbar f(x) \tag{A.6}$$

因此

$$[x,p]=\mathrm{i}\hbar \tag{A.7}$$

回归正题,相应地,量子力学的哈密顿量变为

$$\hat{\mathcal{H}}=\frac{\hat{p}^2}{2m}+\frac{m\omega^2\hat{q}^2}{2} \tag{A.8}$$

哈密顿方程变为海森堡方程:

$$\frac{\mathrm{d}\hat{q}}{\mathrm{d}t}=-\mathrm{i}[\hat{q},\hat{\mathcal{H}}]/\hbar=\hat{p}/m$$
$$\frac{\mathrm{d}\hat{p}}{\mathrm{d}t}=-\mathrm{i}[\hat{p},\hat{\mathcal{H}}]/\hbar=-m\omega^2\hat{q} \tag{A.9}$$

值得一提的是,这里的坐标和动量可以替换为任意的广义坐标和与之对应的正则动量(例如磁通量与电荷),在不同的物理体系中,它们的选择各不相同,是多种多样的。

通过解定态薛定谔方程,我们可以得到哈密顿量对应的本征态

$$\hat{\mathcal{H}}|\psi\rangle=E|\psi\rangle \tag{A.10}$$

直接基于坐标基底,可以用幂级数方法给出这个方程的一族解

$$\begin{cases}\psi_n(q)=\left(\dfrac{\beta^2}{\pi}\right)^{1/4}\dfrac{1}{\sqrt{2^n n!}}\exp(-\beta^2 q^2/2)H_n(\beta q),\ n=0,1,2,\cdots\\ E_n=\hbar\omega\left(n+\dfrac{1}{2}\right)\end{cases} \tag{A.11}$$

其中，$\beta = \sqrt{m\omega/\hbar}$，它的量纲是长度的倒数，函数 H_n 为埃尔米特多项式：

$$H_n(z) = (-1)^n e^{z^2} \frac{\mathrm{d}^n}{\mathrm{d}z^n}(e^{-z^2}) \qquad (\text{A.12})$$

这个方程解出的 E_n 被称为本征能量，系统的能量只可能取这些值；$\psi_n(\Phi)$ 被称为本征态。福克态是一个来自量子多体系统的概念，我们可以认为量子线性谐振子是一个由 n 个相同的光子构成的系统，光子的能量均为 $\epsilon = \hbar\omega$。对于一个由若干个相同粒子构成的量子多体系统，我们描述它的方式是：基于粒子的数目，将由 0 个、1 个、2 个等粒子构成的系统状态分别定义一个量子态，它们就被称为福克态，对应表示为 $|0\rangle$、$|1\rangle$、$|2\rangle\cdots$。

图 A.1 给出了前 5 组解的波函数振幅与能量，横轴表示广义坐标（虚线处为坐标原点），纵轴表示能量和波函数振幅。

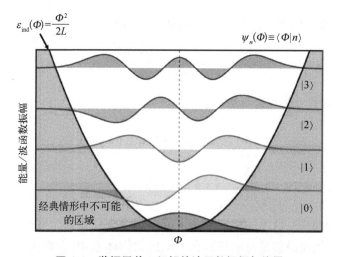

图 A.1　谐振子前 5 组解的波函数振幅与能量

波函数振幅仍然看上去很抽象，因为波函数只有在平方之后才表示概率的分布情况。因此我们这里给出几张魏格纳准概率分布图（见图 A.2），以帮助读者更直观地理解量子线性谐振子的波函数。魏格纳准概率分布给出的是系统的状态在相空间中的概率分布，之所以被称为"准"概率分布是因为它允许出现负概率，但可以证明负概率的区域足够小，以至于根据海森堡不确定性原理，经典测量的结果不可能落在负概率区域内，因此读者可以忽略这个区别。魏格纳准概率分布和电子云某种程度上很相似，区别是后者是在三维坐标空间中的概率分布，并且没有负概率。左图中亮度越高代表概率越大，右图中 z 轴高度代表准概率大小，a)、b)、c)分别对应 $|0\rangle$、$|1\rangle$、$|5\rangle$。

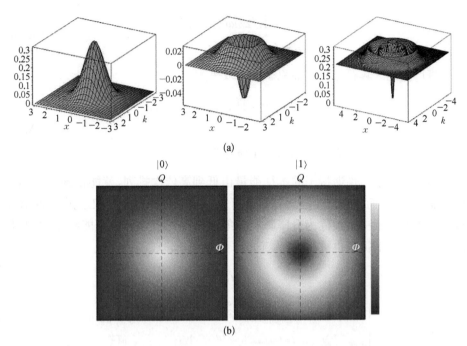

图 A.2　魏格纳准概率分布(a)和 $|0\rangle$ 和 $|1\rangle$ 的相空间图(b)

使用这一套玻色子福克态概念的好处是,我们可以定义产生算符 $\hat{a}^\dagger$ 和湮灭算符 $\hat{a}$,它们的作用分别是产生和湮灭一个光子,即使系统的能量提高或降低 $\hbar\omega_0$,这样就能表示在不同福克态之间的转换[2]。为了简洁起见,定义无量纲算符:

$$\hat{Q}=\sqrt{\frac{m\omega}{\hbar}}\,\hat{q}$$

$$\hat{P}=\frac{1}{\sqrt{\hbar m\omega}}\hat{p} \tag{A.13}$$

那么就可以定义:

$$\hat{a}=\frac{1}{\sqrt{2}}(\hat{Q}+\mathrm{i}\hat{P})$$

$$\hat{a}^\dagger=\frac{1}{\sqrt{2}}(\hat{Q}-\mathrm{i}\hat{P}) \tag{A.14}$$

它们满足对易关系

$$[\hat{a},\hat{a}^\dagger]=1 \tag{A.15}$$

也可以用产生湮灭算符表示正交算符

$$\hat{q} = \sqrt{\hbar/2m\omega}\,(\hat{a} + \hat{a}^{\dagger})$$
$$\hat{p} = \mathrm{i}\sqrt{2\hbar m\omega}\,(\hat{a}^{\dagger} - \hat{a}) \tag{A.16}$$

将产生湮灭算符作用在福克态上的效果为

$$\hat{a}\,|n\rangle = \sqrt{n}\,|n-1\rangle,\ n = 1,\ 2,\ 3,\ \cdots$$
$$\hat{a}\,|0\rangle = 0 \tag{A.17}$$
$$\hat{a}^{\dagger}\,|n\rangle = \sqrt{n+1}\,|n+1\rangle$$

如果将量子线性谐振子的本征能量由低到高依次排列,就能得到一个间隔均匀能量阶梯,而使用产生湮灭算符就可以在这个阶梯上升降,因此产生湮灭算符在量子谐振子中也被称为升降算符。能量阶梯的概念和原子能级非常相似,因此量子线性谐振子也被称为"人工原子"(见图 A.3)。

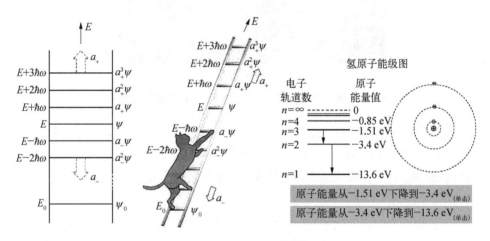

图 A.3　阶梯算符示意图

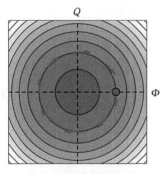

图 A.4　谐振子取离散能
量的相空间图

如果我们使用海森堡绘景,即认为算符依赖于时间,而量子态不依赖于时间,那么湮灭算符随时间发生如下的演化:

$$\hat{a}(t) = \hat{a}(0)\mathrm{e}^{-\mathrm{i}\omega t} \tag{A.18}$$

这在相空间中表现为固定轨迹的顺时针圆周运动(见图 A.4)。

引入产生湮灭算符后,我们可以定义福克数算符:

$$\hat{N} = \hat{a}^{\dagger}\hat{a} \tag{A.19}$$

它作用在福克态上恰好得到光子数：

$$\hat{N}|n\rangle = n|n\rangle \tag{A.20}$$

我们就可以简化表示哈密顿算符：

$$\hat{\mathcal{H}} = \hbar\omega\left(\hat{N} + \frac{1}{2}\right) \tag{A.21}$$

所有的本征态构成一组完备正交基，任何量子态都能表示为本征态的线性组合。我们用一个列向量来表示这个线性组合：

$$\begin{bmatrix} a \\ b \\ c \\ \cdots \end{bmatrix} = a|0\rangle + b|1\rangle + c|2\rangle + \cdots \tag{A.22}$$

$$\ddot{q} = -\omega^2 q$$

那么就可以给出产生湮灭算符的无限维矩阵表示：

$$\hat{a} = \begin{bmatrix} 0 & 1 & 0 & 0 \\ 0 & 0 & \sqrt{2} & 0 \\ 0 & 0 & 0 & \sqrt{3} \\ 0 & 0 & 0 & \ddots \end{bmatrix} \quad \hat{a}^{\dagger} = \begin{bmatrix} 0 & 0 & 0 & 0 \\ 1 & 0 & 0 & 0 \\ 0 & \sqrt{2} & 0 & 0 \\ 0 & 0 & \sqrt{3} & \ddots \end{bmatrix} \tag{A.23}$$

也可以写为 $\hat{a} = \sum_{n=1}^{\infty} \sqrt{n}\,|n-1\rangle\langle n|$ 的形式，此外还有

$$\hat{N} = \hat{a}^{\dagger}\hat{a} = \begin{bmatrix} 0 & 0 & 0 & 0 \\ 0 & 1 & 0 & 0 \\ 0 & 0 & 2 & 0 \\ 0 & 0 & 0 & \ddots \end{bmatrix} \quad \hat{a}\,\hat{a}^{\dagger} = \begin{bmatrix} 1 & 0 & 0 & 0 \\ 0 & 2 & 0 & 0 \\ 0 & 0 & 3 & 0 \\ 0 & 0 & 0 & \ddots \end{bmatrix} = \hat{1} + \hat{N} \tag{A.24}$$

根据海森堡不确定性原理，我们无法同时精确地测出一个量子谐振子的坐标和动量，但是我们可以求出它们的期望和均方根涨落（类似统计中的平均值和标准差）。量子力学中算符的期望由狄拉克符号可以表示为用一个量子态的左、右矢夹住这个算符：

$$\langle \hat{q} \rangle = \left(n \left| \sqrt{\frac{\hbar}{2m\omega}} (\hat{a}^{\dagger} + \hat{a}) \right| n\right) = \sqrt{\frac{\hbar}{2m\omega}} \left(\langle n|\hat{a}^{\dagger}|n\rangle + \langle n|\hat{a}|n\rangle\right)$$

$$= \sqrt{\hbar/2m\omega} \left(\sqrt{n}\,\langle n|n-1\rangle + \sqrt{n+1}\,\langle n|n+1\rangle\right) = 0 \tag{A.25}$$

类似地可以得到 $\langle \hat{p} \rangle = 0$；也可以得到算符的方差：

$$\text{Var}(\hat{q}) = \langle \hat{q}^2 \rangle - \langle \hat{q} \rangle^2 = \langle \hat{q}^2 \rangle = \frac{\hbar}{2m\omega} \langle n | (\hat{a}^\dagger + \hat{a})^2 | n \rangle$$

$$= \frac{\hbar}{2m\omega} \langle n | \hat{a}^{\dagger 2} + \hat{a}^2 + \hat{a}^\dagger \hat{a} + \hat{a} \ \hat{a}^\dagger | n \rangle = \frac{\hbar}{2m\omega} (2n+1) \tag{A.26}$$

类似地可以得到

$$\text{Var}(\hat{p}) = \frac{\hbar m\omega}{2} (2n+1) \tag{A.27}$$

将 $n = 0$ 时两个量的标准差分别定义为零点涨落(zero point fluctuation，ZPF)

$$q_{\text{ZPF}} = \sqrt{\langle 0 | \hat{q}^2 | 0 \rangle} = \sqrt{\frac{\hbar}{2m\omega}}$$

$$p_{\text{ZPF}} = \sqrt{\langle 0 | \hat{p}^2 | 0 \rangle} = \sqrt{\frac{\hbar m\omega}{2}} \tag{A.28}$$

从中我们可以得知，越高的福克态，其坐标和动量的涨落也越大，但所有的福克态的坐标和动量的平均值都为 0。

附录 B 混态

在本节中我们将推导 2.3 节中的系数表达，根据 2.3 节中的定义，

$$|\psi_n\rangle = \alpha_n |0\rangle + \beta_n |1\rangle \tag{B.1}$$

如果一个点在布洛赫球面上，我们将之称为纯态。反之我们称为混态，混态是纯态的非相干叠加，我们可以将混态用 σ_z 表象表达，我们定义密度算符为

$$\rho = \sum_n \rho_n |\psi_n\rangle \langle \psi_n| \tag{B.2}$$

具体展开是

$$\rho = \sum_n \rho_n |\psi_n\rangle \langle \psi_n|$$

$$= \sum_n \rho_n (|\alpha_n|^2 |0\rangle \langle 0| + |\beta_n|^2 |1\rangle \langle 1| + \alpha_n \beta_n^* |0\rangle \langle 1|$$

$$+ \alpha_n^* \beta_n |1\rangle \langle 0|) = \begin{bmatrix} \sum_n \rho_n |\alpha_n|^2 & \sum_n \rho_n \alpha_n \beta_n^* \\ \sum_n \rho_n \alpha_n^* \beta_n & \sum_n \rho_n |\beta_n|^2 \end{bmatrix} \tag{B.3}$$

把 I 看作第零个泡利算符,因为

$$\begin{bmatrix} 1 & 0 \\ 0 & 0 \end{bmatrix} = \frac{1}{2}(I + \sigma_z)$$

$$\begin{bmatrix} 0 & 1 \\ 0 & 0 \end{bmatrix} = \frac{1}{2}(\sigma_x + i\sigma_y)$$

$$\begin{bmatrix} 0 & 0 \\ 1 & 0 \end{bmatrix} = \frac{1}{2}(\sigma_x - i\sigma_y)$$ (B.4)

$$\begin{bmatrix} 0 & 0 \\ 0 & 1 \end{bmatrix} = \frac{1}{2}(I - \sigma_z)$$

我们可以将任意密度矩阵唯一地分解为四个泡利算符的线性表示 $\rho = \sum a_n \sigma_n$,因此四个泡利算符 $\{I, \sigma_x, \sigma_y, \sigma_z\}$ 具有完备性。混态作为纯态的非相干叠加,依然要满足概率总和为 1,因此密度算符要满足约束条件 $\mathrm{tr}(\rho) = 1$,而 $\mathrm{tr}(I) = 2$, $\mathrm{tr}(\sigma_i) = 0 (i = x, y, z)$。因此 $a_0 = 0.5$,若我们记 $\vec{\sigma} = (\sigma_x, \sigma_y, \sigma_z)$,$\vec{r} = (x, y, z)$,则密度算符可以表达为

$$\rho = \frac{1}{2}(I + \vec{\sigma} \cdot \vec{r}) = \frac{1}{2}\begin{bmatrix} 1+z & x-iy \\ x+iy & 1-z \end{bmatrix}$$ (B.5)

我们将 $\vec{r} = (\cos\varphi\sin\theta, \sin\varphi\sin\theta, \cos\theta)$ 带入得

$$\frac{1 \pm z}{2} = \frac{1 \pm \cos\theta}{2} = \cos^2\frac{\theta}{2}\left(\sin^2\frac{\theta}{2}\right)$$

$$\frac{x \pm iy}{2} = \frac{1}{2}(\cos\varphi\sin\theta \pm i\sin\varphi\sin\theta) = \frac{1}{2}e^{\pm i\varphi}\sin\theta$$ (B.6)

$$= e^{\pm i\varphi}\sin\frac{\theta}{2}\cos\frac{\theta}{2}$$

将 B.3 中的矩阵元与 B.5 中的矩阵元一一对应,我们有

$$|\alpha_n|^2 = \cos^2\frac{\theta}{2} \rightarrow \alpha_n = e^{i\delta}\cos\frac{\theta}{2}$$ (B.7)

$$\alpha_n \beta_n^* = e^{-i\varphi}\sin\frac{\theta}{2}\cos\frac{\theta}{2} \rightarrow \beta_n = e^{i\varphi - i\delta}\sin\frac{\theta}{2}$$

δ 可以为任意数,所以为了简洁我们不妨设其为零,这样我们就得到了 α_n 与 β_n 的表达式。

同样地,我们将纯态

$$|\psi\rangle = \cos\frac{\theta}{2}\left|0\right\rangle + e^{i\varphi}\sin\frac{\theta}{2}\left|1\right\rangle \tag{B.8}$$

带入密度算符得

$$\rho = |\psi\rangle\langle\psi| = \begin{bmatrix} \cos^2\dfrac{\theta}{2} & \dfrac{1}{2}e^{-i\varphi}\sin\theta \\ \dfrac{1}{2}e^{i\varphi}\sin\theta & \sin^2\dfrac{\theta}{2} \end{bmatrix} \tag{B.9}$$

将 B.5 与 B.9 矩阵元一一对应,据此我们可以反解出 $\vec{r} = (\cos\varphi\sin\theta, \sin\varphi\sin\theta, \cos\theta)$。

附录 C 谐振子的简正模

为了让读者更好地理解耦合,我们先从经典谐振子的简正模式出发,再将它们类比到量子比特。

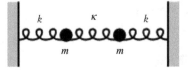

图 C.1 谐振子的简正模

考虑如图 C.1 所示的一个复合弹簧振子结构,两个振子的质量均为 m,左右两侧弹簧的劲度系数为 k,中间的则为 κ,对两个振子分别列牛顿第二定律方程,得

$$\begin{cases} m\ddot{x}_1 = -kx_1 - \kappa(x_1 - x_2) \\ m\ddot{x}_2 = -kx_2 - \kappa(x_2 - x_1) \end{cases} \tag{C.1}$$

解这个方程组,得到的解为

$$\begin{bmatrix} x_1(t) \\ x_2(t) \end{bmatrix} = A_s\begin{pmatrix} 1 \\ 1 \end{pmatrix}\cos(\omega_s t + \phi_s) + A_f\begin{pmatrix} 1 \\ -1 \end{pmatrix}\cos(\omega_f t + \phi_f) \tag{C.2}$$

其中

$$\begin{cases} \omega_s \equiv \sqrt{k/m} \\ \omega_f \equiv \sqrt{(k+2\kappa)/m} \end{cases} \tag{C.3}$$

我们发现这个结构呈现出了如图 3.7 所示的两种振动模式:对于 s 模式(见图 C.2 左边),两个振子以频率 ω_s、相位 φ_s 同向运动;对于 f 模式(图 C.2

右边），两个振子以频率 ω_f、相位 ϕ_f，两种模式之间相互独立，但整个结构的运动必须是两种模式的某个线性组合。从中我们可以看出，一旦左右两个弹簧振子被中间的弹簧连接后，它们的运动模式就不再独立，而是相互关联，这被称为耦合。

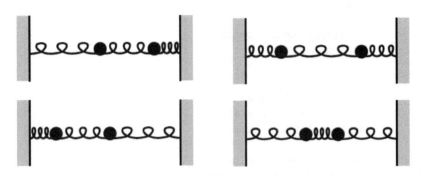

图 C.2　谐振子的两种不同简正模

附录 D　量子 PointNet 代码

```
# - * - coding: utf- 8 - * -
"""
Created on Wed Sep   9 14:12:09 2020

@ author: eliphat
"""
import mkl
mkl.set_num_threads_local(7)
import numpy
import random
import scipy.special as special
from qiskit import QuantumCircuit, Aer, execute
from qiskit.circuit import Parameter
from qiskit.circuit.library.standard_gates.h import HGate
from qiskit.circuit.library.standard_gates.u1 import U1Gate
from qiskit.circuit.library.standard_gates.x import CXGate


class Step:
    def gen(self, caches, params):
```

```
        raise NotImplementedError


class ConstStep(Step):
    def __init__(self, mat):
        self.m = mat

    def gen(self, caches, params):
        return self.m


class ParametricStep(Step):
    def __init__(self, generator):
        self.generator = generator

    def gen(self, caches, params):
        return self.generator(caches, params)


def kron_A_N(A, N):   # np.kron(A, np.eye(N))的稀疏快速算法
    m, n = A.shape
    out = numpy.zeros((m, N, n, N), dtype= A.dtype)
    r = numpy.arange(N)
    out[:, r, :, r] = A
    out.shape = (m * N, n * N)
    return out


def onebit(p, n, i):
    # e = numpy.eye(2)
    x = numpy.eye(1)
    for k in range(n):
        if k == i:
            x = numpy.kron(x, p)
        else:
            x = kron_A_N(x, 2)
    return x.reshape(2 ** n, 2 ** n)


def matrix_h(n, i):  # H门
    H = (2 ** - 0.5) * numpy.array([1, 1, 1, - 1]).reshape(2, 2)
    return onebit(H, n, i)


def matrix_cnot(n, ctrl, i):  # CNOT门
```

```python
        C0 = numpy.array([1, 0, 0, 0]).reshape(2, 2)
        C1 = numpy.array([0, 0, 0, 1]).reshape(2, 2)
        X = numpy.array([0, 1, 1, 0]).reshape(2, 2)
        P0 = onebit(C0, n, ctrl)  # @ I omitted
        P1 = onebit(C1, n, ctrl) @ onebit(X, n, i)
        return P0 + P1


    def u1_gen(n, i, expr):  # 参数化 U1 门

        def _u1(caches, ps):
            if expr._symbol_expr in caches:
                return caches[expr._symbol_expr]
            symbol_values = {expr._parameter_symbols[parameter]: value
                             for parameter, value in ps if parameter in
    expr._parameter_symbols}

            lam = float(expr._symbol_expr.subs(symbol_values))
            v = onebit(numpy.array([[1, 0], [0, numpy.exp(1j * lam)]]), n, i)
            caches[expr._symbol_expr] = v
            return v

        return _u1


    class Program:
        def __init__(self, nqubits, steps):
            self.nqubits = nqubits
            self.steps = steps

        def optimize(self):   # 将与参数无关的步骤提前计算, 优化效率
    (constant/copy propagation, CP)
            new_steps = [self.steps[0]]
            for step in self.steps[1:]:
                if isinstance(step, ConstStep):
                    if isinstance(new_steps[-1], ConstStep):
                        new_steps[-1] = ConstStep(step.m @ new_steps[-1].m)
                        continue
                new_steps.append(step)
            self.steps = new_steps
            return self

        def superop(self, params):   # 从电路计算整个 unitary operation 的
    矩阵形式, 加速后续一个 batch 的数据操作
```

```
            caches = dict()
            x = numpy.eye(2 * * self.nqubits)
            for step in self.steps:
                x = step.gen(caches, params) @ x
            return x

        def matlist(self, params):
            caches = dict()
            return [numpy.transpose(step.gen(caches, params)) for step
in self.steps]

    # 量子电路构建
    nqubit = 8  # 8 Qubit
    nfeat = 2 * * nqubit
    rev = lambda x: nqubit - 1 - x
    pointwise = QuantumCircuit(nqubit)
    for layer in range(5):  # 5层 QIFL
        for i in range(nqubit):
            pointwise.u1(Parameter('Q% d_% d' % (layer, i)), i)
        for i in range(nqubit):
            pointwise.cx(i % nqubit, (i + 1) % nqubit)
        for i in range(nqubit):
            pointwise.cx((i + 1) % nqubit, i % nqubit)
    for i in range(nqubit):
        pointwise.u1(Parameter('Qf_% d' % (i)), i)
    wq = numpy.random.normal(size= [len(pointwise.parameters)]) * 0
    wc = numpy.random.normal(scale= (2 / (nfeat + 3)) * * 0.5, size =
[nfeat, 3])

    steps = []
    for gate, qubit, oth in pointwise:
        assert oth == []
        if isinstance(gate, HGate):
            steps.append(ConstStep(matrix_h(nqubit, rev(qubit[0].
index))))
        elif isinstance(gate, CXGate):
            steps.append(ConstStep(matrix_cnot(nqubit, rev(qubit[0].
index), rev(qubit[1].index))))
        elif isinstance(gate, U1Gate):
            steps.append(ParametricStep(u1_gen(nqubit, rev(qubit[0].
index), gate.params[0])))


    def conv_state(input_group, post_kron):  # 输入映射
```

```
        # groups + = [numpy.array([1.0, 0.0])] * (n - len(input_group))
        sv = 1
        for co in input_group:
            g = numpy.array([numpy.cos(co), numpy.sin(co)])
            sv = numpy.kron(sv, g)
        return numpy.kron(sv, post_kron).reshape(- 1)


    def batch_conv_state(input_groups, post_kron):   # 对一批数据进行高效
的输入映射
        n = numpy.shape(input_groups)[0]
        groups = numpy.transpose([numpy.cos(input_groups),

                                  numpy.sin(input_groups)],
                                 axes= [2, 1, 0])
        groupx, groupy, groupz = groups
        pcr = numpy.lib.stride_tricks.broadcast_to(post_kron, (n,) +
post_kron.shape)
        kr = numpy.einsum('ni, nj, nk, nl- > nijkl',
                          groupx, groupy, groupz, pcr,
                          optimize= 'greedy')\
                .reshape([n, - 1])
        return kr


   prog = Program(nqubit, steps).optimize()   # 优化量子线路
   postkron = conv_state([0] * (nqubit - 3), 1)


   def loss(x, y, superop, wc_1, s= 1):   # 一个数据点的损失函数计算
       qf = numpy.zeros([nfeat])
       bcs = batch_conv_state(x, postkron)   # 特征映射
       trs = bcs @ numpy.transpose(superop)   # 应用 QIFL
       qf = numpy.abs(trs).max(axis= 0) * * 2   # 测量,概率为幅值平方
       prior = qf.dot(wc_1)   # 线性分类器
       prob = special.softmax(prior, - 1) + 1e- 7   # 应用 softmax 激活
       acc = 1.0 if numpy.argmax(y) = = numpy.argmax(prob) else 0.0
       loss = - (numpy.log(prob) * y).sum()   # 交叉熵损失函数
       return loss, acc

   def pred(x, superop, wc_1):
       qf = numpy.zeros([nfeat])
       postkron = conv_state([0] * (nqubit - len(x[0])), 1)
       for pt in x:
```

```
            sv = conv_state(pt, postkron)
            trs = superop @ sv
            choi = numpy.argmax(abs(trs))
            # choi = numpy.random.choice(nfeat, p= abs(trs) * * 2)
            qf[choi] = max(qf[choi], abs(trs[choi]) * * 2)
        prior = qf.dot(wc_1)
        return numpy.argmax(prior)


def f2v(wf):
    w1 = wf[:numpy.prod(wq.shape)].reshape(wq.shape)
    w2 = wf[numpy.prod(wq.shape):].reshape(wc.shape)
    return w1, w2


def v2f(w1, w2):
    return numpy.concatenate((numpy.reshape(w1, [- 1]),
                            numpy.reshape(w2, [- 1])))


def generate_sphere(npt, r):   # 生成球体
    theta = numpy.random.uniform(0, 3.14159 * 2, size= [npt])
    phi = numpy.random.uniform(- 3.14159 / 2, 3.14159 / 2, size= [npt])
    x = numpy.cos(theta) * numpy.cos(phi)
    y = numpy.sin(theta) * numpy.cos(phi)
    z = numpy.sin(phi)
    return numpy.transpose(numpy.array([x, y, z])) * r


def generate_cube(npt, d):   # 生成正方体
    cube = generate_sphere(npt, d * 10.0)
    return numpy.clip(cube, - d, d)


def generate_cylinder(npt, d):   # 生成圆柱体
    z = numpy.random.uniform(- d, d, size= [npt])
    theta = numpy.random.uniform(0, 3.14159 * 2, size= [npt])
    x = numpy.cos(theta) * d / 2.4
    y = numpy.sin(theta) * d / 2.4
    return numpy.transpose(numpy.array([x, y, z]))


def data_generate(n, npt):
    gens = [generate_sphere, generate_cube, generate_cylinder]
```

```
    x = numpy.zeros([n, npt, 3])
    y = numpy.zeros([n, 3])
    for i in range(n):
        generator = random.choice(gens)
        x[i] = generator(npt, 1.0)
        y[i, gens.index(generator)] = 1.0
    return x, y


def batch_loss(f, data_x, data_y, pr= False): # 计算一个 Batch 的损失函数
    wq, wc_1 = f2v(f)
    superop = prog.superop(list(zip(pointwise.parameters, wq)))   # 生
成当前的 unitary 算符
    batch_loss = 0.0
    batch_acc = 0.0
    batch = len(data_x)
    for idx in range(len(data_x)):
        entropy, acc = loss(data_x[idx], data_y[idx], superop, wc_1)
        batch_loss + = entropy
        batch_acc + = acc
    if pr:
        print("Loss:", batch_loss / batch, "Acc:", batch_acc / batch)
    return batch_loss, batch_loss / batch, batch_acc / batch


# 利用 qiskit 验证之前所作的优化是否靠谱
sanity_checker = Aer.get_backend("unitary_simulator")
sc = pointwise.bind_parameters(dict(zip(pointwise.parameters, wq)))
qu = execute(sc, sanity_checker).result().get_unitary(pointwise)
tu = prog.superop(list(zip(pointwise.parameters, wq)))
assert abs(qu - tu).sum() < 1e- 3


def spsa(phi, x0, max_iter= 5000):   # SPSA算法
    lr = 0.00001
    mu = 0.00001
    x = numpy.array(x0)
    for i in range(max_iter):
        pert = numpy.sign(numpy.random.randn( * x.shape))
        xp = x + pert * mu
        xm = x - pert * mu
        fp = phi(xp)
        fm = phi(xm)
        grad = (fp - fm) / (2 * mu) * pert
```

```
            x = x - grad * lr
        return x, min(fp, fm)


    # 训练集 /测试集生成
    x_train, y_train = data_generate(1536, 48)
    x_test, y_test = data_generate(512, 48)
    with open("training_qptnet.csv", "a+ ") as fo:
        fo.write("train_loss, test_loss, test_acc\n")
    # 训练主循环
    for p in range(1000):
        f, target_loss = spsa(lambda x: batch_loss(x, x_train, y_train,
True)[0], v2f(wq, wc), 1)
        epoch_loss = target_loss / len(x_train)
        wq, wc = f2v(f)
        _, test_loss, test_acc = batch_loss(v2f(wq, wc), x_test, y_test)
        with open("training_qptnet.csv", "a+ ") as fo:
            fo.write(', '.join(map(str, [epoch_loss, test_loss, test_acc])))
            fo.write('\n')
```

附录 E　量子 QAE 算法求解 CDO 定价代码

```
    import numpy as np
    import matplotlib.pyplot as plt
    from qiskit import QuantumRegister, QuantumCircuit, BasicAer, Aer,
execute, AncillaRegister, transpile
    from qiskit.aqua.algorithms import IterativeAmplitudeEstimation,
AmplitudeEstimation
    from qiskit.finance.applications import GaussianConditional
IndependenceModel as GCI
    from qiskit.finance.applications import InverseNormalGaussian
ConditionalIndependenceModel as NIG
    from qiskit.finance.applications import GaussianSecondOrder as GSO
    # from qiskit.visualization import circuit_drawer
    from qiskit.circuit.library import WeightedAdder
    from qiskit.circuit.library import LinearAmplitudeFunction
    # from qiskit import transpile

    from  qiskit. aqua. components. uncertainty _ problems  import
MultivariateProblem
```

```
n_z = 4
z_max = 3
z_values = np.linspace(- z_max, z_max, 2 ** n_z)
p_zeros = [0.3, 0.1, 0.2, 0.1]
# p_zeros = [0.3, 0.1, 0.2]
rhos = [0.05, 0.15, 0.1, 0.05]
lgd = [2, 2, 1, 2]
# rhos =      [0.07, 0.21, 0.14, 0.07]
lgd = [2, 2, 1, 2]
K = len(p_zeros)
a = 1.6771
b = - 0.75
mu = 0.6
d= 1.2

# u = GCI(n_z, z_max, p_zeros, rhos)                # GCI
u = NIG(n_z, a, b, mu, d, z_max, p_zeros, rhos)        # NIG

# u = GSO(n_z, z_max, p_zeros, rhos)

alpha = 0.05
c_approx    = 0.1
epsilon = 0.002

print((1- alpha) * 100, '% confidence')


# num_qubits = u.num_target_qubits
# print('n_z :', n_z, 'num_qubits :', num_qubits)

job = execute(u, backend= Aer.get_backend('statevector_simulator'))


# job = execute(u, backend = Aer.get_backend('qasm_simulator'),
shots= 1000)

# analyze uncertainty circuit and determine exact solutions
p_z = np.zeros(2 ** n_z)
p_default = np.zeros(K)
values = []
probabilities = []
num_qubits = u.num_qubits
for i, a in enumerate(job.result().get_statevector()):

    # get binary representation
```

```
        b = ('{0:0% sb}' % num_qubits).format(i)
        prob = np.abs(a) * * 2

        # extract value of Z and corresponding probability
        i_normal = int(b[- n_z:], 2)
        p_z[i_normal] + = prob

        # determine overall default probability for k
        loss = 0
        for k in range(K):
            if b[K - k - 1] = = '1':
                p_default[k] + = prob
                loss + = lgd[k]

        values + = [loss]
        probabilities + = [prob]

    values = np.array(values)
    probabilities = np.array(probabilities)

    expected_loss = np.dot(values, probabilities)

    losses = np.sort(np.unique(values))
    pdf = np.zeros(len(losses))
    for i, v in enumerate(losses):
        pdf[i] + = sum(probabilities[values = = v])
    cdf = np.cumsum(pdf)

    i_var = np.argmax(cdf > = 1- alpha)
    exact_var = losses[i_var]
    exact_cvar = np.dot(pdf[(i_var+ 1):], losses[(i_var+ 1):]) /sum(pdf
[(i_var+ 1):])

    # plot results for Z
    plt.bar(z_values, p_z, width = 0.3)
    plt.grid()
    plt.xlabel('Z value', size= 15)
    plt.ylabel('probability (% )', size= 15)
    plt.title('Z Distribution', size= 20)
    plt.xticks(size= 15)
    plt.yticks(size= 15)
    plt.show()

    agg = WeightedAdder(n_z + K, [0] * n_z + lgd)

    n_s = agg.num_sum_qubits
```

```
n_aux = agg.num_qubits - n_s - agg.num_state_qubits

tranche_point_1 = 1
tranche_point_2 = 2
# Equity Tranche
breakpoints = [0, tranche_point_1]
slopes      = [1, 0]
offsets     = [0, tranche_point_1]
f_min       =  0
f_max       = tranche_point_1

c_approx    = 0.1

basket_objective = LinearAmplitudeFunction(
    n_s,
    slopes,
    offsets,
    domain= (0, 2 * * agg.num_sum_qubits- 1),
    image= (f_min, f_max),
    rescaling_factor= c_approx,
    breakpoints= breakpoints
)

# define overall multivariate problem
qr_state = QuantumRegister(u.num_qubits, 'state')   # to load the
probability distribution
qr_obj = QuantumRegister(1, 'obj')   # to encode the function values
ar_sum = AncillaRegister(n_s, 'sum')   # number of qubits used to
encode the sum
ar = AncillaRegister(max(n_aux, basket_objective.num_ancillas),
'work')   # additional qubits

objective_index = u.num_qubits

basket_option = QuantumCircuit(qr_state, qr_obj, ar_sum, ar)
basket_option.append(u, qr_state)
basket_option.append(agg, qr_state[:] + ar_sum[:] + ar[:n_aux])
basket_option.append(basket_objective, ar_sum[:] + qr_obj[:] + ar[:
basket_objective.num_ancillas])
basket_option.append(agg.inverse(), qr_state[:] + ar_sum[:] + ar
[:n_aux])

print('objective qubit index', objective_index)
```

```
    job = execute(basket_option, backend = Aer.get_backend('statevector
_simulator'))

    # evaluate resulting statevector
    value = 0
    for i, a in enumerate(job.result().get_statevector()):
        b = ('{0:0% sb}' % (len(qr_state) + 1)).format(i)[ - (len(qr_
state) + 1):]
        am = np.round(np.real(a), decimals = 4)
        if np.abs(am) > 1e - 6and b[0] = = '1':
            value + = am * * 2

    print('Exact Expected Loss:  % .4f' % expected_loss)
    print('Exact Operator Value:  % .4f' % value)
    print('Mapped Operator value: % .4f ' % basket_objective.post_
processing(value))

        # target accuracy > 0    # veryyyyyy important(0.002 - 0.001)
                # 1 - alpha \in resulting confidence interval
    print('hello')
    # construct amplitude estimation
    ae = IterativeAmplitudeEstimation(epsilon = epsilon, alpha = alpha,
state_preparation = basket_option,
                                objective_qubits = [objective_
index],
post_processing = basket_objective.post_processing)
    # quantum_instance = BasicAer.get_backend('statevector_simulator')

    result = ae.run(quantum_instance = Aer.get_backend('qasm_simulator'),
shots = 100)
    print('123')
    conf_interval = np.array(result['confidence_interval'])
    print('Confidence Interval :', tuple(conf_interval))
    print('Estimated Value :', result['estimation'])

    tranche_point_1 = 1.0
    tranche_point_2 = 2.0

    print('Mezzanine')

    agg = WeightedAdder(n_z + K, [0] * n_z + lgd)

    n_s = agg.num_sum_qubits
```

```
n_aux = agg.num_qubits - n_s - agg.num_state_qubits

# mezzanine tranche
breakpoints = [0, tranche_point_1, tranche_point_2]
slopes      = [0, 1, 0]
offsets     = [0, 0, tranche_point_2 - tranche_point_1]
f_min       =  0
f_max       = - tranche_point_1 + tranche_point_2

basket_objective = LinearAmplitudeFunction(
    n_s,
    slopes,
    offsets,
    domain = (0, 2 * * agg.num_sum_qubits - 1),
    image = (f_min, f_max),
    rescaling_factor = c_approx,
    breakpoints = breakpoints
)

# define overall multivariate problem
qr_state = QuantumRegister(u.num_qubits, 'state')   # to load the
probability distribution
qr_obj = QuantumRegister(1, 'obj')  # to encode the function values
ar_sum = AncillaRegister(n_s, 'sum')   # number of qubits used to
encode the sum
ar = AncillaRegister(max(n_aux, basket_objective.num_ancillas),
'work')  # additional qubits

objective_index = u.num_qubits

basket_option = QuantumCircuit(qr_state, qr_obj, ar_sum, ar)
basket_option.append(u, qr_state)
basket_option.append(agg, qr_state[:] + ar_sum[:] + ar[:n_aux])
basket_option.append(basket_objective, ar_sum[:] + qr_obj[:] + ar
[:basket_objective.num_ancillas])
basket_option.append(agg.inverse(), qr_state[:] + ar_sum[:] + ar
[:n_aux])

print('objective qubit index', objective_index)

job = execute(basket_option, backend = Aer.get_backend('statevector_
simulator'))

value = 0
```

```
    for i, a in enumerate(job.result().get_statevector()):
        b = ('{0:0% sb}' % (len(qr_state) + 1)).format(i)[- (len(qr_
state) + 1):]
        am = np.round(np.real(a), decimals = 4)
        if np.abs(am) > 1e - 6 and b[0] = = '1':
            value + = am * * 2

    print('Exact Expected Loss: % .4f' % expected_loss)
    print('Exact Operator Value: % .4f' % value)
    print('Mapped Operator value: % .4f ' % basket_objective.post_
processing(value))


            # target accuracy > 0    # veryyyyyy important(0.002 - 0.001)
                        # 1 - alpha \in resulting confidence interval


    # construct amplitude estimation
    ae = IterativeAmplitudeEstimation(epsilon = epsilon, alpha = alpha,
state_preparation = basket_option,
                                        objective_qubits = [objective_
index],
post_processing = basket_objective.post_processing)
    # quantum_instance = BasicAer.get_backend('statevector_simulator')

    result = ae.run(quantum_instance = Aer.get_backend('qasm_simulator'),
shots = 100)
    conf_interval = np.array(result['confidence_interval'])
    print('Confidence Interval :', tuple(conf_interval))
    print('Estimated Value :', result['estimation'])

    print('Senior')

    agg = WeightedAdder(n_z + K, [0] * n_z + lgd)
    n_s = agg.num_sum_qubits
    n_aux = agg.num_qubits - n_s - agg.num_state_qubits

    # Sr tranche
    breakpoints = [0, tranche_point_2, sum(lgd)]
    slopes    = [0, 1, 0]
    offsets   = [0, 0, 0]
    f_min     =  0
    f_max     = sum(lgd) - tranche_point_2
    basket_objective = LinearAmplitudeFunction(
        n_s,
        slopes,
```

```
        offsets,
        domain = (0, 2 * * agg.num_sum_qubits - 1),
        image = (f_min, f_max),
        rescaling_factor = c_approx,
        breakpoints = breakpoints
    )

    # define overall multivariate problem
    qr_state = QuantumRegister(u.num_qubits, 'state')  # to load the
probability distribution
    qr_obj = QuantumRegister(1, 'obj')  # to encode the function values
    ar_sum = AncillaRegister(n_s, 'sum')  # number of qubits used to
encode the sum
    ar = AncillaRegister(max(n_aux, basket_objective.num_ancillas),
'work')  # additional qubits

    objective_index = u.num_qubits

    basket_option = QuantumCircuit(qr_state, qr_obj, ar_sum, ar)
    basket_option.append(u, qr_state)
    basket_option.append(agg, qr_state[:] + ar_sum[:] + ar[:n_aux])
    basket_option.append(basket_objective, ar_sum[:] + qr_obj[:] + ar
[:basket_objective.num_ancillas])
    basket_option.append(agg.inverse(), qr_state[:] + ar_sum[:] + ar
[:n_aux])

    print('objective qubit index', objective_index)

    job = execute(basket_option, backend = Aer.get_backend('statevector_
simulator'))

    value = 0
    for i, a in enumerate(job.result().get_statevector()):
        b = ('{0:0% sb}' % (len(qr_state) + 1)).format(i) [-(len(qr_
state) + 1):]
        am = np.round(np.real(a), decimals = 4)
        if np.abs(am) > 1e - 6 and b[0] == '1':
            value + = am * * 2

    print('Exact Expected Loss: % .4f' % expected_loss)
    print('Exact Operator Value: % .4f' % value)
    print('Mapped Operator value: % .4f ' % basket_objective.post_
processing(value))

        # target accuracy > 0    # veryyyyyyy important(0.002 - 0.001)
```

```
                    # 1 - alpha \in resulting confidence interval

    # construct amplitude estimation
    ae = IterativeAmplitudeEstimation(epsilon = epsilon, alpha = alpha,
state_preparation = basket_option,
                                    objective_qubits = [objective_
index],

post_processing = basket_objective.post_processing)
    # , quantum_instance = BasicAer.get_backend('statevector_simulator')

    result = ae.run(quantum_instance = Aer.get_backend('qasm_simulator'),
shots = 100)
    conf_interval = np.array(result['confidence_interval'])
    print('Confidence Interval :', tuple(conf_interval))
    print('Estimated Value :', result['estimation'])
```

附录 F   XYZ 的伊辛模型

这里阐述一种将依赖于 σ_x，σ_y 与 σ_z 的原始哈密顿量 H 映射到仅含 σ_z 的哈密顿量 H' 的通用方法[F1]。

首先，将 H' 与 H 的本征态进行映射。对于含 n 个比特的原始哈密顿量 H，设其本征态可在一组基矢 $\{|\phi_i\rangle\}$ 上展开为 $|\psi\rangle = \sum_i a_i |\phi_i\rangle$，对应于 H' 空间内的态矢：

$$|\Psi\rangle = \otimes_i \otimes_{j=1}^{b_i} |\phi_i\rangle = \underbrace{(|\phi_1\rangle \otimes \cdots \otimes |\phi_1\rangle)}_{b_1 \uparrow}$$

$$\otimes \underbrace{(|\phi_2\rangle \otimes \cdots \otimes |\phi_2\rangle)}_{b_2 \uparrow} \otimes \cdots \otimes \underbrace{(|\phi_N\rangle \otimes \cdots \otimes |\phi_N\rangle)}_{b_N \uparrow} \tag{F.1}$$

其中，$N = 2^n$ 为 $\{|\phi_i\rangle\}$ 所包含的基矢数目。显然，$|\Psi\rangle$ 包含 $r = \sum_i b_i$ 个基矢的直积，即作用于包含 $r \times n$ 个比特的希尔伯特空间。为使 H' 空间的本征态 $|\Psi\rangle$ 与 H 空间的本征态 $|\psi\rangle$ 对应，需令 $b_i \propto a_i$，考虑归一化，则有对应关系：

$$a_i \approx \frac{b_i S(b_i)}{\sqrt{\sum_m b_m^2}}$$

$$S(b_i) = \begin{cases} +1, & a_i > 0 \\ -1, & a_i < 0 \end{cases} \tag{F.2}$$

上式的约等号来自于 b_i 的整数限制。显然,欲使 $\dfrac{b_i S(b_i)}{\sqrt{\sum_m b_m^2}}$ 更好地近似

a_i,需增大 r 值,使用更多比特构造 $|\Psi\rangle$。原则上,使用足够大的 r,可以达到任意指定的精度。

随后,在上述本征态映射的基础上,将哈密顿量 H' 与 H 进行映射。算符的映射依赖于下述四个定理。我们首先引入一些记号。用 $b(j)$ 表示 $|\Psi\rangle$ 空间的第 j 个 n 比特,记对应 $|\psi\rangle$ 空间的基矢为 $|\phi_{b(j)}\rangle$。例如,若 $j = 1$,则 $b(1)$ 表示 $|\Psi\rangle$ 空间的第 1 个 n 比特,根据式 (F.1),第 1 个 n 比特所在的基矢为 $|\phi_1\rangle$,于是记号 $|\phi_{b(1)}\rangle$ 表示基矢 $|\phi_1\rangle$。用 i_j 指示 $|\Psi\rangle$ 空间的第 j 个 n 比特中的第 i 个单比特,用 σ_z^{ij} 表示单比特 i_j 的 Pauli$-z$ 算符(省略其他比特位上的单位算符)。

定理 F.1

$\langle \phi_{b(j)} | \bigotimes_i I_i | \phi_{b(k)} \rangle$ 等价于 $\left\langle \Psi \left| \Pi_i \dfrac{1 + \sigma_z^{ij}\sigma_z^{ik}}{2} \right| \Psi \right\rangle$,也就是说,$|\psi\rangle$ 空间的算符

I_i 可以被映射为 $|\Psi\rangle$ 空间的算符 $\dfrac{1 + \sigma_z^{ij}\sigma_z^{ik}}{2}$。

我们不对定理 F.1 进行严格的数学证明,而是从算符对态的作用出发,证明两者的作用效果相同,使得从 H 空间到 H' 空间的映射在这一层面上具有等效性。在 $|\psi\rangle$ 空间,算符 I_i 的作用为比较 $|\phi_{b(j)}\rangle$ 与 $|\phi_{b(i)}\rangle$ 的第 i 个比特是否自旋相同:相同为 1,不同为 0。在 $|\Psi\rangle$ 空间,算符 $\dfrac{1 + \sigma_z^{ij}\sigma_z^{ik}}{2}$ 的作用为比较 $|\Psi\rangle$ 的第 j 个 n 比特的第 i 个单比特与 $|\Psi\rangle$ 的第 k 个 n 比特的第 i 个单比特是否自旋相同:相同为 $\dfrac{1+1}{2} = 1$,不同为 $\dfrac{1-1}{2} = 0$。于是,$|\psi\rangle$ 空间的算符 I_i 可以被映射

为 $|\Psi\rangle$ 空间的算符 $\dfrac{1 + \sigma_z^{ij}\sigma_z^{ik}}{2}$。

同样的方法可证明定理 F.2～定理 F.4,在此不再赘述,请读者自行验证。

定理 F.2

$\left\langle \phi_{b(j)} \left| \bigotimes_{i<m} I_i \otimes \sigma_x^m \bigotimes_{i>m} I_i \right| \phi_{b(k)} \right\rangle$ 等价于 $\left\langle \Psi \left| \Pi_{i<m} \dfrac{1 + \sigma_z^{ij}\sigma_z^{ik}}{2} \times \right.\right.$

$$\frac{1-\sigma_z^{mj}\sigma_z^{mk}}{2} \times \Pi_{i>m} \frac{1+\sigma_z^{ij}\sigma_z^{ik}}{2}\bigg|\Psi\rangle,$$ 也就是说，$|\psi\rangle$ 空间的算符 σ_x^i 可以被映射为 $|\Psi\rangle$ 空间的算符 $\dfrac{1-\sigma_z^{ij}\sigma_z^{ik}}{2}$。

定理 F.3

$$\langle\phi_{b(j)}|\otimes_{i<m}I_i \otimes \sigma_y^m \otimes_{i>m}I_i|\phi_{b(k)}\rangle$$ 等价于 $$\langle\Psi\bigg|\Pi_{i<m}\frac{1+\sigma_z^{ij}\sigma_z^{ik}}{2}\times$$

$$\mathrm{i}\frac{\sigma_z^{mk}-\sigma_z^{mj}}{2}\times\Pi_{i>m}\frac{1+\sigma_z^{ij}\sigma_z^{ik}}{2}\bigg|\Psi\rangle,$$ 也就是说，$|\psi\rangle$ 空间的算符 σ_y^i 可以被映射为 $|\Psi\rangle$ 空间的算符 $\mathrm{i}\dfrac{\sigma_z^{ik}-\sigma_z^{ij}}{2}$。

定理 F.4

$$\langle\phi_{b(j)}|\otimes_{i<m}I_i\otimes\sigma_z^m\otimes_{i>m}I_i|\phi_{b(k)}\rangle$$ 等价于 $$\langle\Psi\bigg|\Pi_{i<m}\frac{1+\sigma_z^{ij}\sigma_z^{ik}}{2}\times\frac{\sigma_z^{mj}+\sigma_z^{mk}}{2}\times$$

$$\Pi_{i>m}\frac{1+\sigma_z^{ij}\sigma_z^{ik}}{2}\bigg|\Psi\rangle,$$ 也就是说，$|\psi\rangle$ 空间的算符 σ_z^i 可以被映射为 $|\Psi\rangle$ 空间的算符 $\dfrac{\sigma_z^{ij}+\sigma_z^{ik}}{2}$。

至此，我们得到 $H \to H'$ 的映射关系，如下

$$I_i = \frac{1+\sigma_z^{ij}\sigma_z^{ik}}{2}$$

$$\sigma_x^i = \frac{1-\sigma_z^{ij}\sigma_z^{ik}}{2}$$

$$\sigma_y^i = \mathrm{i}\frac{\sigma_z^{ik}-\sigma_z^{ij}}{2} \tag{F.3}$$

$$\sigma_z^i = \frac{\sigma_z^{ij}+\sigma_z^{ik}}{2}$$

为了得到完整的哈密顿量的映射，我们引入如下定理。

定理 F.5

在 $|\psi\rangle$ 空间，任何厄米的哈密顿量都可被写为 Pauli 矩阵与单位矩阵的形式，进而可被映射到如上描述的 $|\Psi\rangle$ 空间。

定理 F.5 证明如下。若哈密顿量 H 可被写为 $H=\otimes_a\sigma_x^a\otimes_b\sigma_y^b\otimes_c\sigma_z^c\otimes_dI_d$，则在 H' 空间内的第 j 个 n 比特与第 k 个 n 比特的子空间，哈密顿量可被映射为

$H'_{(j,k)} = \Pi_a\, X_a^{(j,k)} \Pi_b\, Y_b^{(j,k)} \Pi_c Z_c^{(j,k)} \Pi_d I_d^{(j,k)}$。 这可以用一个简单的关系 $\langle\Psi|$
$H'_{(j,k)}|\Psi\rangle = \langle\phi_{b(j)}|H|\phi_{b(k)}\rangle$ 证明，请读者自证。因此，若加上符号函数 $S'(j)$ 与
$S'(k)$，我们实现了如下的对应关系：

$$
\begin{aligned}
\langle\Psi\Big|\sum_{j,k}^{j,k\leqslant r} H'_{(j,k)} S'(j)S'(k)\Big|\Psi\rangle &= \sum_{j,k}^{j,k\leqslant r}\langle\phi_{b(j)}|H|\phi_{b(k)}\rangle S'(j)S'(k)\\
&= \sum_{j,k}^{j,k\leqslant N} b_j S(b_j) b_k S(b_k)\langle\phi_j|H|\phi_k\rangle\\
&= \sum_m b_m^2 \sum_{j,k}^{j,k\leqslant N} a_j a_k\langle\phi_j|H|\phi_k\rangle \qquad \text{(F.4)}
\end{aligned}
$$

也就是说，我们得到了 H' 与 H 的映射关系：

$$
\langle\Psi\Big|\sum_{j,k}^{j,k\leqslant r} H'_{(j,k)} S'(j)S'(k)\Big|\Psi\rangle = \sum_m b_m^2 \sum_{j,k}^{j,k\leqslant N} a_j a_k\langle\phi_j|H|\phi_k\rangle \qquad \text{(F.5)}
$$

其中，$S'(j)$ 为第 j 个 n 比特的符号。为了计算因子 $\sum_m b_m{}^2$，我们构造
H' 空间的算符：

$$
C = \sum_{\pm}\left(\sum_j\left(\prod_{k=1_j}^{n_j}\frac{1\pm\sigma_z^k}{2}\right)S'(j)\right)^2 \qquad \text{(F.6)}
$$

其中，$\Sigma_{\pm}$ 表示对 n 个比特的乘积 $\Pi_{k=1_j}^{n_j}$ 遍历所有正负号的排列，但 Σ_j 中的
符号组合必须保持相同。例如，若 $n=2$ 且 $r=4$，一共 $rn=8$ 个比特，则有

$$
\begin{aligned}
C &= \sum_{\pm}\left(\sum_{j=1}^4\left(\prod_{k=1_j}^{2_j}\frac{1\pm\sigma_z^k}{2}\right)S'(j)\right)^2\\
&= \left(\sum_{j=1}^4\frac{1+\sigma_z^{1j}}{2}\frac{1+\sigma_z^{2j}}{2}S'(j)\right)^2 +\\
&\quad\left(\sum_{j=1}^4\frac{1+\sigma_z^{1j}}{2}\frac{1-\sigma_z^{2j}}{2}S'(j)\right)^2 +\\
&\quad\left(\sum_{j=1}^4\frac{1-\sigma_z^{1j}}{2}\frac{1+\sigma_z^{2j}}{2}S'(j)\right)^2 +\\
&\quad\left(\sum_{j=1}^4\frac{1-\sigma_z^{1j}}{2}\frac{1-\sigma_z^{2j}}{2}S'(j)\right)^2\\
&= \left(\frac{1+\sigma_z^1}{2}\frac{1+\sigma_z^2}{2}S'(1)+\frac{1+\sigma_z^3}{2}\frac{1+\sigma_z^4}{2}S'(2)+\right.
\end{aligned}
$$

$$\frac{1+\sigma_z^5}{2}\frac{1+\sigma_z^6}{2}S'(3)+\frac{1+\sigma_z^7}{2}\frac{1+\sigma_z^8}{2}S'(4)\Big)^2+$$

$$\Big(\frac{1+\sigma_z^1}{2}\frac{1-\sigma_z^2}{2}S'(1)+\frac{1+\sigma_z^3}{2}\frac{1-\sigma_z^4}{2}S'(2)+$$

$$\frac{1+\sigma_z^5}{2}\frac{1-\sigma_z^6}{2}S'(3)+\frac{1+\sigma_z^7}{2}\frac{1-\sigma_z^8}{2}S'(4)\Big)^2+$$

$$\Big(\frac{1-\sigma_z^1}{2}\frac{1+\sigma_z^2}{2}S'(1)+\frac{1-\sigma_z^3}{2}\frac{1+\sigma_z^4}{2}S'(2)+$$

$$\frac{1-\sigma_z^5}{2}\frac{1+\sigma_z^6}{2}S'(3)+\frac{1-\sigma_z^7}{2}\frac{1+\sigma_z^8}{2}S'(4)\Big)^2+$$

$$\Big(\frac{1-\sigma_z^1}{2}\frac{1-\sigma_z^2}{2}S'(1)+\frac{1-\sigma_z^3}{2}\frac{1-\sigma_z^4}{2}S'(2)+$$

$$\frac{1-\sigma_z^5}{2}\frac{1-\sigma_z^6}{2}S'(3)+\frac{1-\sigma_z^7}{2}\frac{1-\sigma_z^8}{2}S'(4)\Big)^2 \tag{F.7}$$

至此，$H \to H'$ 的映射完成，我们得到了仅含 σ_z 的哈密顿量。记 λ' 是 H 对应本征态 $|\psi\rangle$ 的本征值，则 $\sum_m b_m{}^2\lambda'$ 是 H' 对应本征态 $|\Psi\rangle$ 的本征值。任取实数 λ，则 $H'-\lambda C$ 对应本征态 $|\Psi\rangle$ 的本征值为 $\sum_m b_m{}^2(\lambda'-\lambda)$。依据上述对应关系，求原始哈密顿量 H 基态能量 $\min(\lambda')$ 的一种算法如下。

算法 F.1：基于 QA 求解哈密顿量 H 基态能量的算法

输入：
　　构建 H' 与 C.
输出：
　　最小 λ'

过程：

(1) 初始化的 λ 为大于基态能量的值，当 i 从 0 到 $\left[\dfrac{r}{2}\right]$；

(2) 设定 $S'(j)=\begin{cases}-1, & 1\leqslant j\leqslant i;\\ +1, & i\leqslant j\leqslant r\end{cases}$；

(3) 当 $H'-\lambda C$ 的最小本征值小于 0，求 $H'-\lambda C$ 的最小本征值 $\sum_m b_m^2(\lambda'-\lambda)$ 与对应的本征态 $|\Psi\rangle$；

(4) 计算 $\langle\Psi|C|\Psi\rangle$，进而得到 λ'，将 λ' 的值赋给 λ；

(5) λ' 是符号 $\{S'(j)\}$ 下的最小本征值

附录 G　用正四面体晶格对蛋白质进行建模

在本节我们将介绍如何用正四面体晶格对蛋白质进行建模,我们会认为氨基酸排列在理想的正四面体顶点上,确定每一个氨基酸的坐标。我们以 Tomas Babej 和 Christopher Ing 描述的方法为基础[G1],编码三维蛋白质结构。在文献[G1]中采用三维正交直角坐标系进行编码,得到的结构相对抽象;我们采用文献[G2]中的正四面体编码形式。推导金刚石晶体结构下二进制编码的形式,同时定义了这种晶格结构下,坐标和格点之间的距离的表示方法。此步将三维蛋白质模型一一对应到格点模型中,我们假设任意两个相邻的氨基酸之间的距离是一定的,肽链中的每一个氨基酸都位于金刚石晶体结构中的格点上。并把肽链中的氨基酸按照 $0, 1, 2, \cdots, N-1$ 的顺序进行排列。

二进制编码:首先考虑金刚石晶体结构,我们可以把其中所有的格点分为 A、B 两类(如图 G.1)。每一个 A 类格点都只与四个 B 类格点相连,每一个 B 类格点也都只与四个 A 类格点相连。当我们在该晶体结构中进行肽链排布时,相邻的两个氨基酸必定处于不同种类的格点上。我们定义四个方向 a, b, c, d,并规定,由 A 类格点指向 B 类格点的方向全部为正,由 B 类格点指向 A 类格点的方向全部为负。基于 A、B 两类格点必定相邻的事实,我们只需要利用两个二进制比特来表示四个方向,并在计算时根据比特所处的位置取正负,就可以列出整个肽链的二进制编码。定义方向的二进制表示:a—00 b—01 c—10 d—11(见图 G.1)。

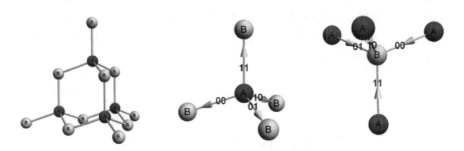

图 G.1　金刚石晶格结构及 A、B 类格点示意图。其中深色代表 A 类格点,
浅色代表 B 类格点,箭头和数字表示规定的方向和编码

由于四个方向的对称性,我们可以强制规定前三个氨基酸之间的编码为:1100。后续的氨基酸编码里,第 $j+2$ 个氨基酸与第 $j+3$ 个氨基酸之间的二进

制编码写为：$q_{2j-3}q_{2j-2}(j=1,2,\cdots,N-2)$。所以含有 N 个氨基酸的肽链的二进制编码为：

$$q = \underbrace{11}_{turn0}\ \underbrace{00}_{turn1}\ \underbrace{q_1 q_2 q_3 q_4}_{turn2}\cdots \underbrace{q_{2N-7}q_{2N-6}}_{turnN-2} \tag{G.1}$$

受到 Babbush 等的启发，我们采用稠密编码的方式。这种定义方法是有优势的，第一，在相同氨基酸数量的情况下，我们的编码长度更短，需要的比特数更少；第二，两个比特恰好只能表示四个方向，所以这种表示方法下，哈密顿量不存在 Babej 和 Ing 的方法中 $H_{redun}(q)$ 的一项，简化了计算；第三，与直角坐标的三个方向相比，金刚石结构具有四个方向，表示出的蛋白质结构更加平滑自然。

定义坐标与距离：在定义坐标与距离之前，我们先定义步长的表示方式：

$$d_a^j = (1-q_{2j-3})(1-q_{2j-2}) \tag{G.2}$$

$$d_b^j = q_{2j-3}(1-q_{2j-2}) \tag{G.3}$$

$$d_c^j = (1-q_{2j-3})q_{2j-2} \tag{G.4}$$

$$d_d^j = q_{2j-3}q_{2j-2} \tag{G.5}$$

这里我们只是定义了步长的方向，后续计算中，在其前方加上正负号即可表示具体方向。

下面我们开始定义坐标第 j 个氨基酸的坐标：a_j,b_j,c_j,d_j。在三维空间中，取任意三个不共面的非零向量为基，就可以表示整个空间中所有的向量。但鉴于金刚石晶格结构的特殊性，我们选取了四个变量来表示晶格中的任意一个格点的坐标位置，这样选取的意义后续我们会进一步地解释。由式 G.1 到式G.5 中的规定，坐标可以写为：

$$a_j = \begin{cases} 0, & j=0,1 \\ 1, & j=2 \\ 1+\sum_{i=2}^{j-1}d_a^i(j\bmod2) - \sum_{i=2}^{j-1}d_a^i[(j+1)\bmod2], & j\geqslant3 \end{cases} \tag{G.6}$$

$$b_j = \begin{cases} 0, & j=0,1,2 \\ \sum_{i=2}^{j-1}d_b^i(j\bmod2) - \sum_{i=2}^{j-1}d_b^i[(j+1)\bmod2], & j\geqslant3 \end{cases} \tag{G.7}$$

$$c_j = \begin{cases} 0, & j = 0, 1, 2 \\ \sum\limits_{i=2}^{j-1} d_c^i (j \bmod 2) - \sum\limits_{i=2}^{j-1} d_c^i [(j+1) \bmod 2], & j \geqslant 3 \end{cases} \tag{G.8}$$

$$d_j = \begin{cases} 0, & j = 0, 1 \\ -1, & j = 2 \\ -1 + \sum\limits_{i=2}^{j-1} d_d^i (j \bmod 2) - \sum\limits_{i=2}^{j-1} d_d^i [(j+1) \bmod 2], & j \geqslant 3 \end{cases} \tag{G.9}$$

任意两个格点的距离 D_{jk} 定义为：

$$D_{jk} = (a_j - a_k)^2 + (b_j - b_k)^2 + (c_j - c)^2 + (d_j - d_k)^2 \tag{G.10}$$

考虑到金刚石晶格结构中，无法连续向同一个方向步行两次，所以距离 D_{jk} 的范围可以写为：

$$0 \leqslant D_{jk} \leqslant \left[\frac{j-k}{2}\right]^2 + \left[\frac{j-k}{2}\right]^2 \leqslant \left(\frac{j-k}{2}\right)^2 \tag{G.11}$$

坐标选取的进一步解释：我们都知道，在三维空间中，以不全在同一个平面内的三个不同非零向量为基，就可以表示空间中的任意一个向量。选取四个变量作为坐标势必会受到一定的限制，例如：以任意一个 A 类格点作为原点，坐标 $(-1,0,0,0)$ 是没有意义的，它并不对应晶格结构中的任意一点。但原则上我们仍然可以这样进行选取，因为我们如果按照步长对氨基酸进行逐个排列，就可以确保所有的氨基酸都在格点上，其对应的坐标也是有意义的。那么会不会有两个不同坐标，表示的却是同一个格点呢？这里就要利用之前提到的距离的概念，首先我们需要证明，当格点重合时，必定满足 $D_{jk} = 0$。

在金刚石晶格结构中，我们可以继续将 A、B 类格点分类，分成层级结构（见图 G.2）。

任意一个格点都可以划分到一个层级结构中，从该格点出发，步行一个完整的回路回到原来的位置。我们可以看到，如果它企图沿竖直方向 d 穿越层级结构形成回路，必定要一来一回穿过两次（如蓝色箭头所示）。也就是说，整个回路在竖直这个方向 d 上满足：$d_i - d_k = 0$。实际上金刚石晶格结构中四个

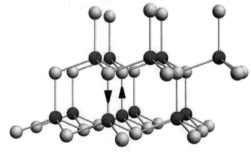

图 G.2　层级结构示意图。处在同一个水平面的格点构成一个层

方向是等价的,只要方向 d 满足,则其余三个方向也一定满足。所以我们证明了,当格点重合时,必定满足 $D_{jk}=0$。

我们回过头考虑式 G.10,当 $D_{jk}=0$ 时,必须有:

$$a_i=a_k,\ b_i=b_k,\ c_i=c_k,\ d_i=d_k \tag{G.12}$$

即,不同的坐标必定表示了不同的格点。

在此基础上我们可以构建哈密顿量。Tomas Babej 和 Christopher Ing 描述的方法中,哈密顿量可以表示为:

$$H_0(q)=H_{\text{back}}(q)+H_{\text{redun}}(q)+H_{\text{olap}}(q)+H_{\text{pair}}(q) \tag{G.13}$$

采用我们的编码方法后,不存在 $H_{\text{redun}}(q)$ 这一项,所以哈密顿量写为:

$$H_0(q)=H_{\text{back}}(q)+H_{\text{olap}}(q)+H_{\text{pair}}(q) \tag{G.14}$$

其中 $H_{\text{back}}(q)$ 用于惩罚氨基酸折返,即肽链的二进制编码中出现两个连续相同的编码,$H_{\text{olap}}(q)$ 用于惩罚氨基酸重叠,即肽链经历多个步长后与前面的氨基酸重叠,$H_{\text{pair}}(q)$ 表示晶格上相邻的非键合氨基酸之间的相互作用。随后,我们将具体地构建出哈密顿量 H_0。

$H_{\text{back}}(q)$ 的构建:利用前面的步长定义 2 到 5,惩罚氨基酸折返的一项可以写为:

$$H_{\text{back}}(q)=\lambda_{\text{back}}\left[d_a^1+\sum_{i=1}^{N-3}(d_a^i d_a^{i+1}+d_b^i d_b^{i+1}+d_c^i d_c^{i+1}+d_d^i d_d^{i+1})\right] \tag{G.15}$$

其中,λ_{back} 是一个已知正数,可根据实际情况进行调节。

$H_{\text{olap}}(q)$ 的构建:这一项用于惩罚氨基酸重叠,即:$D_{jk}=0$(j,k 不相邻)的情况。与直角坐标结构不同,金刚石晶格结构中,每六个格点构成一个最小的回路。结合六边形的结构我们可以看出,如果想要一个更大一点的回路,只能包含 $n=10$,12,$14\cdots$ 个格点(如图 G.3),也就是说,只有第 7,11,13,15,$\cdots$ 个氨基酸可能与第 1 个氨基酸重叠。

图 G.3 正六边形的回路示意图。分别给出了
$n=6$、10、12 时,形成的回路构图

考虑式 G.11,与 Tomas Babej 和 Christopher Ing 描述的方法相类似,通过引入松弛变量 α_{jk},我们可以将 $D_{jk}=0$ 挑选出来,令

$$0 \leqslant \alpha_{jk} \leqslant (j-k)^2 - 1 \tag{G.16}$$

由此,我们可得:

$$\forall D_{jk} \geqslant 1 \exists \alpha_{jk} : (j-k)^2 - D_{jk} - \alpha_{jk} = 0 \tag{G.17}$$

当 $D_{jk}=0$ 时,满足:

$$\forall \alpha_{jk} \ (j-k)^2 - D_{jk} - \alpha_{jk} \geqslant 1 \tag{G.18}$$

将松弛变量 α_{jk} 编入哈密顿量 H,首先,需要松弛变量的氨基酸对的数目为:

$$N_{\text{pairs}} = \sum_{j=0}^{N-7} \sum_{k=j+6}^{N-1} g(k, j) \tag{G.19}$$

每个松弛变量都要用 μ_{jk} 个比特进行编码,μ_{jk} 可以写为:

$$\mu_{jk} = \lceil 2 \log_2 (k-j) \rceil g(k, j) \tag{G.20}$$

因此,我们可以计算所需的辅助量子位元的总数:

$$N_{\text{ancilla}} = \sum_{j=0}^{N-7} \sum_{k=j+6}^{N-1} \mu_{jk} \tag{G.21}$$

所以,松弛变量 α_{jk} 可以表示为

$$\alpha_{jk} = \sum_{k=0}^{\mu_{jk}-1} q_{p_{jk}+k} 2^{\mu_{jk}-1-k} \tag{G.22}$$

其中 p_{jk} 是一个指针产生第一个 α_{jk} 的索引

$$p_{jk} = (2N - 5) + \sum_{u=0}^{j} \sum_{n=u+6}^{N-1} \mu_{un} - \sum_{m=k}^{N-1} \mu_{jm} \tag{G.23}$$

同时,上面的式 G.16 可以变为:

$$0 \leqslant \alpha_{jk} \leqslant 2^{\mu_{jk}} - 1 \tag{G.24}$$

因此,式 G.17 和式 G.18 可以变成:

$$\forall D_{jk} \geqslant 1 \exists \alpha_{jk} : 2^{\mu_{jk}} - D_{jk} - \alpha_{jk} = 0$$
$$\forall \alpha_{jk} : 2^{\mu_{jk}} - D_{jk} - \alpha_{jk} \geqslant 1 \tag{G.25}$$

故,γ_{jk} 可以写为:

$$\gamma_{jk} = \lambda_{\text{olap}} \left(2^{\mu_{jk}} - D_{jk} - \alpha_{jk}\right)^2 \tag{G.26}$$

其中，λ_{olap} 为给定正数，可以根据实际情况进行选择。

$$H_{\text{olap}}(q) = \sum_{j=0}^{N-7} \sum_{k=j+6}^{N-1} g(k,j)\gamma_{jk} \tag{G.27}$$

其中，

$$g(k,j) = \begin{cases} 1, & k-j=6 \text{ 或} (k-j-10)\bmod 2 = 0 \\ 0, & \text{其他} \end{cases} \tag{G.28}$$

$H_{pair}(q)$ 的构建：这一项的构建也与 Tomas Babej 和 Christopher Ing 描述的方法相类似，只需要改动相应的条件，我们直接给出结果为：

$$H_{\text{pair}}(q) = \sum_{j=0}^{N-6} \sum_{k=j+5}^{N-1} g(k,j-1)\omega_{jk}P_{jk}(2-D_{jk}) \tag{G.29}$$

其中，P_{jk} 为第 j 个和第 k 个氨基酸的非键合相互作用，

$$\omega_{jk} = \begin{cases} 1, & D_{jk}=1 \\ 0, & D_{jk} \neq 1 \end{cases} \tag{G.30}$$

本节的主要内容就是依据蛋白质具体的氨基酸序列，对应预测蛋白质折叠的选取路径并确定其三维最终结构。为了简化计算，我们假设所有的共价键键能相等。前人提出了传统的蛋白质随机构象搜寻研究中具有一系列各种亚稳定中间态的假设来解决折叠时间的莱氏悖论-蛋白质折叠问题如果通过遍历搜寻自由能最小的构象，需要耗费接随序列指数倍增长的时间[G3]。

经典验证

前面的部分我们推到了在金刚石晶格结构下，氨基酸排列的哈密顿量的形式。为了验证我们模型的可靠性，我们采用经典算法，对 $N=6, 8, 10$ 的情况进行了计算（如图 G.4）。

图 G.4　经典算法的结果图。分别取 6、8、10 个氨基酸进行计算，蓝色球表示初始氨基酸的位置

D-Wave 求解

根据之前的建模，我们得到哈密顿量为

$H = H_{back} + H_{olap} + H_{pair}$
$= 1\,000((1-q[1])(1-q[2]) + (1-q[1])(1-q[2])(1-q[3])(1-$
$q[4]) + q[1](1-q[2])q[3](1-q[4]) + (1-q[1])q[2](1-$
$q[3])q[4] + q[1]q[2]q[3]q[4] + (1-q[3])(1-q[4])(1-$
$q[5])(1-q[6]) + q[3](1-q[4])q[5](1-q[6]) + (1-$
$q[3])q[4](1-q[5])q[6] + q[3]q[4]q[5]q[6]) -$
$(2 - (-1 + (1-q[1])(1-q[2]) - (1-q[3])(1-$
$q[4]) + (1-q[5])(1-q[6]))^2 -$
$(q[1](1-q[2]) - q[3](1-q[4]) + q[5](1-q[6]))^2 -$
$((1-q[1])q[2] - (1-q[3])q[4] + (1-q[5])q[6])^2 -$
$(1 + q[1]q[2] - q[3]q[4] + q[5]q[6])^2)w[0, 5]$ \hfill (G.31)

利用正文中提及的方法我们可以将高次项降维成二次项，但是随着氨基酸数量你的增加，所需的量子比特数也迅速的增加，同时在 D-Wave 模型中复制某个量子比特形成的耦合链也变得很长，表 G.1 给出了比特数与 N 的关系。

表 G.1 比特数与 N 的关系

N	初始模型的比特数 m_0	初始模型的项数 s_0	降维之后的比特数 m	降维之后的项数 s	D-Wave 求解时用到的比特数 m_{real}	最长的耦合链长度 l
6	7	62	16	74	30	3
7	15	660	73	774	320	10
8	23	1 838	118	2 005	860	18
9	31	3 843	172	4 094	1 725	25

$N=6$ 的情况是能够成键的最简单情况，因此从 $N=6$ 进行量子退火。

当 $N=6$ 时，成键的 H_{olap} 系数为 0，这是由于正四面体的网格结构中，只有当个数大于 7 时，我们才需要考虑形成环的限制因素。将对应哈密顿量带入代码进行计算。其中图 G.5 是 D-Wave 平台的变量关系图，图 G.7 是 QPU 的实际连接情况。我们求得式(G.31)的最优解如图 G.6 所示。得到的最低能级的编码为 010000。三维情况如图 G.7 所示，编码结构与经典算法相吻合。

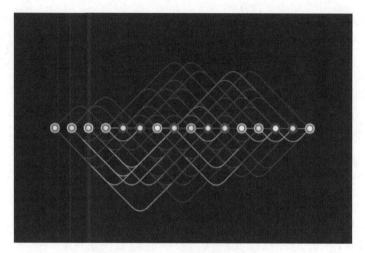

图 G.5　N＝6 时变量关系图

```
Q = {('q[1]'):-2000, ('q[2]'):-2000, ('q[1]','q[2]'):2000, ('q[3]'):-2000, ('q[1]','q[3]'):2000, ('q[2]','q[3]'):1000, (
sampleset = dimod.ExactPolySolver().sample_hubo(Q)
sampleset.first
```

```
Sample(sample={'0': 1, '1': 1, '2': 1, '3': 1, '4': 1, '5': 1, '6': 1, '[': 1, ']': 1, 'q': 1, 'q[1]': 0, 'q
[2]': 1, 'q[3]': 0, 'q[4]': 0, 'q[5]': 0, 'q[6]': 0, 'w': 1, 'w[0]': 0}, energy=-10001.0, num_occurrences=1)
```

图 G.6　N＝6 计算结果

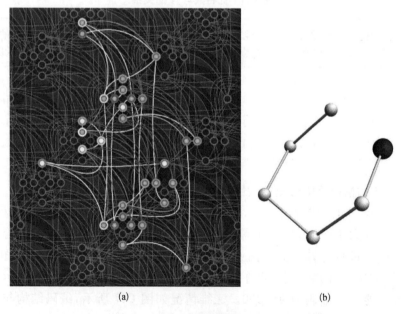

(a)　　　　　　　　　　　(b)

图 G.7　N＝6 时 QPU 连接(a)及计算得到的蛋白质折叠结果(b)

```
from dwave.system import EmbeddingComposite, DWaveSampler
from dimod import BinaryQuadraticModel, make_quadratic
# Define the problem as a Python dictionary and convert it to a BQM
# poly: the dictionary encoded with energy for each term
poly = {}
# Convert the problem to a BQM
bqm = make_quadratic(poly, 5000, 'BINARY')
# Define the sampler that will be used to run the problem
# Need API TOKEN
sampler = EmbeddingComposite(DWaveSampler(token = "))
# Run the problem on the sampler and print the results
sampleset = sampler.sample(bqm, num_reads = 15, chain_strength =
20000)
print(sampleset.first)
```

当 N 较大时,改变不同的退火时间,均无法得到最低能量解。以 $N=8$,和 $N=9$ 为例,如图 G.8 所示,其中灰色部分代表整个含 5 000 个 qubit 的 QPU,白色部分为计算占用,黄色表示一条强耦合链,即为了表示连接关系在映射到实际硬件时引入的额外比特链。可以看出,随着 N 的逐步增大,连接关系占用的部分急剧增加,最长的强耦合链也迅速变长(图中可以看出,当 $N=8$ 时,大约占据了整个部分的 1/4,当 $N=9$ 时,已经占据了差不多一半,我们可以预测当 $N \geqslant$ 11 时,即使占满整个硬件也无法完整地表示比特之间的连接关系)。在这种情况下,过长的强耦合链在退火过程中有极大的概率产生断裂,即链上的比特不再全部相等,而是断为不相等的多个链,这就导致了计算结果会出现很大的误差。

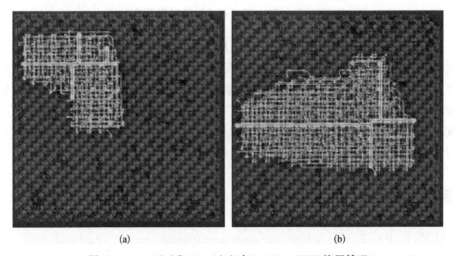

(a)　　　　　　　　　　　(b)

图 G.8　$N=8$(a)和 $N=9$(b)时 D－Wave QPU 使用情况

过长强耦合链的出现，是由算法本身导致的，由于每个氨基酸的排列，都与其前面已经排好的所有氨基酸有关。结果是，在哈密顿量里，靠前的比特，会与靠后的几乎所有比特分别相乘，形成不同的项；同时，辅助比特所需要的数量也在迅速增多。然而在实际硬件的结构中，同一个比特最多只能和 15 个比特相连（并不是所有的比特都能连接这么多比特），这就表现为，表示同一个比特的强耦合链迅速地变长变多。

利用量子计算的最初目的就是使计算时间指数增长的问题变得可算，然而在这里，虽然时间指数增长的问题得以优化，但是其却变成了空间上快速增长的问题，大致为 N^2 的增长趋势（如图 G.9）。可是目前实际硬件的大小还不足以满足这种增长，无法进行更好的计算。

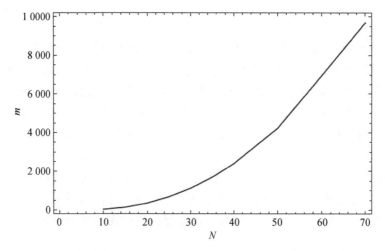

图 G.9 比特数 m 随氨基酸数目 N 增长趋势图

考虑一下该问题的计算数量级，采用最暴力的算法，除了前两个固定的方向，排除折返的可能后，共有 3^{N-3} 种情况，对每种情况的哈密顿量进行计算，需要大致 N^2 的计算量，所以总的计算数量级为 $N^2 3^{N-3}$。根据以上的分析，我们得出了结论，文章中给出的这种算法本身并不适合在实际硬件中进行计算。毕竟仅靠我们日常使用的笔记本电脑，在对计算数量级为 $N^2 3^{N-3}$ 的问题计算也只需要很短的时间（几分钟）就可以得到准确的结果。

参考文献

[F1] Xia R, Bian T, Kais S. Electronic structure calculations and the Ising Hamiltonian. The Journal of Physical Chemistry B, 2017, 122: 3384 - 3395.

［G1］ Babej T，Fingerhuth M. Coarse-grained lattice protein folding on a quantum annealer. arXiv，2018：1811.00713.

［G2］ Robert A，Barkoutsos P K，Woerner S，et al. Resource-efficient quantum algorithm for protein folding. NPJ Quantum Information，2021，7：38.

［G3］ 毛雯雯.基于量子行走的蛋白质折叠与错误折叠的理论研究.杭州：浙江大学，2020.

彩 图

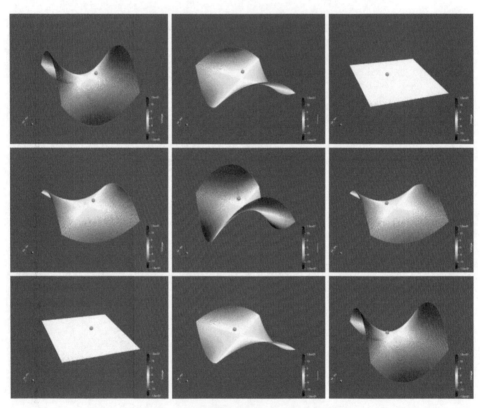

图 3.3　交变电势束缚单个离子的三维图示

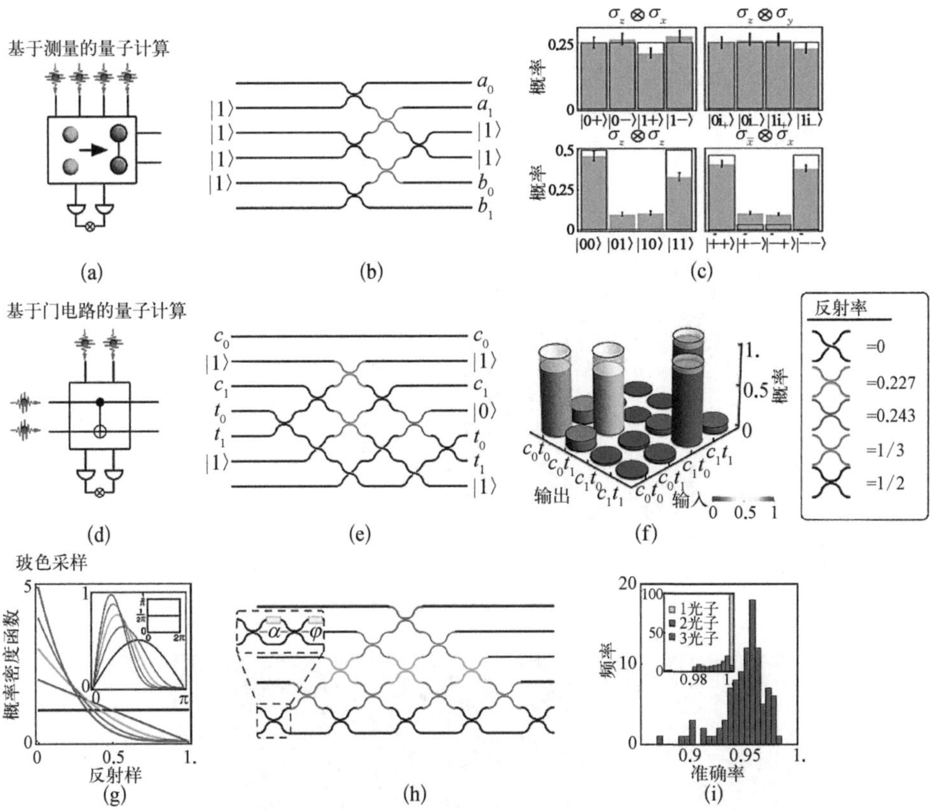

图 3.28　可编程光学网络芯片实现不同方式的量子计算

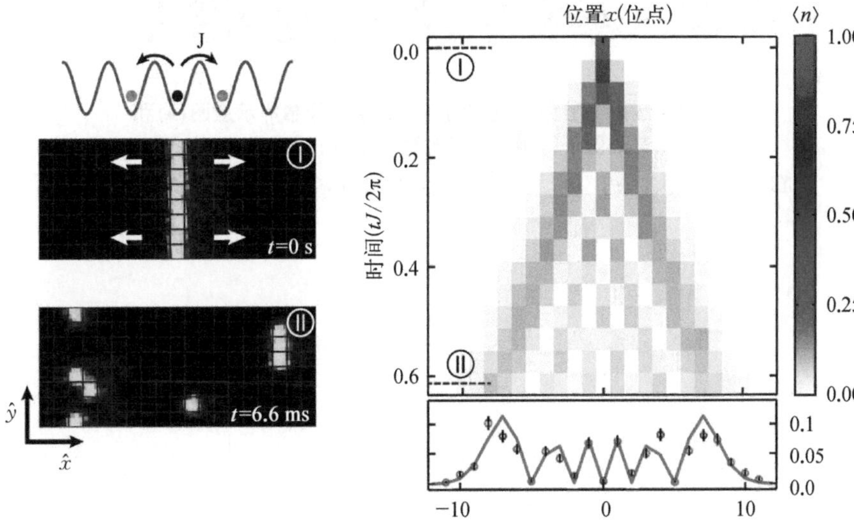

图 6.3　冷原子阱中原子实现一维量子行走

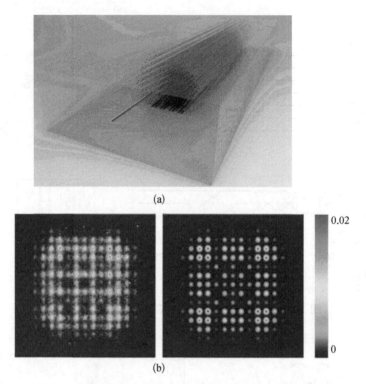

(a)

(b)

图 6.4　运用飞秒激光直写制备的三维波导芯片示意图(a)和
二维量子行走的实验与理论图(b)

光量子将从入射波导引入,在大型三维波导阵列中演化,实现时间连续型二维量子行走

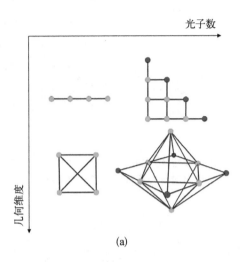

光子数

几何维度

(a)

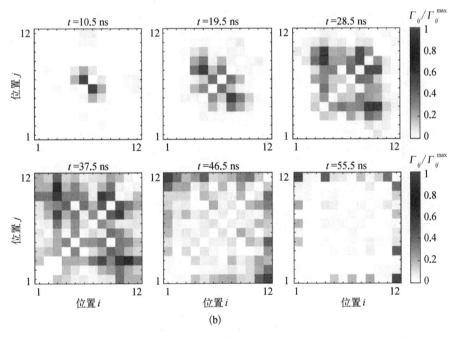

(b)

图 6.5 增大几何维度及粒子数目是增大复杂度的两个重要途径(a)和超导
结构中的双超导比特实现费米子反聚束效应(b)

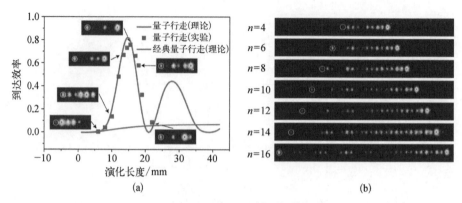

(a)   (b)

图 6.10 *n*＝2，*B*＝2 时到达效率与传输长度的关系 *B*＝2 时不同层数
到达最佳效率对应的预报单光子光强分布

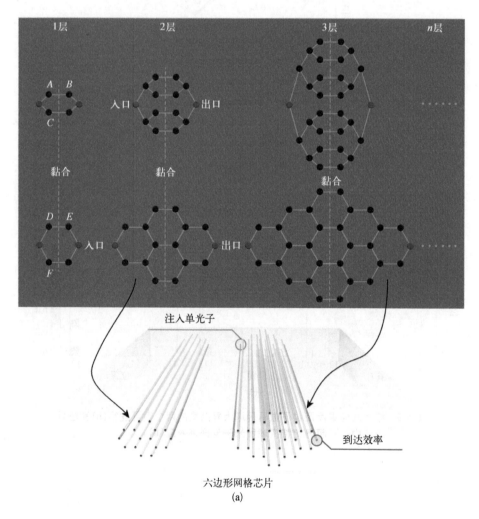

(a)

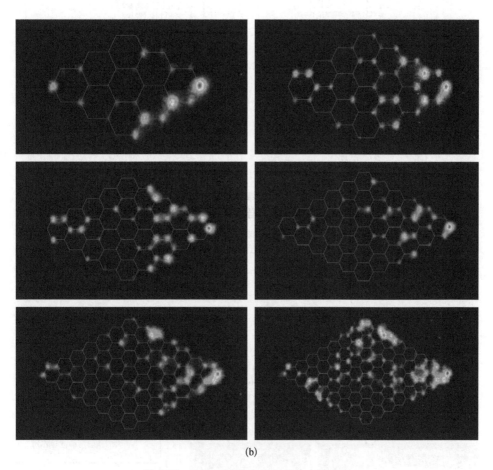

(b)

图 6.12　理论图形及在光子芯片中的实现

（a）我们用飞秒激光直写技术在光子芯片上制备出二维波导阵列来模拟理论图结构；（b）预报单光子在 3～8 层六边形网格结构上的实验结果

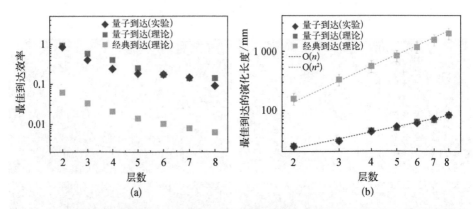

图 6.13 不同层数六边形网格上量子到达效率与经典达到效率比较图(a)和不同层数六边形网格上量子到达效率与经典达到最佳效率传输长度比较图(b)

经典随机行走的最佳传输长度取自经典粒子的到达效率与其极限效率 P_a 的偏差不超过 $10^{-4}P_a$ 时的最大传输长度,误差线的上、下边界分别对应到达效率与 P_a 的偏差不超过 $10^{-5}P_a$、$10^{-3}P_a$ 时的最大传输长度

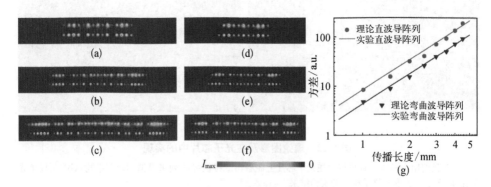

图 6.16 不同长度下一维波导阵列的光强分布图

(a)和(d),(b)和(e),(c)和(f)对应的传输长度分别为 1.5 cm,3 cm,4.5 cm;(g)光子在一维波导阵列中的传输特性

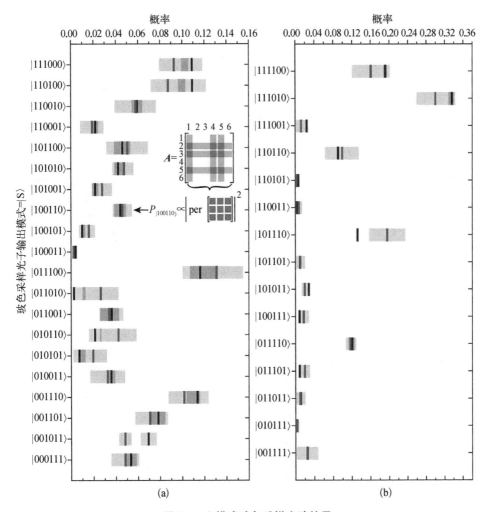

图 7.5　六模式玻色采样实验结果

（a）和（b）分别为注入三个光子和四个光子的采样概率分布，蓝色色柱代表理论值及误差范围，红色色柱代表实验值及误差范围

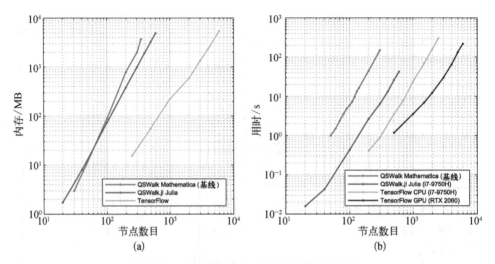

图 8.2　不同软件解决方案的计算性能比较

（a）消耗内存比较；（b）用时比较

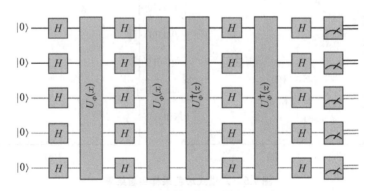

图 12.10　QSVM 算法核函数的量子线路

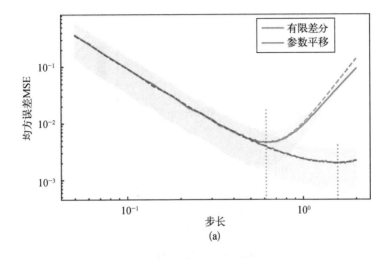

(a)

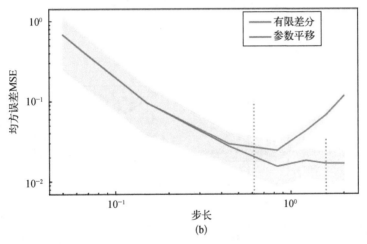

(b)

图 12.14　在 PennyLane 软件模拟器(a)和 IBM Quantum Experience(b)用
　　　　　参数平移法和有限差分法测量量子线路的梯度,梯度的均方差
　　　　　随着步长变化

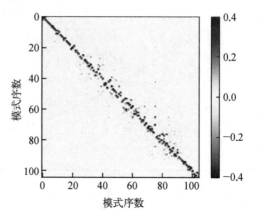

图 14.5　有机分子卟吩镁的 Duschinsky 矩阵

这个分子有 37 个原子以及 105 个振动模式

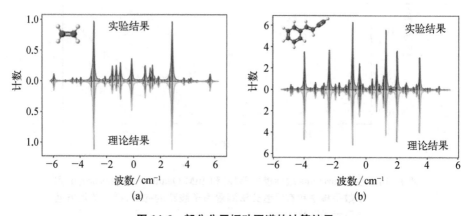

图 14.6　部分分子振动图谱的计算结果

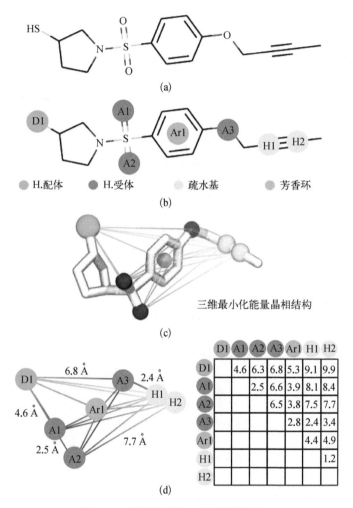

图 15.9　配体分子标记距离图的构建

（a）配体分子的平面结构；确定分子（b）的药效团，并使用已知的三维（3D）结构（c）测量其成对距离；此信息被组合在配体分子（d）的标记距离图中，其中顶点表示它们各自成对距离的药效团点和边缘权重（完整的权重矩阵在（D）的右侧）

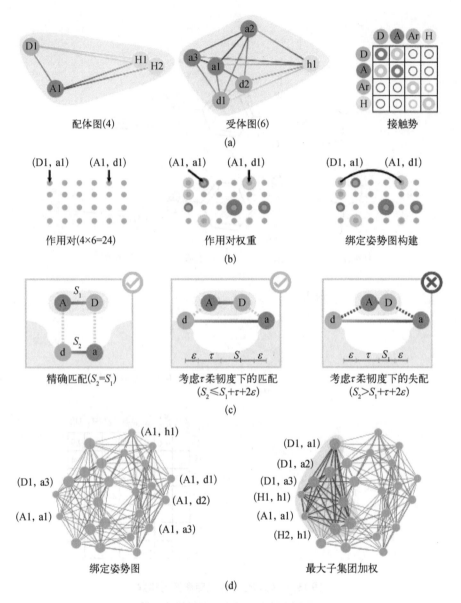

图 15.10　结合相互作用图的构建

（a）用于构建结合相互作用图的输入-两个标记图（一个用于配体，一个用于受体）和相应的接触电势，这些电势捕获了不同类型的顶点标记之间的相互作用强度；分别用大写和小写字母表示配体和受体上的顶点，通过为配体和受体之间的每个可能的接触创建一个顶点（由接触电位加权）来构造结合相互作用图（b）；表示兼容顶点的成对顶点[请参见针对各种情况的（c）]由一条边连接，然后将生成的图形用于搜索潜在的绑定姿势（d），它们被表示为图形的完整子图（也称为集团），因为它们形成了成对兼容的触点集，最重的顶点加权的派系代表最可能的绑定姿势（最大的顶点加权的派系以橙色表示）